高等院校土木工程专业精品教材

混凝土结构原理

Principle of Concrete Structure

良 ◎主编

ZHEJIANG UNIVERSITY PRESS
浙江大学出版社
·杭州·

图书在版编目(CIP)数据

混凝土结构原理 / 金伟良主编. — 杭州：浙江大学出版社，2022.6

ISBN 978-7-308-22568-7

Ⅰ. ①混… Ⅱ. ①金… Ⅲ. ①混凝土结构 Ⅳ. ①TU37

中国版本图书馆 CIP 数据核字(2022)第 068390 号

混凝土结构原理

HUNNINGTU JIEGOU YUANLI

金伟良　主编

责任编辑　王　波

责任校对　吴昌雷

封面设计　春天书装

出版发行　浙江大学出版社

(杭州市天目山路 148 号　邮政编码 310007)

(网址：http://www.zjupress.com)

排　　版　杭州朝曦图文设计有限公司

印　　刷　杭州宏雅印刷有限公司

开　　本　787mm×1092mm　1/16

印　　张　21

字　　数　472 千

版 印 次　2022 年 6 月第 1 版　2022 年 6 月第 1 次印刷

书　　号　ISBN 978-7-308-22568-7

定　　价　58.00 元

前言

习近平同志指出“教育是国之大计、党之大计”,并且“要从我国改革发展实践中提出新观点、构建新理论,努力构建具有中国特色、中国风格、中国气派的学科体系、学术体系、话语体系”。[①] 习近平总书记关于教育的重要论述,对于落实立德树人的根本任务,坚持道路自信、理论自信、制度自信、文化自信,增强民族文化自信和价值观自信,建设中国特色社会主义教育理论体系,推进教育现代化,办好人民满意的教育,都具有长远的战略意义和重要的时代价值。

混凝土结构原理和设计是土木工程类的专业基础课程,它既需要反映混凝土结构的基本原理和设计方法,又应当反映混凝土结构在理论研究和工程实践方面的最新发展与趋势,是大学生的知识结构从普识教育体系到专业教育体系的重要过渡。浙江大学结合长期的混凝土结构原理和设计的课程教学活动,以及对混凝土结构的科学研究和工程实践的积累,着重对混凝土结构原理和设计教材进行了改进和创新,包括:(1)教材必须涵盖全国高等学校土木工程学科专业指导委员会审定的教学大纲要求,还要兼顾土木、水利和交通等不同专业的基本要求;(2)根据工程建设标准规范体系的改革,新增了混凝土结构耐久性的相关内容;(3)增加了土木工程全寿命周期管理的基本内容,新增了混凝土结构加固修复的内容;(4)从混凝土结构新材料、新技术方面,新增了纤维复合材料和现代预应力混凝土技术。通过上述一系列的改革,混凝土结构原理和设计的教材体系发生了重大变化,不仅适应于现行国家工程建设标准规范体系的改革,而且更加适应了新材料、新技术、全寿命和可持续性的时代要求。

本教材根据全国高等学校土木工程学科专业指导委员会审定的教学大纲要求编写,内容包括:绪论,混凝土结构组成材料的力学性能,结构设计的基本方法,混凝土结构受弯、受剪、受扭、受拉、受压及组合受力构件的截面设计原理和构造要求,混凝土结构的裂缝和宽度验算方法,以及预应力混凝土结构的基本原

① 新华网.习近平看望参加政协会议的医药卫生界教育界委员[EB/OL].(2021－03－06)[2022－03－06].http://www.xinhuanet.com/politics/leaders/2021－03/06/c_1127177680.htm? id＝105188.

理。除了传统的教学内容，教材中还加入了土木工程行业的先进技术成果，例如与混凝土结构相结合的新材料、混凝土结构耐久性等方面的知识内容。

本教材按照我国新颁布的《混凝土结构通用规范》(GB 55008—2021)、《混凝土结构设计规范》(GB 50010—2010(2015 版))、《建筑结构可靠性设计统一标准》(GB 50068—2018)、《工程结构可靠性设计统一标准》(GB 50153—2008)、《混凝土结构耐久性设计标准》(GB/T 50476—2019)等有关设计规范内容编写，注重混凝土结构的基本概念、基本理论和基本方法的传授，有助于学生在走上工作岗位以后能够适应实际工程的设计、施工和管理等工作。本教材的读者对象为土木、水利和交通等学科的高年级本科学生，亦可作为相关工程技术人员的参考资料。

本教材出于篇幅和简便的考虑，对经常使用的规范名称做了下列简称，如《混凝土结构通用规范》简称为《通用规范》,《混凝土结构设计规范》简称为《设计规范》,《建筑结构可靠性设计统一标准》简称为《统一标准》,《混凝土结构工程施工质量验收规范》简称为《施工规范》,《建筑结构荷载规范》简称为《荷载规范》,《建筑地基基础设计规范》简称为《地基规范》等。未做特殊说明的，仍按照原有表述。

参加本教材编写的人员有：金伟良、弓扶元(第 1～3 章)，陈驹(第 4 章)，王海龙(第 5～6 章)，夏晋(第 7～9 章)，赵羽习(第 10 章)。全书由金伟良教授负责主编。

书中不妥与错误之处，恳请读者批评指正。

金伟良

2021 年 12 月于求是园

教材使用说明

1. 网络教学资源的使用方法

由本教材作者夏晋、王海龙建设的慕课已在“智慧树”以及“中国大学 MOOC 平台”上线，使用者可登录相关网站，观看学习相关章节的网络教学资源，测试相关章节学习内容的掌握情况。

本教材每一章都给出了相关内容讲解二维码，使用时可登录“智慧树”（https://www.zhihuishu.com/DownloadApp.html），下载“知到学生端”，或者扫描右边二维码下载“知到”App，安装后扫描相应章节的二维码即可获取相应内容的网络教学资源。

知到学生端

For Students

2. 需要掌握的知识点

本教材每一章都列出了重要的知识点，以及该章涉及的重点和难点，这些都是学习混凝土结构基本原理时需要关注的重点，使用者可据此进行深入学习和知识巩固。但是，要把握该学科的发展方向，这些知识点尚不充足，使用者可以以此为基础开展更为广泛的学习。

3. 利用好思考题与习题

本课程的学习既需要深刻理解混凝土结构的基本原理,又需要牢牢掌握混凝土结构的设计方法。本教材设置的思考题有利于使用者掌握本课程的基本原理,设置的习题有利于使用者掌握基本构件的设计方法,建议使用者利用好这些模块。

本课程不仅解决的是力学问题,更是一个设计问题,而且结构构件设计时还要十分重视构造设计。

目录

CONTENTS

第 1 章 绪 论

本章知识点

知识点：混凝土结构的基本概念、混凝土结构的组成、混凝土结构的分类及其优缺点、混凝土结构的基础理论、混凝土结构的全寿命设计与分析。

重　点：混凝土结构材料共同作用的原理、混凝土结构体系的优缺点、常用的混凝土结构体系、全寿命设计与分析。

难　点：结构体系、结构设计理论、全寿命设计与分析。

将水泥基胶凝材料、集料(砂、砾石、碎石)和水按适当的比例拌和在一起，硬结后可获得坚固的材料，称为混凝土。以混凝土材料为主建成的结构称为混凝土结构(concrete structure)，包括素混凝土结构、钢筋混凝土结构和预应力混凝土结构。素混凝土结构(pure concrete structure)是指无配筋或无配置受力钢筋的混凝土建成的结构；由于该结构的抗弯性能和抗拉性能较差，因而工程中很少使用，但水工结构中会出现。钢筋混凝土结构(reinforced concrete structure)是指由配置受力钢筋和混凝土共同建成的结构，这是工程结构中经常采用的结构形式。而预应力混凝土结构(pre-stressed concrete structure)则是指由受力的预应力钢筋通过张拉或其他方法产生预加应力的混凝土而构成的结构，通常应用在大跨度混凝土结构和重要的抗拉或抗裂混凝土结构。

混凝土结构可以由多种受力构件组合而成，主要受力构件有楼板及屋面板、梁、柱、墙、基础等，其中板、梁是水平受力构件，柱、墙是竖向受力构件。混凝土结构中的水平受力构件主要是将活荷载和恒载通过板、梁直接或间接传递到竖向支承结构(柱、墙)，通常为受弯构件或受剪构件；而竖向受力构件则主要是支承屋面和楼面体系，并向基础传递荷载，通常为受压构件；基础则是将上部结构的所有重量传递到地基(土层)的承重混凝土构件，其形式多种多样，有条形基础、独立基础、桩基础、筏板基础和箱形基础等。

1.1 混凝土结构的组成

说明：此二维码提供了相应章节的视频教学，首次使用请登录“智慧树”主页下载“知到”

App 后扫描相应章节的二维码即可。

混凝土结构通常是指由钢筋和混凝土两种材料组成共同受力的结构，而这两种材料的性能有着很大的不同，其中，混凝土是一种抗压能力较强而抗拉能力很弱的建筑材料，普通混凝土的抗拉强度约为抗压强度的 1/17～1/8，高强混凝土的这个比例约为 1/24～1/20，而钢筋则具有较高的抗拉强度。

混凝土结构应当充分利用混凝土和钢筋两种材料的力学性能特点，将两者结合在一起形成整体，从而可以在各种荷载作用下，使两者共同作用，发挥各自的特长。对于混凝土结构来说，要求混凝土主要承担压力，钢筋则主要承受拉力，必要时也承受压力，可以利用钢筋具有较高的抗拉强度去弥补混凝土抗拉强度的不足。钢筋在混凝土中的布置形式主要有纵筋、箍筋、竖向钢筋和弯起钢筋等形式。

在实际工程中，混凝土构件要承担由荷载产生的弯矩、剪力、压力、拉力、扭矩等作用。从受力特性分析，混凝土构件可归纳为四种常用的基本构件。1)受弯构件：截面内力以弯矩和剪力为主；2)受压构件：截面内力以压力为主，或兼有弯矩及剪力作用；3)受拉构件：截面内力以拉力为主，或兼有弯矩及剪力作用；4)受扭构件：截面内力有扭矩作用，或兼有弯矩及剪力作用。

在荷载作用下，大多数混凝土结构的构件截面上不可避免地会产生拉应力，如果完全由素混凝土承载的话，其承载能力将非常有限。在很小的弯矩作用下，素混凝土梁就会发生脆性断裂。为此，需要在素混凝土构件的受拉区域配置适当的纵向钢筋，以提高构件的承载能力。

在受弯构件的受剪区，由于存在剪应力，构件截面上的主拉应力容易使构件产生斜裂缝而导致破坏。此时，可以通过箍筋来提高构件的承载能力。箍筋不仅可以提高构件抗剪承载能力，而且有约束混凝土、提高混凝土变形性能的作用。

实际工程中，不仅要求结构构件具有较高的承载能力，而且还要求构件在破坏前有明显的失效征兆，也就是说结构设计时要同时考虑承载能力和变形能力这两方面的问题。因而，凡在结构构件中可能出现拉应力的位置就都应配置钢筋，以防构件开裂，提高构件的承载力、适用性和耐久性。如果在混凝土梁受拉区域的边缘设置钢筋，在混凝土梁开裂后，就不会发生脆性断裂，而由钢筋承担受拉区的拉力，继续承担增加的荷载；而当荷载增加到使钢筋受拉发生屈服时，即使荷载没有继续增加，但梁仍会继续变形。随着荷载的继续增加，受压区的混凝土应力和变形会继续增大，梁会因为受压区边缘混凝土被压碎而破坏。而与素混凝土梁相比，钢筋混凝土梁破坏的荷载会大大增加，破坏前构件有明显的裂缝和变形，呈现显著的失效征兆。

钢筋和混凝土这两种材料的物理性质差异较大，但能够结合在一起共同工作，其主要原因是：

(1)混凝土与钢筋之间具有良好的黏结力，能够牢固地黏结成一个整体。在荷载作用下，两者能协调变形，共同受力，不至于产生相对滑动。

(2)钢筋和混凝土的温度线膨胀系数很接近，钢筋约为 1.2×10^{-5}，混凝土大致在(1.0～

1.5)$\times10^{-5}$范围,故当温度变化时,两者间不会因产生较大的相对温度变形而破坏它们之间的黏结。

(3)钢筋受到混凝土的保护不易生锈,具有很好的耐久性。

1.2 混凝土结构的特点

混凝土结构在建筑和土木工程中得到最为广泛的应用。其主要有如下优点:

(1)承载力高。混凝土结构可以合理地利用钢筋和混凝土两种材料各自的特性,相互取长补短,发挥各自优势,使之结合在一起形成强度较高、刚度较大的结构。

(2)耐久性好。在混凝土结构中,混凝土的强度随时间的增加而增长,抗风化能力强,且钢筋受混凝土的保护而不易锈蚀,其耐久性好。即便是处于侵蚀性气体中或受海水浸泡的混凝土结构,经过合理的设计及采取特殊的措施,一般也可以满足工程需求。

(3)耐火性好。混凝土是热传导的钝体,导热性较差。而钢筋又受到混凝土包裹保护,火灾时不至于很快达到钢筋软化温度而导致结构的整体破坏。

(4)整体性好。混凝土结构,尤其是现浇结构具有很好的整体性,其抵抗地震、振动以及爆炸冲击波的性能都比较好。

(5)就地取材。混凝土所采用的砂子、石料和水等原材料,一般都可就地取材。在工业废料(例如矿渣、粉煤灰等)比较多的地方,还可以将工业废料制成人造骨料用于混凝土结构中,以降低工程造价。也可以采用机制砂代替天然砂等措施。

(6)可模性好。混凝土可根据需要浇制成各种形状和尺寸的结构,便于建筑造型的实现和建筑设备、工程开孔、留洞的需要,特别适宜建造外形复杂的大体积结构及空间薄壁结构。这一特点也是砖、石、钢、木等工程结构所不具有的。

虽然混凝土结构具有上述优点,但在工程应用过程中尚存在着下列缺点:

(1)自重大。混凝土结构不适宜建造大跨度结构及超高层建筑结构。

(2)抗裂性能差。由于混凝土抗拉强度较低,所以其构件在使用阶段往往会出现裂缝。

(3)施工具有季节性。在严寒地区冬季施工,混凝土浇筑后可能会被冻坏,此时应采用预制装配式结构,也可在混凝土中添加化学拌和剂加速凝结、增加热量,防止冻结,还可以采用保温措施。在酷热地区或雨季施工,可采用防护措施,控制水灰比,加强保养,或采用预制装配式结构。

(4)费工、费模板。现场施工工期长,建造的整体式钢筋混凝土结构比较费工,同时又需大量模板和支撑,且混凝土需要在模板内进行一段时间的养护。

另外,混凝土结构的隔热、隔声性能也不够理想。但随着混凝土材料和结构的不断发展以及预应力结构的推广应用,这些缺点正在不断得到改进和克服。

一般来说,混凝土结构的优越性是主要的、明显的。钢筋与混凝土目前是我国建筑工程中应用最为广泛的建筑材料,在房屋建筑、地下结构、水工、港口、海工、桥梁、道路和特种结构等工程中都得到了广泛的应用。

1.3 混凝土结构的分类

混凝土结构的分类标准有很多。一般可以按照结构所用材料、结构受力体系、结构功能、结构使用环境等进行分类。各种结构都有其一定的适用范围，应根据工程结构功能、材料性能、不同结构形式的特点和使用要求以及施工和环境条件等进行合理的选用。

按结构所用的材料分类，可分为素混凝土结构、钢筋混凝土结构、预应力混凝土结构、纤维混凝土结构和其他形式的加筋混凝土结构。不同的结构材料，例如钢、混凝土、砌体等在同一结构体系中混合使用，就形成了混合结构，如屋盖和楼盖采用混凝土结构，墙体采用砌体，基础采用砖石砌体或钢筋混凝土，就形成了砖混结构。这些结构材料也可以在同一构件中混合使用，形成组合构件，如屋架上弦采用钢筋混凝土构件，下弦采用钢拉杆，就形成了钢—混凝土组合屋架，又如在钢筋混凝土柱中配置型钢则形成了钢—混凝土组合结构。

按照结构的受力体系分类，混凝土结构的类型主要有框架结构、剪力墙结构、筒体结构、塔式结构、桅杆结构、悬索结构、悬吊结构、壳体结构、板柱结构、墙板结构、折板结构等。框架结构的主要竖向受力体系是由梁和柱所组成；剪力墙结构的主要竖向受力体系则是由钢筋混凝土墙组成；筒体结构是在高层建筑中，利用电梯井、楼梯间或管道井等四周封闭的墙形成的内筒，也可以利用外墙或密排的柱作为外筒，或两者共同作用形成筒中筒结构；框架、剪力墙和筒体也可以组合形成框架剪力墙结构、框架筒体结构等结构体系。对不同受力体系的工程结构，采用何种结构材料十分重要，关键在于充分发挥材料的特性，以实现既有好的功能，又有较好的经济效益。

按结构的使用功能分类，混凝土结构可分为：建筑结构，如住宅、公共建筑、工业建筑等；特种结构，如烟囱、水池、水塔、筒仓、贮藏罐、挡土墙等；桥梁结构，如公路铁路桥、立交桥、人行天桥等；地下结构，如隧道、涵洞、人防工事、地下建筑等。

按结构的使用环境分类，可分为正常环境混凝土结构、海工混凝土结构、水工混凝土结构、腐蚀混凝土结构等。

1.4 混凝土结构的发展

混凝土结构是指用配有钢筋增强的混凝土制成的结构。钢筋混凝土结构在土木工程中的应用范围极广，各种工程结构大多采用钢筋混凝土建造，包括房屋建筑工程、桥梁工程、特种结构与高耸结构、水利和其他工程。随着建造技术的发展，人们开始设计各种类型的混凝土结构，需要做进一步的精确分析和计算。因此，理论力学、材料力学和结构力学等力学知识被广泛地用于混凝土结构的分析与设计。混凝土结构的分析理论和设计方法相结合，逐渐成为一个新的工程结构理论与设计体系，即混凝土结构学。混凝土结构学主要研究在外载荷作用下的混凝土结构的响应（如结构的应力、应变和位移等的规律）和抵御外部作用的混凝土结构体系(如结构形式、配筋布置和裂缝控制等)。

1.4.1　混凝土结构发展简况

混凝土结构从 19 世纪中期开始采用，至今已有近 200 年，虽然与传统的砖、石结构相比其历史很短，但因其诸多优势而迅速发展。混凝土结构的发展大致可分为以下几个阶段。

第一阶段(诞生期)：1824 年阿斯普丁(J. Aspdin)发明了波特兰水泥。1850 年法国人郎波(Lambot)制作了第一艘钢筋混凝土小船。1854 年英国人威尔金森(W. B. Wilkinson)获得了一种钢筋混凝土楼板的发明专利权。1861 年法国人蒙涅(J. Monier)利用水泥制作花盆，并在其中配置钢筋网以提高其强度，并于 1867 年获得了专利权，此后他又制作了钢筋混凝土板、管和拱等结构。至此，钢筋混凝土结构正式诞生。

第二阶段(萌芽期)：从混凝土结构出现至 19 世纪末、20 世纪初，仅 50 多年时间，由于工业发展，水泥、钢材的质量不断改进，混凝土结构的应用范围逐渐扩大，出现了混凝土梁、板、柱、拱和基础等一系列结构构件。1872 年美国人沃德(W. E. Ward)在纽约建造了第一座钢筋混凝土房屋。1906 年特奈(C. A. P. Turner)发明了无梁楼板。此阶段混凝土和钢筋的强度都较低，混凝土结构计算理论尚未建立，设计计算采用容许应力法进行。

第三阶段(成长期)：从 20 世纪初至 50 年代，混凝土结构进入快速发展时期，在生产、理论、试验、施工等诸多方面都取得了长足的进步，混凝土结构的应用更加广泛，出现了新的结构类型。1925 年，德国用钢筋混凝土建造了薄壳结构。1928 年法国工程师弗列西涅利用高强钢丝和混凝土制成了预应力混凝土构件，开创了预应力混凝土的应用时代。在此阶段，混凝土结构的设计理论及标准也有了很大突破：1938 年苏联学者提出了破损阶段设计理论，结构设计以构件最终破坏时的截面承载力为依据，制定了混凝土结构的设计标准及技术规范。

图 1-1　威利斯大厦(美国，1974 年)

第四阶段(成熟期)：从 20 世纪 50 年代至今，混凝土结构有了更快的发展，在设计理论、生产、施工技术等方面逐步完善。苏联学者又在破损阶段设计理论的基础上提出了更为合理的极限状态设计理论，并在荷载和材料强度中引入概率方法和统计分析，至 70 年代，极限设计理论已被很多国家采用。同时，随着材料的强度不断提高和混凝土的性能不断改善，钢筋混凝土结构和预应力混凝土结构的应用范围不断拓宽，并向大跨度和高层建筑等领域发展(图 1-1)。

1.4.2　混凝土结构的应用与发展

混凝土结构材料、结构体系、计算理论和全寿命管理的研究进展推动了混凝土结构的不断发展与完善。下面对材料、结构体系、基本理论和全寿命管理四个方面做一个简要介绍。

1. 材料

混凝土结构在材料方面不断取得进展，主要是向着高强、高性能（耐久）、轻质、环保节能等方向发展。

首先，混凝土结构中使用的混凝土、钢筋的强度越来越高。目前，我国工程中应用的混凝土强度等级都有适当的提高，C15 级的低强度混凝土仅限用于素混凝土结构，各种配筋混凝土结构的混凝土强度等级也普遍提高。常用的混凝土强度等级为 C30～C40，预应力混凝土强度等级为 C40～C60，应用的高强混凝土已达到 C100 级。我国混凝土结构中使用的普通钢筋与过去相比也有了提高，将 400MPa、500MPa 级高强热轧带肋钢筋作为纵向受力的主导钢筋，限制并逐步淘汰 335MPa 级热轧带肋钢筋的应用，提升钢筋的强度等级。增加了高强度、延性好、低松弛、粗直径和耐腐蚀的钢绞线和钢丝在我国预应力混凝土结构中的应用，淘汰了锚固性能很差的刻痕钢丝。

目前，我国建筑工程实际应用的混凝土强度等级和钢筋的强度等级均低于发达国家。我国结构安全度总体上还低于国际水平，但材料用量并不少，其原因在于国际上较高的安全度是依赖较高强度的材料实现的。目前，发达国家已大多采用强度为 40～60MPa 的混凝土，预应力结构中混凝土强度已达到 60～100MPa，目前已经研制出的高强混凝土的强度已达 200MPa。

高性能混凝土是混凝土发展的另一个重要方向。我国目前正处在高速发展时期，已建和待建大型钢筋混凝土结构数量巨大，如大型水利枢纽工程、跨海跨江的大型桥梁、高等级公路、大中型飞机场等，这些都要求混凝土具有良好的耐久性，确保重点工程的安全性和耐久性。高性能混凝土正是根据混凝土结构耐久性要求而设计的混凝土，其制作的主要技术途径是通过采用优质的化学外加剂和矿物外加剂，提高混凝土强度，显著改善和提高混凝土的施工性能、耐久性能和工作性能。高性能混凝土能更好地满足结构功能要求和施工工艺要求，能最大限度地延长混凝土结构的使用年限，降低工程造价。具体来说，高性能混凝土具有高强度、高耐久性、高流动性及高抗渗透性、良好的工作性能以及较高的体积稳定性等优点，是今后混凝土材料发展的重要方向。高性能混凝土因其优越性与效益，其用途不断扩大，在许多工程中得到推广应用。例如，北京八达岭高速公路山羊洼 1 号大桥采用了免振捣高性能补偿收缩混凝土，长春市西郊污水治理厂工程采用了抗冻性高性能混凝土，杭州湾跨海大桥采用了高性能海工混凝土，等等。高性能混凝土的应用解决了以前普通混凝土所不能克服的工程技术难点，提高了建筑的安全性和耐久性。进入 20 世纪 90 年代以后，高性能混凝土的研究开发与推广应用快速发展，世界各国均予以高度重视。高性能混凝土因其优异的综合性能必将逐步取代过去的普通混凝土，可以说 21 世纪将成为高性能混凝土的时代。

为改善混凝土结构自重大的缺点，世界各国已经大力研究发展了各种轻质混凝土（由胶结料、多孔粗骨科、多孔或密实的细骨科与水拌制而成），其干容重一般不大于 $18kN/m^3$，如陶粒混凝土、浮石混凝土、火山渣混凝土、膨胀矿渣混凝土等。轻质混凝土可在预制和现浇的建筑结构中采用，例如可制成预制大型壁板、屋面板、折板以及现浇的薄壳、大跨、高层结构，但在应用中应当考虑到其特殊性能（如弹性模量低、收缩、徐变大等）。国外轻质混凝土用于承重结构的强度等级为C30～C60，其容重一般为14～18kN/m³。国内常用的强度等级为C20、C30，也可配制C40或更高的强度，其容重一般为12～18kN/m³。由轻质混凝土制成的结构在自重方面较普通混凝土可减少20%～30%，因而结构的地震作用也会减小，因此，在地震区采用轻质混凝土结构可有效地减小地震作用，节约材料和造价。

纤维混凝土使得混凝土的性质获得飞跃的发展，把混凝土的抗拉、抗压强度比从1/10提高到1/2，并且具有早强、体积稳定（收缩、徐变小）的特点。目前使用该材料可以建造600～900m高的建筑、跨度达500～600m的桥梁，以及海上浮动城市、海底城市、地下城市等。

同时，环保节能已经成为全球的主题。在混凝土结构领域，人们已经开始关注混凝土结构的全寿命周期发展，利用混凝土建筑垃圾等再生骨料，还可以制成绿色环保混凝土。

2. 结构体系

混凝土结构最初仅在最简单的结构物如拱、板等中使用，但随着水泥和钢铁工业的发展，混凝土和钢材的质量不断改进、强度不断提高为进一步扩大混凝土结构的应用范围创造了条件，发展并形成了许多类型的结构形式与体系，如框架结构、剪力墙结构、筒体结构、塔式结构、桅式结构、悬索结构、悬吊结构、壳体结构、板柱结构、墙板结构、折板结构等。特别是自20世纪70年代以来，很多国家已把高强度钢筋和高强度混凝土用于大跨、重型、高层结构中，在减轻自重、节约钢材上取得了良好的效果，出现了大批超高层、高耸、大跨度、大空间的钢筋混凝土建筑。

图1-2 哈利法塔（阿联酋，2010年）

在超高层建筑方面，高度超过100m的钢筋混凝土超高层建筑已不计其数，而亚洲与中国又成为世界超高层建筑最多的地区。至2021年，世界十大超高层建筑排名依次是：哈利法塔（阿联酋，828m）（图1-2）、上海中心大厦（中国，632m）、广州塔（中国，610m）、麦加皇家钟饭店（沙特阿拉伯王国，601m）、平安国际金融中心（中国，599m）、乐天世界大厦（韩国，555m）、世界贸易中心一号楼（美国，541m）、广州周大福金融中心（中国，530m）、天津周大福金融中心（中国，530m）、中国中信大厦（中国，528m）。其中，9座在亚洲，6座在中国。目前中国在建的超高层建筑有：武汉绿地中心（中国，476m）、高银金融117大厦（约621m）。

图1-3 上海中心（中国，2016年）

上海中心（Shanghai Tower）（图1-3）依靠3个相互连接的系统保持直立。第一个系统是27m×27m的钢筋混凝土芯柱，提供垂直支撑力。第二个是钢材料“超级柱”构成的一个环，围绕钢筋混凝土芯柱，通过钢承力支架与之相连。这些钢柱负责支撑大楼，抵御侧力。最后一个是每14层采用一个2层高的带状桁架，环抱整座大楼。

钢筋混凝土易于产生裂缝这一缺点，促成了预应力混凝土结构的出现，高强度混凝土及钢材的发展又促进了预应力混凝土结构应用范围的不断扩大。预应力混凝土结构除了用以改善建筑结构，还应用于高层建筑、桥隧建筑、海洋结构、压力容器、飞机跑道及公路路面等方面。预应力混凝土结构的应用已不仅在某些范围内用来代替钢结构和改善普通钢筋混凝土结构，而且在一些方面，例如原子能发电站的高温高压的大型压力容器，只有采用预应力混凝土结构建造才能保证安全。对防腐蚀有特殊要求的海洋结构，如混凝土采油平台，也非采用预应力混凝土或钢筋混凝土建造不可。

第二次世界大战后，国外建筑工业化的发展很快，已从采用一般的标准设计定向工业化建筑体系，趋向于做到一件多用或仅用较少几种类型的构件（如梁板合一构件、墙柱合一构件等）就能建造成各类房屋。实践充分显示出建筑工业化在加快建设速度、降低建筑造价、保证施工质量等方面的巨大优越性（图 1-4、图 1-5）。在大力发展装配或钢筋混凝土结构体系的同时，有些国家还采用了工具式模板、机械化现浇与预制相结合，即装配整体式钢筋混凝土结构体系。

图 1-4　杭州湾跨海大桥（中国，2007）

图 1-5　三峡大坝（中国，2006）

表 1-1 所示为世界各地以混凝土作为主要建筑材料的典型建筑结构。

表 1-1　混凝土作为主要建筑材料的建筑结构

建筑	所在地	类型	结构	关键几何参数	建成时间
帝国大厦	美国纽约	高层建筑	钢筋混凝土结构	高度：448.7m；建筑面积：20.4 万 m^2	1931
吉隆坡石油双塔	马来西亚吉隆坡		钢混组合结构	高度：452m；建筑面积：28.95 万 m^2	1996
香港中国银行大厦	中国香港			高度：367.4m；建筑面积：13.5 万 m^2	1990
台北 101 大楼	中国台湾		钢混组合结构	高度：508m；建筑面积：39.8 万 m^2	2003
麦加皇家钟塔饭店	沙特阿拉伯王国		钢筋混凝土结构	高度：601m；建筑面积：150 万 m^2	2011
上海中心大厦	中国上海		钢混组合结构	高度：632m；建筑面积：15 万 m^2	2016

续表

<table>
<tr><th>建筑</th><th>所在地</th><th>类型</th><th>结构</th><th>关键几何参数</th><th>建成时间</th></tr>
<tr><td>罗马小体育馆</td><td>意大利罗马</td><td rowspan="2">大跨度空间结构</td><td rowspan="7">钢筋混凝土结构</td><td>跨度:59m</td><td>1957</td></tr>
<tr><td>巴黎国家工业与技术中心陈列大厅</td><td>法国巴黎</td><td>跨度:218m</td><td>1959</td></tr>
<tr><td>法赫德国王大桥</td><td>巴林湾</td><td>桥梁</td><td>长度:25000m</td><td>1986</td></tr>
<tr><td>杭州湾跨海大桥</td><td>中国浙江</td><td>桥梁</td><td>长度:36000m</td><td>2008</td></tr>
<tr><td>港珠澳大桥</td><td>中国</td><td>桥隧</td><td>全长:55000m;
主桥:29600m;
宽度:33.1m</td><td>2017</td></tr>
<tr><td>胡佛水坝</td><td>美国科罗拉多河</td><td rowspan="2">水利工程</td><td>最大坝高:111m;
长度:379m;
坝顶宽:13.6m;
坝底宽:202m</td><td>1936</td></tr>
<tr><td>三峡大坝</td><td>中国湖北宜昌三斗坪</td><td>最大坝高:181m;
长度:2309m;
坝顶宽:15m;
坝底宽:124m</td><td>2006</td></tr>
<tr><td>英吉利海峡海底隧道</td><td>英吉利海峡底</td><td rowspan="3">隧道</td><td rowspan="3">钢混组合结构</td><td>断面直径:7.6m;
长度:51000m</td><td>1994</td></tr>
<tr><td>青函隧道</td><td>日本</td><td>断面高:9m;
断面宽:11.9m;
长度:53850m</td><td>1988</td></tr>
<tr><td>乌鞘岭隧道</td><td>中国</td><td>断面高:10.1m;
断面宽:7.2m;
长度:20050m</td><td>2006</td></tr>
<tr><td>马拉帕亚平台</td><td>菲律宾苏比克海湾</td><td>石油平台</td><td>混凝土重力型平台</td><td>长度:99m;
宽度:80m;
塔柱高:59m</td><td>2000</td></tr>
</table>

3.基本理论

混凝土结构的基础理论研究正日趋完善。在水泥化学、材料力学、细观力学、断裂力学等多学科发展的带动与促进下,混凝土材料组分与配比、水化过程、钢筋混凝土力学性能、混凝土裂缝形成与扩展理论、混凝土和钢筋粘结理论、混凝土结构在设计和使用期间的评价、结构的风险估计以及混凝土结构耐久性理论研究等方面不断取得新的研究成果,研究范围涵盖从混凝土结构原材料生成到结构消失的全寿命过程的各个方面。

在结构计算方面,随着对混凝土结构本构关系、破坏准则、钢筋与混凝土相互作用、裂缝处理、材料时效特性分析等方面的研究,混凝土结构分析已由原来的弹性分析扩展到从加荷开始直至破坏的全过程弹塑性分析。结构分析的尺度也由单个构件的计算分析逐步扩展为整体空间结构分析，而且不仅对结构的骨架进行分析计算，还针对上部结构与其相关部分（如地基基础和填充墙等）之间的相互影响和共同工作进行分析计算。

考虑到混凝土结构的特点，在结构计算分析中已出现了多种有限元模型，如分离式模型、组合式模型、整体式模型、有限区法模型等，有力地促进了混凝土结构的力学性能数值模拟的发展。

在设计理论方面，从最初的估算，发展到20世纪初的容许应力法、20世纪40年代的按破损阶段计算法、50年代以来采用的极限状态设计法。目前，基于概率论与数理统计的可靠度理论使钢筋混凝土的极限状态设计方法更趋完善。随着试验和测试技术与计算手段的提高，钢筋混凝土的设计理论日趋完善，并向更高阶段发展。1971年，欧洲混凝土委员会（CEB）等6个国际组织联合组成了结构安全度联合委员会，通过广泛的国际合作，于1976年编制了依据近似概率极限状态设计方法的《统一标准规范的国际体系》。1975年，加拿大率先在结构设计规范中采用了可靠度理论。

为了解决各类材料的建筑结构可靠度设计方法的合理和统一问题，中国于1984年颁布的《建筑结构设计统一标准》（GBJ 68—84）规定了我国各种建筑结构设计规范均统一采用以概率理论为基础的极限状态设计方法，2001年修订形成了《建筑结构可靠度设计统一标准》（GB 50068—2001），2018年根据对建筑结构可靠性的认识和对结构全寿命性能的认识重新修订了《建筑结构可靠性设计统一标准》（GB 50068—2018）（以下简称《统一标准》）。为配合（GBJ 68—84）的执行，1989年颁布的《混凝土结构设计规范》（GBJ 10—89）（以下简称《设计规范》）使我国混凝土结构设计规范提高到了一个新的水平，并在2002年、2010年和2015年进行了三次修订。在2010年版/2015年版的《设计规范》中新增加了结构分析的内容，可以根据结构类型、构件布置、材料性能和受力特点等选择下列方法：线弹性分析方法，考虑塑性内力重分布的分析方法，塑性极限分析方法，非线件分析方法以及试验分析方法，这有力地推动了新材料、新工艺、新结构的应用，使混凝土结构不断地发展，不停地演进，达到新的水平。

4. 全寿命设计与分析

节能减排、环境保护和可持续发展已成为当今世界发展的主题。20世纪中期，由于工业化国家大规模的基础设施建设，影响结构耐久性和使用寿命的工程问题和危及材料资源与地球能源的环境问题逐渐凸显。混凝土结构耐久性不足，特别是钢筋腐蚀引起的混凝土结构过早破坏，已造成了巨大的经济损失和社会影响，成为世界各国普遍关注的一大灾害。大量后期养护和加固费用的支出使得结构工程师们深切认识到结构使用寿命的重要性，因而提出了工程结构的全寿命经济性问题和可持续发展问题。任何一项结构工程的完整周期应该包括五个环节，即项目规划、结构设计、施工建造、运营管理和整体拆除。混凝土结构全寿命设计与分析就是要考虑混凝土结构的整个生命周期，而不仅仅是某一个阶段（比如结构使用期），统筹考虑设计、施工、运营和管理各个环节以寻求恰当方法和措施，使结构的全寿命性能（安全、适用、耐久、经济、美观、生态等）达到最优或优化。

从施工上讲，首先在对混凝土的组成材料如砂、石、水泥、水及各种掺和料等的选择上，仍大有提升空间。比如，从对自然环境的保护角度出发，选择当地或临近区域资源丰富并不会对环境构成损害的砂、石料作为混凝土配制的主要粗细骨料；从对人体保护的角度出发，选择对人体无害物质的砂石料作为混凝土骨料；选用粉煤灰等工业废渣，在改善混凝土性能的同时，达到替代水泥、减少废物排放等综合环境保护目的；根据混凝土构件使用部位的不同，以及不同的强度、抗渗、抗冻融、耐久性等具体指标要求，选择不同种类的高效（高性能）外加剂，有效改善混凝土的和易性、抗渗性、抗冻融性、耐久性等性能，通过性能的改善和强度的提高，来实现节省混凝土用量的目的，从而达到节材要求。在混凝土构件施工过程中，要考虑降低噪声、粉尘、节约用水和减少水污染等的要求。因此，工艺的选择亦应充分考虑这些因素，比如采用环保型振捣设备替代常规振捣设备以减少噪声，采用养护液或塑料薄膜覆盖养护替代浇水养护以节省用水并减少水污染等。

在使用和维护上，应分别向前延伸至施工环节、设计环节，甚至策划环节，至少应延伸至施工环节。在设计环节，应根据其设计结果，预估其耐久性和耐久年限，并提出分阶段的维护方案和措施；在施工环节则是在竣工交付时，针对各具体部位所用材料的耐久年限和施工质量的保用年限提出该混凝土结构的维护建议，比如抹灰层的使用年限及其维护建议、油漆涂料的使用年限及其维护建议等。作为用户，在享受建（构）筑物提供的各种便利的同时，还应正确地按照用户手册的要求进行使用，这是最基本的职责。具体包括：不随意改变工程用途和使用环境；定期进行或请维修单位对工程进行维护保养；对工程或其中部分单元进行改造时，按照预定方案进行；对于超出预定方案的设想，必须请专业公司在充分研究原设计和施工情况后提出改造方案，并经审查批准后由专业公司负责实施；接受并协助维护单位和工程评估鉴定单位对工程开展正常维护和鉴定工作。

在废弃再利用方面，大量砖混结构中拆除的预制过梁、挑梁以及圈梁、构造柱等被分段切割后即成为规整的混凝土块，可用于临时场地铺砌、坡道堡坎砌筑等；预制楼板（平板或空心板），可用于临时场地铺砌；其他可用的预制或现浇混凝土构件被合理地切割后，可用于合适的地方；完全不能再利用的混凝土构件，应将其分类集中、破碎后作为再生混凝土骨料使用。

1.5 课程的内容、目的和学习方法

1.5.1 课程的内容和目的

“混凝土结构原理”主要研究混凝土结构材料的力学性能、结构设计的基本方法，基本构件的截面设计原理、基本的构造要求以及混凝土耐久性设计的原理和方法。其所研究的构件主要有受弯、受压、受拉、受扭及组合受力构件。受弯构件指截面内力以弯矩和剪力为主的构件，主要为梁、板等水平受力构件；受压构件指截面内力以压力为主，或兼有弯矩及剪力

作用的构件，主要为墙、柱等竖向受力构件，受压构件又可分为轴心受压构件和偏心受力构件两类。受拉构件指截面内力以拉力为主，或兼有弯矩及剪力作用的构件，也分为轴心受拉构件和偏心受拉构件两大类，如钢筋混凝土屋架的下弦杆、拉杆拱中的拉杆等。受扭构件指截面内力有扭矩，或兼有弯矩及剪力作用的构件，如框架结构的边梁、厂房中吊车梁及雨篷梁等。从截面承载力计算原理上分析，无论受弯、受压或者受剪、受扭，或者几种受力状态的组合，可以归纳为三类基本问题：一是正截面的设计，二是斜截面的设计，三是扭曲截面的设计。其中受压和受弯属于正截面设计，受剪和受扭属于斜截面设计问题。正截面设计需要考虑轴力和弯矩两个内力，斜截面设计和扭曲截面设计时要考虑轴力对抗剪和受扭承载力的影响，当同时还有剪力和扭矩时，还需考虑剪力和扭矩的相互影响。

本课程学习的主要目的是：掌握混凝土结构的基本概念、基本理论及构造要求，能正确运用各类设计规范进行工业与民用建筑结构构件的设计计算，为将来从事设计工作、施工及管理岗位的技术工作打下牢固的基础。学习课程时还要提高对各种错综复杂因素的综合分析能力。

1.5.2 课程学习时应注意的几个问题

学好钢筋混凝土结构原理应注意以下几个关键问题。

1.理解和掌握混凝土材料和构件的非线性力学性能

混凝土结构由钢筋和混凝土两种力学性能不相同的材料所组成，混凝土材料既不是理想的弹性材料，也不是理想的塑性材料，其力学性能取决于材料组成及其结构，由于材料的非线性性质，决定了结构构件的非线性性质。

混凝土构件的破坏过程与形式、应力和内力重分布、截面承载能力计算、变形与裂缝计算等都与构件的非线性性质有关。正常使用极限状态和承载能力极限状态的差别不仅体现在应力的大小上，还体现在应力的分布上。

2.正确理解和使用计算公式

混凝土结构中的计算公式与力学中的计算公式有所不同。力学中的材料都是理想的弹性或塑性材料，而钢筋混凝土结构材料是非均质、非弹性的，计算公式的提出建立在科学试验或工程经验的基础上，不是完全利用几何、平衡条件等经严谨的计算推导而建立的。因此，要很好地掌握钢筋和混凝土材料的力学性能，了解混凝土结构受力性能及破坏特征，理解公式建立时采用的基本假定，注重分析公式与设计计算公式之间的联系与区别。关键是能正确地使用公式，注意其适用范围和限制条件。

3.重视构造措施

结构和构件设计必须经过计算及构造设计两部分才能完成，因为在强度和变形计算公式的建立过程中，并不是考虑了结构上的所有作用及影响因素，也很难考虑所有的影响因素，如温度影响、混凝土收缩、地基不均匀沉降等，而是在一定简化条件下建立的计算模型，还必须用构造设计来补充。构造设计是长期的科学试验和工程实践经验的总结，计算和构造同等重要。

4. 熟悉、理解和运用设计规范

结构设计规范是国家颁布的具有法律性的文件，是进行结构设计计算和构造要求的技术规定和技术标准，是设计人员进行设计时必须遵守的准则，也是设计校核和审核的依据，更是一个国家阶段科研成果、工程技术水平的集中体现及工程经验知识的积累与总结。

混凝土结构是一门理论性和实践性较强的课程，学习时，一方面应重视基本知识及理论学习，另一方面还应熟悉、掌握和应用国家颁布的有关结构设计计算和构造要求的技术规定和标准。除《混凝土结构设计规范》(GB 50010—2015)外，还应熟悉《工程结构通用规范》(GB 55001—2021)、《混凝土结构通用规范》(GB 55008—2021)、《建筑结构可靠性设计统一标准》(GB 50068—2018)、《建筑结构荷载规范》(GB 50009—2011)(以下简称《荷载规范》)、《混凝土结构耐久性设计标准》(GB/T 50476—2020)(以下简称《耐久性规范》)、《混凝土结构工程施工及验收规范》(GB 50204—2015)(以下简称《施工规范》)等。学习规范和学习课程一样，要正确理解规范条文的内容和实质，了解有关背景材料，切忌死记硬背公式和盲目套用规范条文，在设计工作中要灵活性和创造性地加以利用。

5. 注重新理论、新技术的应用

当前，混凝土结构和建造技术仍处于不断推陈出新的时代，结构设计方法也不是一成不变的。随着混凝土结构的应用场景、应用需求和应用方式的变化，混凝土结构的形式和材料也处于不断的更新之中。针对不同的材料特点和结构特点，非传统的分析理论和设计计算公式也会被提出以满足特殊的设计要求。因此，需要在学习的过程中关注一些新理论和新技术的应用。

例如，随着自然资源的紧缺和绿色可持续发展理念的提出，再生混凝土成为重要的研究焦点，关于再生混凝土结构的设计理论和设计计算公式等也逐步形成新的设计体系；而随着制造技术的发展，3D 打印技术成为最为热点的技术之一，更是被称为“具有工业革命意义的制造技术”，同时在建筑领域，混凝土 3D 打印技术或再生混凝土 3D 打印技术也成为未来建造技术发展的新方向。

思考题

1.1　从受力特性分析，混凝土结构的基本构件有哪几种？

1.2　钢筋和混凝土是两种物理性质不同的材料，两者能够结合在一起共同工作的原因是什么？

1.3　混凝土结构作为建筑和土木工程最为广泛应用的结构，它的优缺点有哪些？

1.4　混凝土结构常用的分类标准有哪些？分别有哪些结构类型？

第 2 章　混凝土结构材料及其协同工作性能

知识点：混凝土抗压、抗拉、复合受力强度的测试方法，混凝土变形的种类及引起的原因，钢筋的力学性能，钢筋与混凝土的黏结强度及影响因素，复合纤维材料的种类和各自性能特点。

重　点：混凝土抗压、抗拉强度的物理意义与测试方法。

难　点：混凝土复合受力强度、混凝土的疲劳变形与徐变。

混凝土结构会用到混凝土、钢筋以及增强纤维等建筑材料，了解这些材料各自的特点以及它们协同工作的性能，对混凝土结构的设计、施工和维养具有重要的意义。混凝土结构的材料的性能与特点包含力学性能、耐久性能和施工性能，材料的选用不仅要从以上三个方面来考虑，并且钢筋和混凝土间良好的协同工作性也是混凝土结构正常使用的重要保障。工程技术人员除了对材料本身性能有严格要求之外，还会在混凝土结构的施工过程中采用一些特殊的施工工艺和手段，以提高整个工程结构的承载能力和满足其使用性能的要求。另外，随着材料科学的发展，许多性能优异的新型复合建筑材料逐渐进入人们的视野，并开始在对结构性能要求较高的重大工程中得到应用。

2.1　混凝土的强度

2.1.1　混凝土的抗压强度

混凝土是由水泥、砂、石子加水拌和而成的人工石材。水泥水化经凝结、硬化，形成水泥石。水泥石则由凝胶体、晶体、未水化的水泥颗粒及毛细孔组成。水泥石中的晶体和砂、石等骨料组成混凝土中的弹性骨架，主要承受外力，并使混凝土承受外力时表现出弹性变形的特性。

混凝土强度与水泥和骨料的品种、配合比、养护条件及龄期等多种因素有关，还与试件的形状和大小、试件受压时横向变形的约束及加荷的速度等因素有关。因此，测试混凝土的强度指标，应以统一规定的试验方法为依据。同时，在进行结构构件的受力分析及强度计算时，应按设计和施工时不同的受力状态，选取不同的抗压强度指标。

混凝土的破坏是由混凝土内部微裂缝的发展形成的结果，破坏是裂缝发展过程的最后阶段。试块在加载前，混凝土中就存在着收缩裂缝和由于骨料周围泌水而产生的微裂缝（黏结裂缝），同时水泥石中也存在着一些细微的裂缝。这些统称为混凝土内部的微裂缝，如图2-1(a)所示。

混凝土受载后，当应力 σ_c 较小时（$\sigma_c \leqslant 0.3f_c$，$f_c$ 为轴心抗压强度），骨料和水泥石会产生弹性变形，初始微裂缝尚处于基本不发展阶段。随着混凝土中应力的发展，微裂缝就开始扩展，这就形成了混凝土中的塑性变形。此时，试件外观表现为横向变形加速。一般当 $\sigma_c < 0.65f_c$ 时，微裂缝的发展变化还是个别和分散的微裂缝，处于相对稳定状态阶段，如图 2-1(b)所示，即随应力的增加，微裂缝才会得到发展。当应力不再增加时，微裂缝也维持原状不再继续发展。当应力 σ_c 达到约 65％的极限强度时，在骨料颗粒与水泥石的接触面上就会产生局部应力集中，当混凝土的拉应力超过黏结强度时就会出现一些新的裂缝（砂浆裂缝），同时初始微裂缝进一步扩展。当加载至约 85％极限强度时，砂浆的裂缝就会急剧扩展，并沟通大骨料的黏结裂缝，再沟通小骨料的黏结裂缝，成为非稳定裂缝，如图 2-1(c)所示。在极限荷载下，形成与加载方向平行的纵向贯通裂缝，将试块分割成许多小柱体，最后小柱体崩裂，导致混凝土破坏，如图 2-1(d)所示。

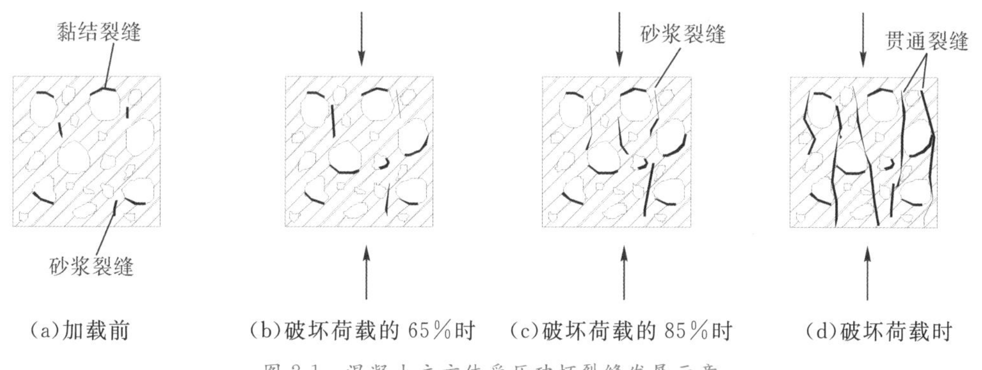

图 2-1　混凝土立方体受压破坏裂缝发展示意

试验表明，承压面积相同但试件尺寸不同、端部约束条件不同的混凝土轴心受压试件的抗压强度是不同的。以承压面积（150mm×150mm）相同的 4 个试件为例，4 个试件分别为：(1)150mm×150mm×450mm 棱柱体，承压接触面不施加减小摩擦措施；(2)150mm×150mm×150mm 立方体，承压接触面不施加减小摩擦措施；(3)150mm×150mm×150mm 立方体，承压接触面涂抹润滑油；(4)450mm×450mm×450mm 立方体，局部承压。

试件的抗压强度 f_i 可按下式计算：

$$f_i = \frac{N_i}{A} \tag{2-1}$$

式中：N_i——第 i 个试件的破坏荷载；A——承压面积。

试验结果表明：4 个混凝土试件的抗压强度是不同的，有 $f_4 > f_2 > f_3 \approx f_1$。主要原因是，在单向轴心压力作用下，混凝土会产生轴向压缩应变和横向拉伸应变，而横向拉伸应变则是造成纵向裂缝的主要原因。当混凝土试块与压力机垫板直接接触，且无减小摩擦措施时，试件表面与垫板之间会存在摩擦力，使得试块的横向不能自由变形，就会提高混凝土的抗压强度。而靠近试块上下表面的区域内，好像被箍住一样，即具有“套箍效应”。在试块中部由于摩擦力的影响较小，混凝土仍然可横向鼓胀。所以，对于相同尺寸的混凝土试件，无减摩措施的试件抗压强度就会大于有减摩措施的试件抗压强度，即$f_2>f_3$。同样，对于棱柱体试块，其高度较大，套箍效应在端部就会更加明显，而试块中部影响就会很小，横向变形就不受限制。所以，在同样的约束条件下，棱柱体试块就会比同样承压面积的立方体试块抗压强度来得低，即$f_2>f_1$。对于局部承压试件，荷载仅作用在部分面积上，其横向变形受到未受荷载直接作用的外围混凝土的约束，所以抗压强度就会达到最高值，$f_4>f_2$。

同时，不同的试块的破坏形态也会不同。在试件 2 中，由于受到明显的套箍效应，致使混凝土破坏时形成了两个对顶的角锥形破坏面，如图 2-2(a)所示。在试件 3 的上、下表面涂抹了一些润滑剂，此时试件与压力机垫板间的摩擦力将会大大减小，其横向变形几乎不受约束，受压时没有套箍效应的影响，试件将沿着平行于力的作用方向产生若干条裂缝而破坏，如图 2-2(b)所示。

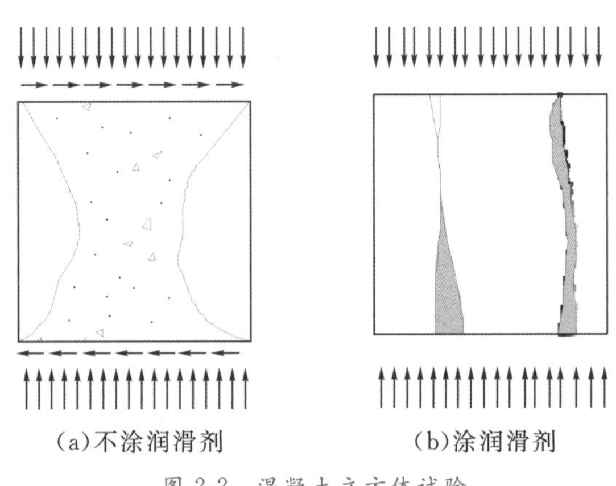

图 2-2　混凝土立方体试验

试验证明：测得的混凝土抗压强度与加载速度有很大的关系。加载速度越快，强度就越高，反之则低。因此，测定混凝土的立方体抗压强度、棱柱体抗压强度、局部抗压强度都应在标准的加荷速度下进行(每秒 0.2～0.3MPa)。速度提高到每秒 10MPa，强度就可提高 10%。在冲击荷载作用下，以每秒10^5MPa 速度加载，强度可提高约 60%。同样减缓加载速度，强度则将降低，而在长期荷载作用下，混凝土棱柱体抗压强度将降低 20%。

1. 立方体抗压强度(强度等级)

立方体抗压强度不代表实际构件中混凝土的受力情况，但由于它的制作及试验比较方便，故被作为在统一试验方法下衡量混凝土强度的相对指标。所以，我国把立方体强度值作为混凝土强度的基本指标，并把立方体抗压强度作为评定混凝土强度等级的标准。《混凝土结构设计规范》规定，以边长为 150mm 的立方体为标准试件，标准立方体试件在(20±3)℃的温度和相对湿度 90%以上的潮湿空气中养护 28d，按照标准试验方法测得的抗压强度作为混凝土的立方体抗压强度，单位为 MPa。

《设计规范》规定混凝土强度等级应按立方体抗压强度标准值确定，用符号$f_{cu,k}$表示，下标 cu 表示立方体，k 表示标准值，即用上述标准试验方法测得的具有 95%保证率的立方体抗压强度作为混凝土的强度等级。《设计规范》规定的混凝土强度等级有 C15～C80 共 14 个等级。

我国规定的标准试验方法是不涂润滑剂的。通常规定加载速度为：混凝土强度等级低于 C30 时，取每秒钟 0.3～0.5MPa；混凝土强度等级高于或等于 C30，低于 C60 时，取每秒钟 0.5～0.8MPa；混凝土强度等级高于或等于 C60 时，取每秒钟 0.8～1.0MPa。混凝土的立方体抗压强度随着成型后混凝土的龄期逐渐增长，因此试验方法中规定龄期为 28d。

目前实际采用的尺寸还有 200mm 和 100mm 边长的立方体试块。试验表明，由于试验块两端摩擦的影响和尺寸效应，立方体边长越小，抗压强度越高。如果试验采用边长 100mm 或 200mm 的立方体试块，则应将测得的抗压强度分别乘以尺寸效应系数 0.95 和 1.05，换算成边长为 150mm 的立方体试块强度。

2. 轴心抗压强度(棱柱体抗压强度)

若试件为棱柱体，则所测得的抗压强度称为棱柱体抗压强度。棱柱体的抗压强度比较接近实际构件中混凝土的受力情况。试验证实，轴心受压混凝土柱中的混凝土强度基本上和棱柱体抗压强度相同。试验还表明，强度随试件高度与宽度之比而异，但是趋于稳定。所以，一般规定用棱柱体抗压强度来代表混凝土单向均匀受压时的抗压强度。但由于宽高比为 1∶2 与 1∶3 的试件测得的强度数值相差不多，为照顾我国目前试验机的实际尺寸，所以把尺寸为 150mm×150mm×300mm 的试件定为标准试件。

我国《混凝土物理力学性能试验方法标准》(GB/T 50081—2019)规定以 150mm×150mm×300mm 的棱柱体作为混凝土轴心抗压强度试验的标准试件。棱柱体试件与立方体试件的制作条件相同，试件上、下表面不涂润滑剂。棱柱体的抗压试验及试件破坏情况如图 2-3 所示。由于棱柱体试件的高度越大，试验机压板与试件之间摩擦力对试件高度中部的横向变形的约束影响越小，所以棱柱体试件的抗压强度都比立方体的强度值小，并且棱柱体试件高宽比越大，强度就越小。但是，当试件高宽比达到一定值后，这种影响就不明显了。因此，可以认为，棱柱体试件的中部区段处于均匀受压状态，与轴心受压柱中的混凝土强度基本相同。它是混凝土受力最重要的特征之一。

根据国内棱柱体和立方体抗压强度试验结果，得到两者之间的统计公式为

$$f_{ck}=0.88\alpha_{c1}\alpha_{c2}f_{cu,k} \tag{2-2}$$

式中：f_{ck}——棱柱体的强度标准值；$f_{cu,k}$——边长为 150mm 的混凝土立方体抗压强度标准值；α_{c1}——棱柱体强度与立方体抗压强度之比值，对于普通混凝土，其强度等级≤C50 时，取$\alpha_{c1}=0.76$，对于高强混凝土 C80，取$\alpha_{c1}=0.82$，其间按线性插值取用；α_{c2}——对于 C40 以上等级的混凝土考虑的脆性折减系数，当强度等级≤C40 时，取$\alpha_{c2}=1$，对于高强度混凝土 C80，取$\alpha_{c2}=0.87$，其间按线性插值取用；0.88——试件的混凝土强度修正系数，是考虑到结构中混凝土强度与试件混凝土强度之间的差异，根据以往经验，并结合实验数据分析，以及

参考其他国家的有关规定而取用的。

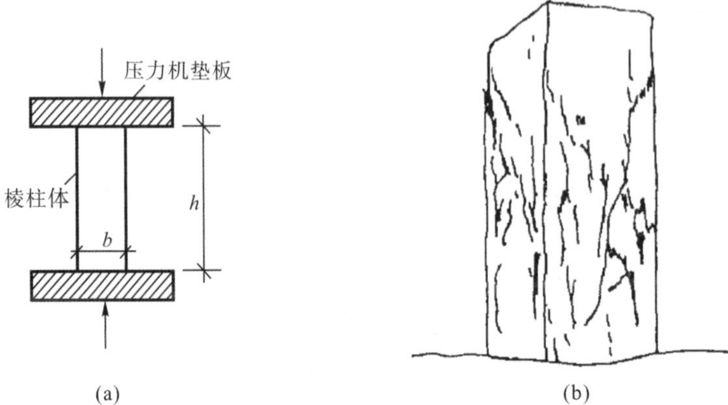

图 2-3 混凝土棱柱体试验

3.局部承压强度

凡是荷载仅作用在构件部分面积上的受力状况都可视为局部承压。试验表明，局部承压强度 f_{cl} 与棱柱体均匀受压强度 f_c 之间存在如下关系：

$$f_{cl}=\beta_c\beta_l f_c \tag{2-3}$$

$$\beta_l=\frac{A_b}{A_l}$$

式中：β_c——混凝土强度影响系数，当混凝土强度等级不超过 C50 时，取 $\beta_c=1$，当混凝土强度等级为 C80 时，取 $\beta_c=0.8$，其间按线性内插计算；β_l——混凝土局部受压时的强度调高系数；A_l——混凝土局部受压面积；A_b——混凝土局部受压的计算底面积，可由局部受压面积与计算底面积同心、对称的原则确定，常用情况如图 2-4 所示。

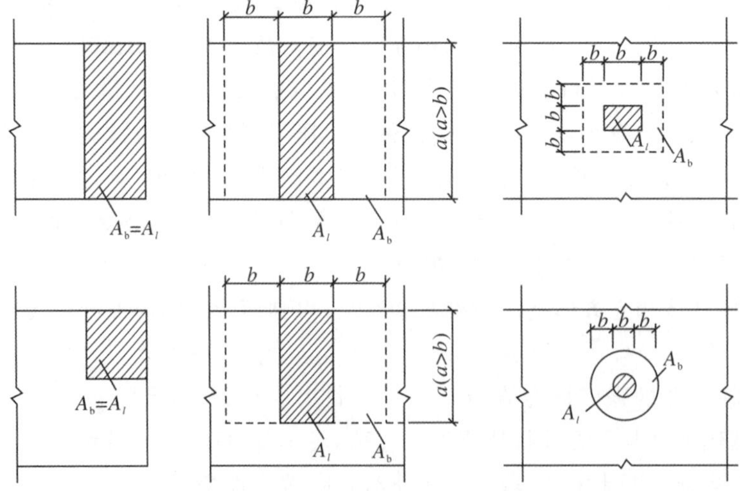

图 2-4 局部受压的计算底面积

2.1.2　混凝土的抗拉强度

混凝土的轴心抗拉强度是混凝土的一个基本力学性能指标，可用于分析混凝土构件受冲切、受剪和抗裂度等基本性能。混凝土的抗拉强度通常较低，远远低于其抗压强度，一般只有抗压强度的 1/16～1/8，且比值随着混凝土抗压强度的增大而减小。凡影响抗压强度的因素，一般对抗拉强度也有影响，但其影响程度是不同的。目前，混凝土轴心抗拉试验方法通常采用直接轴心拉伸试验和劈裂试验两种。

直接轴心拉伸试验法，采用尺寸为 100mm×100mm×500mm 的棱柱体试件，在其两端设有埋入长度为 150mm、直径为 16mm 的钢筋。试验机夹紧试件两端伸出的钢筋，并施加拉力使得试件受拉，如图 2-5 所示。受拉破坏时，试件中部产生横向裂缝，破坏截面上的平均应力即为其轴心抗拉强度。但是，直接测试法的试件制作和安装均比较困难，试验结果离散性也比较大。

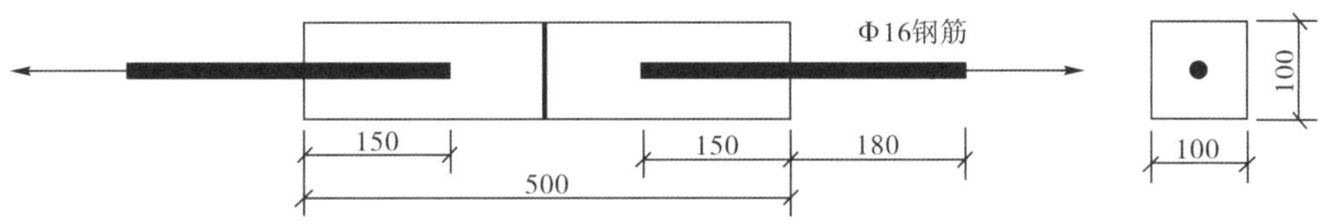

图 2-5　混凝土轴线受拉试验

目前，国内外大多采用圆柱体或立方体劈裂试验间接测定抗拉强度，如图 2-6 所示。在卧置的立方体（或圆柱体）与加载板之间放置一个垫块，使上下形成对应条形加载。这样，在竖直面上就产生了拉应力，它的方向与加载方向垂直，并且基本上是均匀的，从而形成劈裂破坏。必须指出：加载垫块、垫条和试件尺寸对劈裂试验的结果都有一定影响，垫条尺寸愈大，抗拉强度试验值愈大。由于混凝土是非匀质脆性材料，随着受拉断面尺寸的增大，内部薄弱环节增多，抗拉强度相应降低。

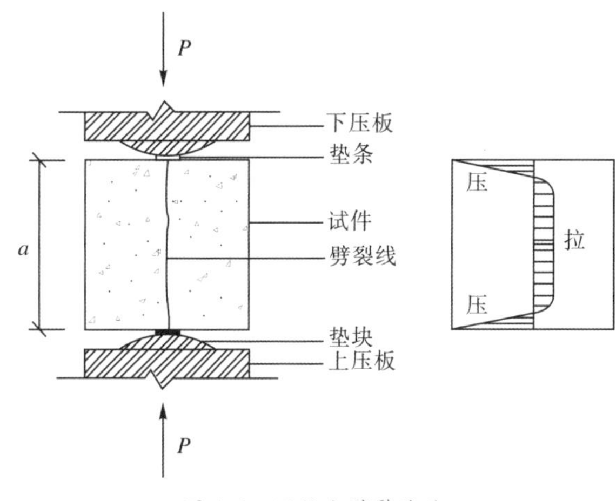

图 2-6　混凝土劈裂试验

混凝土抗拉强度公式如下：

$$f_t^t = \frac{2P}{\pi a^2} \tag{2-4}$$

式中：f_t^t——试件的轴心抗拉强度（MPa）；P——破坏荷载（N）；a——圆柱体直径或立方体边长（mm）。

《设计规范》根据试验数据统计分析后确定混凝土抗拉强度标准值 f_{tk} 按式（2-5）计算：

$$f_{tk} = 0.88 \times 0.395 \times (f_{cu,k})^{0.55} \times (1 - 1.645\delta)^{0.45} \times \alpha_{c2} \tag{2-5}$$

式中：δ——立方体强度的变异系数，对不同强度等级的 δ 值可查《设计规范》；$f_{cu,k}$——立方体抗压强度标准值；系数 0.395 和指数 0.55 为轴心抗拉强度与立方体抗压强度的折算系数，是根据试验数据进行统计分析以后确定的。其他符号均同式(2-2)。

影响混凝土抗拉强度的因素很多，其中提高轴心抗拉强度最有效的措施是使骨料级配均匀和提高混凝土的密实度。各强度等级混凝土的轴心抗压和轴心抗拉强度的标准值、设计值见附表 1，C80 以上高强混凝土的轴心抗拉强度标准值，目前虽有少量工程应用但数量很少，且对其性能的研究尚不够充分，故表中未列出。

2.1.3 混凝土复合受力时的强度

混凝土构件实际上大多处于复合应力状态，例如混凝土梁中的剪压区、框架梁与柱的节点区和后张法预应力混凝土的锚固区等，因此，研究混凝土复合受力时的强度是混凝土结构的一个基本理论问题。但是，由于混凝土材料本身的复杂性，目前还没有建立准确的理论公式，只能借助试验资料，提出一些近似的经验公式。

1. 双轴受力时混凝土的强度

在两个平面作用法向应力σ_1和σ_2，第三个平面上应力为零的双向应力状态下，混凝土的破坏包络图如图 2-7 所示。一旦超出包络线就意味着材料会发生破坏，图中L_1象限为双向受压区，大体上一向的强度随另一向压力的增加而增加，混凝土双向受压强度比单向受压强度最多可提高 27%；L_2象限为双向受拉区，双向受拉强度均接近于单向受拉强度；L_3、L_4象限为拉—压应力状态区，此时混凝土的强度均低于单向抗拉强度和单向抗压强度。

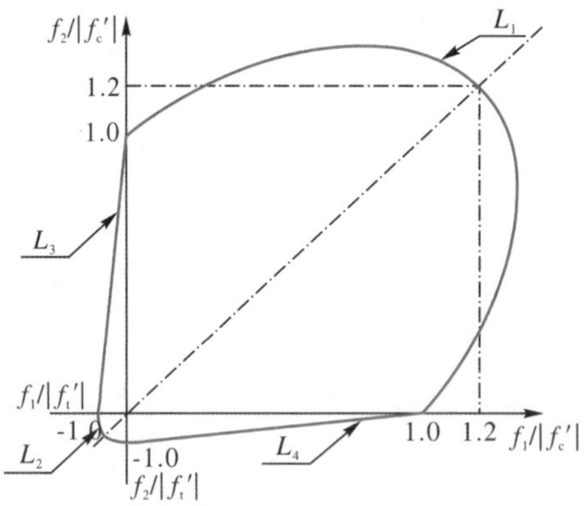

图 2-7 混凝土二轴应力的强度包络

《设计规范》给出了混凝土二轴应力的强度包络曲线方程：

$$
\begin{cases}
L_1: & \sqrt{f_1^2+f_1^2-f_1 f_2}-\alpha_s(f_1+f_2)=(1-\alpha_s)\left|f_{c,r}\right| \\
L_2: & f_1^2+f_1^2-2\nu f_1 f_2=(f_{t,r})^2 \\
L_3: & \dfrac{f_2}{\left|f_{c,r}\right|}-\dfrac{f_1}{\left|f_{t,r}\right|}=1 \\
L_4: & \dfrac{f_1}{\left|f_{c,r}\right|}-\dfrac{f_2}{\left|f_{t,r}\right|}=1
\end{cases}
\tag{2-6}
$$

$$\alpha_s=\frac{r-1}{2r-1}$$

式中：α_s——受剪屈服参数；r——双轴受压强度提高系数，取值范围为 1.15～1.30，可根据试验数据确定，在缺乏试验数据时可取 1.2。

当混凝土处于剪压或剪拉双向受力状态时，其强度变化规律如图 2-8 所示。当正应力为拉应力时，拉应力越小，抗剪强度越高；当正应力为压应力时，在一定的范围内，正应力越大，抗剪强度越高；当正应力达到单轴抗压强度的 50%～70%时，抗剪强度达到最大值。随后，抗剪强度则会随着应力的增大而降低。剪应力的存在将会使混凝土的抗压强度低于单轴抗压强度。结构中出现剪应力，将要影响梁或柱中受压区混凝土的强度。正应力和剪应力共同作用的强度规律，将对混凝土构件的抗剪承载能力计算有着重要的意义。

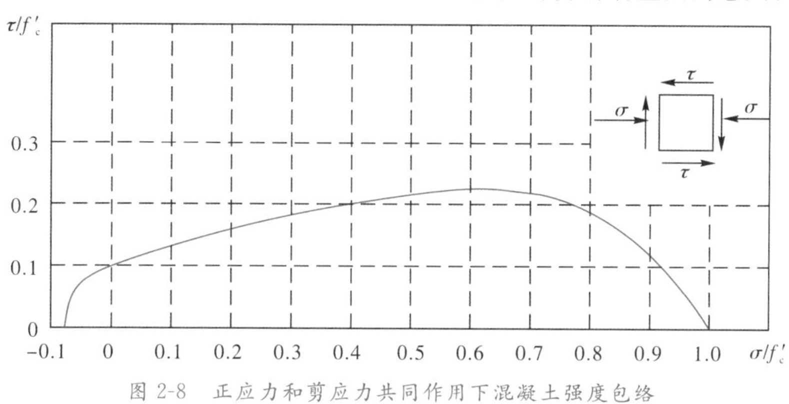

图 2-8　正应力和剪应力共同作用下混凝土强度包络

2. 三轴应力状态下的混凝土强度

(1)三轴受压状态下混凝土强度

混凝土在三向受压的情况下，由于受到侧向压力的约束作用，最大主压应力轴的抗压强度 f'_{cc} 有较大程度的增长，其变化规律会随着两侧向压应力的比值和大小而不同。根据圆柱体试件周围加侧向液压的试验结果，三向受压时混凝土纵向抗压强度的经验公式为

$$f'_{cc}=f'_c+k\,f_L \tag{2-7}$$

式中：f'_{cc}——有侧向压力约束试件的轴心抗压强度；f'_c——无侧向压力约束试件的轴心抗压强度；f_L——侧向约束压应力；k——侧向压应力效应系数，一般为 4.5～7，平均值为 5.6。

《设计规范》规定，在三轴受压状态下，混凝土的抗压强度可根据两侧向压应力的比值确定，其最高强度不宜超过单轴抗压强度的 5 倍。

从图 2-9 中可以看出，随着侧向压力的增加，试件的强度和延性都有显著提高。这是由于一个方向受压时，其横向变形受到另外两个方向的约束，使得微裂缝的发展受到抑制。

对于纵向受压的混凝土，如钢管混凝土柱、配螺旋箍筋的混凝土柱等，如图 2-10 所示，其混凝土的侧向变形受到约束，形成三向受力状态，可以使混凝土的抗压强度有较大的提高，也可以使混凝土的延性有相应的提高。

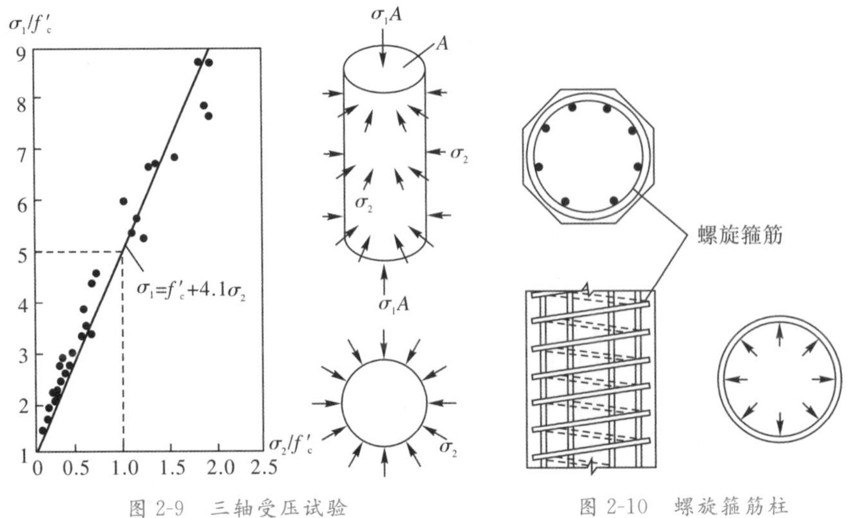

图 2-9 三轴受压试验　　图 2-10 螺旋箍筋柱

(2)三轴受拉应力状态下混凝土强度

在三轴受拉应力状态下，混凝土的三轴抗拉强度均可取单轴抗拉强度的 0.9 倍。

(3)三轴拉压应力状态下混凝土强度

三轴拉压(拉—拉—压、拉—压—压)应力状态下混凝土的三轴抗压强度 f_1 可根据应力比 σ_3/σ_1 和 σ_2/σ_1 确定，其最高强度不宜超过单轴抗压强度的 1.2 倍。

2.2 混凝土的变形

混凝土结构的承载能力与正常使用性能不仅与材料的强度有关，还与材料的变形性能有关。在混凝土结构内力分析中，弹性模量、本构关系等变形性能指标是结构分析的重要力学参数。混凝土的变形可分为两大类：受力变形和非受力变形。受力变形是指荷载作用下的变形，加载方式不同其变形性能也不同。而非受力变形则是指由于硬化收缩或温度变化所引起的变形，受到约束的硬化收缩或温度变形也能在混凝土中产生应力。

2.2.1 混凝土在一次短期单轴加压时的变形性能

1. 混凝土受压应力—应变全曲线

混凝土受压时的应力—应变关系是混凝土的最基本的力学性能之一。测定混凝土的受压应力—应变关系时采用棱柱体试件。试验时荷载从零开始单调增加至试件破坏，也称单调加载或一次短期加载。图 2-11 所示为典型混凝土棱柱体受压应力—应变全曲线。

可以看到，这条曲线包括上升段($OABC$)和下降段($CDEF$)两个部分。上升段 $OABC$ 又可分为三段，从加载至应力约为(0.3～0.4)f_c^0 的 A 点为第 1 阶段，由于这时应力较小，混凝土的变形主要是骨料和水泥结晶体受力产生的弹性变形，而水泥胶体的黏性流动以及初始微裂缝变化的影响一般很小。所以，应力—应变关系接近直线，称 A 点为比例极限点。超过 A 点，进入裂缝稳定扩展的第 2 阶段，至临界点 B，临界点的应力可以作为长期抗压强度的依据。此后，试件中所积累的弹性应变能将会保持大于裂缝发展所需要的能量，从而形成裂缝快速发展的不稳定状态直至峰点 C，这一阶段为第 3 阶段，这时的峰值应力σ_{max}通常作为混凝土棱柱体抗压强度的试验值f_c^0（上标 0 表示试验值），相应的应变称为峰值应变ε_0，其值在 0.0015～0.0025 范围波动，通常取为 0.002。

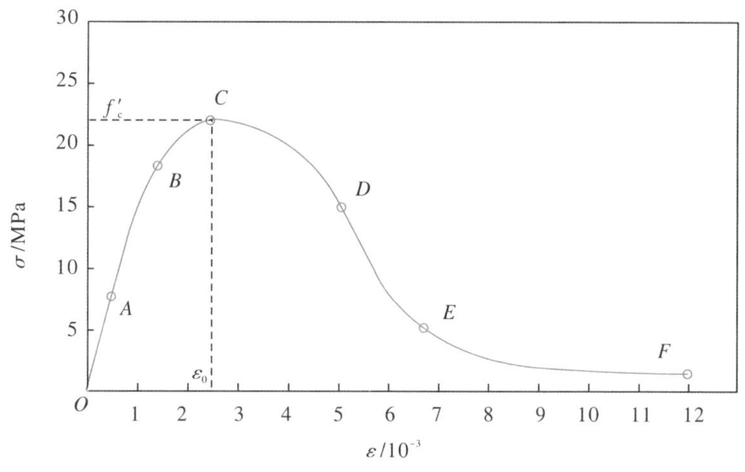

图 2-11　短期单轴受压混凝土的应力—应变曲线

到达峰值应力后就进入下降段 CE，这时裂缝继续扩展、贯通，从而使应力—应变关系发生变化。在峰值应力以后，裂缝迅速发展，内部结构的整体受到愈来愈严重的破坏，赖以传递荷载的路径不断减少，试件的平均应力强度下降，所以应力—应变曲线向下弯曲，直到凹向发生改变，曲线出现"拐点"D。超过"拐点"，曲线就开始凸向应变轴，这时，只靠骨料咬合力及摩擦力与残余承压面来承受荷载。随着变形的增加，应力应变曲线逐渐凸向水平轴方向发展，此段曲线中曲率最大的一点 E 称为"收敛点"。收敛点 E 以后的曲线称为收敛段，这时贯通的主裂缝已很宽，内聚力几乎耗尽，对侧向约束的混凝土，收敛段 EF 已失去结构意义。一般地，将 E 点的应变作为试件破坏的最大应变，称为极限压应变，记为ε_{cu}，其值约为 $(4\sim6)\times10^{-3}$。

E 点以后，纵向裂缝形成一斜向破坏面，此破坏面上受正应力和切应力的作用继续扩展，形成一破坏带。此时试件的承载力由骨料之间的摩擦力和咬合力承担。随着压应变的继续发展，摩阻力和咬合力会不断下降，最终混凝土的残余强度只有 $(0.1\sim0.4)f_c$。混凝土的残余强度与混凝土的强度等级有关，强度等级越高，残余强度就越小。

对于不同强度等级的混凝土，其应力—应变曲线的基本形状相似，具有相同的特征。混凝土的强度等级越高，上升段就越长，峰点越高，峰值应变也有所增大；下降段越陡，单位应力幅度内应变就越小，延性越差。同一强度等级的混凝土组成的一组试件在不同加荷速度下，加荷速度越慢，峰值应力就越小，对应的应变ε_0就越大，下降段就越平缓。同时，横向箍筋对混凝土的后期变形能力也有影响，即箍筋数量增加和间距减小，抗压强度f_c随之提高，

ε_0值增大，下降段趋向平缓，ε_{cu}亦有增大。

2. 混凝土单轴受压时应力—应变关系的数学模型

混凝土应力—应变曲线是混凝土非线性分析的基础，也是混凝土结构构件正截面承载能力分析计算的重要依据，因此需要根据混凝土应力—应变曲线的特点对其进行数学建模。根据大量试验结果分析，混凝土单轴受压应力—应变曲线可以采用多项式表达：

$$\sigma=(1-d_c)E_c\varepsilon \tag{2-8}$$

$$d_c=\begin{cases}1-\dfrac{\rho_c n}{n-1+x^n}, & x\leqslant 1\\[2ex] 1-\dfrac{\rho_c}{\alpha_c(x-1)^2+x}, & x>1\end{cases} \tag{2-9}$$

$$\rho_c=\frac{f_{c,r}}{E_c\varepsilon_{c,r}} \tag{2-10}$$

$$n=\frac{E_c\varepsilon_{c,r}}{E_c\varepsilon_{c,r}-f_{c,r}} \tag{2-11}$$

$$x=\frac{\varepsilon}{\varepsilon_{c,r}} \tag{2-12}$$

式中：α_c——混凝土单轴受压应力—应变关系曲线下降段参数，可按公式$\alpha_c=0.15f_c^{0.785}-0.905$计算；$f_{c,r}$——混凝土单轴抗压强度代表值，其值可根据实际结构分析的需要分别取f_c、f_{ck}、f_{cm}；$\varepsilon_{c,r}$——与单轴抗压强度相应的混凝土峰值压应变，可按公式$\varepsilon_{c,r}=(700+172\sqrt{f_c})\times10^{-6}$计算；$d_c$——混凝土单轴受压损伤演化参数；$E_c$——混凝土弹性模量。

实际混凝土结构构件由于受到箍筋的约束作用，处于受弯或偏心受压状态，随着塑性变形的发展，其截面应力会出现重分布，下降段会比较平缓。因此，在构件截面承载力分析及结构非线性分析中，采用下降段比较平缓的模式化数值模型。

《设计规范》综合反映低、中强度混凝土和高强混凝土的特性，在正截面承载力计算中采用二次抛物线加水平直线模型，德国的 Rusch 也曾提出这种模型（图 2-12）。其数学表达式为

当$\varepsilon_c\leqslant\varepsilon_0$时，

$$\sigma_c=f_c\left[1-\left(1-\frac{\varepsilon_c}{\varepsilon_0}\right)^n\right] \tag{2-13}$$

当$\varepsilon_0\leqslant\varepsilon_c\leqslant\varepsilon_{cu}$时，

$$\sigma_c=f_c \tag{2-14}$$

$$n=2-\frac{1}{60}(f_{cu,k}-50) \tag{2-15}$$

$$\varepsilon_0=0.002+0.5(f_{cu,k}-50)\times10^{-5} \tag{2-16}$$

$$\varepsilon_{cu}=0.0033-(f_{cu,k}-50)\times10^{-5} \tag{2-17}$$

式中：σ_c——混凝土压应变为ε_c时的混凝土压应力；f_c——混凝土轴心抗压强度设计值；ε_0——混凝土压应力达到f_c时的混凝土压应变，当计算的值小于 0.002 时，取 0.002；ε_{cu}——

正截面的混凝土极限压应变，当处于非均匀受压按式(2-17)计算的值大于 0.0033 时，取 0.0033；当处于轴心受压时取为ε_0；$f_{cu,k}$——混凝土立方体抗压强度标准值；n——系数，当计算的值大于 2.0 时，取 2.0。

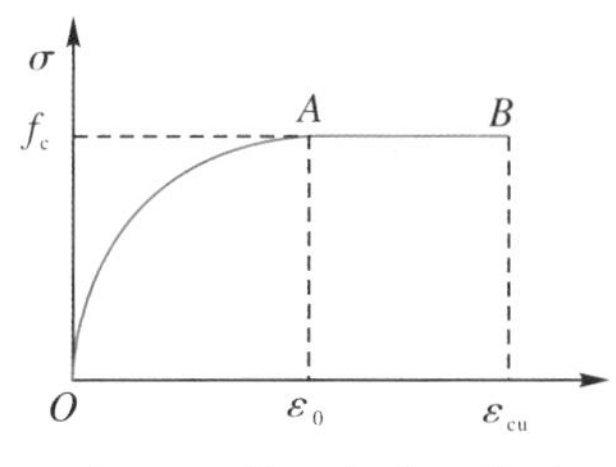

图 2-12　Rusch 建议模型

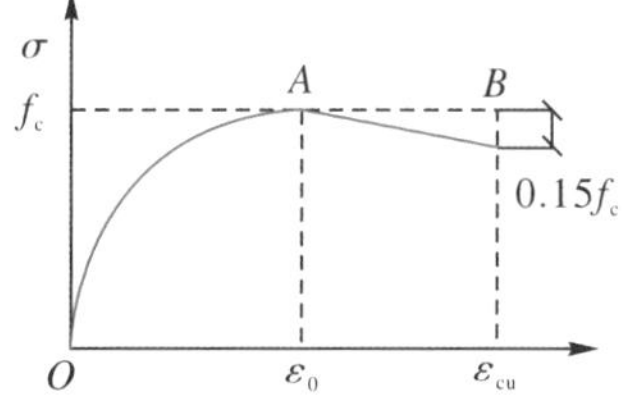

图 2-13　E. Hognested 建议模型

另一种应用比较广泛的模型为二次抛物线加斜线模型：上升段为二次抛物线，下降段为斜直线。这种模型由美国的 E. Hognested 提出(图 2-13)，并被美国及另外一些国家规范采用。其数学表达式为：

当 $\varepsilon_c \leqslant \varepsilon_0$ 时，

$$\sigma=\sigma_0\left[2\frac{\varepsilon_c}{\varepsilon_0}-\left(\frac{\varepsilon_c}{\varepsilon_0}\right)^2\right] \tag{2-18}$$

当 $\varepsilon_0 < \varepsilon_c \leqslant \varepsilon_{cu}$时，

$$\sigma=\sigma_0\left[1-0.15\frac{\varepsilon_c-\varepsilon_0}{\varepsilon_{cu}-\varepsilon_0}\right] \tag{2-19}$$

式中：σ_0——应力峰值，当均匀受压时，$\sigma_0=f_c$；ε_0——相应于峰值应力时的应变，取 $\varepsilon_0=0.002$；ε_{cu}——极限压应变，取 $\varepsilon_{cu}=0.0038$。

2.2.2　混凝土的变形模量

与弹性材料不同，混凝土受压应力—应变关系则是一条曲线。在不同的应力阶段，应力与应变之比是变数，因而不能称它为弹性模量，而称其为变形模量。混凝土的变形模量有如下几种表示方法。

1. 弹性模量 $\boldsymbol{E}_c$

在混凝土轴心受压的应力—应变曲线的原点作该曲线的切线，如图 2-14 所示，切线的斜率即为混凝土的原点切线模量，通常称为弹性模量。即

$$E_c=\tan\alpha_0=\frac{\sigma_c}{\varepsilon_{el}} \tag{2-20}$$

式中：α_0——过原点 O 的切线与 ε 轴的夹角；ε_{el}——混凝土的弹性应变。

通用的弹性模量测定方法为：对标准尺寸 150mm×150mm×300mm 的棱柱体试件，施加荷载，重复加载和卸载 5～10 次后，应力—应变曲线渐趋稳定并基本趋于直线，该直线的斜率即定为混凝土的弹性模量。

对不同强度等级的混凝土的试验数据进行统计分析，得到混凝土弹性模量与立方体强度标准值 $f_{cu,k}$的关系如下：

$$E_c=\frac{10^5}{2.2+34.7/f_{cu,k}}(\mathrm{MPa}) \tag{2-21}$$

附表 2 为不同强度等级混凝土的弹性模量值。强度等级越高,弹性模量值越大。

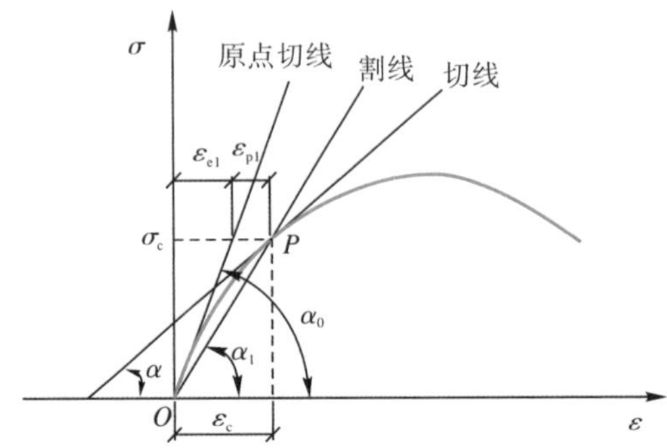

图 2-14 混凝土的三种变形模量

2. 割线模量 E_c'

应力—应变曲线上应力为 σ_c 的任意一点(如图 2-14 上的 P 点)与原点 O 连线的斜率称为变形模量 E_c'。因其为曲线上的割线,故也称作割线模量。即

$$E_c'=\tan\alpha_1=\frac{\sigma_c}{\varepsilon_c} \tag{2-22}$$

式中:α_1——割线 OP 与 ε 轴的夹角;ε_c——相应于应力为 σ_c 时的总应变:

$$\varepsilon_c=\varepsilon_{el}+\varepsilon_{pl} \tag{2-23}$$

ε_{el}——混凝土弹性应变;ε_{pl}——混凝土塑性应变。

E_c 与 E_c'的关系可推导如下,由式(2-20)和(2-22)可得

$$E_c\varepsilon_{el}=E_c'\varepsilon_c \tag{2-24}$$

$$E_c'=\frac{\varepsilon_{el}}{\varepsilon_c}E_c=\frac{\varepsilon_{el}}{\varepsilon_{el}+\varepsilon_{pl}}E_c=vE_c \tag{2-25}$$

式中:v 为混凝土受压时的弹性系数,为弹性应变 ε_{el} 与总应变 ε_c 之比,反映了混凝土弹塑性性质,其值随应力增大而减小,在 0.5~1 范围变化。

混凝土割线模量是一个变值。在应变相同条件下,强度越高,割线模量值越大。

3. 切线模量 E_c''

由图 2-14 可知,通过应力—应变曲线上某一点应力 σ_c 处 P 点作一条切线,则该切线斜率即为相应于应力 σ_c 时的切线模量,可表达为

$$E_c''=\tan\alpha=\frac{d\sigma_c}{d\varepsilon_c} \tag{2-26}$$

可以看出,混凝土切线模量是一个变化值,随着混凝土应力增大而减小。对于不同强度等级混凝土,在应变相同条件下,强度越高,切线模量越大。

4. 剪切变形模量G_c

混凝土的剪切变形模量由混凝土的弹性模量

$$G_c=\frac{E_c}{2(1+\mu)} \tag{2-27}$$

来确定，即 μ 为混凝土的泊松比，取 $\mu=0.2$。《设计规范》规定，混凝土的剪切变形模量为 0.4 倍的弹性模量，即$G_c=0.4E_c$。

2.2.3　混凝土受拉时的变形性能

与混凝土单轴受压应力—应变曲线形状相似，混凝土受拉时的应力—应变关系也分为上升段和下降段。但各个特征值要小得多。其应力—应变曲线可按下列公式确定：

$$\sigma=(1-d_t)E_c\varepsilon \tag{2-28}$$

$$d_t=\begin{cases}1-\rho_t[1.2-0.2x^5],x\leqslant 1\\ 1-\dfrac{\rho_t}{\alpha_t(x-1)^{1.7}+x},x>1\end{cases} \tag{2-29}$$

$$\rho_t=\frac{f_{t,r}}{E_c\varepsilon_{t,r}} \tag{2-30}$$

$$x=\frac{\varepsilon}{\varepsilon_{t,r}} \tag{2-31}$$

式中：α_t——混凝土单轴受拉应力—应变关系曲线下降段参数，可按表 2-1 取值，其计算公式为$\alpha_t=0.312f_{t,r}^2$；$f_{t,r}$——混凝土单轴抗拉强度代表值，其值可根据实际结构分析需要分别取f_t、f_{tk}、f_{tm}；$\varepsilon_{t,r}$——与单轴抗拉强度代表值$f_{t,r}$相应的混凝土峰值拉应变，可按表 2-1 取值，其计算公式为$\varepsilon_{t,r}=f_{t,r}^{0.54}\times 65\times 10^{-6}$；$d_t$——混凝土单轴受拉损伤演化参数；$E_c$——混凝土弹性模量。

表 2-1　混凝土单轴受拉应力—应变曲线参数值

$f_{t,r}$/MPa	1.0	1.5	2.0	2.5	3.0	3.5	4.0
$\varepsilon_{t,r}/\times 10^{-6}$	65	81	95	107	118	128	137
α_t	0.31	0.70	1.25	1.95	2.81	3.82	5.00

2.2.4　混凝土在单轴重复荷载作用下的变形性能(疲劳变形)

混凝土的疲劳变形是在荷载重复作用下产生的。混凝土在荷载重复作用下的破坏称为疲劳破坏。在工程结构中，钢筋混凝土吊车梁受到重复荷载的作用，钢筋混凝土道桥受到车辆振动影响，以及港口海岸的混凝土结构受到波浪冲击而损伤等都属于疲劳破坏现象。

混凝土的疲劳强度根据等幅疲劳 2×10^6 次试验测定。疲劳试验采用 100mm×100mm×300mm 或 150mm×150mm×450mm 的棱柱体。对混凝土棱柱体试件，一次加载应力σ_1小于混凝土疲劳强度f_c^f时，其加载和卸载应力—应变曲线 OAB 形成一个环状，且存在残余应变，如图 2-15。如果进行多次加载、卸载，残余应力逐渐减小，应力—应变环越来越密合，并逐渐密合成一条直线。继续增大加载应力，如果加载应力σ_2不大于混凝土疲劳强度f_c^f，则应力—应变曲线形态不变，仍然为凸向应力轴，随着重复加载次数的增加，应力—应变环密合成直线。当加载应力σ_3继续增加，并超过混凝土疲劳强度f_c^f时，混凝土应力—应变曲线在重复加载过程中逐渐凸向应变轴，以致加载和卸载不能形成封闭环，这标志着混凝土内部微裂缝的发展加剧趋近破坏。随着重复加载次数的增加，应力—应变曲线倾角不断减小，至破坏重复到一定次数时，混凝土试件会因严重开裂或变形过大而导致破坏，这种破坏称为疲劳破坏。可以将混凝土重复加载、卸载应力—应变曲线由凸向应力轴转变为凸向应变轴的临界加载应力作为混凝土的疲劳强度f_c^f，如图 2-16 所示。

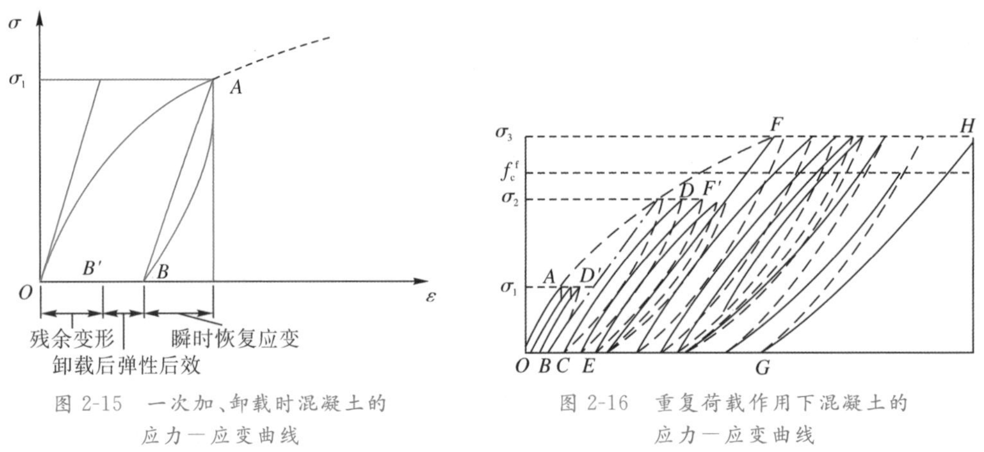

图 2-15　一次加、卸载时混凝土的应力—应变曲线

图 2-16　重复荷载作用下混凝土的应力—应变曲线

施加荷载时的应力大小是影响应力—应变曲线不同的发展和变化的关键因素，即混凝土的疲劳强度与重复作用时应力变化的幅值有关。在相同的重复次数下，疲劳强度随着疲劳应变值的减小而增大。疲劳应力比值按下式计算：

$$\rho^f=\frac{\sigma_{c,min}^f}{\sigma_{c,max}^f} \tag{2-32}$$

式中：$\sigma_{c,min}^f$、$\sigma_{c,max}^f$——分别为构件疲劳验算时，截面同一纤维上的混凝土最小应力及最大应力。

《设计规范》中混凝土轴心抗压疲劳强度、混凝土轴心抗拉疲劳强度设计值分别为混凝土强度设计值乘以混凝土的疲劳强度修正系数γ_ρ，γ_ρ根据ρ^f确定，见附表 3。

2.2.5　混凝土的徐变

混凝土结构或者材料在长期恒定荷载作用下，变形随时间增长的现象称为徐变。混凝土的徐变特性主要与时间参数有关，通常表现为前期增长较快，而后逐渐变缓，经过 2～5 年后趋于稳定。一般认为，引起混凝土徐变的原因主要两个：1）当作用在混凝土构件上的应力不大时，混凝土具有黏性流动性质的水泥凝胶体，在荷载长期作用下产生黏性流动；2）当作用在混凝土构件上的应力较大时，混凝土中微裂缝在荷载长期作用下持续延伸和发展。

混凝土的典型徐变曲线如图 2-17 所示。可以看出，当对棱柱体试件加载，应力达到 0.5 f_c时，其加载瞬间产生的应变为瞬时应变ε_{el}。若保持荷载不变，随着加载作用时间的增加，应变也将继续增长，这就是混凝土的徐变ε_{cr}。一般徐变开始增长较快，以后逐渐减慢，经过较长时间后就逐渐趋于稳定。徐变应变与瞬时应变之比称为徐变系数φ_r，则$\varphi_r=\varepsilon_{cr(t=\infty)}/\varepsilon_{el}$，徐变应变约为瞬时应变的 1～4 倍。如图 2-17 所示，两年后卸载，试件瞬时要恢复的一部分应变称为瞬时恢复应变ε_{el}'，其值比加载时的瞬时变形略小。当长期荷载完全卸除后，混凝土并不处于静止状态，而经过一个徐变的恢复过程(约为 20d)，卸载后的徐变恢复变形称为弹性后效ε_{el}''，其绝对值仅为徐变值的 1/12 左右。在试件中还有绝大部分应变是不可恢复的，称为残余应变ε_{cr}'。

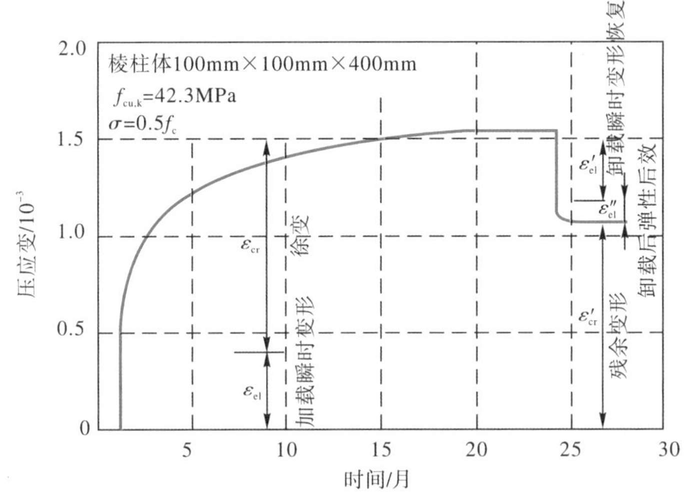

图 2-17　混凝土徐变与时间关系曲线

试验表明，混凝土构件的徐变与混凝土的应力大小有着密切的关系。应变越大，徐变也越大，随着混凝土应力的增加，混凝土徐变将会发生以下不同的情况：1)当应力不大时($\sigma<0.5f_c$)，徐变与应力呈正比，曲线接近等间距分布，这种情况称为线性徐变；2)当应力较大时($\sigma>0.5f_c$)，徐变与应力就不呈正比，徐变变形比应力增长要快，称为非线性徐变。在非线性徐变范围内，当加载应力过高时，徐变的变形就会急剧增加，不再收敛，呈现非稳定徐变的现象，可能造成混凝土的破坏。

混凝土徐变除与应力水平有关外，还与其他很多因素相关，主要包括以下方面：

(1)混凝土的组成成分及配合比

混凝土中水泥用量越多，水灰比越大，骨料强度和弹性模量越小或其用量越少，徐变就越大。此外，徐变还与水泥品种有关。

(2)混凝土制作方法、养护条件和使用环境

混凝土养护时的温度越高，湿度越大，水泥水化越充分，徐变就越小。混凝土构件受到荷载作用后所处的环境温度越高，湿度越低，徐变就越低。加荷时，混凝土龄期对徐变亦有影响，龄期越短，徐变就越大。

(3)构件的几何特性

当大尺寸试件内部失水受到限制，即构件的体表比较大时，徐变就减小。

(4)其他因素

钢筋的存在也会对混凝土的徐变产生影响。

混凝土的徐变将对结构的受力性能产生影响,其影响具有正反两面性。

(1)不利影响:在荷载长期作用下,梁受压区混凝土的徐变将使梁的挠度增大,还将引起梁的截面应力的重分布。如在受压柱中,随着恒定荷载的长期作用,混凝土压应力会不断降低,钢筋压应力就不断增加;又如在预应力混凝土结构中,混凝土徐变还将引起预应力的损失。这些都是对结构受力性能产生的不利影响,严重时还会引起结构破坏。

(2)有利影响:徐变的发生对结构内力重分布有利,可以减小各种外界因素对超静定结构的不利影响,降低附加应力。例如,受拉的徐变会使混凝土拉应力减小,从而延缓收缩裂缝的出现,以及减少由于支座不均匀沉降产生的应力等,这些都是对结构有利的方面。

2.2.6 混凝土的非受力变形

混凝土的非受力变形主要有混凝土的收缩、膨胀和温度变形。混凝土在空气中结硬时体积缩小称为收缩;在水中结硬时体积膨胀,这些均属于体积变化,与外力无关。混凝土的收缩值会比膨胀值大得多。混凝土的收缩是由凝胶体的体积凝结缩小和混凝土失水干缩共同引起的,收缩变形随时间的增长而增大,早期发展较快,两周内可完成收缩总量的25%,一个月内可完成收缩总量的50%,而后发展渐缓,直至2年以上方可完成收缩,收缩应变总量为$(2\sim6)\times10^{-4}$,约为混凝土开裂时拉应变的2~4倍。

图2-18所示是典型的混凝土自由收缩与时间的关系曲线。从图中可见,混凝土的收缩值会随着时间而增长,蒸汽养护混凝土的收缩值要小于常温养护下的收缩值。这是因为混凝土在蒸汽养护过程中,高温、高湿的条件加速了水泥的水化和凝结硬化,一部分游离水由于水泥水化作用被快速吸收,使脱离试件表面蒸发的游离水减小,因此其收缩变形就减小。

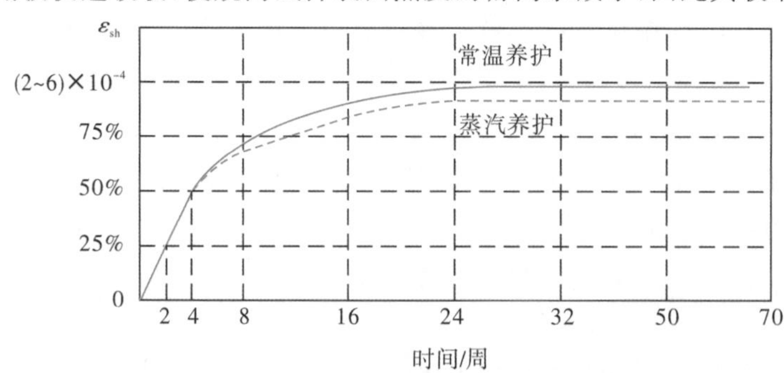

图2-18 混凝土收缩与时间的关系曲线

因此,当收缩变形不能自由进行时,将在混凝土中产生拉应力,从而可能导致混凝土开裂。实际工程中,常因养护不好以及混凝土构件的四周受约束阻止混凝土收缩,使混凝土构件表面或水泥地面上出现收缩裂缝。

影响混凝土收缩的因素有:

(1)水泥的品种:水泥强度等级越高,混凝土收缩越大。

(2)水泥的用量:水泥越多,收缩越大;水灰比越大,收缩也越大。

(3)骨料的性质:骨料的弹性模量越大,收缩越小。

(4)养护条件:在结硬过程中周围温、湿度越大,收缩越小。

(5)混凝土制作方法:混凝土越密实,收缩越小。

(6)使用环境:使用环境温度、湿度越大时,收缩越小。

(7)构件的体积与表面积比值:比值越大时,收缩越小。

当温度变化时,混凝土的体积也会随之热胀冷缩,《设计规范》规定混凝土的温度线膨胀系数为 1×10^{-5}/℃。当温度变形受外界约束时,将在构件内产生温度应力,如果内外温差较大,温度应力超过混凝土抗拉强度,会引起混凝土开裂。

2.3 钢　筋

2.3.1 钢筋的成分、种类

混凝土结构中使用的钢筋按其化学成分可分为碳素钢和普通低合金钢两大类。钢材的主要成分为铁元素,除此之外还含有少量的碳、锰、硅、磷、硫等元素。钢材的性能与碳含量密切相关,随着含碳量的增加,钢材的强度和硬度会提高,而塑性、韧性和可焊性则会降低。碳素钢按含碳量可分为低碳钢(含碳量≤0.25%)、中碳钢(含碳量 0.25%~0.6%)和高碳钢(含碳量 0.6%~1.4%)。硫和磷是钢材中的有害元素,它们的含量增加会降低钢材的变形性能和可焊性。

普通低合金钢(合金元素不大于 5%)是在碳素钢中再加入少量合金元素锰、硅、钒、钛等,如 20 锰硅(20MnSi)、20 锰钛(20MnTi)等。低合金钢钢筋名称中,前面数字代表含碳量(万分之一计),合金元素后面的数字为其含量百分数,小于 1.5%的则不表示。合金元素的加入,可有效地提高钢材的强度和改善钢材的其他性能。

混凝土结构中的钢筋按其表面形状可分为光面钢筋和变形钢筋。为了保证钢筋和混凝土之间的黏结力,对于强度较高的钢筋,表面均做成带肋的变形钢筋,故变形钢筋又称为带肋钢筋。表面带肋型钢筋主要有螺纹、人字纹及月牙纹几种。变形钢筋的直径可按与光面钢筋具有相同质量的当量直径确定。螺纹钢筋和人字纹钢筋的纵肋和横肋都相交,横肋较密的钢筋容易造成应力集中,对受力不利。月牙纹钢筋表面纵肋和横肋不相交,其横肋高度向肋的两端逐渐降至零,呈月牙形,这样可使横肋相交处的应力集中现象有所缓解。我国目前生产的变形钢筋大多为月牙纹钢筋,钢筋的类型如图 2-19 所示。

通常把直径在 5mm 以内的钢筋称为钢丝。钢丝的外形通常为光圆,也有在表面刻痕的。

混凝土结构中使用的钢筋也可分为柔性钢筋和劲性钢筋。工程中常用的普通钢筋称为柔性钢筋。柔性钢筋可绑扎或焊接成钢筋骨架或钢筋网,分别用于梁、柱或板、壳结构中。劲性钢筋是指角钢、槽钢、工字钢、钢板、钢管等焊接成的骨架。

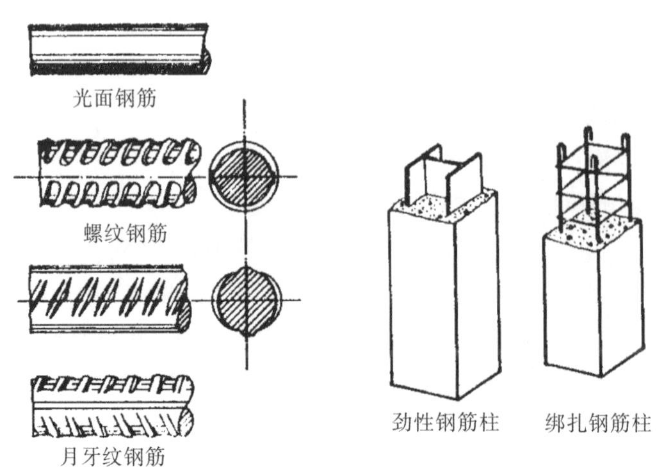

图 2-19 钢筋类型

《设计规范》规定，可按照用于不同混凝土结构类型将钢筋分为普通钢筋和预应力钢筋。普通钢筋主要为热轧钢筋，用于钢筋混凝土结构和预应力钢筋混凝土结构中的非预应力钢筋。预应力钢筋主要用于钢筋混凝土结构，主要采用预应力钢丝、钢绞线和预应力螺纹钢筋、中强度预应力钢丝。

(1)热轧钢筋。热轧钢筋分为普通热轧钢筋和细晶粒热轧钢筋两种。普通热轧钢筋是低碳钢、普通低合金钢在高温状态下轧制而成，其应力应变曲线有明显的屈服点和流幅，断裂时有颈缩现象，伸长率比较大。细晶粒热轧钢筋是在热轧过程中，通过控温和控冷等工艺而形成的细晶粒钢筋。目前《设计规范》中规定的热轧钢筋牌号主要有：HPB 系列普通热轧光圆钢筋 HPB300，字母 H、P、B 分别代表热轧（Hot rolled）、光圆（Plain）、钢筋（Bar）；HRB 系列普通热轧带肋钢筋 HRB335、HRB400、HRB500，字母 H、R、B 分别代表热轧（Hot rolled）、带肋（Ribbed）、钢筋（Bar）；HRBF 系列细晶粒带肋钢筋 HRBF335、HRBF400、HRBF500；RRB 系列余热处理钢筋，字母 R 代表余热处理(Remained heat treatment)。

(2)预应力钢绞线。预应力钢绞线是由多根高强钢丝捻制在一起经过低温回火处理清除内应力后而制成，分为 3 股和 7 股两种，是《设计规范》提倡使用的主力钢筋。

(3)消除应力钢丝。消除应力钢丝是将钢筋拉拔后，校直，经中温回火消除应力并经稳定化处理的钢丝，目前规范中推荐使用的有光面、螺旋肋两种。螺旋肋钢丝是以普通低碳钢或低合金钢热轧的圆盘条为母材，经冷轧减径后在其表面冷轧成两面或三面有月牙肋的钢筋。光面钢丝和螺旋肋钢丝按直径可分为 5mm、7mm、9mm 三个级别。消除应力钢丝与前文所述的钢绞线一样也是《设计规范》提倡使用的主力钢筋。

(4)中强度预应力钢丝。中强度预应力钢丝分为光面和螺旋肋两种，直径有 5mm、7mm、9mm 三个级别，主要用于中、小跨度预应力混凝土结构。

(5)预应力螺纹钢。这是大多用于后张法的粗直径钢筋，其直径主要在 18～50mm 范围。

目前，《设计规范》根据“四节一环保”的要求，提倡应用高强、高性能钢筋。根据混凝土构件对受力性能要求，规定了各种牌号钢筋的选用原则如下。

(1)增加强度为 500MPa 级的热轧带肋钢筋；推广 400MPa、500MPa 级高强热轧带肋钢筋作为纵向受力的主导钢筋；限制并逐步淘汰 335MPa 级热轧带肋钢筋的应用；用 300MPa 级光圆钢筋取代 235MPa 级光圆钢筋。

(2)推广具有较好的延性、可焊性、机械连接性能及施工适应性的 HRB 系列普通热轧带肋钢筋。列入采用控温轧制工艺生产的 HRBF 系列细晶粒带肋钢筋。

(3)余热处理钢筋由轧制钢筋经高温淬水、余热处理后提高强度。其延性、可焊性、机械连接性能及施工适应性降低，一般可用于对变形性能及加工性能要求不高的构件中，如基础、大体积混凝土、楼板、墙体以及次要的中小结构构件等。

(4)箍筋用于抗剪、抗扭及抗冲切设计时，其抗拉强度设计值受到限制，不宜采用强度高于 400MPa 级的钢筋。当用于约束混凝土的间接配筋时，其高强度可以得到充分发挥，采用 500MPa 级钢筋具有一定的经济效益。

(5)增加预应力钢筋的品种：增补高强、大直径的钢绞线；列入大直径预应力螺纹钢筋；列入中强度预应力钢丝以补充中等强度预应力筋的空缺，用于中、小宽度的预应力构件；淘汰锚固性能很差的刻痕钢丝。

2.3.2　钢筋的力学性能

由于化学成分及制造工艺的不同，钢筋的机械性能有显著差别。按力学性能来分，则有两种类型：(1)热轧 HPB300、HRB335、HRB400 和 RRB400 级钢筋，钢相对较软，有明显的屈服点和屈服台阶，常称为软钢；(2)热处理钢筋及高强钢丝，其力学性质为高强而且硬，无明显屈服点和屈服台阶，常称为硬钢。

1. 软钢受拉时的应力—应变曲线

软钢从开始加载到破坏可以分为四个阶段：弹性阶段、屈服阶段、强化阶段、破坏阶段。图 2-20 所示为软钢受拉应力—应变曲线，其特征描述如下：

弹性阶段($O-A-B$ 段)：加载作用后，在 A 点前，应力与应变首先按比例增长，卸载后，应变能按线性恢复至原点，$O-A$ 段为线弹性阶段，A 点也称为比例极限；当应力继续增大，在 B 点之前，应力与应变之间呈非线性弹性增长，卸载后应变能完全恢复，B 点称为弹性极限。由于比例极限与弹性极限相差不大，且不稳定，因此工程上常将两者统称弹性极限，$O-A-B$ 段称为弹性阶段。

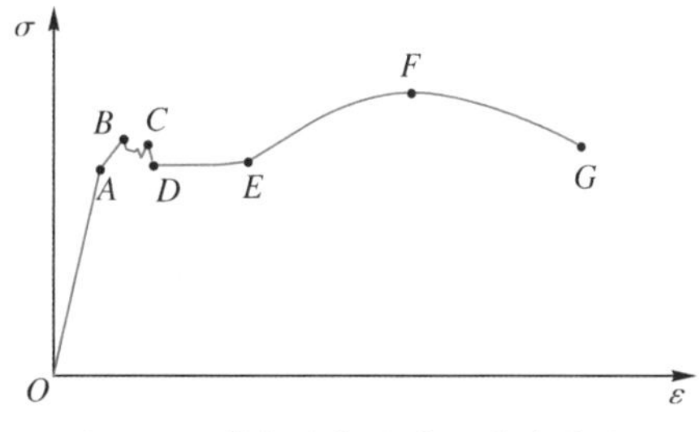

图 2-20　软钢受拉应力—应变曲线

屈服阶段($B-C-D-E$ 段)：当应力超过 B 点后，钢筋进入屈服阶段，应变比应力增加更快，应力有幅度不大的波动，其最高点为 C，称为屈服上限，其最低点为 D 点，称为屈服下限。屈服上限受加载速度、截面形状等因素影响而很不稳定，屈服下限较为稳定。因此，通常将屈服下限作为屈服强度，D 点称为屈服点。应力达到屈服点后，钢筋将产生很大的塑性变形，应力保持不变，应变继续增加，形成屈服台阶或称流幅（$D-E$ 段）。钢筋屈服台阶越长，表示钢筋塑性性能越好。

强化阶段（$E-F$ 段）：超过 E 点以后，钢筋应力—应变曲线重新表现为上升的曲线，说明钢筋的抗拉能力又有所提高，这是由于钢筋内部晶体结构的变化造成的。此阶段称为强化阶段，最高点 F 的应力称为极限强度。

破坏（颈缩）阶段（$F-G$ 段）：钢筋的应力达到极限抗拉强度以后，钢筋产生颈缩现象，应力—应变关系曲线开始下降，即应力降低，应变仍继续增长，直到 G 点，钢筋在某个较薄弱的部位被拉断。$F-G$ 段通常称为下降段，或破坏阶段。

对应于 G 点的应变称为伸长率，它是衡量钢筋塑性性能的一个重要指标。含碳量越低的钢筋，屈服台阶越长，伸长率越大，塑性性能越好。如图 2-21 所示，伸长率 δ 以在标距范围内钢筋试件拉断后的残余变形与原标距之比计算：

$$\delta=\frac{l-l_0}{l_0} \tag{2-33}$$

式中：l_0——试件拉伸前的标距，常采用短试件 $l_0=5d$，长试件 $l_0=10d$；d——钢筋直径；l——试件拉断后，重新合并后测量的钢筋长度。

在结构构件的计算过程中，通常取钢筋的屈服强度作为钢筋强度计算的基本指标。这是因为结构构件某一截面钢筋的应力达到屈服强度以后，将在荷载基本不增加的情况下产生持续的塑性变形，构件可能在钢筋尚未进入强化段之前就已产生过大的变形与裂缝，致使结构不能正常使用或已破坏，故取钢筋的屈服点作为构件破坏时的强度计算指标，而钢筋的强化阶段只作为一种安全储备考虑。此外，钢筋的屈服强度与极限强度的比值称为屈强比。这个指标反映出结构可靠性能的潜力大小，屈强比越小，表明结构的可靠性能储备就越大。

冷弯性能是钢筋在常温条件下，承受弯曲变形的能力。它是将直径为 d 的钢筋绕直径为 D 的弯芯弯曲到规定的角度后无裂纹、断裂及起层现象（见图 2-22），则表示合格。因此，弯芯的直径 D 越小，弯转角 α 就越大，钢筋的塑性性能就越好。冷弯性能也反映了钢筋的焊接质量，冷弯试验的要求见《施工规范》。

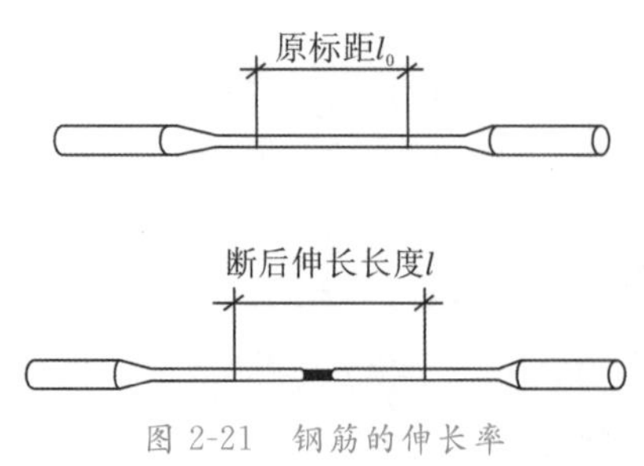

图 2-21 钢筋的伸长率

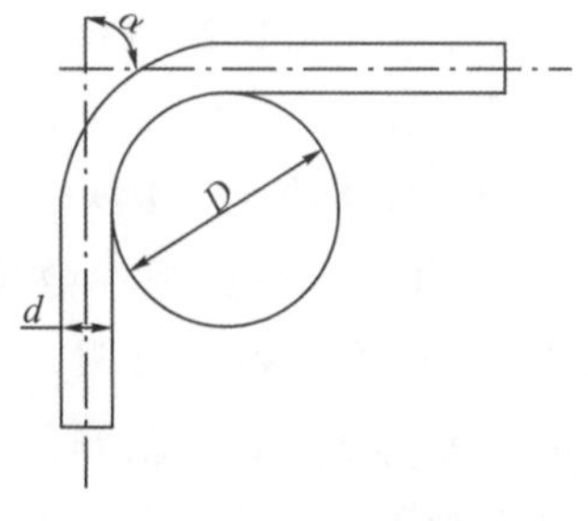

图 2-22 钢筋的冷弯

2. 硬钢受拉时的应力—应变曲线

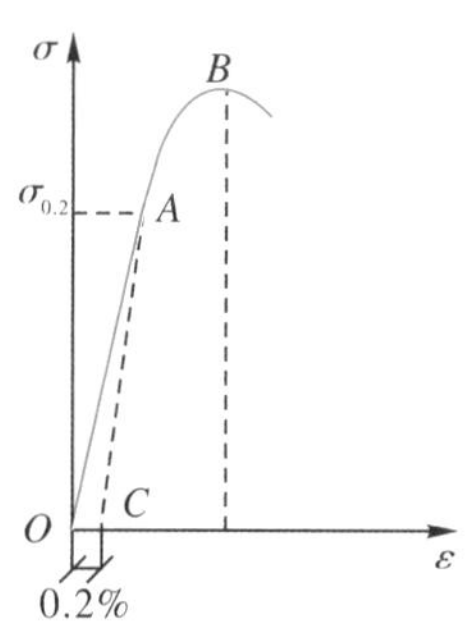

图 2-23　硬钢应力—应变曲线

图 2-23 是硬钢受拉时的应力—应变曲线。由图可见，硬钢受拉时没有明显的屈服点和屈服台阶。如果加荷至 A 点后，卸去拉力，其应力—应变曲线将沿虚直线退至 C 点。在这过程中弹性应变可恢复，$O-C$ 为不可恢复的塑性应变，即残余应变。钢筋的塑性较差，不能测出屈服点对应的强度，所以采用残余应变为 0.2% 的应力值作为条件屈服点或条件屈服强度，用 $\sigma_{0.2}$ 表示。《设计规范》规定设计时，采用极限抗拉强度的 85% 作为条件屈服强度。热处理钢筋，钢丝和钢绞线等均属于无明显屈服点的钢筋，强度高，但变形性能差。

3. 钢筋应力—应变关系的数学模型

为了进行理论分析，需要对钢筋受拉时的应力—应变曲线加以简化。《设计规范》根据钢筋是否有明显屈服平台分别采用三折线模型和双折线模型，如图 2-24 和图 2-25 所示。

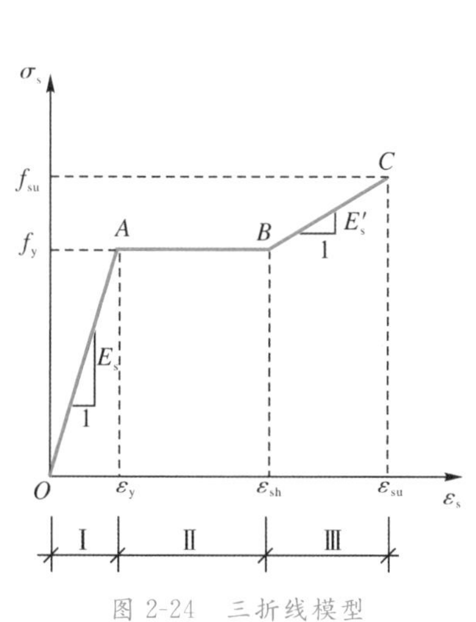

图 2-24　三折线模型

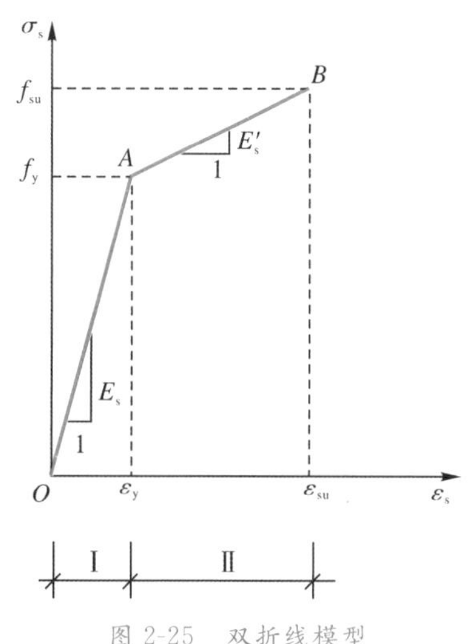

图 2-25　双折线模型

(1) 描述完全弹塑性加硬化的三折线模型

三折线模型适用于流幅较短的软钢，可以描述屈服后立即发生应变硬化(应力强化)的钢材，正确地估计高出屈服应变后的应力。如图 2-24 所示，图中 OA 及 AB 直线段分别为完全弹性和塑性阶段。B 点为硬化的起点，BC 为硬化阶段。到达 C 点时即认为钢筋破坏，受拉应力达到极限值 f_{su}，相应的应变为 ε_{su}。三折线模型的数学表达形式如下：

$\varepsilon_s \leqslant \varepsilon_y$ 时

$$\sigma_s = E_s \varepsilon_s \tag{2-34}$$

$\varepsilon_y < \varepsilon_s \leqslant \varepsilon_{sh}$ 时

$$\sigma_s = f_y \tag{2-35}$$

$\varepsilon_{sh} < \varepsilon_s \leqslant \varepsilon_{su}$ 时

$$\sigma_s = f_y + E_s'(\varepsilon_s - \varepsilon_{sh}) \tag{2-36}$$

弹性模量：

$$E_s = f_y / \varepsilon_y \tag{2-37}$$

$$E_s' = (f_{su} - f_y)/(\varepsilon_{su} - \varepsilon_{sh}) \tag{2-38}$$

(2)描述弹塑性的双斜线模型

双斜线模型适用于没有明显流幅的高强钢筋或钢丝。如图 2-25 所示，$O-A$ 段为Ⅰ阶段，A 点为条件屈服点，$A-B$ 为Ⅱ阶段，B 点应力为极限强度 f_{su}，相应的应变为 ε_{su}，双斜线模型数学表达式如下：

$\varepsilon_s \leqslant \varepsilon_y$ 时

$$\sigma_s = E_s \varepsilon_s \tag{2-39}$$

$\varepsilon_y < \varepsilon_s \leqslant \varepsilon_{su}$时

$$\sigma_s = f_y + E_s''(\varepsilon_s - \varepsilon_y) \tag{2-40}$$

弹性模量：

$$E_s = f_y / \varepsilon_y \tag{2-41}$$

$$E_s'' = (f_{su} - f_y)/(\varepsilon_{su} - \varepsilon_y) \tag{2-42}$$

2.3.3 钢筋的冷加工

在常温下采用冷拉、冷拔、冷轧和冷扭等方法对热轧钢筋进行加工处理，称为钢筋的冷加工。冷加工后，软钢的伸长率则有所降低，它的性能已具备了硬钢的性能。这种经过冷加工使钢筋变形趋于硬化的现象称为变形硬化。钢筋经冷加工处理后强度会提高，可以节省钢材。但是，冷加工钢筋的变形性能会显著降低，除冷拉钢筋有明显屈服点外，其他钢筋均无明显屈服点。同时，冷加工钢筋在焊接热影响区的强度降低，热稳定性较差。

1.冷拉

冷拉是将热轧钢筋拉至超过其屈服强度的某一应力值，称为冷拉控制应力，如图 2-26 中的 K 点后，卸荷至零，应力－应变曲线就沿着平行于 OA 的直线退回到 O' 点，这时钢筋产生残余变形 OO'。如果立即重新张拉，则应力—应变曲线将为 $O'KC$，其屈服强度(K 点)将高于冷拉前的屈服强度(A 点)。如果卸荷后经过一段时间再张拉，则应力—应变曲线将沿着 $O'K'C'$ 发展，其屈服强度进一步提高至 K' 点，且有一段屈服台阶，这种现象称为冷拉时效。热轧钢筋经过冷拉后，屈服强度明显提高，但屈服台阶缩短，伸长率减少，塑性降低，但仍属于软钢。温度是影响冷拉的一个重要因素。不同温度下，同一种钢筋发生冷拉时所需要的时间相差很大。

为了使钢筋冷拉后，既能较大地提高其屈服强度，又能具有所要求的伸长率，必须选择合适的冷拉控制应力。冷拉控制应力过高，虽然有较高的屈服强度，但是延性将显著下降；冷拉控制应力过低，则相反。各种级别的热轧钢筋的冷拉控制应力和相应的伸长率参见《施工规范》。

冷拉只能提高钢筋的受拉屈服强度，而不能提高钢筋的受压屈服强度，所以冷拉钢筋不宜作为受压钢筋。冷拉钢筋作为受压钢筋使用时，具有与普通钢筋相同的性能。

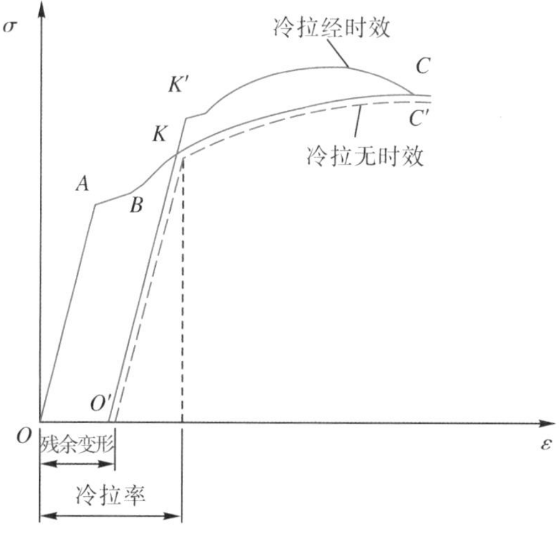

图 2-26　冷拉钢筋的应力—应变曲线

2. 冷拔

冷拔是将热轧钢筋用强力通过拔丝模上的拔丝孔，拔丝孔的直径要小于钢筋的直径，如图 2-27 所示。钢筋冷拔时，受到轴向拉力与侧向压力的共同作用，使钢筋直径减少，钢筋的内部结构将发生变化，其强度明显提高，但延性会大大降低，脆性增加。

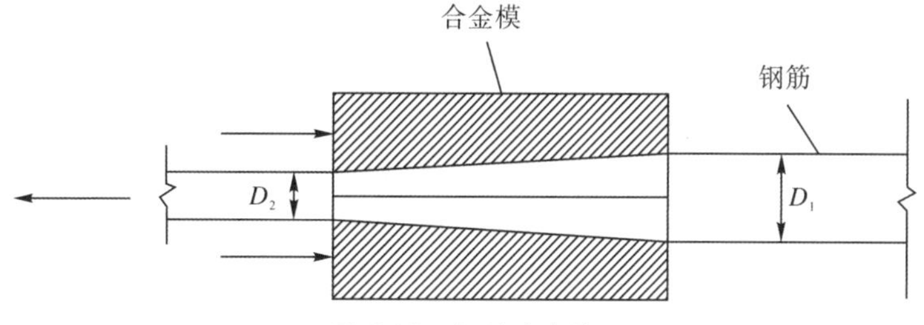

图 2-27　钢丝的冷拔

钢筋冷拔需要进行多次，才能达到明显提高强度的效果。冷拔后钢丝没有明显的屈服点和屈服台阶，伸长率逐级减少，钢筋由软钢变成硬钢。冷拔钢丝的$\sigma_{0.2}$高达(0.9～0.95)σ_u，其中σ_u为钢筋的极限抗拉强度，但其伸长率很小，δ_{10}仅为 2%～3%。

冷拔既能提高钢筋受拉时的屈服强度，也能提高钢筋受压时的屈服强度，因此冷拔钢筋既可以用作受拉钢筋，也可以用作受压钢筋。

2.3.4　钢筋的疲劳

钢筋的疲劳是指钢筋在承受重复、周期性的动荷载作用下，经过一定次数后，突然脆性断裂的现象。吊车梁、桥面板、轨枕等承受重复荷载的钢筋混凝土构件在正常使用期间会由于疲劳发生破坏。

钢筋疲劳断裂的原因，一般认为是由于钢筋内部和外部的缺陷，在这些薄弱处容易引起应力集中。应力过高，钢材晶粒滑移，产生疲劳裂纹，应力重复作用次数增加，裂纹扩展，从而造成断裂。因此，钢筋的疲劳强度要低于其在静荷载作用下的极限强度。原状钢筋的疲劳强度最低，埋置在混凝土中的钢筋的疲劳断裂通常发生在纯弯段内裂缝截面附近，疲劳强度稍高些。

钢筋的疲劳试验有两种方法：一种是直接进行单根原状钢筋的轴拉试验；另一种是将钢筋埋入混凝土中使其重复受拉或受弯的试验。由于影响钢筋疲劳强度的因素很多，钢筋疲劳强度试验结果是很分散的。我国采用直接做单根钢筋轴拉试验的方法。试验表明，影响钢筋疲劳强度的主要因素为钢筋疲劳应力幅，即$\sigma_{max}^{f}-\sigma_{min}^{f}$，$\sigma_{max}^{f}$和$\sigma_{min}^{f}$为一次循环应力中的最大和最小应力。《设计规范》规定了普通钢筋的疲劳应力幅限值Δf_{y}^{f}，限值Δf_{y}^{f}与钢筋的最小应力与最大应力的比值（即疲劳应力比值）$\rho^{f}=\sigma_{min}^{f}/\sigma_{max}^{f}$有关，要求满足循环次数为200万次。对预应力钢筋，当$\rho^{f}\geqslant 0.9$时可不进行疲劳强度验算。

2.4 钢筋与混凝土的黏结

2.4.1 黏结的意义

钢筋和混凝土这两种材料能够结合在一起共同工作，除了两者具有相近的线膨胀系数外，更主要的原因是混凝土硬化后，钢筋与混凝土之间产生了良好的黏结力，两者之间的黏结是这两种材料能组成复合构件共同受力的基本前提。一般来说，外力很少直接作用在钢筋上，钢筋所受的力通常都要通过周围的混凝土来传递。这就要依靠钢筋与混凝土之间的黏结力，能够阻止钢筋与混凝土之间的相对滑移。钢筋与混凝土之间的黏结强度如果遭到破坏，就会使构件变形增加、裂缝剧烈开展甚至提前破坏。

钢筋混凝土受力后会沿钢筋和混凝土接触面上产生剪应力，通常把这种剪应力称为黏结应力，黏结性能通常是用黏结力、黏结应力滑移曲线来表达的。

黏结作用可以用图2-28所示的钢筋与其周围混凝土之间产生的黏结应力来说明。若取直径为d的钢筋为隔离体，则钢筋所承受的拉力N将与其表面的平均黏结应力$\bar{\tau}$平衡，当钢筋应力达到其抗拉强度f_{y}时，所需要的埋入长度称为锚固长度l_{a}，可以从下式计算：

$$N=\bar{\tau}\pi d l_{a} \tag{2-43}$$

$$N=f_{y}A_{s}=f_{y}\frac{\pi d^{2}}{4} \tag{2-44}$$

从以上两式可得

$$l_{a}=\frac{d}{4}\cdot\frac{f_{y}}{\bar{\tau}} \tag{2-45}$$

从式(2-45)可以看出，锚固长度l_{a}和钢筋抗拉强度f_{y}成正比，与平均黏结应力$\bar{\tau}$成反比。

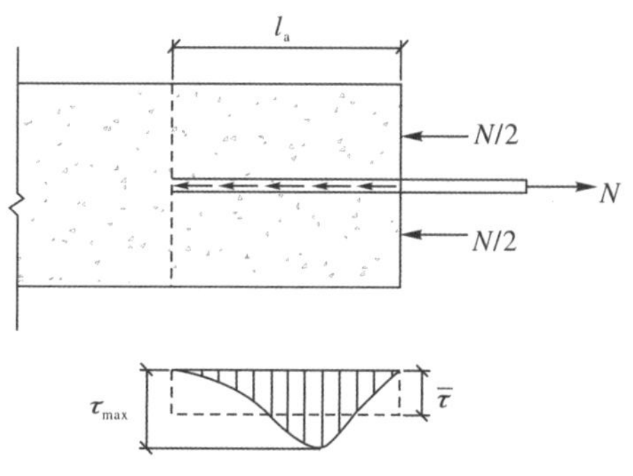

图 2-28　拔出试验与锚固黏结应力分布图

下面以钢筋混凝土为例，进一步说明黏结的作用。如图 2-29 所示的梁，受荷后弯曲变形，如果钢筋与混凝土无黏结，则两者之间就不会产生阻止相对滑移所需的作用力，钢筋将再不参与受拉，配筋的梁就和素混凝土一样，在不大的荷载作用下，即开裂发生脆性破坏，如图 2-29(a)所示。当钢筋与混凝土之间有黏结时，梁受荷后在支座与集中荷载之间的剪弯段，钢筋与混凝土接触面上将产生黏结应力，通过它将拉力传给钢筋，使钢筋与混凝土共同受力，成为钢筋混凝土梁。

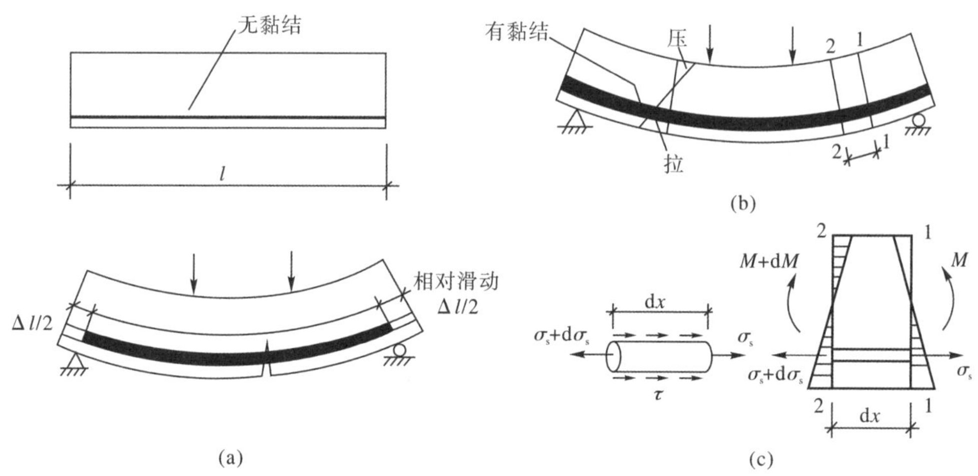

图 2-29　梁内锚固黏结应力图

从图 2-29(b)取出截面 1—1 和 2—2 之间的微段 dx 作为隔离体，如图 2-29(c)所示，可见受拉钢筋两端的应力是不相等的，其应力差将由表面的黏结应力相平衡。从钢筋微段的隔离体可得平均黏结应力$\bar{\tau}$为

$$(\sigma_s + \mathrm{d}\sigma_s)A_s - \sigma_s A_s = \pi \mathrm{d}\bar{\tau} dx$$

$$\bar{\tau} = \frac{d}{4} \cdot \frac{\mathrm{d}\sigma_s}{\mathrm{d}x} \tag{2-46}$$

式中：A_s——钢筋截面面积；σ_s——微段受到的拉应力。

从式(2-46)可见，如果没有黏结应力，钢筋应力就不会沿其长度发生变化；反之，如果钢筋应力沿其长度没有变化，即钢筋两端没有应力差，也就不会产生黏结应力。

2.4.2 两类黏结应力

根据受力性质的不同，钢筋与混凝土之间的黏结应力可分为裂缝间的局部黏结应力和钢筋端部的锚固黏结应力两种。

1.锚固黏结应力

锚固黏结应力通常位于混凝土裂缝到钢筋端头之间的部位，该处混凝土可受压或受拉（见图 2-30）。钢筋在锚固长度l_a内，与混凝土接触面上的剪应力即属锚固黏结应力。

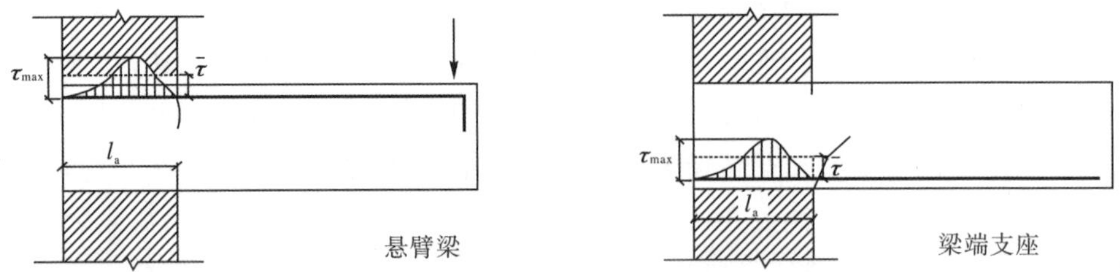

图 2-30　梁端锚固黏结应力分布图

在梁支座处，钢筋由支座边到钢筋端部必须有足够的锚固长度l_a，通过这段长度上黏结应力的积累，才能保证充分发挥钢筋的设计强度；或通过长度l_a上黏结应力的积累才能保证钢筋的应力由支座边的设计强度逐渐减小到钢筋端部为零。从图中可见，最大黏结应力τ_{max}发生在离支座边上某一距离处，并向钢筋端部逐渐减少至零，因此钢筋必须有足够的锚固长度，但也不需要太长，否则也不起作用。

图 2-31 为支座负弯矩区段钢筋理论切断点处的黏结应力分布图，其延伸长度l_d同样也应保证充分发挥钢筋的设计强度以满足斜截面抗弯强度的需要。锚固黏结应力直接影响结构的强度。

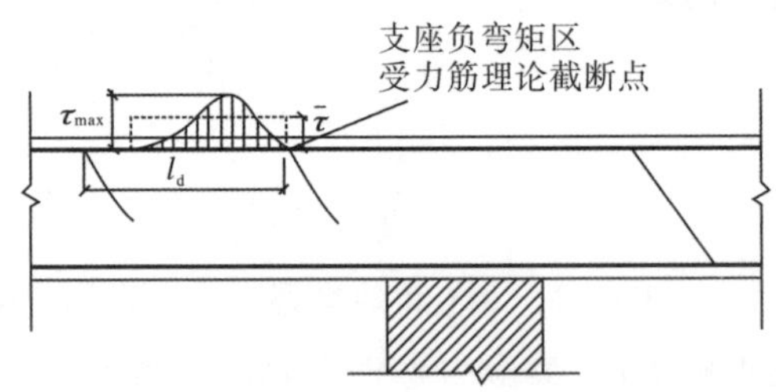

图 2-31　连续梁负弯矩处钢筋的理论切断点与实际切断点

此外，当钢筋长度不足，在构件受拉区内采用搭接方法连接钢筋时，钢筋的拉力仅靠它与周围混凝土之间的黏结应力传递。能保证发挥钢筋设计强度的黏结应力分布长度l_l，称为搭接长度。

钢筋的延伸及搭接均属于锚固黏结应力。锚固黏结应力直接影响结构构件的承载力，必须予以保证。锚固、延伸或搭接长度不足，构件均会黏结不足而破坏。

锚固长度l_a可通过计算或采用构造措施予以确定。有些国家的规范和我国原规范均采用一定的构造措施予以保证。《设计规范》在试验研究、工程经验和可靠度分析的基础上，改用计算方法确定锚固长度和搭接长度。

2.局部黏结应力

当混凝土未开裂时，构件中部钢筋和混凝土的应变是相同的，$\varepsilon_s=\varepsilon_c$，钢筋与混凝土之间不存在相对滑移，黏结应力未发挥作用，两者共同变形，共同受力，钢筋和混凝土的应力沿构件长度也是均匀分布的。

裂缝出现后，裂缝截面混凝土退出工作，沿钢筋向两侧滑移回缩，不再参与受拉，在相邻两个开裂截面之间会产生局部黏结应力。此时，拉力全部转为由钢筋承受，使其应力突然增大。由于钢筋与混凝土之间存在着黏结，离开裂缝截面，混凝土回缩就受到约束，相对滑移逐渐减小，钢筋通过黏结应力又将部分拉力传给混凝土，使混凝土的应力又逐渐增大，钢筋应力相应减少。经过一段距离，钢筋与混凝土又共同受力，直至混凝土应力达到抗拉强度又出现新的裂缝。

这种裂缝附近产生的局部黏结应力，其作用是使裂缝之间的混凝土参与受拉，与锚固黏结应力的作用不同。局部黏结应力的丧失会使构件的刚度降低，影响裂缝的开展。

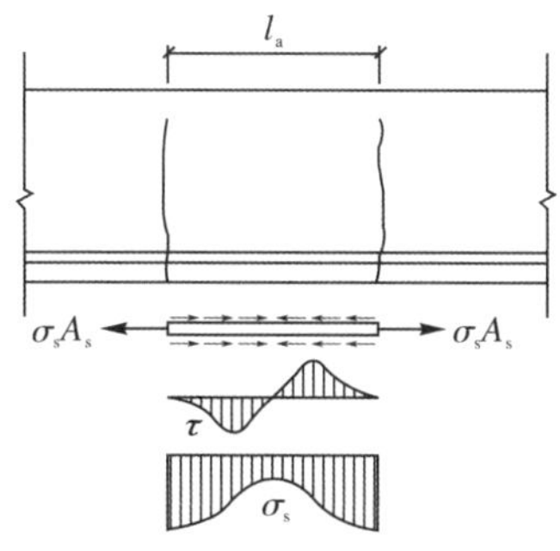

图 2-32　局部黏结应力图

2.4.3　黏结机理

光圆钢筋与变形钢筋具有不同的黏结机理。

光圆钢筋与混凝土的黏结作用主要由以下三部分组成：

(1)钢筋与混凝土接触面上的胶结力。这种胶结力来自水泥浆体对钢筋表面氧化层的渗透以及水化过程中水泥晶体的生长和硬化。这种胶结力一般很小，仅在受力阶段的局部无滑移区域起作用，当接触面发生相对滑移时即消失。

(2)混凝土收缩握裹钢筋而产生摩阻力。混凝土凝固时收缩，对钢筋产生垂直于摩擦面的压应力。这种压应力越大，接触面的粗糙程度越大，摩阻力就越大。

(3)钢筋表面凹凸不平与混凝土之间产生的机械咬合力。对于光圆钢筋，这种咬合力来自表面的粗糙不平。

对于变形钢筋，咬合力是由于变形钢筋肋间嵌入混凝土而产生的，虽然也存在胶结力和摩擦力，但变形钢筋的黏结力主要来自钢筋表面凸出的肋与混凝土的机械咬合作用。变形钢筋的横肋对混凝土的挤压如同一个楔，会产生很大的机械咬合力。变形钢筋与混凝土之间的这种机械咬合作用，改变了钢筋与混凝土之间相互作用的方式，显著提高了黏结强度。图 2-33 给出了变形钢筋对外围混凝土的斜向挤压力从而使得外围混凝土产生内裂缝的示意图。

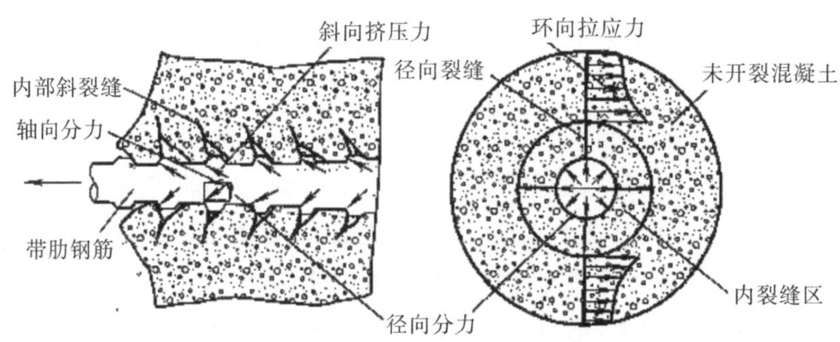

图 2-33　带肋钢筋的黏结性能

由此可见，光圆钢筋的黏结机理与变形钢筋的主要差别是：光圆钢筋的黏结力主要来自胶结力和摩阻力，而变形钢筋的黏结力主要来自机械咬合作用。

2.4.4　黏结强度及其影响因素

钢筋的黏结强度一般用单轴拉拔试验测定，如图 2-34 所示。钢筋与混凝土界面上的平均黏结应力用下式表示：

$$\tau=\frac{N}{\pi dl} \tag{2-47}$$

式中：τ——锚固黏结应力；N——轴向拉力；d——钢筋盲径；l——锚固长度。

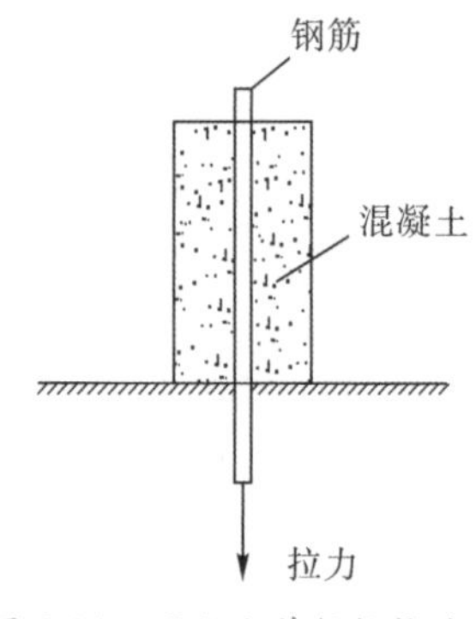

图 2-34　混凝土单轴拉拔试验

通过试验发现，影响钢筋与混凝土黏结性能的因素很多，主要有钢筋的表面形状、混凝土强度、钢筋位置、保护层厚度、钢筋间距、横向钢筋以及侧向压力作用等。

1. 钢筋表面形状

钢筋表面形状对黏结强度有明显影响，带肋钢筋的黏结强度比表面钢筋高得多，大致高出 2～3 倍，故钢筋混凝土中宜优先采用带肋钢筋。

2. 混凝土强度等级

黏结强度随混凝土强度等级的提高而提高，但并非线性关系。带肋钢筋的黏结强度与混凝土的抗拉强度大致成正比。

3. 浇灌混凝土时钢筋所处的位置

黏结强度与浇灌混凝土时钢筋所处的位置有关。对混凝土浇灌厚度超过 300mm 以上的顶部水平钢筋，由于混凝土的泌水下沉和气泡逸出，使顶部水平钢筋的底面与混凝土之间形成空隙层，从而削弱黏结作用，钢筋还可能出现纵向裂缝。《施工规范》对混凝土浇灌层的厚度做出了有关规定。

4. 保护层厚度和钢筋间距

对于带肋钢筋而言，当混凝土保护层太薄时，径向裂缝可能发展至构件表面出现纵向劈裂裂缝。钢筋的净间距越大，锚固强度越大。当钢筋间距有限时，其外围混凝土将发生沿钢筋水平处贯穿整个梁宽的水平劈裂裂缝，使整个混凝土保护层崩落。

因此，《设计规范》规定了各类构件在不同使用环境和不同混凝土强度等级时，混凝土保护层的最小厚度以及钢筋之间的最小间距。(附表 19)

5. 横向钢筋

梁中如果配有箍筋，可以延缓劈裂裂缝的发展或限制裂缝宽度，从而提高黏结强度。因此，在较大直径钢筋的锚固区和搭接长度范围内，以及当一排并列的钢筋根数较多时，均应增加一定数量的附加箍筋，以防止混凝土保护层的劈裂崩落。

6. 侧向压力作用

当钢筋的锚固区有侧向压力作用时(如简支梁的支座反力)，黏结强度将提高，锚固长度 l_{as} 可比 l_a 相应减少，但侧向压力过大，或有侧向拉力时，反而会使混凝土产生沿钢筋的劈裂。

2.4.5　黏结应力—滑移关系

图 2-35 所示是钢筋拔出试验所得的黏结应力 τ 和黏结滑移 s 的关系曲线(τ-s 曲线)，纵坐标表示试件的平均黏结应力 $\tau=P/\pi dl$，横坐标表示试件加荷端的滑移值 s_1(即钢筋和周围混凝土的相对位移值)。

加荷的初期，拉力较小，钢筋与混凝土界面上受剪时，化学胶结力起主要作用，此时，界面上无滑移(A 点以前)，随着拉力增大，从加荷端开始化学胶着力逐渐丧失，摩擦力开始起主要作用，此时，滑移逐渐增大，黏结刚度逐渐减小。曲线到达 B 点时，黏结应力达到峰值，称为平均黏结强度。然后，滑移急剧增大，τ-s 曲线进入下降段，此时，嵌入钢筋表面凹陷处的混凝土被陆续磨平剪碎，摩擦力不断减小。当曲线下降到 C 点时，曲线趋于平缓，但仍存在残余黏结强度。破坏时，钢筋从试件内部拔出，拔出的钢筋表面与其周围的混凝土表面沾满了水泥和铁锈粉末，并有明显的纵向摩擦痕迹。

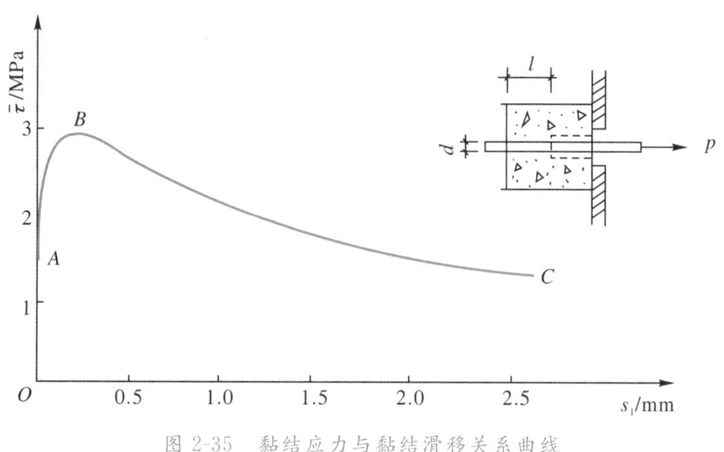

图 2-35　黏结应力与黏结滑移关系曲线

2.5 钢筋的锚固

《设计规范》规定以钢筋的受拉锚固长度l_a为钢筋的基本锚固长度。如图 2-36 给出的钢筋受拉锚固长度的示意图中，取钢筋为隔离体，直径为 d 的钢筋，当其应力达到抗拉强度设计值f_y时，拔出拉力为$f_y\pi d^2/4$，设锚固长度l_a内黏结应力的平均值为 τ，则由混凝土对钢筋提供的总黏结力为 $\tau\pi dl$。假设 $\tau=f_t/(4\alpha)$，则由力的平衡条件得

$$l_a=\alpha\frac{f_y}{f_t}d \tag{2-48}$$

式中：f_y——钢筋抗拉强度设计值；f_t——混凝土抗拉强度设计值；d——钢筋直径；α——锚固钢筋的外形系数，按表 2-2 取值。可见，钢筋锚固长度是钢筋直径的倍数，如 $30d$。

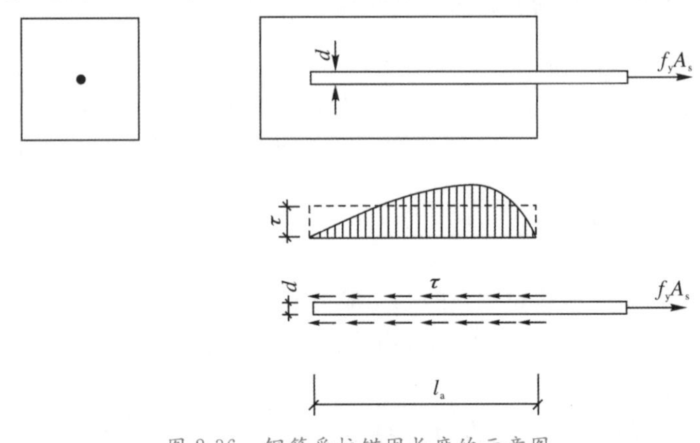

图 2-36 钢筋受拉锚固长度的示意图

表 2-2 钢筋的外形系数

钢筋类型	光面钢筋	带肋钢筋	刻痕钢丝	螺旋肋钢丝	三股钢绞线	七股钢绞线
α	0.16	0.14	0.19	0.13	0.16	0.17

注：带肋钢筋指的是 HRB335 级钢筋、HRB400 级钢筋、RRB400 级余热处理钢筋。

当 HRB335 级、HRB400 级、RRB400 级纵向受拉钢筋末端采用机械锚固措施时，包括锚固端头在内的锚固长度可按式(2-48)计算的锚固长度的 0.7 倍。

机械锚固的形式及构造如图 2-37 所示。

当计算中充分利用纵向钢筋的抗压强度时，其锚固长度不应小于受拉锚固长度的0.7倍。

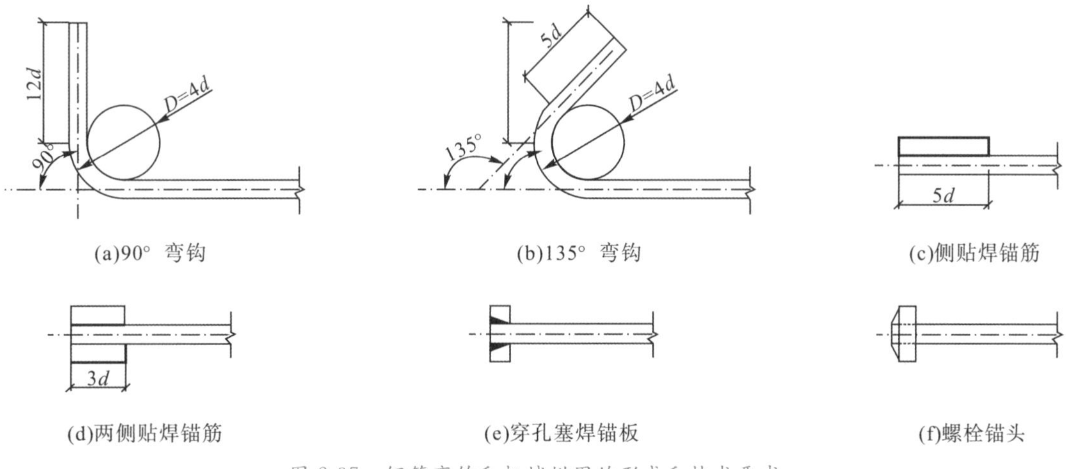

(a)90° 弯钩　(b)135° 弯钩　(c)侧贴焊锚筋

(d)两侧贴焊锚筋　(e)穿孔塞焊锚板　(f)螺栓锚头

图 2-37　钢筋弯钩和机械锚固的形式和技术要求

2.6　纤维复合材料

复合材料是由两种或两种以上物理和化学性质不同的物质组合而成的一种多相固体材料。在复合材料中通常有一相为连续相，称为基体；而另一相为分散相，称为增强材料。两相之间存在着相界面。虽然复合材料的组分材料保持着其相对的独立性，但性能却不是组分材料性能的简单相加，而是相互“取长补短”，有着协同作用，极大地弥补了单一材料的不足。它突破了传统材料在设计上的局限，具有材料性能指标的自由设计性，材料与结构的一致性、产品型体设计的自由性等，从而方便了人们对材料的设计需求。

近年来，以纤维材料为增强材料的复合材料，在建筑工程领域得到了越来越广泛的应用。其主要应用在结构建造，结构加固、修复、补强等领域，在一定程度上降低了成本，优化了材料性能。

2.6.1　纤维的种类和特点

建筑工程中作为增强材料的纤维材料有钢纤维、合成纤维、碳纤维、玻璃纤维、芳纶纤维等。本书主要介绍比较常用的钢纤维、碳纤维、玻璃纤维。

1. 钢纤维

(1)钢纤维分类

1)按外形分：有长直形、压痕形、波浪形、弯钩形、大头形、扭曲形等。

2)按截面形状分：有圆形、矩形、月牙形及不规则形等。

3)按生产工艺分：有切断型钢纤维、剪切型钢纤维、铣削型钢纤维及熔抽型钢纤维等。

4)按材质分：普通碳钢钢纤维、不锈钢钢纤维。其中以普通碳钢钢纤维用量居多。

5)按施工用途分：浇筑用钢纤维和喷射用钢纤维。

(2)建筑工程用钢纤维的主要性能

1)抗拉强度

为使钢纤维混凝土具有良好的力学性能,要求钢纤维具有一定的抗拉强度。钢纤维的材料和生产工艺不同,其抗拉强度也有所区别。试验表明,用冷拔钢丝切断的钢纤维抗拉强度较高,一般为600～1000MPa,剪切型、熔抽型和铣削型钢纤维的抗拉强度一般为380～800MPa。由于普通钢纤维混凝土主要是因钢纤维拔出而破坏,并不是因钢纤维拉断而破坏,钢纤维在破坏时承受的最大拉力为100～300MPa,因此钢纤维的抗拉强度在380MPa以上,一般能满足使用要求。

2)黏结强度

钢纤维的黏结强度,可按《钢纤维混凝土试验方法标准》(CECS13:89)中规定,用直接拉拔法测定钢纤维与水泥砂浆之间的黏结强度。

钢纤维混凝土的破坏主要由钢纤维的拔出引起,因此提高钢纤维与混凝土基体界面的黏结强度是重要问题。提高黏结强度除与基体的性能有关外,就钢纤维本身来说,应该从钢纤维表面和形状来改善它与基体的黏结性能。为了提高钢纤维的黏结强度,常采用使钢纤维表面粗糙化、截面呈不规则形、增加与基体的接触面积和摩擦力;将钢纤维表面压痕,或压成波形,增加机械黏结力;使钢纤维的两端异形化,将两端制成弯钩或大头形等,以提高其锚固力和抗拔力。

试验表明,有弯钩的钢纤维比平直钢纤维的增强效果可提高约一倍。波形钢纤维虽对提高钢纤维混凝土强度的作用不大,但能成倍地提高韧性。

3)硬度

各种钢纤维的表面硬度较高,在与混凝土搅拌时,一般不易发生弯折现象。但有时由于钢纤维的材质较脆,搅拌时也易发生折断,影响增强效果。

4)耐腐蚀性

浇筑在钢纤维混凝土内部的钢纤维,只要捣固密实,与空气隔绝,钢纤维一般不发生锈蚀现象。露于混凝土表面或在裂缝宽度超过0.25mm时,跨接在裂缝处的钢纤维易发生腐蚀现象。

(3)钢纤维制品

工程中钢纤维主要应用在钢纤维混凝土中,作为承重结构的建造材料。由于钢纤维能够阻止基体混凝土裂缝的开展,从而使其抗拉、抗弯、抗剪强度等较普通混凝土显著提高,其抗冲击、抗疲劳、裂后韧性和耐久性也有较大改善。

2.碳纤维

碳纤维是纤维状碳材料,其化学组成中的碳元素占总质量的90%以上,一般是由含碳量高的有机纤维(黏胶纤维、聚丙烯腈或沥青纤维)在保护气氛(N_2或Ar气体)和施加张力牵引下,通过热处理碳化成为含碳量90%～99%的纤维。碳纤维外观一般呈现黑色。

(1)碳纤维的分类

目前,碳纤维的发展很快,国内外的碳纤维材料的种类也很多,一般可以根据原丝的类型、碳纤维的性能和用途进行分类。

1)根据所用原丝的不同分类

碳纤维可以分为聚丙烯腈(PAN)基碳纤维、沥青基碳纤维、黏胶基碳纤维、酚醛树脂基碳纤维和其他有机纤维基碳纤维等。目前用于工程的主要是聚丙烯腈基碳纤维。根据其生产工艺过程不同分为常规级(简称 CT)和大束丝(简称 LT)PAN 基碳纤维两大类。以承受荷载为主的建筑结构领域所用的碳纤维目前都选用由 CT 型 PAN 基碳纤维制成的制品。

2)按碳纤维的制造条件和方法分类

可以分为碳纤维(炭化温度在 800～1600℃时得到的纤维)、石墨纤维(炭化温度在 2000～3000℃时得到的纤维)、活性碳纤维和气相生长碳纤维(包括晶须状纳米碳纤维)等。

3)按碳纤维的性能分类

可以分为高性能碳纤维和通用级碳纤维,其中高性能碳纤维包括中强型、高强型、超高强型和中模型、高模型、超高模型等碳纤维;通用级碳纤维包括耐火纤维、碳质纤维、石墨纤维等。可用于工程的主要是各种高性能纤维。

4)按碳纤维的外观分类

包括短纤维和长纤维。长纤维中碳纤维的长度可达几千米。根据抽丝时用的喷丝头孔数,分为 1K、2K、3K、6K、12K、24K 等,每一个 K 被定义为每束(股)1000 根碳纤维。

目前,工程中使用的碳纤维主要是 12K 的长纤维状碳纤维。

5)碳纤维的功能分类

可分为受力结构用碳纤维、耐焰性碳纤维(吸附活性)、导电碳纤维、润滑碳纤维、耐磨用碳纤维、耐腐蚀用碳纤维等。结构工程中使用的主要是受力结构用碳纤维。

工程中,碳纤维主要用于编制碳纤维织物以及制作碳纤维增强复合材料板、筋、带、索、型材等 FRP 制品。大量使用的是各种高性能的聚丙烯腈基长丝碳纤维。下面主要介绍这类碳纤维的特点。

(2)工程用碳纤维的性能

碳纤维的性能主要包括力学性能、热学性能、耐化学性能、电性能和磁性能等方面。就综合性能而言,碳纤维是一种优异的增强纤维材料。

1)力学性能

碳纤维的力学特点是高强度、高模量,由于密度小(1.5～2.0g/cm^3),所以具有较高的比强度和比模量。目前在碳纤维加固修复混凝土结构技术中广泛使用的碳纤维布,就是主要采用标准弹性模量的碳纤维丝织成。不同的原丝工艺条件和处理条件制得的碳纤维的力学性能是不同的。表 2-3 介绍了典型高性能碳纤维丝的力学性能和特征。

表 2-3　典型高性能碳纤维丝的力学性能和特征

碳纤维牌号	每束纤维单丝束	拉伸强度/MPa	拉伸弹性模量/GPa	断裂伸长率/%	密度/(g/cm³)
T300	1K、3K、6K、12K	3530	230	1.5	1.76
T300J	3K、6K、12K	4210	230	1.8	1.78
T400H	3K、6K	4410	250	1.8	1.80
T600S	24K	4120	230	1.9	1.90
T700S	6K、12K、24K	4900	230	2.1	1.80
T700G	12K、24K	4900	240	2.0	1.78
T800H	6K、12K	5490	294	1.9	1.81
T1000G	12K	6370	294	2.2	1.80
T1000	12K	7060	294	2.4	1.82
M35J	6K、12K	4700	343	1.4	1.75
M40J	6K、12K	4410	377	1.2	1.77
M46J	6K、12K	4210	436	1.0	1.84
M50J	12K	4120	475	0.8	1.88
M55J	6K	4020	540	0.8	1.88
M60J	3K、6K	3920	580	0.7	1.94
M30	3K、6K	3920	294	1.3	1.70
M30S	18K	5490	294	1.9	1.73
M30G	18K	5100	294	1.9	1.73
M40	1K、3K、6K、12K	2740	392	0.7	1.81
M46	6K、12K	2350	451	0.5	1.88
M50	6K、12K	2450	490	0.5	1.91

2)热学性能

碳纤维的耐高低温的性能好。在隔绝空气(惰性气体保护)下,2000℃仍有强度,液氮下也不会脆断。

碳纤维的导热性能好。热导率较高,但随温度升高有减少的趋势。碳纤维复合材料沿纤维轴向的热导率为 0.16J/(s·cm·℃);垂直纤维轴向的热导率为 0.08J/(s·cm·℃)。

碳纤维的线膨胀系数沿纤维轴向具有负的温度效应,随着温度的升高,碳纤维有收缩的趋势,尺寸稳定性好。耐疲劳性能好。其线膨胀系数小于金属材料,用碳纤维制成的构件可以做到零膨胀。

3)耐化学性能

①耐腐蚀性。碳纤维具有较好的耐酸碱性,除了能被强氧化剂如浓硝酸、次氯酸及重铬

酸盐氧化外，一般的酸碱对其作用很小，比玻璃纤维具有更好的耐腐蚀性。

结果证明，在各种浓度的酸碱溶液中放一根碳纤维丝浸渍 250 天，其直径、拉伸强度、模量基本上没有变化。

②耐水性。碳纤维不像玻璃纤维那样在湿空气中会发生水解反应，耐水性比玻璃纤维好。所以碳纤维增强复合材料有很好的耐水性和耐湿热老化特性。

(3)碳纤维制品的品种与规格

碳纤维制品作为商品供应的有碳纤维丝、碳纤维布、碳纤维毡、扭绳或编织绳、三向或多向立体织物等不同形式的产物。

在结构工程中广泛使用的主要是碳纤维布、碳纤维板、碳纤维筋及型材等产品。

3. 玻璃纤维

玻璃纤维是将熔融的玻璃液以极快的速度抽拉成细丝而成的。由于它很细，因而除了具备普通块状玻璃的一些性质外，还具有一些新的特点，如消除了玻璃的脆性，变得质地柔软，具有弹性，可并股、加捻，纺织成各种玻璃布、玻璃带等织物。玻璃纤维外观一般呈现白色。

玻璃是由 SiO_2 及各种金属氧化物组成的硅酸盐类混合物，属于无定形离子结构物质。SiO_2 是玻璃的主要成分，其作用是在玻璃中形成基本骨架，有高的熔点。

(1)玻璃纤维的分类

1)按玻璃原料的化学组成分类

通常按碱金属氧化物的含量分为以下几类。

①有碱玻璃纤维：碱金属氧化物的含量大于 12%。

②中碱玻璃纤维：碱金属氧化物的含量在 6%～12%。

③低碱玻璃纤维：碱金属氧化物的含量在 2%～6%。

④微碱玻璃纤维：碱金属氧化物的含量低于 2%，微碱玻璃纤维又称为无碱玻璃纤维。

通常碱金属氧化物含量高时，玻璃易熔易抽丝，产品成本低，这种玻璃纤维的特点是耐海水腐蚀性好，可供一般要求使用无碱玻璃纤维。

2)按纤维的使用特性分类

①普通玻璃纤维(A-FG)。

②电工用玻璃纤维(E-FG)，也称为 E 玻璃纤维，碱金属氧化物含量小于 1%，应用较为普遍。

③高强型玻璃纤维，也称为 S 玻璃纤维或 R 玻璃纤维，碱金属氧化物含量小于 0.3%，强度比 E-GF 高 33%，模量高 20%，且高温下有良好的保持率，仅用在强度要求高的场合。

④高模量型玻璃纤维(M-GF)，碱金属氧化物含量接近 0，模量比 E-GF 高 60%，强度与 E-GF 相当。

⑤耐化学药品玻璃纤维，也称为 C 玻璃纤维，耐酸性好，适用于耐腐蚀件和蓄电池套管等。

⑥耐碱玻璃纤维，也称为 AR 玻璃纤维。

⑦低介玻璃纤维，也称为 D 玻璃纤维，电绝缘性和透波性好，适用于雷达罩的增强材料。

⑧高硅氧(玻璃)纤维材料，用作耐烧蚀材料。

⑨石英(玻璃)纤维。

目前在结构工程用复合材料中用作增强材料的玻璃纤维主要有高强型玻璃纤维(S 玻璃纤维)和 E 玻璃纤维。比如结构加固修复中的高强型玻璃纤维布就是采用 S 玻璃纤维的织物。

(2)玻璃纤维的性能

1)力学特性

玻璃纤维直到拉断前其应力—应变关系为一条直线，无明显的屈服、塑性阶段，呈脆性材料特性。

玻璃纤维的拉伸强度较高，但模量较低，而且强度的分散性较大。受湿度影响，吸水后，湿态强度下降。

2)热学性能

玻璃纤维是无定形高聚物，其力学性能与温度的关系类似无定形有机高聚物，存在玻璃化转变温度 T_g、凝胶态转变温度 F_f 两个转变温度。T_g 较高，约 600℃，且不燃烧，所以相对聚合物基体来讲，耐热性好。

3)耐介质性能

玻璃纤维在水中浸泡后，会使强度降低，而且玻璃纤维含碱量越大，玻璃纤维受水侵蚀的速率越快。另外，玻璃纤维中有微裂缝，裂缝尖端在应力及水的协同作用下，加速了裂缝的扩展，使玻璃纤维的持久强度下降。

(3)玻璃纤维制品的品种与规格

玻璃纤维制品作为商品供应的有玻璃纤维纱、玻璃纤维布、玻璃纤维毡和特殊织物等不同形式的产品。在建筑结构中使用的复合材料制品或半成品主要由玻璃纤维布、玻璃纤维筋和各种玻璃纤维型材(玻璃钢)。

2.6.2 纤维增强复合材料(FRP)

目前，工程所采用的纤维增强复合材料(FRP)主要有碳纤维增强复合材料(CFRP)、玻璃纤维增强复合材料(GFRP)和芳纶纤维复合增强材料(AFRP)等。它们以相应的纤维材料作为增强材料，通过基体材料粘贴成整体。建筑工程用基体材料主要是热固性树脂，包括环氧树脂、不饱和聚酯、乙烯基酯树脂等，它们在纤维间传递载荷，使载荷均匀分布，使增强材料的作用充分发挥。由于经济原因，FRP 材料主要用于结构加固、修复和补强。

1. FRP 材料的特点

(1)力学性能

FRP 最突出的优点在于它具有很高的比强度，即通常所说的轻质高强。

与传统结构材料不同的是，FRP 一般表现为各向异性，纤维方向的强度和弹性模量较高，而垂直纤维方向的强度和弹性模量很低。有资料表明，纤维纵横两个方向的拉伸强度相差可达 25 倍，压缩强度相差可达 5 倍，模量相差可达 13 倍。此外，纤维方向的拉伸强度比压缩强度高约 30%。这是在研究与应用 FRP 过程中应该注意的。

(2)耐腐蚀性能

FRP 具有良好的耐腐蚀性，可以抵抗不同环境下的化学腐蚀，这是传统建筑结构材料难以比拟的。目前，在化工建筑、地下工程和水下特殊工程中，FRP 耐腐蚀的优点已经得到实际工程的证明。在瑞士、英国、加拿大等国家的寒冷地区以及一些国家的近海地区已经开始在桥梁、建筑中采用 FRP 结构代替传统结构以抵抗除冰盐和空气中盐分的腐蚀，将使结构的维护费用大大降低。

(3)可设计性

FRP 具有可设计性，即通过使用不同纤维种类、控制纤维含量和不同铺层等方法可以设计出不同强度、不同弹性模量或不同性能的 FRP 产品，而且 FRP 产品成型方便，形状可灵活设计。

(4)施工性能

FRP 产品非常适合在工厂生产、运送到工地、现场安装的工业化施工过程，有利于保证工程质量、提高劳动效率、建筑工业化。

(5)防火性能

与混凝土相比，一般 FRP 的防火性能较差，但通过改变树脂的组分，可以改善 FRP 的防火性能。如果在其表面进行防火处理，其效果可以与混凝土结构的抗火灾性能相等。

(6)疲劳性能

FRP 本身的疲劳性能优于传统结构材料，但是必须注意的是，初始缺陷和工作环境对 FRP 抗疲劳性能的影响非常显著。

2. 产品形式及分类

用于建筑工程的 FRP 形式有很多种。

(1)FRP 片材

用于结构加固修复最多的材料形式是片材，主要包括 FRP 布和 FRP 板两类。

FRP 布是目前结构加固工程中应用最广泛的 FRP，它由连续的长纤维编织而成，通常是单向纤维布，一般只承受单向拉伸，且使用前不浸润树脂，施工时用树脂浸润粘贴，主要应用于结构的加固，也可以作为生产其他 FRP 制品的原料。

FRP 板是将纤维在工厂中按照一定的工艺生产成型板桩 FRP 制品，施工中再用树脂粘贴。FRP 板主要用以承受纤维方向上的拉压，但在垂直纤维方向上强度和弹性模量很低。

(2)FRP 棒材

FRP 棒材包括 FRP 索和 FRP 筋。FRP 索和 FRP 筋是将纤维在工厂中按照一定工艺生产的棒状 FRP 制品，主要用于混凝土结构和预应力结构中替代钢筋或钢索，也可以做成 FRP 结构直接用于建筑工程中。

常用的 FRP 筋的形式有多种：表面进行砂化处理的 GFRP 筋；与钢绞线相似，且在几股纤维间用环氧黏结的 CFRP 预应力筋；为提高黏结性能，表面进行刻痕处理的 FRP 筋；为加强黏结，表面进行滚花处理，再添加树脂硬化剂，同时利用 FRP 的柔韧性，先把纤维布置成各种形状，然后把界面制成矩形的 FRP 筋。

(3)FRP 网格材

FRP 网格材也是将纤维在工厂中按照一定工艺生产的网格状 FRP 制品。FRP 网格可以直接代替钢筋网片或钢筋笼。

(4)FRP 型材

FRP 型材有缠绕型、模压型及多种类型。FRP 型材的截面形状可以很复杂，常见的有管、罐、球等。纤维含量可以高达 60%～70%，有很好的受力性能，可以直接作为结构构件，也可以与其他材料组合，广泛用于压力容器、管道等。

(5)FRP 组合板

FRP 组合板一般由上、下表面的 FRP 板和夹心材料组成。FRP 组合板可以充分利用 FRP 强度，有极高的比强度和比刚度，构件截面形式合理。在飞机、船舶等结构中已经有广泛的应用，在土木工程结构中也可以直接用于桥面、屋面、操作平台等结构中，也可以与其他传统材料组合形成不同的组合结构。

(6)其他 FRP 制品

由于 FRP 的可设计性，在实际工程中可以根据具体要求确定生产工艺并生产不同形式、不同规格、不同性能的 FRP 制品，直接或再加工后应用于建筑工程当中。

2.6.3 钢纤维混凝土

以混凝土为基体，纤维材料为增强材料，可以组成纤维增强混凝土材料。采用纤维增强混凝土是混凝土改性的一个重要手段，它可使混凝土的抗拉强度、变形能力、耐动荷能力大大提高。在承重结构中，使用最广泛的为钢纤维混凝土。

1. 钢纤维的几何参数和体积率的选用范围

钢纤维体积率：钢纤维所占钢纤维混凝土体积的百分数。

钢纤维的增强效果与钢纤维的长度 l_f、直径（或等效直径）d_f、长径比 l_f/d_f 有关。钢纤维增强作用随长径比增大而提高。钢纤维长度太短不起增强作用，太长施工困难，影响拌和物的质量，直径过细易在拌和过程中被弯折，过粗则在同样体积率时，增强效果较差。

试验研究和工程实践表明，钢纤维的长度为 20～60mm，直径或等效直径为 0.3～0.9mm，长径比在 30～100 的范围内选用，其增强效果和施工性能可满足要求。如超出上述范围，经试验在增强效果和施工性能方面符合要求时，也可根据需要采用。根据国内外工程应用经验,《纤维混凝土结构技术规程》(CECS 38—2004)对不同类别的钢纤维混凝土结构,提出常用的钢纤维几何参数选用范围,如表 2-4 所示。

表 2-4　钢纤维几何参数参考范围

钢纤维混凝土结构类别	长度/mm	直径(等效直径)/mm	长径比
一般浇注纤维混凝土	20～60	0.3～0.9	30～80
钢纤维喷射混凝土	20～35	0.3～0.8	30～80
钢纤维混凝土抗震框架节点	35～60	0.3～0.9	50～80
钢纤维混凝土铁路轨枕	30～35	0.3～0.6	50～70
层布式钢纤维混凝土复合路面	30～120	0.3～1.2	60～100

钢纤维的体积率是指钢纤维所占钢纤维混凝土体积的百分数,用 ρ_f 表示。钢纤维混凝土中钢纤维的体积率小到一定程度时,将不起增强作用,对于不同品种、不同长径比的钢纤维,其最小体积率略有不同,国内外一般以 0.5%为最小体积率(见表 2-5)。钢纤维体积率超过 2%时,拌和物的和易性变差,施工较困难,质量难以保证。但在特殊需要时,经试验和采取必要的施工措施,在保证质量和增强效果的情况下,可将钢纤维体积率增大。

表 2-5　钢纤维体积率参考范围

钢纤维混凝土结构类别	钢纤维体积率/%	钢纤维混凝土结构类别	钢纤维体积率/%
一般浇筑成型的结构	0.5～2.0	铁路轨枕、刚性防水面	0.8～1.2
局部受压构件、桥面、预制桩、桩顶、桩尖	1.0～1.5	喷射钢纤维	0.5～1.5

2. 钢纤维混凝土的基本性能

钢纤维混凝土是目前纤维混凝土中使用最广泛、发展最快的一种新型复合材料。它以优良的抗拉、抗弯、抗剪、阻裂、耐冲击、耐疲劳、高韧性等性能被广泛用于建筑、公路路面、桥梁、隧洞、机场道面、水工、港工、军事工程和各种建筑制品等领域。

(1)钢纤维对混凝土的增强效果和影响因素

钢纤维混凝土中乱向分布的短纤维主要作用是阻碍混凝土内部微裂缝的扩展和阻滞宏观裂缝的发生和发展,因此对于其抗拉强度和主要由主拉应力控制的抗剪、抗弯、抗扭强度等有明显的改善作用。当体积率在 1%～2%范围内时,抗拉强度提高 25%～50%,抗弯强度提高 40%～80%,用直接双面剪试验所测定的抗剪强度提高 50%～100%。抗压强度提高幅度较小,一般在 0%～25%。

根据纤维增强机理的各种理论,诸如纤维间距理论、复合材料理论和微观断裂力学理论以及大量试验数据的分析,纤维的增强效果主要取决于基体强度(f_m)、纤维的长径比(l_f/d_f)、纤维的体积率(ρ_f)、纤维与基体间的黏结强度(τ),以及纤维在基体中的分布和取向的影响(η),即钢纤维混凝土的强度(f_f)为

$$f_f = F(f_m, l_f/d_f \cdot \rho_f \cdot \tau \cdot \eta) \tag{2-49}$$

许多研究者根据试验数据回归出使用的半经验半理论公式。

当钢纤维混凝土破坏时，大都是纤维被拔出而不是被拉断，因此改善纤维与基体间的黏结强度是改善纤维增强效果的主要控制因素之一。改善的办法有 3 种：

1)增加纤维的黏结长度(即增加长径比)，但纤维太长易于成团，会影响拌和物的和易性和施工质量，导致强度降低，所以钢纤维长度一般为 20～40mm，最长不超过 60mm，长径比一般在 40～120 范围。

2)改善基体对钢纤维的黏结性能，例如掺入 10%硅灰可使钢纤维的黏结强度提高 20%，钢纤维混凝土抗折强度提高 40%，如果再加入超塑化剂使水灰比降低，提高的幅度还要大些。

3)改善纤维的形状，增加纤维与基体间的摩阻和咬合力。纤维品种不同，黏结强度可相差 1 倍以上。日本用钢锭借助专用铣床生产的带压痕、带毛刺的纤维性能也很好，澳大利亚生产一种端部扩大的钢纤维，其目的也在于增加与基体间的咬合力。

纤维分布和取向的影响也是重要的。若能使纤维分布于受拉区并按受拉方向定向排列，则增强效果将大大加强。将钢纤维混凝土与普通混凝土制成复合板梁，当纤维混凝土处于受拉区并达总厚度的 1/2 时，其抗弯强度接近其他条件相同的钢纤维混凝土板梁。此外，钢纤维混凝土试验中试件的尺寸效应比普通混凝土显著，也与纤维的分布和取向有关。骨料尺寸与纤维长度之比，对增强效果也有影响。

(2)钢纤维混凝土的变形性能

钢纤维混凝土弹性阶段的变形性能与其他条件相同的普通混凝土没有显著差别，受压弹性模量和泊松比与普通混凝土基本相同，受拉弹性模量随纤维掺量的增加提高 0%～20%，在设计中可以忽略这种差别。

韧性是衡量塑性变形性能的重要指标，通常用与荷载位移曲线下(或应力—应变曲线下)面积有关的参数表示。表示方法不同，数值上会有差别。不论抗压、抗弯和抗冲击韧性都随上述的影响纤维增强效果诸因素的增强而提高。在通常的纤维掺量下，抗压韧性可提高 2～7 倍，抗弯韧性可提高几倍到几十倍；弯曲冲击韧性可提高 2～4 倍，板式试件落球(锤)法击碎试验所测得的冲击韧性可提高几倍到几十倍。

(3)收缩和徐变

钢纤维混凝土的收缩值随纤维掺量的增加而有所降低。例如，掺量为 1.5%($l_f/d_f=50$)的钢纤维混凝土较普通混凝土的收缩值降低 7%～9%。在路面和其他结构中，由于钢纤维的约束作用还可消除或减少收缩裂缝，或减小收缩裂缝宽度。持续荷载下钢纤维混凝土的受压徐变与其他条件相同的混凝土相比略有降低，然而为了获得较好的和易性而增大钢纤维混凝土水灰比时，则其徐变会略有增加。这些不显著的差别在设计中可忽略。

(4)疲劳性能

钢纤维混凝土的抗弯和抗压疲劳性能较普通混凝土都有较大改善。例如：当抗弯疲劳

寿命为 10^6 次时，纤维掺量为 1.5%($l_f/d_f=58$)的钢纤维混凝土的应力比为 0.68，而普通混凝土仅为 0.51；当应力比为 0.7 时，钢纤维混凝土抗弯疲劳寿命超过 10^5 次，而普通混凝土仅达 850 次。又如：掺有 2%纤维的钢纤维混凝土抗压疲劳寿命达 2×10^6 时，应力比可达 0.92，而普通混凝土的应力比仅达 0.56。可见在路面和机墩等承受疲劳荷载的工程中，使用钢纤维混凝土会使其抗疲劳寿命显著提高。

(5)物理耐久性

钢纤维混凝土在各种物理因素作用下的耐久性一般来说都有不同程度的提高，其中耐冻融性、耐热性和抗气蚀性有显著提高。掺有 1.5%钢纤维($l_f/d_f=50$)的混凝土(W/C=0.55)经 150 次冻融循环，其抗压和抗弯强度下降约 20%，而其他条件相同的普通混凝土却下降 60%以上；经过 200 次冻融循环，钢纤维混凝土试件仍保持完好。掺有不锈钢纤维的耐火混凝土，在高温下的抗弯强度和耐剥落寿命都有显著提高。在 1200℃以下耐火混凝土的抗弯强度随纤维掺量增加而提高，随温度提高而降低。钢纤维混凝土在高速水流作用下的抗蚀能力有一定提高，例如掺有 2%钢纤维高强混凝土抗蚀能力较其他条件相同的高强的混凝土提高 1.4 倍。

钢纤维混凝土的抗渗性能与普通混凝土相比没有明显变化，但是由于其抗裂性能好，故常用于有抗渗要求的薄壁蓄液结构。

(6)化学耐久性

钢纤维混凝土耐化学腐蚀性能是人们最关心的问题。对此，国外学者做了大量的室内试验和现场暴露试验，得出几乎一致的结论是：钢纤维混凝土在空气、污水和海水中都呈现良好的耐腐蚀性。暴露在污水和海水中 5 年后的试件碳化深度小于 5mm，只有表层的钢纤维产生锈斑，内部钢纤维未锈蚀，不会像普通钢筋混凝土中钢筋锈蚀后，锈蚀层体积膨胀而将混凝土胀裂。专门研究表明：经 300 次浸海水循环(浸 12h，空气中干 12h)，钢纤维混凝土氯离子侵入深度较普通混凝土小，尽管氯离子超过 0.4%的活化量，但未见钢筋腐蚀。

但是，在荷载或其他因素作用下已经开裂的钢纤维混凝土，长期跨越裂缝暴露在腐蚀环境中的钢纤维的腐蚀速度取决于环境和裂缝状况，当纤维断面腐蚀到其抗拉能力低于黏结强度时，承载能力将有所降低。

思考题

2.1　确定混凝土轴心抗压强度时，为何要用 h/b(h 为棱柱体的高，b 为棱柱体的宽)的棱柱体当试件？

2.2　试述混凝土棱柱体试件在单向受压短期加载时应力—应变曲线的特点。在结构计算中，峰值应力对应应变 ε_0 和极限压应变 ε_{cu} 各在什么时候采用？

2.3　什么是混凝土的徐变？影响混凝土徐变的主要因素有哪些？徐变会对结构造成哪些影响？

2.4　画出软钢和硬钢的受拉应力—应变曲线，并说明两种钢材应力—应变发展阶段和各自特点。

2.5　为什么伸入支座的钢筋要有一定的锚固长度？钢筋在绑扎搭接时，为什么要有足够的搭接长度？

2.6　碳纤维有哪些优异的性能？工程中常用的是哪种碳纤维？

2.7　钢纤维混凝土的主要破坏模式是什么？为了增大钢纤维和基体间的黏结性能，可以采取哪些方法？

第3章　结构设计的基本方法

知识点:结构的功能要求、结构的极限状态、结构作用、环境影响与结构抗力、极限状态设计方法。

重　点:结构极限状态的含义和分类、结构设计年限与基准期、设计状态状况与荷载组合、结构安全性与适用性和耐久性之间的意义及关系。

难　点:理解以概率理论为基础的极限状态设计法、掌握各个极限状态的表达式。

结构设计的目的是保证所设计的结构在规定的时间内和规定的条件下能够完成设计预定的各种功能,同时还应尽量降低结构的建造、使用和维修费用,达到安全可靠、耐久适用、经济合理、保证质量、技术先进的要求。经过了漫长的历史过程,产生了多种结构设计方法,主要可概括为以下几种:经验承载力法、容许应力法、破损阶段法、极限状态设计法。

19世纪之前,建筑的建造并不依靠计算而完全依靠经验,从实践中总结出具体的尺寸规定,这种方法称之为经验承载力法,我国古代建筑的建造基本都采用这种方法。

19世纪,随着材料力学、弹性力学等学科的发展,出现了容许应力法,该方法要求结构构件在使用期间内截面上任一点的应力不超过容许应力值。该方法简便、实用,缺点是缺乏明确的可靠度概念、没有反映材料的塑性性能、结构设计偏保守。

进入20世纪后,通过对结构破坏性能的研究,考虑材料的塑性性能,采用单一安全系数,产生了破损阶段法。该方法简单、直观、应用方便,但仍缺乏明确的可靠度概念,同时没有考虑结构的正常使用状态。容许应力法、破损阶段法等都属于定值设计法,它将影响结构可靠度的主要因素,如荷载、材料强度、几何参数以及计算公式精度等均视为非随机变量,采用以经验为主的安全系数来度量结构可靠度。

20世纪50年代,苏联首先提出并采用了“极限状态法”,比较全面地考虑结构的不同工作状态,但安全系数仍以经验为基础确定。20世纪70年代以来,开始采用以概率理论的极限状态设计方法,简称“极限概率法”。极限概率法将影响结构可靠度的主要因素作为随机变量,根据统计资料,运用概率论方法确定结构的失效概率或可靠指标,以此来度量结构的可靠度,是一种非定值设计法。

目前，我国《建筑结构可靠性设计统一标准》(GB 50068—2018)、《工程结构可靠性设计统一标准》(GB 50153—2008)、《混凝土结构设计规范》(GB 50010—2010，2015 版)均采用了以概率理论为基础的极限状态设计法。

3.1 结构的功能要求和极限状态

3.1.1 设计基准期和设计使用年限

设计基准期是为统一确定荷载和材料的标准值而规定的年限，它通常是一个固定值。可变荷载是一个随机过程，其标准值是在结构设计基准期内可能出现的最大值，由设计基准期内最大荷载概率分布的某个分位点来确定。我国房屋建筑结构、港口工程的设计基准期为 50 年；铁路桥涵结构、公路桥涵结构等的设计基准期为 100 年。如设计时需采用其他设计基准期，则必须另行确定在设计基准期内最大荷载的概率分布及相应的统计参数。当结构的设计使用年限达到或超过设计基准期后，并非意味该结构已不能使用，只是结构的可靠度将逐渐降低。

设计使用年限是指设计规定的结构或结构构件不需要进行大修即可按其预定的目的使用的时期，它不是一个固定值，与结构的用途和重要性有关。设计使用年限长短对结构设计的影响要从荷载和耐久性两个方面考虑，设计使用年限越长，结构使用中荷载出现“大值”的可能性越大，所以设计中应提高荷载标准值；相反，设计使用年限越短，结构使用中荷载出现“大值”的可能性越小，设计中可降低荷载标准值，以保持结构的安全和经济一致性。而结构耐久性是指在设计使用年限内结构抵御性能劣化的能力，即不需要大修就能实现结构功能的目的。设计使用年限的长短决定了结构在设计中实施耐久性技术和措施的程度，直接与经济性密切相关。因此，耐久性是决定结构设计使用年限的主要因素。

《统一标准》规定的结构设计使用年限见表 3-1。

表 3-1 设计使用年限分类

类别	设计使用年限/年	示例
1	5	临时性建筑结构
2	25	易于替换的结构构件
3	50	普通房屋和构筑物
4	100	标志性建筑和特别重要的建筑结构

当设计使用年限与设计基准期不同时，应对可变荷载的标准值进行调整，《荷载规范》引入了调整系数γ_L，详见 3.2.4 小节。

3.1.2 结构的功能要求

结构在规定的时间内(即设计使用年限)，在规定的条件下(正常设计、正常施工、正常使

用、正常维修)应具有完成预定功能的能力。这些功能包括:

1. 安全性

结构在正常施工和正常使用时能承受可能出现的各种作用;在设计规定的偶然事件(如撞击、爆炸、火灾及其他偶然出现的灾害)发生时及发生后仍能保持必需的整体稳定性。

2. 适用性

建筑结构在正常作用过程中,应具有良好的工作性能。例如结构构件应有足够的刚度,以免产生过大的振动和变形,使人产生不适应的感觉。又如桥梁的变形不能过大,否则影响美观及车辆的运行;墙板的裂缝不能过宽,否则会出现渗水并影响观瞻;等等。这些虽然可能对结构的安全影响不大,但影响结构的正常使用。

3. 耐久性

建筑结构在正常维护条件下具有足够的耐久性,即在规定的使用期限内,能够满足安全性和适用性的要求。如材料的老化、腐蚀等不能超过规定的限制,否则将影响结构的安全和正常使用,甚至导致结构出现不可接受的失效概率,未能够正常使用而达到规定的使用年限。

3.1.3　结构的极限状态

《统一标准》对结构极限状态的定义为:当整个结构或某一构件超过规定许可的某一特定状态时,就不能满足设计所规定的某一功能的要求,此特定的状态即成为该功能的极限状态。

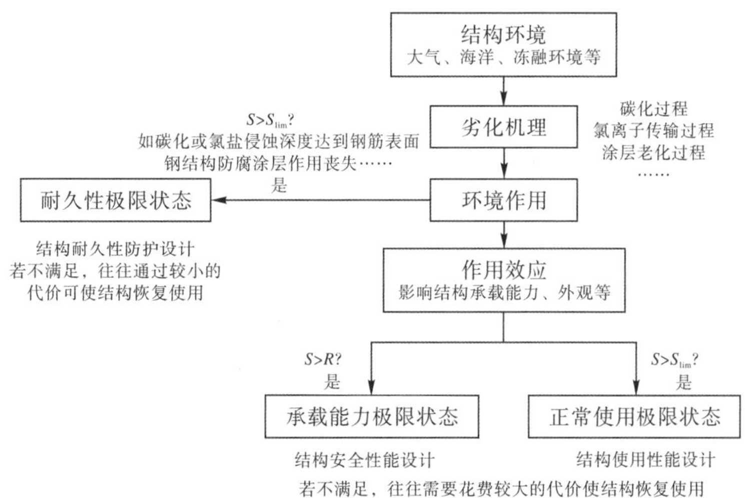

图 3-1　三种极限状态在结构作用过程的状态

《统一标准》明确规定了结构设计时应考虑承载力极限状态设计、正常使用极限状态设计和耐久性极限状态设计。这三种极限状态设计体现在混凝土结构设计的全过程之中,尤其是混凝土结构耐久性极限状态与结构所受到环境作用密切相关。图 3-1 给出了三种极限状态在结构作用过程的状态。这也是新版的《统一标准》给出的混凝土结构概率极限状态设计方法的最大改进之处。事实上，混凝土结构耐久性是结构的综合性能，耐久性就是反映结构性能（包括安全性、适用性等）的变化程度，从这个意义上来说，考虑一种基于性能设计的耐久性极限状态是可行的，也是合理的。

结构的极限状态分为三类，它们均有明确的标志及限值。

1. 承载能力极限状态

当结构或结构构件达到了最大承载能力，或不适于继续承载变形时，即被认为超过了承载能力极限状态。当出现下列情况之一时，应认为超过了承载能力极限状态：

(1)整个结构或构件的一部分作为刚体而失去平衡，如烟囱在风荷载作用下整体倾翻、挡土墙在土压力作用下整体滑移等。

(2)结构构件或连接因超过材料强度而破坏（包括疲劳破坏），或因过度变形而不适于继续承载。

(3)结构转变为机动体系，如简支梁跨中截面达到抗弯承载力形成三铰拱共线的机动体系，从而丧失承载能力。

(4)结构或构件丧失稳定性，如细长柱达到临界荷载后因压屈失稳而发生破坏。

(5)地基丧失承载能力而破坏。

满足承载力极限状态的要求是结构设计的首要任务，因为这关系到结构是否能安全使用，所以应具有较高的可靠度水平。

2. 正常使用极限状态

正常使用极限状态是对应于结构或构件达到正常使用或耐久性能的某项规定限值的状态。当出现下列情况之一时，即被认为超过了正常使用极限状态：

(1)影响正常使用或外观的变形，如梁的挠度过大。

(2)影响正常使用或耐久性能的局部破坏（包括裂缝）。

(3)影响正常使用的振动，如楼板振幅过大而影响使用。

(4)影响正常使用的其他特定状态，如地基产生的不均匀沉降过大。

当结构或构件达到正常使用极限状态时，虽然会对人们的心理产生不良影响，但一般不会造成生命财产的重大损失，所以正常使用极限状态的可靠度水平允许比承载力极限状态的可靠度适当降低。

3. 耐久性极限状态

混凝土结构的耐久性是指结构在可能引起其性能变化的环境影响下，在预定的使用年限和适当的维修条件下，结构能够长期抵御性能劣化的能力，也是在长期作用下（环境影响）结构抵御性能劣化的能力。当结构或结构构件出现下列状态之一时，应被认为超过了耐久性极限状态：

(1)影响承载能力和正常使用的结构材料性能劣化。

(2)影响耐久性能的裂缝、变形、缺口、外观、材料削弱等。

(3)影响耐久性能的其他特定状态。

当结构或构件达到耐久性极限状态时，主要会对结构的外观和功能会产生不良影响，但一般不会造成生命财产的严重损失。所以，耐久性极限状态的可靠度水平要比正常使用极限状态的可靠度来得低。

4. 设计状况

一般情况下，一个结构或构件的设计需要同时考虑承载能力极限状态、正常使用极限状态和耐久性极限状态。如对某一钢筋混凝土受弯构件的设计，既需要保证构件的正截面强度（抗弯）和斜截面强度（抗剪），又要控制构件的裂缝宽度和变形，使其在规范允许的范围内。通常先按承载能力极限状态来设计结构构件，再按正常使用极限状态进行变形、裂缝宽度等校核验算，然后校准混凝土结构耐久性极限状态条件。在结构设计时，除了考虑结构功能的极限状态之外，还需根据结构在施工和使用中的环境条件和影响，区分下列三种设计状况：

(1)持久状况，即在结构使用过程中一定出现，且持续期很长的状况。持续期一般与设计使用年限为同一数量级。如房屋结构承受家具和正常人员荷载的状况。

(2)短暂状况，即在结构施工和使用过程中出现概率较大，而与实际使用年限相比，持续期很短的状况，如结构施工和维修等。

(3)偶然状况，即在结构使用过程中出现概率很小，且持续期很短的状况，如火灾、爆炸、撞击等。

对于不同的设计状况，可采用相应的结构体系、可靠度水准和基本变量等。这三种设计状况分别对应不同的极限设计状态。三种状况都必须进行承载能力极限状态设计。对于持久状况，尚应进行正常使用极限状态设计，也可进行耐久性极限状态设计。而对于短暂状况，可根据需要进行正常使用极限状态设计。

3.1.4　结构的功能函数

在结构的施工和使用过程中，结构是以可靠（安全、适用、耐久）和失效（不安全、不适用、不耐久）两种状态存在的，而处于可靠和失效之间的结构状态则可以用结构的功能函数来表示。

结构的极限状态实质上是结构工作状态的一个阈值，若超过这一阈值，则结构处于不安全、不耐久或不适用的状态。若没有超过这一阈值，则结构处于安全、耐久、适用的状态。如对混凝土受弯构件，当荷载产生的弯矩超过构件的抵抗弯矩时，构件就会断裂；当弯矩作用没有超过构件的抵抗弯矩时，构件就不会断裂；而当弯矩等于抵抗弯矩时，则构件达到了承载能力极限状态。

结构的极限状态可用结构的功能函数描述：

$$g(x_1, x_2, \cdots, x_n)=0 \tag{3-1}$$

式中：$g(\cdot)=0$——结构的功能函数；$x_i(i=1,2,\cdots,n)$——基本变量，指结构上的各种作用和材料性能、几何参数等；进行结构可靠度分析时，也可采用作用效应和结构抗力作为综合的基本变量；基本变量应作为随机变量考虑。

结构按极限状态设计时应符合下式要求：

$$g(x_1, x_2, \cdots, x_n) \geqslant 0 \tag{3-2}$$

当仅有作用效应 S 和结构抗力 R 两个基本变量时，结构按极限状态设计应符合下式要求：

$$g(R, S) = Z = R - S > 0 \tag{3-3}$$

式中：S——表示结构的作用效应；R——表示结构抗力。

当 $Z=R-S>0$ 时，结构是可靠的，能够满足结构设计功能要求；当 $Z=R-S<0$ 时，结构是失效的，不能满足结构设计功能要求；当 $Z=R-S=0$ 时，结构处于极限状态，此时的方程称为极限状态方程，如图 3-2 所示。

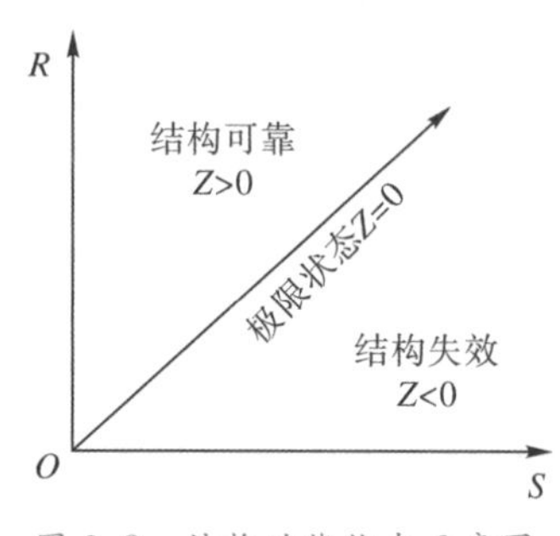

图 3-2 结构功能状态示意图

3.2 结构作用、环境影响与结构抗力

3.2.1 结构作用及作用效应

结构在施工和使用期间，将受到其自身和外加的各种因素作用，这些作用在结构中产生不同的效应——内力、变形、应力、应变和裂缝等。这些引起结构产生效应的一切原因统称为结构作用。

结构作用一般分为两类：直接作用和间接作用。直接作用是指直接以力的不同集结形式作用于结构，包括结构的自重、行人及车辆、各种物品及设备、风压力、雪压力、积水、积灰等等，这一类作用通常也称为荷载。间接作用，是指不是直接以力的某种集结形式出现，而是引起结构外加变形、约束变形或振动，但也能够对结构产生内力和变形等效应，这一类作用包括温度变化、材料的收缩和膨胀变形、地基的不均匀沉降、地震等。

作用在结构上产生的内力、变形、应力、应变、裂缝等，统称为作用效应，本书中用 S 表示。由荷载引起的效应，称为荷载作用效应。作用效应和作用一样也是随机变量，可由作用乘以作用效应系数直接得到，两者一般为线性关系：

$$S = C \cdot Q \tag{3-4}$$

式中：Q——作用；C——作用效应系数；S——作用效应；作用效应系数一般可由力学方法得到。

3.2.2 荷载的分类

荷载可按时间的变化、空间位置的变化以及按结构的反应等来分类。按时间的变化分类是对荷载的基本分类，它直接关系到概率模型的选择，而且按各类极限状态设计时所采用的荷载代表值一般与其出现的持续时间长短有关。

1. 按时间的变化分类

结构上的荷载分为下列三类：

(1)永久荷载(或称恒载)：在结构使用期间，其值不随时间变化，或其变化值与平均值相比可忽略不计，或其变化是单调的并能趋于限值的荷载。如结构自重、土压力及预压力、水位不变的水压力等等。永久荷载作用的统计规律与时间参数无关。

(2)可变荷载(或称活载)：在结构使用期间，其值是随时间变化，且其变化值与平均值相比是不能忽略不计的。如楼面和屋面的活荷载、车辆荷载、吊车荷载、风荷载、雪荷载和积灰荷载等。可变荷载的统计规律与时间参数有关。

(3)偶然荷载：在结构使用期间不一定出现，但一旦出现，其值很大且持续时间很短的荷载。偶然荷载的出现是罕遇事件，发生的概率极小。如罕遇地震、撞击、爆炸、火灾、龙卷风、罕见洪水等。

2. 按空间位置的变化分类

(1)固定荷载。在结构空间位置上具有固定分布的荷载。如结构自重、楼面上的固定设备荷载。

(2)自由荷载。在结构上的一定范围内可以任意分布的荷载。如民用建筑楼面上的活荷载、工业建筑中的吊车荷载等。

3. 按结构的反应特点分类

(1)静态荷载。对结构或结构构件不产生加速度或产生的加速度很小可以忽略不计的荷载。如结构的自重、楼面的活荷载等。

(2)动态荷载。对结构或构件产生不可忽略的加速度的荷载。如吊车荷载、地震作用、作用在高层建筑上的风荷载等。

4. 按荷载的限值分类

(1)有界荷载。具有不能被超越的且可确切或近似掌握界限值的荷载。如水坝的最高水位、具有敞开泄压口的内爆炸荷载等。选用这类有界作用的概率分布类型时，应考虑它们的特点，如可采用截尾的分布类型。

(2)无界荷载。没有明确界限值的荷载。如地震作用、作用在高层建筑上的风荷载等。

3.2.3　荷载的代表值

设计中用于验算极限状态所采用的荷载量值，称为荷载代表值。虽然任何荷载都具有不同性质的变异性，但在设计中，不可能直接引用反映荷载变异性的各种统计参数，而是通过概率计算进行具体设计。因此，在设计时，除了采用能便于设计者使用的设计表达式外，还对荷载赋予一个规定的量值，称为荷载代表值。它是根据对荷载统计得到的概率分布模型，按照概率计算方法来确定的。荷载可根据不同的设计要求，规定不同的代表值，以使之能更确切地反映它在设计中的作用。《荷载规范》给出了荷载的四种代表值：标准值、组合值、频遇值和准永久值。荷载标准值是荷载的基本代表值，而其他代表值都可在标准值的基础上乘以相应的系数后得出。永久荷载应采用标准值作为代表值，可变荷载应采用标准值、组合值、频遇值或准永久值作为代表值。

1.荷载的标准值

荷载标准值是指其在结构的使用期间可能出现的最大荷载值。由于荷载本身的随机性，因而使用期间的最大荷载也是随机变量，原则上也可用它的统计分布来描述。按《荷载规范》的规定，荷载标准值统一由设计基准期内最大荷载概率分布的某个分位值来确定，而设计基准期统一规定为50年。

荷载标准值S_k可以定义为在结构设计基准期 T 中有不被超过的概率p_k，即

$$F_T(S_k)=p_k \tag{3-5}$$

式中：$F_T(.)$为随机荷载分布的概率函数。

当有足够资料而又可能对其统计分布做出合理估计时，可根据荷载概率分布模型按下式进行计算，确定荷载的标准值：

$$S_k=\mu_s+\alpha_s\sigma_s=\mu_s(1+\alpha_s\delta_s) \tag{3-6}$$

式中：μ_s——荷载统计平均值；σ_s——荷载统计标准差；δ_s——荷载的变异系数，$\delta_s=\frac{\sigma_s}{\mu_s}$；$\alpha_s$——荷载标准值的保证率系数。

例如，对于按正态分布的荷载，当荷载标准值取具有95%保证率的0.95分位值时，$\alpha_s=1.645$，此时作用在结构构件上实际荷载超过荷载标准值的可能性为5%。

但是，有些荷载并不具备充分的统计参数，只能根据已有的工程经验确定，而对该分位值的百分位未做统一规定。

(1)永久荷载(恒荷载)的标准值 G_k

永久荷载常称为恒荷载，是指在结构使用期间，其值不随时间变化，或其变化与平均值相比可以忽略不计的荷载，如结构和固定设备的自重。它也包括那些虽随时间变化但具有某个限值的单调变化的荷载，如结构的预应力、回填土压力等。

永久荷载一般情况是随时间的变异性不大。对于同一类型的荷载，随时间的变异性相对于可变荷载而言也要小得多。因此，永久荷载的概率统计分布，原则上可采用正态分布，其标准值可直接由其总体分布的平均值来确定。

对结构自重的标准值，可按结构构件的设计尺寸与材料的表观密度的标准值，经计算直接确定，其取值水平一般相当于永久荷载在基准设计期内最大荷载的概率分布的0.5分位值，即正态分布的平均值。对于某些自重变异较大的材料或构件(如现场制作的保温材料、混凝土薄壁构件等)，其自重的标准值应根据对结构的有利或不利两种情况，分别取上限值或下限值。

对于固定的设备荷载也应按永久荷载考虑。

(2)可变荷载(活荷载)的标准值 Q_k

在结构使用期间，其值是随时间变化，且其变化与平均值相比是不可以忽略不计的荷

载，称为可变荷载。如楼面活荷载、屋面活荷载和积灰荷载、吊车荷载、风荷载、雪荷载、温度作用等。

《荷载规范》通过对全国一些城市的实际调查统计分析后，对民用建筑楼面均布活荷载、工业建筑楼面活荷载、屋面活荷载、施工和检修荷载及栏杆水平荷载等活荷载的标准值做出了具体规定（参见《荷载规范》）。

实际上，对于大部分自然荷载，包括风雪荷载的标准值Q_k通常采用重现期T_k来定义。荷载重现期为T_k的荷载值，也称为T_k年一遇值，其在年分布中可能出现大于此值的概率为$\frac{1}{T_k}$。

例如，基本雪压S_0是根据全国 672 个地方的气象台站，从建站到 1995 年的最大雪压或雪深资料，经统计得出 50 年一遇的最大雪压，即重现期为 50 年的最大雪压，作为当地的基本雪压，其保证率为 $1-\frac{1}{50}=98\%$。

温度作用属于可变的间接作用，主要由季节性气温变化、太阳辐射、使用热源等因素引起，在结构或构件中一般可以用温度场的变化来表示。《荷载规范》中，对季节性气温变化产生的结构或构件的均匀温度场变化做出了规定。

当温度作用产生的结构变形或应力可能超过结构承载能力极限状态或正常使用极限状态时，如结构某一方向的平面尺寸超过伸缩缝最大间距或温度区段长度、结构水平约束较大等，宜考虑温度作用效应。

温度作用标准值应根结构设计的工况按下列规定确定：

1）对结构最大温升工况，均匀温度作用标准值按下式计算：

$$\Delta T_k = T_{s,max} - T_{0,min} \tag{3-7}$$

式中：$T_{s,max}$、$T_{0,min}$——结构最高平均温度和结构最低初始温度。

2）对结构最大温降工况，均匀温度作用标准值按下式计算：

$$\Delta T_k = T_{s,min} - T_{0,max} \tag{3-8}$$

式中：$T_{s,min}$、$T_{0,max}$——结构最低平均温度和结构最高初始温度。

结构最高平均气温 $T_{s,max}$和最低平均气温 $T_{s,min}$应分别根据基本气温T_{max}和T_{min}确定，基本气温T_{max}和T_{min}分别取当地最高月平均气温和最低月平均气温。

（3）偶然荷载的标准值 P_k

偶然荷载包括爆炸、撞击、火灾及其他偶然出现的灾害所引起的荷载。偶然荷载的确定一般根据三个方面来考虑：1）荷载的机理，包括形成的原因、短暂的时间内结构的动力响应、计算模型等的确定；2）从概率的观点对荷载发生的后果进行分析；3）针对不同后果采取的措施从经济上考虑优化设计的问题。

从上述三方面综合确定偶然荷载的代表值相当复杂，偶然荷载的有效统计数据在很多情况下不够充分，此时只能根据工程经验确定。但对有些可变荷载，例如风、雪荷载，当有必要按偶然荷载考虑时，可采用上述原则。

当偶然荷载作为结构设计的主导荷载时，允许结构出现局部构件破坏，但应保证结构不致因偶然荷载引起连续倒塌。偶然荷载出现时，结构一般还同时承担其他荷载，例如恒载、活载或其他荷载。进行偶然荷载工况设计时，一般还需要考虑同时承担偶然荷载与其他荷载的组合。

《荷载规范》给出了爆炸荷载、撞击荷载标准值的计算方法，详见《荷载规范》。地震荷载可根据《建筑结构抗震设计规范》确定。

2. 荷载的组合值

荷载的组合值是对可变荷载(活荷载)而言的。

结构构件除恒载外，仅承受一个可变荷载效应即简单组合情况，概率极限状态分析时取用该可变荷载效应在基准期内最大值的概率分布。当结构作用有两种或两种以上可变荷载时，考虑到其同时达到最大值的可能性显然要比一种可变荷载达到最大值的概率要小得多，若每个可变荷载仍考虑基准期最大值分布，则过于保守且不符合实际。而直接采用概率设计，保证在多个可变荷载作用下构件的可靠度是不实际的，为此规范中给出常用的分项系数设计表达式加以控制设计值。在按承载能力极限状态设计或按正常使用极限状态的短期效应组合设计时，应采用荷载的组合值作为可变荷载的代表值。可变荷载的组合值，为可变荷载的标准值 Q_k 乘以荷载组合系数 ψ_0(一般小于 1.0)，实质上就是对可变荷载的标准值进行折减。组合值系数可见《荷载规范》。如住宅的楼面均布荷载标准值为 2.0kN/m^2，荷载组合值系数为 0.7，则荷载组合值为 $2.0\times0.7=1.4$kN/m^2。

3. 荷载的频遇值

荷载频遇值是指可变荷载在设计基准期内，其超越的总时间为规定的较小比率或超越频率为规定频率的荷载值。可变荷载频遇值为可变荷载标准值 Q_k 乘以荷载频遇值系数 ψ_f。荷载频遇值系数 ψ_f 可见《荷载规范》。

如住宅的楼面均布荷载标准值为 2.0kN/m^2，荷载频遇值系数为 0.5，则荷载频遇值为 $2.0\times0.5=1.0$kN/m^2。

4. 荷载的准永久值

荷载的准永久值也是相对可变荷载而言的，是指在设计基准期内，其超越的总时间约为设计基准期一半的荷载值。主要用于正常使用极限状态设计时的准永久组合和频遇组合。

作用在建筑物上的可变荷载(如住宅楼面上的均布活荷载为 2.0kN/m^2)，其中有部分是长期作用在楼面上的(可以理解为在设计基准期 50 年内，不少于 25 年)，而另一部分则是不出现的。因此，也可以把长期作用在结构物上面的那部分可变荷载看作是永久活荷载来对待。可变荷载的准永久值，为可变荷载值标准值 Q_k 乘以准永久值系数 ψ_q。《荷载规范》有关表格中均列出了各种可变荷载的 ψ_q 值。

如住宅楼面均布可变荷载标准值为 2.0kN/m^2，准永久值系数为 0.4，则准永久值为 $2.0\times0.4=0.8$kN/m^2，它为住宅楼面持续作用时间较长的荷载值。

3.2.4　荷载分项系数和设计值

荷载标准值是结构在使用期间、在正常情况下可能遇到的具有一定保证率的荷载值。统计资料表明，各类荷载标准值的保证率并不相同，当按极限状态进行设计时，荷载效应组合应取设计值，故引入荷载分项系数予以调整。考虑到荷载的统计资料上不够完备，为了简化计算，《统一标准》暂时按永久荷载和可变荷载两大类分别给出荷载分项系数。这两个分项系数是在荷载标准值已给定的前提下，以按极限状态设计表达式设计所得的各类结构构件的可靠指标与规定的目标可靠指标之间在总体上误差最小为原则，经优化后选定的。它反映了荷载的不确定性并与结构可靠度概念相关联。

(1)永久荷载分项系数 γ_G：当永久荷载对结构产生的效应对结构承载力不利时，取 $\gamma_G=1.3$；当产生的效应对结构承载力有利时，取 $\gamma_G \leqslant 1.0$。

(2)可变荷载分项系数 γ_Q：一般情况下取 $\gamma_Q=1.5$。

荷载设计值等于荷载代表值乘以荷载分项系数。按承载能力极限状态计算荷载效应时，需考虑荷载分项系数；按正常使用极限状态计算荷载效应时(不管是否考虑荷载的短期荷载效应组合还是长期效应组合)，由于对正常使用极限状态的可靠度比对承载能力极限状态的可靠度要求可以适当放松，因此可以不考虑分项系数，即分项系数为 1.0。

采用可变荷载考虑结构使用年限的调整系数 γ_L 来考虑设计使用年限对结构效应的影响。

可变荷载考虑设计使用年限的调整系数 γ_L 应按表 3-2 取值。

表 3-2　可变荷载考虑设计使用年限的调整系数 γ_L

设计使用年限/年	5	50	100
γ_L	0.9	1.0	1.1

注：1. 当设计使用年限不为表中数值时，调整系数 γ_L 可线性内插；

2. 当采用 100 年重现期的风压和雪压为荷载标准值时，设计使用年限大于 50 年时风、雪荷载的 γ_L 取 1.0；

3. 对于荷载标准值可控制的可变荷载，设计使用年限调整系数 γ_L 取 1.0。

3.2.5　环境影响

结构设计需要考虑对结构的存在和使用产生影响的环境作用。这种环境作用将包括对结构产生的各种机械的、物理的、化学的或生物的各种不利影响，会引起结构材料性能的劣化，降低结构的安全性或适用性，影响结构的耐久性。

环境影响(亦称为环境作用)可以具有机械的、物理的、化学的或生物的性质，并且有可能使结构的材料性能随时间发生不同程度的退化，向不利方向发展，从而影响结构的安全性和适用性。环境影响对结构的效应主要是针对材料性能的降低，它与材料本身有密切关系，因此，环境作用应根据材料特点而加以规定。在多数情况下涉及化学的和生物的损害，其中环境湿度的因素是最关键的。

1.环境类别

结构设计时应对环境影响进行评估，当结构所处的环境对其耐久性有较大影响时，应根据不同的环境类别采用相应的结构材料、设计构造、防护措施、施工质量要求等，并应制定结构在使用期间的定期检修和维护制度，使结构在设计使用年限内不致因材料的劣化而影响其安全或正常使用。

在进行结构耐久性设计之前，应当对影响结构耐久性的环境影响种类进行分析。通常，可把结构的环境影响分成无侵蚀性的室内环境影响和侵蚀性环境影响等。当把无侵蚀性的室内环境视为一个环境等级时，宜将该等级分为无高温的室内干燥环境和室内潮湿环境两个层次。

(1)根据环境侵蚀性的特点，宜将环境侵蚀性分为下列作用：

1)生物作用；

2)与气候等相关的物理作用；

3)与建筑物内外人类活动相关的物理作用；

4)介质的侵蚀作用；

5)物理与介质的共同作用。

(2)当结构构件出现下列损伤时，宜归为生物作用：

1)木结构的虫蛀和腐朽等；

2)植物根系造成的损伤；

3)动物粪便和细菌等造成的损伤。

(3)当结构构件出现下列损伤时，宜归为与气候等相关的物理作用：

1)构件或材料出现冻融损伤；

2)出现因风沙造成的磨损和水的流动造成的损伤；

3)太阳辐射及相应的高温造成聚合物材料的老化；

4)温度、湿度等的变动使结构构件出现变形和开裂；

5)温度、湿度等的变动使结构构件中的介质膨胀；

6)随水分进入构件材料内部的介质结晶造成的损伤等。

(4)当结构构件出现下列损伤时，宜归为与人类生产相关的物理作用：

1)高速气流或水流造成的空蚀；

2)人员活动造成的磨损；

3)撞击造成的损伤；

4)设备高温、高湿等造成的损伤；

5)设备设施等造成的有机材料的老化等。

(5)介质的侵蚀作用可分成下列几种类型：

1)环境中或生产过程中的酸性介质或碱性介质直接造成的损伤；

2)环境中或生产过程中的介质与构件出现化学不相容现象；

3)环境中或生产过程中的介质加速高分子聚合物材料的老化或性能的劣化等。

环境类别的划分和相应的设计、施工、使用及维护的要求等，应遵守国家现行有关标准的规定。环境对结构耐久性的影响，可通过工程经验、试验研究、计算或综合分析等方法进行评估。

对于混凝土结构而言，其环境类别划分应符合表 3-3 的要求。

表 3-3　混凝土结构的环境类别

环境类别	条件
一	室内干燥环境； 无侵蚀性静水浸没环境
二 a	室内潮湿环境； 非严寒和非寒冷地区的露天环境； 非严寒和非寒冷地区与无侵蚀性的水或土壤直接接触的环境； 严寒和寒冷地区的冰冻线以下与无侵蚀性的水或土壤直接接触的环境
二 b	干湿交替环境； 水位频繁变动环境； 严寒和寒冷地区的露天环境； 严寒和寒冷地区冰冻线以上与无侵蚀性的水或土壤直接接触的环境
三 a	严寒和寒冷地区冬季水位变动区环境； 受除冰盐影响环境； 海风环境
三 b	盐渍土环境； 受除冰盐作用环境； 海岸环境
四	海水环境
五	受人为或自然的侵蚀性物质影响的环境

注：1. 室内潮湿环境是指构件表面经常处于结露或湿润状态的环境；

2. 严寒和寒冷地区的划分应符合国家现行标准《民用建筑热工设计规范》GB 50176 的有关规定；

3. 海岸环境和海风环境宜根据当地情况，考虑主导风向及结构所处迎风、背风部位等因素的影响，由调查研究和工程经验确定；

4. 受除冰盐影响环境为受到除冰盐盐雾影响的环境；受除冰盐作用环境指被除冰盐溶液溅射的环境以及使用除冰盐地区的洗车房、停车楼等建筑。

2. 环境影响作用

环境影响作用在很多方面与结构作用相似，而且可以和结构作用相同地进行分类，特别是关于它们在时间上的变异性，因此，环境影响作用可分类为永久影响、可变影响和偶然影响三类。例如，对处于海洋环境中的混凝土结构，氯离子对钢筋的腐蚀作用是永久影响，空气湿度对木材强度的影响是可变影响等。

如同结构作用一样，对环境影响作用应尽量采用定量描述，但在多数情况下，这样做是有困难的。因此，目前对环境影响只能根据材料特点，按其抗侵蚀性的程度来划分等级，设计时按等级采取相应措施。

3.2.6 结构的抗力

1. 结构的抗力

结构抗力是指结构或构件能承受内力和变形的能力，即能抵抗作用效应 S 的能力。构成结构抗力 R 的各种因素有材料性能、构件截面尺寸、几何参数和计算模式等。如果结构的作用是结构可靠性的外部影响因素的话，则抗力是结构可靠性的内部影响因素。由于材料强度的离散性、构件几何特征的不确定性及计算模式的不确定性，就决定了结构抗力的不确定性，即抗力也是一个随机变量。

材料的性能实际上是随时间变化的，如木材、混凝土的强度等。这种变化还相当明显，但为简化起见，各种材料的性能仍作为与时间无关的随机变量概率模型来描述，而性能随时间的变化一般通过引进换算系数来估计。材料强度的概率分布宜采用正态分布或对数正态分布。

2. 材料强度的标准值

材料强度的标准值是结构设计时采用的材料强度的基本代表值，它是设计表达式中材料性能的取值依据，也是生产中控制材料质量的主要依据。

材料强度标准值一般取概率分布的低分位值，国际上一般取 0.05 分位值，我国《统一标准》也采用这个分位值确定材料强度标准值。

当材料强度按正态分布时，标准值为

$$f_{\mathrm{k}}=\mu_f-1.645\,\sigma_f \tag{3-9}$$

当材料强度按对数正态分布时，标准值近似为

$$f_{\mathrm{k}}=\mu_f\exp(1-1.645\,\delta_f) \tag{3-10}$$

式中：μ_f、σ_f 和 δ_f——分别为材料强度的平均值、标准差和变异系数。

(1)混凝土强度标准值

1)立方体抗压强度标准值

混凝土立方体抗压强度标准值是混凝土各种力学指标的基本代表值，也就是《设计规范》中的混凝土强度等级。按标准方法制作养护的边长 150mm 的立方体试块，在 28d 龄期时用标准试验方法测得的具有 95%保证率的混凝土立方体抗压强度，其值由下式决定：

$$f_{\mathrm{cu,k}}=\mu_{f_{\mathrm{cu}}}-1.645\sigma_{f_{\mathrm{cu}}}=\mu_{f_{\mathrm{cu}}}(1-1.645\delta_{f_{\mathrm{cu}}}) \tag{3-11}$$

式中：$f_{\mathrm{cu,k}}$——混凝土立方体抗压强度标准值；$\mu_{f_{\mathrm{cu}}}$——混凝土立方体抗压强度的平均值；$\sigma_{f_{\mathrm{cu}}}$——混凝土立方体抗压强度的标准差；$\delta_{f_{\mathrm{cu}}}$——混凝土立方体抗压强度的变异系数。

最新版《混凝土结构通用规范》规定：素混凝土结构构件的混凝土强度等级不应低于 C20；钢筋混凝土结构构件的混凝土强度等级不应低于 C25；预应力混凝土楼板的混凝土强度等级不应低于 C30，其他预应力混凝土结构构件的混凝土强度等级不应低于 C40；承受重复荷载作用的混凝土构件，混凝土强度等级不应低于 C30。采用 500MPa 及以上等级钢筋的钢筋混凝土结构，混凝土的强度等级分别不应低于 C30。

2)混凝土轴心抗压强度标准值

国内试验研究表明,混凝土棱柱体轴心抗压强度平均值μ_{f_c}与 150mm 混凝土立方体抗压强度平均值$\mu_{f_{cu}}$之间存在如下关系:

$$\mu_{f_c}=\alpha_{c1}\alpha_{c2}\mu_{f_{cu}} \tag{3-12}$$

式中:α_{c1}——棱柱体强度与立方体强度比值,对 C50 及以下混凝土取 0.76,对 C80 混凝土取 0.82,中间按线性内插确定。

α_{c2}——考虑脆性的折减系数。对 C40 及以下混凝土取 1.0,对 C80 混凝土取 0.87,中间按线性内插确定。

在实际构件中混凝土的受力情况和棱柱体混凝土试块的受力情况稍有差异,体积大小和加载速度也不一样,考虑这两方面的差异,需乘一个折减系数。由试验数据分析及国内外规范规定,取折减系数为 0.88。因此,构件中的混凝土轴心抗压强度平均值为

$$\mu_{f_c}=0.88\,\alpha_{c1}\alpha_{c2}\mu_{f_{cu}} \tag{3-13}$$

由此可得混凝土轴心抗压强度标准值与混凝土立方体抗压强度之间的关系:

$$f_{ck}=0.88\,\alpha_{c1}\alpha_{c2}f_{cu,k} \tag{3-14}$$

3)混凝土轴心抗拉强度标准值

混凝土轴心抗拉强度标准值 f_{tk}按下式计算:

$$f_{tk}=0.88\times0.395f_{cu,k}^{0.55}(1-1.645\delta)^{0.45}\times\alpha_{c2} \tag{3-15}$$

《设计规范》对式(3-15)中混凝土立方体强度采用的变异系数 δ 如表 3-4 所示,表中数值为 20 世纪 80 年代以现场搅拌为主的混凝土的统计数据,括号内为近年以商品混凝土为主的混凝土的统计数据。

表 3-4　混凝土不同强度等级时的变异系数

强度等级	C15	C20	C25	C30	C35	C40	C45	C50	C60	C70	C80
δ	0.21 (0.13)	0.18 (0.11)	0.16 (0.10)	0.14 (0.09)	0.13 (0.08)	0.12 (0.07)	0.12 (0.07)	0.11 (0.07)	0.11 (0.06)	0.10 (0.05)	0.10 (0.05)

(2)钢筋强度的标准值

为了使钢筋强度标准值与钢筋的检验标准相统一,热轧钢筋采用国家钢筋标准(GB 13013—91、GB 13014—91、GB 1499—98)规定的屈服强度作为强度的标准值f_{yk}和f_{pyk},其中f_{pyk}表示预应力钢筋。国标规定屈服强度也作为钢筋出厂检验的废品限值,同时也是施工时规定进场检验的废品限值。

废品限值大致相当于钢筋屈服强度的平均值 μ_s减去 2 倍均方差 σ_s:

$$f_{yk}=\mu_s-2\sigma_s=\mu_s(1-2\delta_s) \tag{3-16}$$

式中:δ_s为变异系数,可见其保证率为 97.73%,比《统一标准》规定的材料强度标准值的保证率 95%更为严格。

对无明显屈服点的钢筋,如钢绞线、钢丝和热处理钢筋,为了与国家标准的出厂检测强度相一致,采用极限抗拉强度 σ_b作为标准值f_{stk}、f_{ptk},其中f_{ptk}表示预应力钢筋。但在结构构

件设计时，仍按传统取 $0.85f_{ptk}$ 作为条件屈服强度，它相当于残余变形为 0.2%时的钢筋应力，记为 $\sigma_{0.2}$。

3. 材料强度的设计值

用材料的标准试件试验所得的材料性能 f_{spe}，一般说来不等同于结构中实际的材料性能 f_{str}，有时两者可能有较大的差别。例如，材料试件的加荷速度远超过实际结构的受荷速度，致使试件的材料强度较实际结构中偏高；试件的尺寸远小于结构的尺寸，致使试件的材料强度受到尺寸效应的影响而与结构中不同；有些材料，如混凝土，其标准试件的成型与养护与实际结构并不完全相同，有时甚至相差很大，以致两者的材料性能有所差别。所有这些因素一般习惯于采用换算系数或函数 K_0 来考虑，从而结构中实际的材料性能与标准试件材料性能的关系可用下式表示：

$$f_{str}=K_0 f_{spe} \tag{3-17}$$

由于结构所处的状态具有变异性，因此换算系数或函数 K_0 也是随机变量。为了充分考虑材料的离散性及不可避免的施工偏差等因素使材料实际强度低于其强度标准值的可能性，在承载力极限状态计算中又引入材料强度分项系数 γ。

材料强度分项系数是在按承载能力极限状态设计时，按可靠度指标[β]值在计算中所采用的系数值。在我国规范中，通过[β]值及材料、几何参数、荷载基本参量，求出各种结构所用的材料分项系数。

材料强度标准值除以相应的材料强度分项系数，即为材料强度的设计值，可表达为

$$f=\frac{f_k}{\gamma} \tag{3-18}$$

(1)混凝土轴心抗压强度设计值

轴心抗压强度的设计值，取其标准值除以混凝土材料分项系数 $\gamma_c=1.4$，按下式计算：

$$f_c=\frac{f_{ck}}{\gamma_c}=\frac{f_{ck}}{1.4} \tag{3-19}$$

(2)轴心抗拉强度设计值

混凝土轴心抗拉强度设计值 f_t 按下式计算：

$$f_t=f_{tk}/\gamma_c=f_{tk}/1.4 \tag{3-20}$$

(3)钢筋强度设计值

热轧钢筋的设计值取用其标准值除以大于 1 的钢筋材料分项系数 $\gamma_s=1.1$：

$$f_y=f_{yk}/\gamma_s=f_{yk}/1.1 \tag{3-21}$$

预应力钢筋的材料分项系数 γ_s 取用 1.2，故钢绞线、钢丝和热处理钢筋的强度设计值为

$$f_{py}=f_{ptk}\times 0.85/\gamma_s=f_{ptk}\times 0.85/1.2 \tag{3-22}$$

4. 钢纤维混凝土强度

《纤维混凝土结构技术规范》(CECS 38—2004)中，对钢纤维混凝土的强度做了相应规定。钢纤维混凝土的强度等级应按立方体抗压强度标准值确定。立方体抗压强度标准值按现行有关的混凝土结构设计规范的规定采用。

钢纤维混凝土强度等级不宜低于CF20,并应满足结构设计对强度等级与抗拉强度的要求或对强度等级与抗折强度的要求。

(1)大量试验研究表明,钢纤维掺入的体积率小于2%时,对混凝土抗压强度有一定影响,一般在20%以下。经统计分析,各种钢纤维对混凝土抗压强度的影响系数平均为$\alpha_c=0.15$。试验研究还表明,钢纤维混凝土轴压强度和立方体抗压强度间的换算关系,与普通混凝土的相应换算关系相近。如果设计中采用相同的强度保证率和材料分项系数,就可以按有关混凝土结构规范的相应规定,根据钢纤维混凝土的强度等级确定轴心抗压强度标准值与设计值。

(2)基于大量的试验资料统计结果,钢纤维混凝土抗拉强度的标准值和设计值可分别按下列公式确定:

$$f_{ftk}=f_{tk}(1+\alpha_t\lambda_f) \tag{3-23}$$

$$f_{ft}=f_t(1+\alpha_t\lambda_f) \tag{3-24}$$

$$\lambda_f=\rho_f l_f/d_f \tag{3-25}$$

式中:f_{tk}、f_t——根据钢纤维混凝土强度等级(或标号)按现行有关混凝土结构设计规范确定的抗拉强度标准值、设计值;λ_f——钢纤维含量特征参数;ρ_f——钢纤维体积率;l_f——钢纤维长度;d_f——钢纤维直径;α_t——钢纤维对抗拉强度的影响系数,宜通过试验确定,当钢纤维混凝土强度等级为CF20~CF80时,可按表3-5采用。

表3-5 钢纤维对抗拉强度的影响系数

钢纤维品种	纤维外形	强度等级	α_t
高强钢丝切断型	端钩形	CF20~CF45	0.76
		CF50~CF80	1.03
钢板剪切型	平直形	CF20~CF45	0.42
		CF50~CF80	0.46
	异形	CF20~CF45	0.55
		CF50~CF80	0.63
钢锭铣削型	端钩形	CF20~CF45	0.70
		CF50~CF80	0.84
低合金钢熔抽异型	大头形	CF20~CF45	0.52
		CF50~CF80	0.62

其他各种类型、各种形式的建筑工程用纤维增强材料相关力学性能,详见相关规范或技术规程,兹不赘述。

3.3 极限状态设计方法

3.3.1 极限状态设计方法

概率极限状态设计方法比过去用的其他各种方法更合理、科学。但是直接运用可靠度指标进行设计比较麻烦。《统一标准》为了简化设计并使所设计的结构构件在不同情况下有比较一致的可靠度，采用了多个分项系数的极限状态实用设计表达式。实用设计表达式引入分项系数来体现目标可靠指标，既符合以往设计人员的习惯又能满足目标可靠度的要求。

结构设计时应对结构的不同极限状态分别进行计算或验算；当某一极限状态的计算或验算起控制作用时，可仅对该极限状态进行计算或验算。

工程结构设计应区分下列设计状况：

1)持久设计状况，适用于结构使用时的正常情况；

2)短暂设计状况，适用于结构使用时的临时情况，包括结构维修与施工时的情况等；

3)偶然设计状况，适用于结构出现的异常情况，包括结构遭受火灾、爆炸、撞击时的情况等；

4)地震设计状况，适用于结构遭受地震时的情况，在抗震设防地区必须考虑地震设计状况。

工程结构设计时，要使结构设计的可靠性体现在满足在设计使用期内结构承受各种作用能力(安全性设计的要求)、具有足够的工作性能(适用性校核的要求)和抵御性能劣化的能力(耐久性保障的要求)。对不同的设计状况，应采取相应的结构体系、可靠度水平、基本变量和作用组合。对四种工程结构设计状况应分别进行下列极限状态设计：对四种设计状况，均应进行承载力极限状态设计；对持久设计状况，尚应进行正常使用极限状态设计和耐久性极限状态设计；对短暂设计状况和地震设计状况，可根据需要进行正常使用极限状态设计；对偶然设计状况，可不进行正常使用极限状态设计和耐久性极限状态设计。

进行承载力极限状态设计时，应根据不同的设计状况采用下列作用组合：1)基本组合，用于持久设计状况或短暂设计状况；2)偶然组合，用于偶然设计状况；3)地震组合，用于地震设计状况。

进行正常使用极限状态设计时，可采用下列作用组合：1)标准组合，宜用于不可逆正常使用极限状态设计；2)频遇组合，宜用于可逆正常使用极限状态设计；3)准永久组合，宜用于长期效应是决定性因素的正常使用极限状态设计。

进行耐久性极限状态设计时，可采用持久设计状况的标准组合。同时，应根据结构的用途、结构暴露的环境和结构设计工作年限采取保障混凝土结构耐久性能的措施。

3.3.2　承载能力极限状态设计表达式

1.承载能力极限状态设计计算内容

《设计规范》规定混凝土结构的承载能力极限状态计算应包括下列内容：

1)结构构件应进行承载力(包括失稳)计算；

2)直接承受重复荷载的构件应进行疲劳验算；

3)有抗震设防要求时，应进行抗震承载力计算；

4)必要时尚应进行结构的倾覆、滑移、漂浮验算；

5)对于可能遭受偶然作用，且倒塌可引起严重后果的重要结构，宜进行防连续倒塌设计。

2.承载能力极限状态设计表达式

对持久设计状况、短暂设计状况和地震设计状况，当用内力的形式表达时，结构构件应采用下列承载能力极限状态设计表达式：

$$\gamma_0 S \leqslant R \tag{3-26}$$

$$R = R(f_c, f_s, a_k, \cdots)/\gamma_{Rd} \tag{3-27}$$

式中：γ_0——结构重要性系数。在持久设计状况和短暂设计状况下，对安全等级为一级的结构构件不应小于1.1，对安全等级为二级的结构构件不应小于1.0，对安全等级为三级的结构构件不应小于0.9；对地震设计状况下不应小于1.0。

S——承载能力极限状态下作用组合的效应设计值。对持久设计状况和短暂设计状况按作用的基本组合计算；对地震设计状况按作用的地震组合计算；对偶然作用下的结构进行承载能力极限状态设计时，用效应设计值 S 按偶然组合计算，结构重要性系数取不小于1.0的数值。

R——结构构件的抗力设计值。

$R(\cdot)$——结构构件的抗力函数。

γ_{Rd}——结构构件的抗力模型不定性系数。对静力设计，一般结构构件取1.0，重要结构构件或不确定性较大的结构构件根据具体情况取大于1.0的数值；对抗震设计，考虑结构延性的影响，采用承载力抗震调整系数γ_{RE}代替γ_{Rd}的表达形式。

f_c，f_s——混凝土、钢筋的强度设计值。

a_k——几何参数的标准值；当几何参数的变异性对结构性能有明显的不利影响时，可另增减一个附加值。

(1)荷载效应的基本组合

1)基本组合的效应设计值按下式中的最不利值确定：

$$S_d = S\left(\sum_{i\geqslant 1}\gamma_{G_i}G_{ik} + \gamma_P P + \gamma_{Q_1}\gamma_{L_1}Q_{1k} + \sum_{j>1}\gamma_{Q_j}\psi_{cj}\gamma_{L_j}Q_{jk}\right) \tag{3-28}$$

式中：S——作用组合的效应函数；

G_{ik}——第 i 个永久作用的标准值；

P——预应力作用的有关代表值；

Q_{1k}——第 1 个可变作用的标准值；

Q_{jk}——第 j 个可变作用的标准值；

γ_{G_i}——第 i 个永久作用的分项系数，当其效应对结构承载力不利时，取 1.3；当其效应对结构承载力有利时，取 1.0；

γ_{Q_1}——第 1 个可变作用的分项系数，当其效应对结构承载力不利时，取 1.5；当其效应对结构承载力有利时，取 0；

γ_{Q_j}——第 j 个可变作用的分项系数，当其效应对结构承载力不利时，取 1.5；当其效应对结构承载力有利时，取 0；

γ_{L_j}——第 j 个可变作用考虑设计使用年限的调整系数，按表 3-2 取用；

γ_P——预应力作用的分项系数，当其效应对结构承载力不利时，取 1.3；当其效应对结构承载力有利时，取 1.0；

ψ_{cj}——第 j 个可变作用的组合值系数(见《荷载规范》)。

2)当作用与作用效应按线性关系考虑时，基本组合的效应设计值按下式中最不利值计算：

$$S_d=\sum_{i\geqslant 1}\gamma_{G_i}S_{G_{ik}}+\gamma_P S_P+\gamma_{Q_1}\gamma_{L_1}S_{Q_{1k}}+\sum_{j>1}\gamma_{Q_j}\psi_{cj}\gamma_{L_j}S_{Q_{jk}} \tag{3-29}$$

式中：$S_{G_{ik}}$——第 i 个永久作用标准值的效应；S_P——预应力作用有关代表值的效应；$S_{Q_{1k}}$——第 1 个可变作用标准值的效应；$S_{Q_{jk}}$——第 j 个可变作用标准值的效应。

(2)荷载效应的偶然组合

偶然组合为承载能力极限状态计算时，永久荷载、可变荷载和一个偶然荷载的组合。

对于偶然组合，荷载效应组合的设计值S_d可按下列规定采用：

1)偶然组合的效应设计值按下式确定：

$$S_d=S\left(\sum_{i\geqslant 1}G_{ik}+P+A_d+(\psi_{f1}\text{ 或 }\psi_{q1})Q_{1k}+\sum_{j>1}\psi_{qj}Q_{jk}\right) \tag{3-30}$$

式中：A_d——偶然作用的设计值；ψ_{f1}——第 1 个可变作用的频遇值系数；ψ_{q1}、ψ_{qj}——第 1 个和第 j 个可变作用的准永久值系数。

2)当作用与作用效应按线性关系考虑时，偶然组合的效应设计值按下式计算：

$$S_d=\sum_{j\geqslant 1}^{m}S_{G_{jk}}+S_{A_d}+\psi_{f_1}S_{Q_{1k}}+\sum_{j\geqslant 2}^{m}\psi_{gj}S_{Q_{jk}} \tag{3-31}$$

式中：S_{A_d}——偶然作用设计值的效应。

在偶然荷载效应组合的表达式主要考虑到：

①由于偶然荷载的确定往往带有主观臆测因素，因而设计表达式中不再考虑荷载分项系数，而直接采用规定的实际值；

②对偶然设计状况，偶然事件本身属于小概率事件，两种不相关的偶然事件同时发生的概率更小，所以不必同时考虑两种偶然荷载；

③偶然事件的发生是一个不确定性事件，偶然荷载的大小也是不确定的，所以实际中偶然荷载超过规定的设计值的可能性是存在的，所有按规定设计值设计的结构仍然存在破坏的可能性，但为保证人的生命安全，设计还要保证偶然事件发生后受损的结构能够承担对应于偶然设计状况的永久荷载和可变荷载。偶然事件发生后受损结构整体稳定性验算宜包括结构承载力和变形验算，作用效应设计值可按式(3-30)和式(3-31)计算。

事实上，要求按荷载效应的偶然组合进行设计，以保证结构的完整无缺，往往经济上代价太高，有时甚至不现实。比较可行的方法是按允许结构因出现设计规定的偶然荷载发生局部破坏，但整个结构在一段时间内不致发生连续大面积倒塌的原则进行设计，以保证结构的整体稳定性。

结构的延性、荷载传力途径的多重性以及结构体系的超静定性，均有助于加强结构的整体稳定性，设置竖直方向和水平方向通长的钢筋系杆将整个结构连成一整体也有利于加强整体稳定性。

[例题 3.2]　一档案库的楼面悬臂梁，其悬挑计算跨度$l_0=5$m，该梁上由永久荷载标准值产生的线荷载$g_k=30$kN/m，由楼面活荷载标准值产生的线荷载$q_k=2.0$kN/m，由此计算该梁固定端的弯矩设计值。该梁安全等级为二级，设计使用年限为 50 年。

[解]

安全等级为二级，故结构重要性系数 $r_0=1.0$。

因永久荷载标准值产生的线荷载$g_k=30$kN/m，而楼面活荷载标准值产生的线荷载为$q_k=2.0$kN/m。

由于$\gamma_G=1.3$，$\gamma_Q=1.5$，则

$$M_{固}=(1.3\times30+1.5\times2.0)\frac{5^2}{2}=525(\text{kN}\cdot\text{m})$$

3.3.3　正常使用极限状态验算表达式

混凝土结构构件应根据其使用功能及外观要求，进行正常使用极限状态的验算，以保证结构构件的正常使用，具体包括以下内容：

(1)对需要控制变形的构件，应进行变形验算；

(2)对使用上限制出现裂缝的构件，应进行混凝土拉应力验算；

(3)对允许出现裂缝的构件，应进行受力裂缝宽度验算；

(4)对有舒适度要求的楼盖结构，应进行竖向自振频率验算。

与承载力极限状态相比，正常使用极限状态是属于校核性质的，若超过此极限状态，后果是不能正常使用，但危害程度比承载能力失效来得轻，因此目标可靠度要低一些，因而在计算中对荷载与材料强度均采用标准值，也不考虑结构的重要性系数 r_0。由于荷载短期作用和长期作用对结构构件正常使用性能的影响不同，对于正常使用极限状态，结构构件应分别按荷载的准永久组合、标准组合、准永久组合并考虑长期作用的影响或标准组合并考虑长期作用的影响来分析。

1. 正常使用极限状态的设计表达式

对于正常使用极限状态，应根据不同的设计要求，采用荷载的标准组合、频遇组合或准永久组合，并应按下列极限状态设计表达式进行设计：

$$S_{\mathrm{d}} \leqslant C \tag{3-32}$$

式中：S_{d}——正常使用极限状态的荷载组合效应值；C——结构构件达到正常使用要求所规定的变形、应力、裂缝宽度和自振频率等的限值。

2. 正常使用极限状态的荷载效应组合

(1)标准组合

标准组合为正常使用极限状态计算时，采用标准值或组合值为荷载代表值的组合。

1)对于标准组合，荷载效应组合的设计值可按下式采用：

$$S_{\mathrm{d}} = S\left(\sum_{i \geqslant 1} G_{i\mathrm{k}} + P + Q_{1\mathrm{k}} + \sum_{j > 1} \psi_{\mathrm{c}j} Q_{j\mathrm{k}}\right) \tag{3-33}$$

2)当作用与作用效应按线性关系考虑时，标准组合的效应设计值按下式计算：

$$S_{\mathrm{d}} = \sum_{i \geqslant 1} S_{G_{i\mathrm{k}}} + S_P + S_{Q_{1\mathrm{k}}} + \sum_{j > 1} \psi_{\mathrm{c}j} S_{Q_{j\mathrm{k}}} \tag{3-34}$$

(2)频遇组合

频遇组合指正常使用极限状态计算时，对可变荷载采用频遇值或准永久值为荷载代表值的组合。

1)对于频遇组合，荷载效应组合的设计值可按下式采用：

$$S_{\mathrm{d}} = S\left(\sum_{i \geqslant 1} G_{i\mathrm{k}} + P + \psi_{\mathrm{f}1} Q_{1\mathrm{k}} + \sum_{j > 1} \psi_{\mathrm{q}j} Q_{j\mathrm{k}}\right) \tag{3-35}$$

2)当作用与作用效应按线性关系考虑时，频遇组合的效应设计值按下式计算：

$$S_{\mathrm{d}} = \sum_{i \geqslant 1} S_{G_{i\mathrm{k}}} + S_P + \psi_{\mathrm{f}1} S_{Q_{1\mathrm{k}}} + \sum_{j > 1} \psi_{\mathrm{q}j} S_{Q_{j\mathrm{k}}} \tag{3-36}$$

(3)准永久组合

准永久组合指正常使用极限状态计算时，对可变荷载采用准永久值为荷载代表值的组合。

1)对于准永久组合，荷载效应组合的设计值可按下式采用：

$$S_{\mathrm{d}} = S\left(\sum_{i \geqslant 1} G_{i\mathrm{k}} + P + \sum_{j \geqslant 1} \psi_{\mathrm{q}j} Q_{j\mathrm{k}}\right) \tag{3-37}$$

2)当作用与作用效应按线性关系考虑时，准永久组合的效应设计值按下式计算：

$$S_{\mathrm{d}} = \sum_{i \geqslant 1} S_{G_{i\mathrm{k}}} + S_P + \sum_{j \geqslant 1} \psi_{\mathrm{q}j} S_{Q_{j\mathrm{k}}} \tag{3-38}$$

3. 裂缝控制验算

钢筋混凝土和预应力混凝土构件，应按所处环境类别和结构类别及功能要求按下列规定进行受拉边缘应力或正截面裂缝宽度验算。

结构构件正截面的受力裂缝控制等级分为三级。

一级——严格要求不出现裂缝的构件，按荷载标准组合计算时，构件受拉边缘混凝土不应产生拉应力。

$$\sigma_{ck}-\sigma_{pc}\leqslant 0 \tag{3-39}$$

二级——一般要求不出现裂缝的构件，按荷载标准组合计算时，构件受拉边缘混凝土拉应力不应大于混凝土抗拉强度的标准值：

$$\sigma_{ck}-\sigma_{pc}\leqslant f_{tk} \tag{3-40}$$

三级——允许出现裂缝的构件。对混凝土构件，按荷载准永久组合并考虑长期作用影响计算时，构件的最大裂缝宽度不应超过《设计规范》规定的最大裂缝宽度限值。对预应力混凝土构件，按荷载标准组合并考虑长期作用的影响计算时，构件的最大裂缝宽度不应超过《设计规范》规定的最大裂缝宽度限值：

$$w_{max}\leqslant w_{lim} \tag{3-41}$$

对二 a 类环境的预应力混凝土构件，尚应按荷载准永久组合计算，构件受拉边缘混凝土的拉应力不应大于混凝土的抗拉强度标准值。

$$\sigma_{cq}-\sigma_{pc}\leqslant f_{tk} \tag{3-42}$$

以上式中：σ_{ck}、σ_{cq}——荷载标准组合、准永久组合下抗裂验算边缘的混凝土法向应力；σ_{pc}——扣除全部预应力损失后在抗裂验算边缘混凝土的预压应力；f_{tk}——混凝土轴心抗拉强度标准值；w_{max}——按荷载的标准组合或准永久组合并考虑长期作用影响计算的最大裂缝宽度；w_{lim}——最大裂缝宽度限值。

4.结构的变形设计

结构的变形设计，指的是结构受力后的变形必须满足正常使用极限状态的条件，即

$$f_{max}\leqslant[f] \tag{3-43}$$

式中：f_{max}——结构按荷载效应的标准组合并考虑荷载长期作用影响下计算得到的最大挠度或侧移；$[f]$——规范规定的结构变形限制，即允许变形（挠度或侧移）值。

[例题 3.3]　已知某受弯构件在各种荷载作用下引起的弯矩标准值为：永久荷载 1800N·m，使用活荷载 1600N·m，风荷载 400N·m，雪荷载 200N·m。若安全等级为二级，各种可变荷载的组合值系数、频遇值系数、准永久值系数分别为：使用荷载$\psi_{c1}=0.7$，$\psi_{f1}=0.5$，$\psi_{q1}=0.4$，风荷载$\psi_{c2}=0.6$，$\psi_{q2}=0$，雪荷载$\psi_{c3}=0.7$，$\psi_{q3}=0.2$。求在正常使用极限状态下的荷载效应组合系的弯矩设计值M_d、荷载效应频遇组合的弯矩设计值M_f和荷载效应准永久组合的弯矩设计值M_q。

[解]　按正常使用极限状态计算时，荷载效应的标准组合为

$$\begin{aligned}S_d &= \sum_{i\geqslant 1} S_{G_{ik}} + S_P + S_{Q_{1k}} + \sum_{j>1} \psi_{cj} S_{Q_{jk}} \\ &=1800+1600+0.6\times 400+0.7\times 200=4530(\mathrm{N\cdot m})\end{aligned}$$

荷载效应的频遇组合为

$$\begin{aligned}S_d &= \sum_{i\geqslant 1} S_{G_{ik}} + S_P + \psi_{f1} S_{Q_{1k}} + \sum_{j>1} \psi_{qj} S_{Q_{jk}} \\ &=1800+0.5\times 1600+0.2\times 200=2640(\mathrm{N\cdot m})\end{aligned}$$

荷载效应的准永久组合为

$$S_d = \sum_{i\geqslant 1} S_{G_{ik}} + S_P + \sum_{j\geqslant 1} \psi_{qj} S_{Q_{jk}}$$
$$=1800+0.4\times 1600+0.2\times 200=2480(\text{N}\cdot\text{m})$$

3.3.4 耐久性极限状态设计方法

混凝土结构的耐久性是指在设计工作年限内，在不丧失重要用途或不需要过度的不可预期的维护条件下，能够满足结构的使用性、承载能力及稳定性要求。混凝土结构耐久性的主要影响因素除了原材料及配合比设计等自身因素外，结构的用途（比如承受的作用）、预期服役时间和服役过程中结构的暴露环境是主要因素。因此，混凝土结构应当考虑结构用途、结构设计工作年限及结构暴露环境因素，采取保证混凝土、钢筋和预应力筋耐久性的针对性设计措施、施工措施、维护措施。

1.耐久性设计内容

混凝土结构应根据设计使用年限和环境类别进行耐久性设计，耐久性设计包括下列内容：

(1)确定结构所处的环境类别；

(2)提出材料的耐久性质量要求；

(3)确定构件中钢筋的混凝土保护层厚度；

(4)满足耐久性要求相应的技术措施；

(5)在不利的环境条件下应采取的防护措施；

(6)提出结构使用阶段检测与维护的要求。

注：对临时性的混凝土结构，可不考虑混凝土的耐久性要求。

2.耐久性设计要求

对于设计使用年限为50年的混凝土结构，其混凝土材料宜符合表3-6的规定。

表3-6 结构混凝土材料的耐久性基本要求

环境等级	最大水胶比	最低强度等级	最大氯离子含量/%	最大碱含量/(kg/m³)
一	0.60	C20	0.30	不限制
二a	0.55	C25	0.20	3.0
二b	0.50(0.55)	C30(C25)	0.15	
三a	0.45(0.50)	C35(C30)	0.15	
三b	0.40	C40	0.10	

注：1.氯离子含量系指其占胶凝材料总量的百分比；

2.预应力构件混凝土中的最大氯离子含量为0.06%；最低混凝土强度等级应按表中的规定提高两个等级；

3.素混凝土构件的水胶比及最低强度等级的要求可适当放松；

4. 有可靠工程经验时，二类环境中的最低混凝土强度等级可降低一个等级；

5. 处于严寒和寒冷地区二 b、三 a 类环境中的混凝土应使用引气剂，并可采用括号中的有关参数；

6. 当使用非碱活性骨料时，对混凝土中的碱含量可不作限制。

同时，对于一类环境中，设计使用年限为 100 年的混凝土结构应符合下列规定，而对于二、三类环境中，设计使用年限 100 年的混凝土结构应采取专门的有效措施。

(1)钢筋混凝土结构的最低强度等级为 C30，预应力混凝土结构的最低强度等级为 C40；

(2)混凝土中的最大氯离子含量为 0.06％；

(3)宜使用非碱活性骨料，当使用碱活性骨料时，混凝土中的最大碱含量为 3.0kg/m^3；

(4)混凝土保护层厚度应按相关规范的规定增加 40％；当采取有效的表面防护措施时，混凝土保护层厚度可适当减小；

(5)在设计使用年限内，应建立定期检测、维修的制度。

3. 其他措施

对于下列混凝土结构及构件，尚应采取加强耐久性的相应措施：

(1)预应力混凝土结构中的预应力筋应根据具体情况采取表面防护、管道灌浆、加大混凝土保护层厚度等措施，外露的锚固端应采取封锚和混凝土表面处理等有效措施；

(2)有抗渗要求的混凝土结构，混凝土的抗渗等级应符合有关标准的要求；

(3)严寒及寒冷地区的潮湿环境中，结构混凝土应满足抗冻要求，混凝土抗冻等级应符合有关标准的要求；

(4)处于二、三类环境中的悬臂构件宜采用悬臂梁-板的结构形式，或在其上表面增设防护层；

(5)处于二、三环境中的结构构件，其表面的预埋件、吊钩、连接件等金属部件应采取可靠的防锈措施；

(6)处在三类环境中的混凝土结构构件，可采用阻锈剂、环氧树脂涂层钢筋或其他具有耐腐蚀性能的钢筋、采取阴极保护措施或采用可更换的构件等措施。

此外，混凝土结构在设计使用年限内尚应遵守下列规定：(1)设计中的可更换混凝土构件应按规定定期更换；(2)构件表面的防护层，应按规定维护或更换；(3)结构出现可见的耐久性缺陷时，应及时进行处理。

思考题

3.1　什么叫结构的极限状态？按照结构失效状态，可以分成哪些极限状态设计方法？

3.2　针对混凝土结构的环境影响有哪些？如何考虑结构的环境影响作用？

3.3　结构耐久性极限状态设计包含哪些方面？分别是怎么考虑的？

习　题

3.1　某住宅钢筋混凝土简支梁。计算跨度$l_0=6\text{m}$，承受均布荷载：永久荷载标准值$g_k=12\text{kN/m}$(包括梁自重)，可变荷载标准值$q_k=8\text{kN/m}$，可变荷载组合值系数$\varphi_c=0.7$，频遇系数$\varphi_f=0.5$，准永久值系数$\varphi_q=0.4$，构件安全等级二级。求：(1)按承载力极限状态计算的梁跨中最大弯矩设计值。(2)按正常使用极限状态计算的荷载标准组合、频遇组合及准永久组合跨中弯矩值。

3.2　现浇钢筋混凝土民用建筑结构，其边柱某截面在各种荷载(标准值)作用下的M、N内力如下：

静载：$M=-23.2$，$N=56.5$

活载1：$M=14.7$，$N=30.3$

活载2：$M=-18.5$，$N=24.6$

左风：$M=45.3$，$N=-18.7$

右风：$M=-40.3$，$N=16.3$

内力单位均为kN·m和kN；活载1、活载2均为竖向荷载，且两者不同时出现。

当在组合中取边柱的轴向力为最小时，试求相应的M/N的组合设计值。

第 4 章　受弯构件正截面承载力计算

知识点：配筋率对受弯构件破坏特征的影响，适筋受弯构件在各阶段的受力特点，单筋矩形截面、双筋矩形截面和 T 形截面承载力的计算方法，受弯构件正截面的构造要求。

重　点：三种截面的正截面承载力的设计计算方法。

难　点：配筋构造。

受弯构件作为混凝土结构的一种基本构件，在横向外部荷载的作用下，将承受弯矩和剪力的作用。梁和板就是典型的受弯构件。

一些常见的梁、板截面形式如图 4-1 所示。在矩形截面梁中，如果仅在截面受拉区配置受力钢筋的梁称为单筋梁；同时在截面受拉区和受压区都配置受力钢筋的梁称为双筋梁。本章主要讨论梁截面上的抗弯强度。

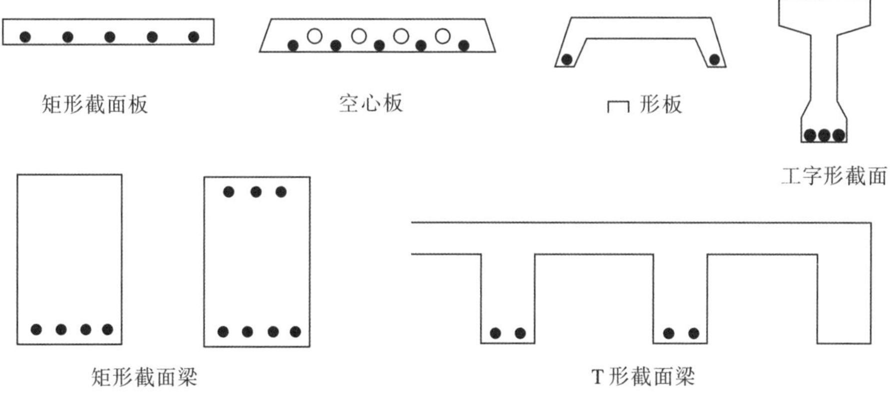

图 4-1　梁、板截面形式

4.1　混凝土梁在弯矩作用下的试验研究

在弯矩作用下，简支试验梁的布置一般如图 4-2 所示。构件在两个对称集中荷载间的

区段形成纯弯段。在纯弯段内，沿梁高两侧粘贴应变片，用仪表量测梁的挠度；受拉钢筋布置在梁底以抵抗拉力。

试验表明，梁从加载到破坏经历了三个阶段，试验的荷载 P 与跨中挠度 f 的关系如图4-3所示。

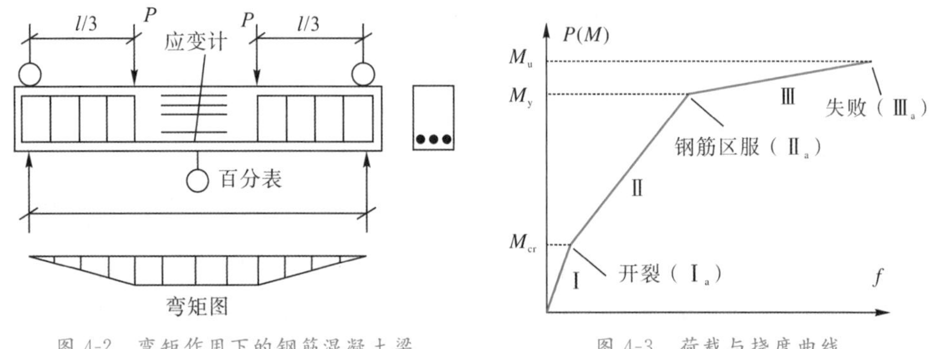

图 4-2　弯矩作用下的钢筋混凝土梁　　　图 4-3　荷载与挠度曲线

当受拉区混凝土尚未出现裂缝，称为第Ⅰ阶段，此时梁基本处在弹性工作阶段，应力和应变关系接近直线变化，此阶段一直持续到受拉区混凝土出现裂缝为止。

当受拉区混凝土开裂后，钢筋几乎承担了所有的拉力但尚未达到屈服强度时，即进入了第Ⅱ阶段。随着荷载的增加，中和轴随之上升，梁的挠度和转角也显示出了较快的增长率，梁的刚度明显减弱，荷载和挠度关系曲线以及受压区混凝土的应力分布图形均显示出了非线性特性。但试验表明，构件变形后，其截面依然保持为平面。梁在正常使用中通常处于这个阶段。

第Ⅲ阶段起始于钢筋应力达到屈服强度，且以梁的破坏而结束。此阶段中，梁的刚度进一步减弱，中和轴不断上升，荷载和挠度关系曲线的非线性特性更为明显。最后，裂缝不断向上延伸和受压区混凝土的压碎从而导致了梁的完全破坏。

梁截面的应变分布在各个阶段的变化特点如图 4-4(a)所示。混凝土作为一种各向异性的材料，其应变必须在给定的一段距离内量测，因而测到的应变实际上是那段距离内的平均应变。从图 4-4(a)可知，试验梁从开始加载到破坏，其截面的平均应变分布接近于线性，并且混凝土受压边缘的极限压应变为 0.0033～0.0035。

图 4-4(b)给出了梁截面应力分布在各个阶段的变化特点。在第Ⅰ阶段，钢筋和混凝土均处于弹性工作阶段，中和轴穿过截面的中心，此阶段截面弯矩的上限值即为截面的开裂弯矩。当梁中出现裂缝后，即进入了第Ⅱ阶段，该阶段以钢筋的应力达到屈服强度 f_y 时即为终止，其相应的弯矩为 M_y。梁破坏时其截面的应力分布情况如图 4.4(b)所示，混凝土受压边缘的极限压应变可达到 0.0033～0.0035，但是钢筋的应力依然为 f_y。随着裂缝不断向上延伸，钢筋拉力 T 与混凝土压应合力 C 之间的力臂略有增大，从而使第Ⅲ阶段末的极限弯矩 M_u 略大于 M_y，根据上述的应力分布假定，可计算出截面的极限弯矩 M_y。

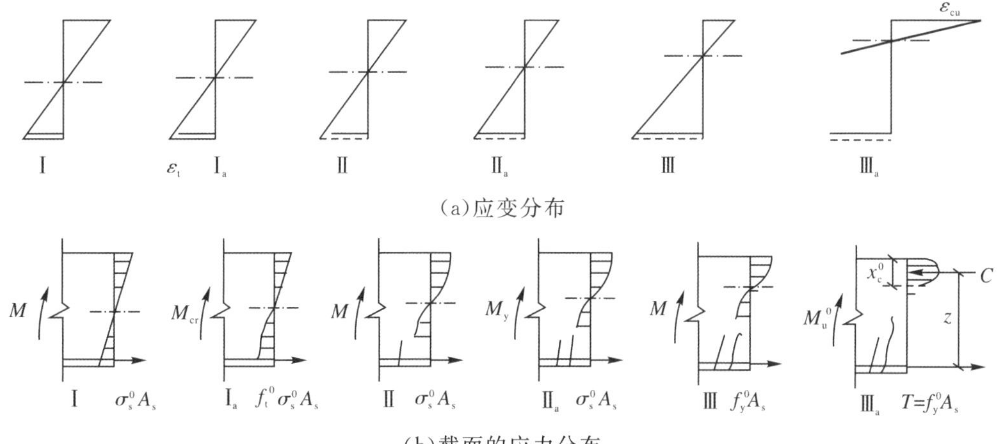

图 4-4　梁截面的应变分析和应力分析

梁底配置有纵向受力钢筋 A_s 的截面形式和应变分布图如图 4-5(a)所示。截面受压区边缘到受拉钢筋合力点的距离 h_0，称为截面的“有效高度”。如果 b 和 h 分别表示矩形截面的宽度和高度，那么 $\rho=A_s/bh_0$ 被称作为截面的配筋率，它通常以百分比的形式表示。

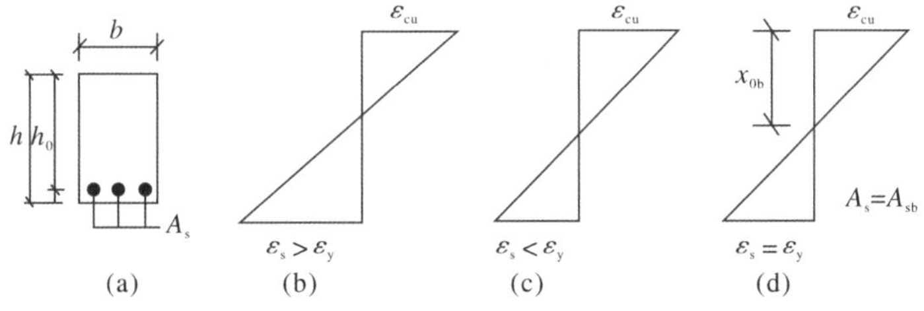

图 4-5　截面形式和应变分布

如果配筋率 ρ 低于某一数值(该数值将在后面讨论)，则在混凝土压碎之前，钢筋的应力已达到屈服强度，这样的梁被称为“低配筋梁”，其应变分布情况如图 4-5(b)所示，随着外荷载的增加，钢筋的拉力保持为一定值 f_yA_s。外荷载的一个微小的增加，使钢筋产生非常大的塑性伸长，从而引起很宽的裂缝和很大的挠度，以及混凝土受压区边缘纤维应变和应力的较大增加，这种类型的破坏属于塑性破坏，如图 4-6(a)所示。

如果配筋率 ρ 大于某一数值，构件将会在钢筋应力达到屈服强度之前，由于混凝土的压碎而破坏，此种梁被称为“超配筋梁”，如图 4-6(b)所示，其破坏时的应变分布如图 4-5(c)所示。构件破坏时挠度不大，破坏前没有明显的先兆，因而这种类型的破坏属于脆性破坏，在设计中不允许使用。

如果配筋率 ρ 等于某一数值，则在钢筋应力达到屈服强度的同时混凝土被压碎，这种梁被称作具有“平衡”配筋的梁，其破坏时的应变分布如图 4-5(d)所示。

如果梁的配筋率过小，受拉区混凝土开裂后，受拉钢筋迅速屈服甚至进入强化阶段，而受压区混凝土尚未达到其最大强度，则梁产生相当大的裂缝而破坏，这种梁被称为“少筋梁”。少筋梁破坏突然，属于脆性破坏，在设计中也不允许使用。

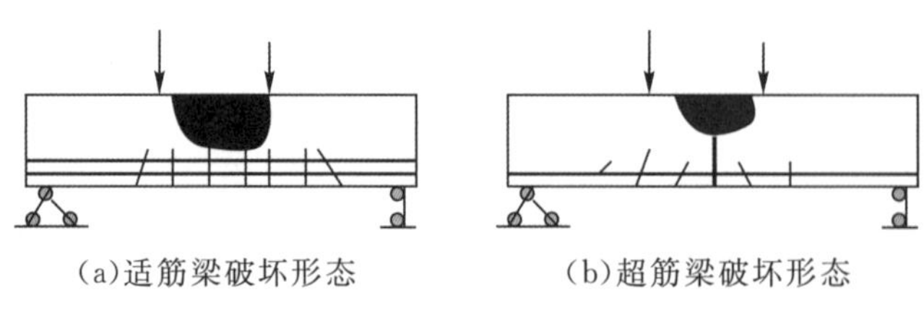

图 4-6 适筋梁和超筋梁的破坏形态

4.2 基本假定

当分析钢筋混凝土梁的受弯性能(极限弯矩)时,必须基于如下基本假定:

(1)构件正截面弯曲变形后,其截面依然保持为平面。试验结果表明,截面上的应变沿梁的高度基本保持线性分布。

(2)不考虑混凝土的抗拉强度。当构件开裂时,只有中和轴附近有部分混凝土承受拉力,在梁承受的极限弯矩中可以忽略。

(3)钢筋应力 σ_s 可按线弹性方法计算,由钢筋的弹性模量 E_s 和钢筋的应变 ε_s 乘积计算求得:

$$\sigma_s = E_s \varepsilon_s \leqslant f_y \tag{4-1}$$

(4)受压混凝土的应力应变关系曲线如图 4-7 所示。受压区边缘纤维的应变可达到一定值 ε_{cu}。《设计规范》规定,当混凝土立方体抗压强度标准值不超过 50MPa 时,ε_{cu} 取为 0.0033。

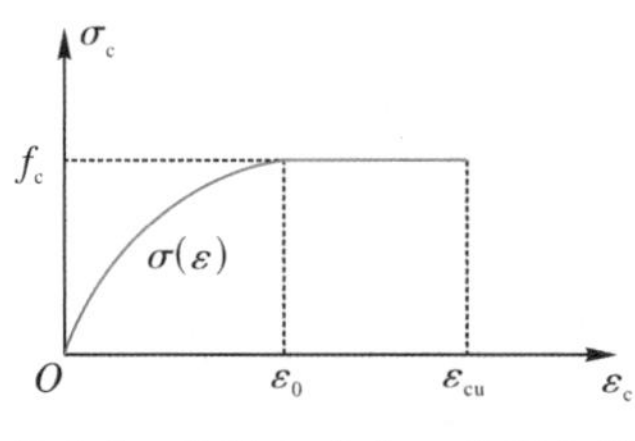

图 4-7 混凝土应力—应变曲线

4.3 等效矩形应力图形

根据上述的基本假设,构件在破坏阶段时截面的应力和应变分布如图 4-8(b)、(c)所示,x_0 为中和轴上部受压区的实际高度。为了简化计算受压区混凝土压应变的合力,以等效应力图形来代替实际的理论应力图形,其换算条件是保证两图形的压应力合力的大小和作用点位置不变,最为简便的就是图 4-8(d)所示的等效矩形应力图形。规范规定,梁中受压区的压力 C 可由一等效矩形应力图形计算求得,等效矩形应力图形的最大应力为 $\alpha_1 f_c$,等效矩形应力图形的高度为 x,x 可由下式计算求得:

$$x = \beta_1 x_0 \tag{4-2}$$

当混凝土强度等级不超过 C50 时，$\alpha_1=1$，$\beta_1=0.8$；当混凝土强度等级为 C80 时，$\alpha_1=0.94$，$\beta_1=0.74$；当混凝土强度等级在 C50 与 C80 之间时，按线性内插法确定。

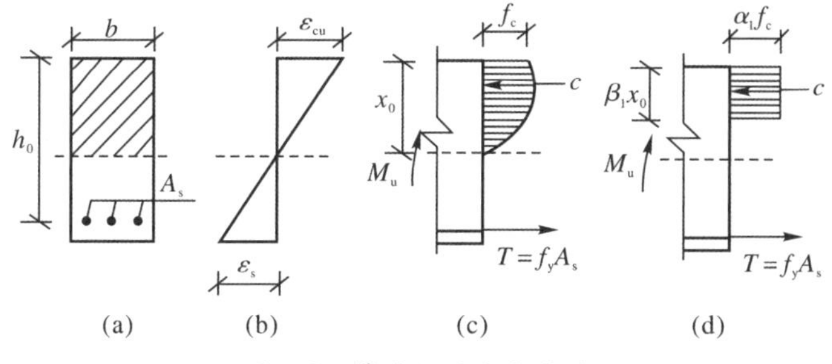

图 4-8　等效矩形应力图形

4.4　平衡截面

如果混凝土应变达到 ε_{cu} 的同时钢筋的应变也达到 ε_y，此时的截面被称作为“平衡截面”（界限破坏）。令 A_{sb} 为平衡截面的钢筋面积，x_{0b} 为图 4-5(d)所示的受压区高度。如果以一高度为 x_b 的等效矩形应力图形代替实际的混凝土压应变分布图形，则可用下式计算界限破坏时的相对受压区高度：

$$\xi=x/h_0 \tag{4-3}$$

$$\xi_b=\frac{\beta_1}{1+\dfrac{f_y}{\varepsilon_{cu}E_s}} \tag{4-4}$$

在《设计规范》中，式(4-4)只适用于有明显流幅的钢筋，而对于无明显流幅的高强钢筋则应采用下式计算界限破坏时的相对受压区高度：

$$\xi_b=\frac{\beta_1}{1+\dfrac{0.002}{\varepsilon_{cu}}+\dfrac{f_y}{\varepsilon_{cu}E_s}} \tag{4-5}$$

在以上各式中 ε_{cu} 为混凝土受压时最大压应变，按下式计算：

$$\varepsilon_{cu}=0.0033-(f_{cuk}-50)\times10^{-5}\leqslant0.0033 \tag{4-6}$$

对各种强度的混凝土，其 ε_{cu}、α_1 和 ξ_b 的值可查表。

4.5　单筋截面梁的分析

4.5.1　设计公式

图 4-9 为一单筋矩形截面梁的计算简图，根据混凝土结构设计基本原则，应满足由外荷载产生的弯矩设计值 M 不超过极限弯矩 M_u，即

$$M\leqslant M_u \tag{4-7}$$

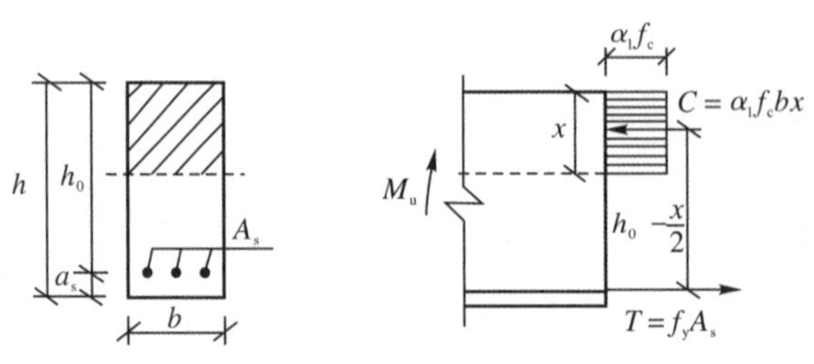

图 4-9 单筋矩形截面梁

钢筋的拉力为 $T=f_y A_s$，混凝土的等效压力为 $C=\alpha_1 f_c bx$，此时 x 为等效矩形应力图形的高度。取轴向力和弯矩的平衡，则有式：

$$T=f_y A_s=\alpha_1 f_c bx \tag{4-8}$$

$$M \leqslant M_u=\alpha_1 f_c bx\left(h_0-\frac{x}{2}\right) \tag{4-9}$$

超筋梁的破坏带有突然性，破坏前没有明显的预兆，因而其破坏带有一定的危险性。低配筋梁在破坏前，混凝土中已形成很宽的裂缝，因而其具有塑性破坏的特点。但是当配筋率 ρ 小于最小配筋率 ρ_{min} 时，混凝土开裂后，钢筋的抗拉强度不能承担混凝土的拉力，此时其具有素混凝土截面破坏的特点。为了确保梁在破坏前有明显的预兆，并且破坏时具有塑性破坏的特点（既不发生超筋破坏，也不发生少筋破坏），规范规定应满足式：

$$\xi \leqslant \xi_b \tag{4-10}$$

或

$$\rho \leqslant \rho_{max}=\xi_b \alpha_1 \frac{f_c}{f_y} \tag{4-11}$$

且

$$A_s \geqslant \rho_{min} bh \tag{4-12}$$

式中：ρ_{max} 为平衡截面（界限破坏）时的配筋率，ρ_{min} 为最小配筋率，我国规范规定 ρ_{min} 不应小于 $45 f_t/f_y$（%）及 0.2%。

4.5.2 截面设计

通常，在设计阶段中梁或板的截面尺寸是给定的，如简支梁的截面高度 $h=(1/16\sim1/8)l$，l 为梁的跨度；单向板的截面高度 $h=(1/40\sim1/30)l$，l 为板的跨度。弯矩 M 可由力学方法求得。设计人员在选定混凝土和钢筋的强度之后，按式(4-11)、式(4-12)来确定受拉钢筋的数量。

[例题 **4.1**] 某工程矩形单筋截面梁的尺寸 $b\times h=250\text{mm}\times550\text{mm}$，由荷载产生的弯矩设计值 $M=180\text{kN}\cdot\text{m}$。混凝土强度等级为 C30，钢筋为 HRB400 级钢筋，计算截面配筋。

[解]

假设一排钢筋，则 $a_s=45\text{mm}$，$h_0=h-a_s=550-45=505(\text{mm})$

$$\alpha_s=\frac{M}{a_1 f_c b h_0^2}=\frac{180\times10^6}{1.0\times14.3\times250\times50\times5^2}=0.197$$

$\xi=1-\sqrt{1-2\alpha_s}=1-\sqrt{1-2\times0.197}=0.222<\xi_b=0.518$

$A_s=\frac{\alpha_1 f_c b\xi h_0}{f_y}=\frac{1.0\times14.3\times250\times0.222\times505}{360}=1114(mm^2)$

$0.45\frac{f_t}{f_y}=0.45\times\frac{1.43}{360}=0.18\%<0.2\%$

$\rho_{min}bh=0.002\times250\times550=275(mm^2)<A_s=1114mm^2$

配筋3Φ2,实配。

[例题4.2] 某矩形截面简支梁跨度 $l_0=6m$,承受弯矩设计值为 $M=150kN\cdot m$(包括梁的自重)。选用C30级混凝土,HRB400级钢筋。试设计该截面尺寸 $b\times h$ 及配筋面积 A_s。

[解]

(1)选择截面尺寸:

$h=(1/16\sim1/8)l_0=375\sim750mm$,取 $h=500mm$

$b=(1/3.5\sim1/2.5)h=143\sim200mm$,取 $b=200mm$

(2)计算钢筋面积:

$h_0=h-a_s=500-45=455(mm)$

$\alpha_s=\frac{M}{\alpha_1 f_c b h_0^2}=\frac{150\times10^6}{1.0\times14.3\times200\times455^2}=0.253$

$\xi=1-\sqrt{1-2\alpha_s}=1-\sqrt{1-2\times0.253}=0.297<\xi_b=0.518$

$A_s=\frac{\alpha_1 f_c b\xi h_0}{f_y}=\frac{1.0\times14.3\times200\times0.297\times455}{360}=1074(mm^2)$

$0.45\frac{f_t}{f_y}=0.45\times\frac{1.43}{360}=0.18\%<0.2\%$

$\rho_{min}bh=0.002\times200\times500=200(mm^2)<A_s=1074mm^2$

配筋3Φ22,实配 $A_s=1140mm^2$。

4.5.3 极限弯矩 M_u 的计算

当截面尺寸(b,h_0)、钢筋面积(A_s)、材料强度等级($\alpha_1 f_c,f_y$)均为已知时,截面所能承受的极限弯矩可通过下式计算求得:

$$\xi=\frac{x}{h_0}=\frac{f_y A_s}{\alpha_1 f_c b h_0}=\rho\frac{f_y}{\alpha_1 f_c} \tag{4-13}$$

$$M\leqslant M_u=\alpha_1 f_c b h_0^2\xi(1-0.5\xi)=\alpha_s\alpha_1 f_c b h_0^2 \tag{4-14}$$

其中:$\alpha_s=\xi(1-0.5)\xi$。

当 $\xi>\xi_b$ 时,少筋梁的计算会高估截面的极限承载力。应该注意当 $\xi>\xi_b$ 时,由式(4-13)、式(4-14)计算的 M_u 值偏大(即上述公式不适用)。为简化分析,当为超筋梁($\xi>\xi_b$)时,极限弯矩 M_u 可近似按下式计算:

$$M_{umax}=\alpha_1 f_c b h_0^2\xi_b(1-0.5\xi_b)=\alpha_{sb}\alpha_1 f_c b h_0^2 \tag{4-15}$$

计算表明，适筋梁截面($\xi \leqslant \xi_b$)的极限承载力 M_u 与 f_c 和 b 的大小关系不大，这就是在梁和板中不使用高强度混凝土的原因，因而截面的极限承载力 M_u 可近似按下式计算：

$$M_u = f_y A_s (0.87 \sim 0.90) h_0 \tag{4-16}$$

在常用的配筋率变化范围内，式(4-16)可较好地估算截面的极限承载力 M_u。

[例题 4.3] 已知矩形截面梁 $b \times h = 250\text{mm} \times 500\text{mm}$，采用 C30 级混凝土，HRB400 级钢筋，截面配筋 3⌀20，确定该截面极限受弯承载力 M_u。

[解]

(1)计算参数

查表得 $f_y = 360\text{N/mm}^2$，$f_c = 14.3\text{N/mm}^2$，$f_t = 1.43\text{N/mm}^2$，$\xi_b = 0.518$

查得 $A_s = 941\text{mm}^2$，混凝土保护层厚度 $c = 20\text{mm}$

所以 $a_s = c + d_1/2 + d_2 = 20 + 20/2 + 10 = 40(\text{mm})$，$h_0 = h - a_s = 500 - 40 = 460(\text{mm})$

$$0.45 \frac{f_t}{f_y} = 0.45 \times \frac{1.43}{360} = 0.18\% < 0.2\%$$

$A_s = 941\text{mm}^2 > \rho_{min} bh = 0.002 \times 250 \times 500 = 250(\text{mm}^2)$，满足要求。

(2)计算极限受弯承载力 M_u

$$x = \frac{f_y A_s}{a_1 f_c b} = \frac{360 \times 941}{1.0 \times 14.3 \times 250} = 94.76(\text{mm}) < \xi_b h_0 = 0.518 \times 460 = 238.3(\text{mm})$$

$$M_u = a_1 f_c bx(h_0 - x/2)$$
$$= 1.0 \times 14.3 \times 250 \times 94.76 \times (460 - 94.76/2) = 139.8 \times 10^6 (\text{N} \cdot \text{mm}) = 139.8(\text{kN} \cdot \text{m})$$

4.6 双筋截面梁的分析

由于受拉钢筋数量的增加，单筋矩形截面的弯矩承载力也随之增加，但当受拉钢筋的配筋率大于最大配筋率 ρ_{max} 时，受拉钢筋在未达到屈服强度 f_y 前，受压区的混凝土就已被压坏，也就是说，截面变成了超筋截面，再增加受拉钢筋的数量，并不能有效地增大截面的承载力。此时可增大截面尺寸，但梁的高度有时受到使用条件的限制，不允许继续加大，克服上述困难的方法是配置受压钢筋。在混凝土的受拉区和受压区均配置受力钢筋的截面称为“双筋截面”。

在设计中以下几种情况可要求配置受压钢筋：

(1)钢筋混凝土框架梁在恒荷载和活荷载作用下截面可能产生变号弯矩，此时在负弯矩作用下配置的受拉钢筋，当出现正弯矩时就成为受压钢筋。

(2)受压钢筋不仅可以提高截面的抵抗弯矩，而且还可以约束受压区的混凝土。

(3)使用荷载作用下，受压钢筋可以减小梁在荷载长期效应组合作用下的变形，这是因为当混凝土开始徐变时，梁中的压力由混凝土传给钢筋，使得混凝土的压应力减小，从而也大大减小了梁因徐变而产生的变形。

(4)截面尺寸受到使用条件的限制，不允许继续加大。

单筋截面梁所做的基本假定同样适用于双筋截面梁。根据假定，可计算出受压钢筋的应变和应力，如图 4-10 所示。

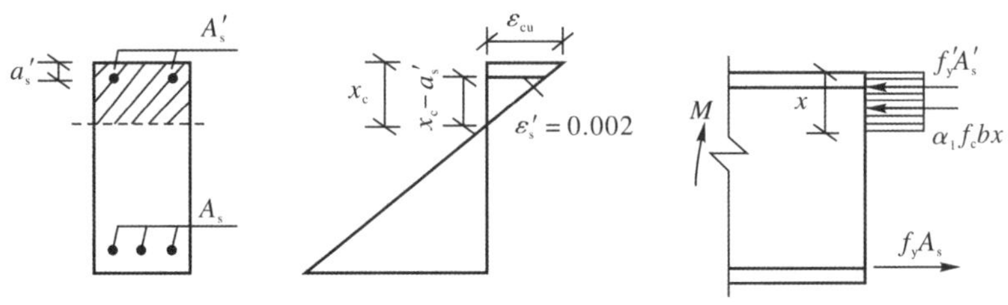

图 4-10　受压钢筋的应变和应力

对于 HRB300 级、HRB400 级，RRB400 级钢筋，当截面的受压区高度 $x \geqslant 2\alpha_s'$ 时，则受压钢筋的压应力均可达到屈服强度值 f_y'。

4.6.1　设计公式

双筋矩形截面梁的截面应力如图 4-11 所示，和单筋矩形截面梁相同，以等效矩形应力图形代替实际的应力分布图形，取轴向力以及弯矩平衡，可得到式：

$$f_yA_s=\alpha_1 f_c bx+f_y'A_s' \tag{4-17}$$

$$M \leqslant M_u=\alpha_1 f_c bx\left(h_0-\frac{x}{2}\right)+f_y'A_s'(h_0-\alpha_s') \tag{4-18}$$

取 $\xi=x/h_0$，则上述公式可表示为式：

$$f_yA_s=\alpha_1 f_c bh_0\xi+f_y'A_s' \tag{4-19}$$

$$M=\alpha_1 f_c bh_0^2\xi(1-0.5\xi)+f_y'A_s'(h_0-\alpha_s') \tag{4-20}$$

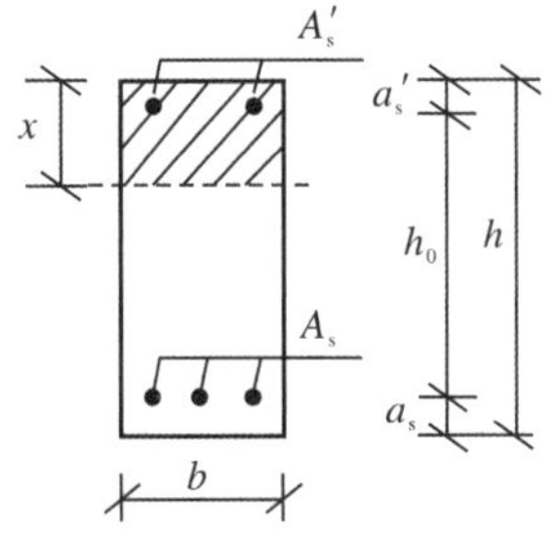

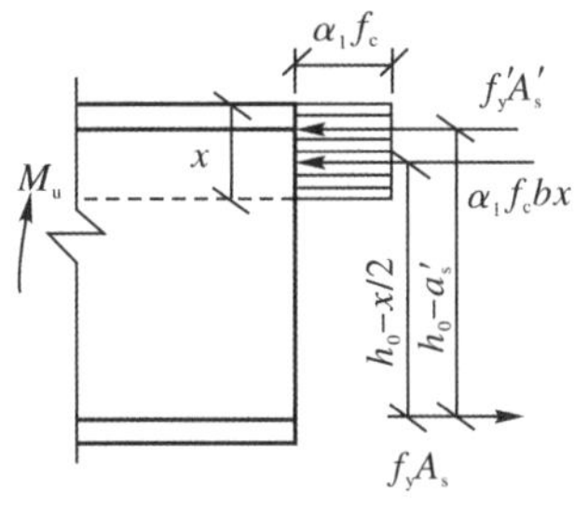

图 4-11　双筋矩形截面梁

在双筋梁中，也会发生少筋梁和超筋梁的情况。为防止出现超筋破坏，并保证受压钢筋的压应力达到屈服强度 f_y'，《设计规范》规定了适用条件：

$$\xi \leqslant \xi_b \tag{4-21}$$

$$x \geqslant 2\alpha_s' \tag{4-22}$$

当 $x<2\alpha_s'$ 时，受压钢筋 A_s 与中和轴相距太近而不能屈服，此时可忽略受压钢筋的作用，计算中令 $A_s=0$；但是，如果此时计算出的应力图形高度 $x>2\alpha_s'$，则不能忽略 A_s 的作用，可假定 $x=2\alpha_s'$，利用下式计算截面的极限承载力：

$$M \leqslant M_u=f_yA_s(h_0-\alpha_s') \tag{4-23}$$

4.6.2 截面设计

可通过式(4-17)、式(4-18)或是式(4-19)、式(4-20)进行双筋截面的设计,同时必须满足式(4-21)、式(4-22)的适用条件。在双筋截面配筋计算中,可能遇到下列两种情况:

(1)已知受压钢筋 A_s'

当弯矩设计值 M、截面尺寸(b,h_0)、材料强度等级($\alpha_1 f_c$,f_y)及受压钢筋面积 A_s' 已知时,设计人员可根据式(4-19)、式(4-20)计算出受拉钢筋面积 A_s。

(2)受压钢筋 A_s',受拉钢筋 A_s 均未知

此时在式(4-19)、式(4-20)中,有 ξ、A_s' 及 A_s 三个未知数,公式有无穷多个解。设计人员可以任意假设一个未知数,求解另两个未知数。最为合理的是在 $\frac{2a_s'}{h_0}<\xi\leqslant\xi_b$ 范围内假定一 ξ 值,A_s' 和 A_s 可由式(4-20)和式(4-19)求得。

最为经济的就是假定 $\xi=\xi_b$,此时截面的总的钢筋截面面积($A_s'+A_s$)为最小,但这样的构件设计时其塑性较差,可能会发生脆性破坏(缺少破坏征兆),因此,最好是在设计中假定一较小的 ξ 值。

[例题 4.4] 已知某工程框架梁截面尺寸 $b\times h=250\text{mm}\times600\text{mm}$,承受的弯矩设计值为 $M=300\text{kN}\cdot\text{m}$,混凝土强度等级选用 C30,钢筋为 HRB400 级钢筋。已知梁的受压区配置钢筋为 3 Φ 18,试求此梁受拉钢筋的配筋。

[解]

已配 3 Φ 18,查表得到 $A_s'=763\text{mm}^2$,$a_s'=40\text{mm}$

假设配置为两排钢筋,$a_s=60\text{mm}$,$h_0=h-a_s=600-60=540(\text{mm})$

$M_1=f_y'A_s'(h_0-a_s')=360\times763\times(540-40)=137.3\times10^6(\text{N}\cdot\text{mm})=137.3(\text{kN}\cdot\text{m})$

$$\alpha_s=\frac{M-M_1}{a_1 f_c bh_0^2}=\frac{(300-137.3)\times10^6}{1.0\times14.3\times250\times540^2}=0.156$$

$$\xi=1-\sqrt{1-2a_s}=1-\sqrt{1-2\times0.156}=0.17<\xi_b=0.518$$

$$x=\xi h_0=0.17\times540=91.8(\text{mm})>2a_s'=2\times40=80(\text{mm})$$

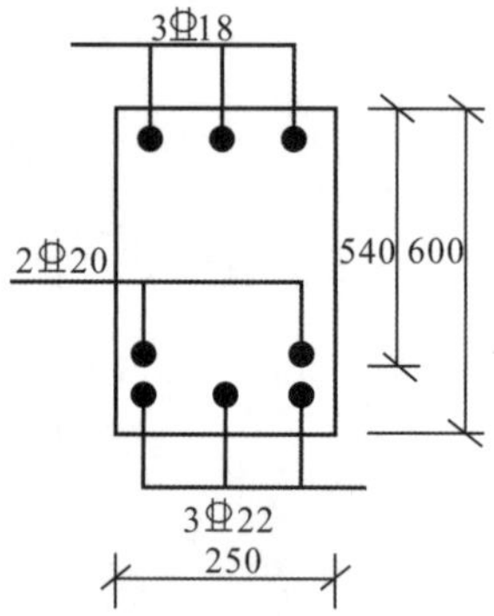

图 4-12 例 4.4 的配筋图

$$A_s=\frac{a_1 f_c b\xi h_0}{f_y}+A_s'=\frac{1.0\times14.3\times250\times0.17\times540}{360}+763=1675(\text{mm}^2)$$

受拉钢筋 3 Φ 22+2 Φ 20,实配 $A_s=1140+628=1768(\text{mm}^2)$。

[例题 4.5] 已知一矩形截面梁 $b\times h=300\text{mm}\times600\text{mm}$,混凝土强度等级为 C30,采用 HRB400 级钢筋,在受压区已经配置 3 Φ 22 的受压钢筋,梁承受的弯矩设计值为 $M=240\text{kN}\cdot\text{m}$,求受拉钢筋的截面面积。

[解]

已配 3 Φ 22，查表得到 $A_s'=1140\text{mm}^2$，假设为单排钢筋

$h_0=h-a_s=600-45=555\text{mm}, a_s'=45\text{mm}$

$M_1=f_y'A_s'(h_0-a_s')=360\times1140\times(555-45)=209.3\times10^6$ $(\text{N}\cdot\text{mm})=209.3(\text{kN}\cdot\text{m})$

$$\alpha_s=\frac{M-M_1}{\alpha_1 f_c bh_0^2}=\frac{(240-209.3)\times10^6}{1.0\times14.3\times360\times555^2}=0.02$$

$\xi=1-\sqrt{1-2\alpha_s}=1-\sqrt{1-2\times0.02}=0.02<\xi_b=0.518$

$x=\xi h_0=0.02\times555=11.1(\text{mm})<2a_s'=2\times45=90(\text{mm})$

取 $x=2a_s'=90(\text{mm})$

$$A_s=\frac{M}{f_y(h_0-a_s')}=\frac{240\times10^6}{360\times(555-45)}=1307(\text{mm}^2)$$

受拉钢筋 3 Φ 25，实配 $A_s=1473\text{mm}^2$。

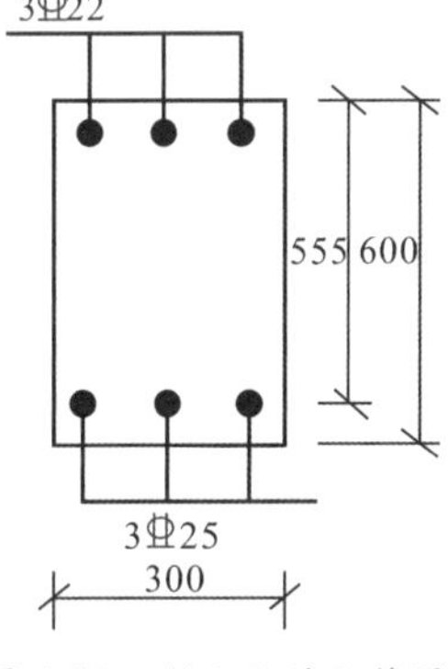

图 4-13　例 4.5 的配筋图

[例题 **4.6**]　已知梁截面尺寸 $b\times h=250\text{mm}\times450\text{mm}$，承受的弯矩设计值为 $M=200\text{kN}\cdot\text{m}$，混凝土强度等级选用 C30，钢筋为 HRB400 级钢筋，设计该双筋截面梁。

[解]

假设为单排钢筋，取 $a_s=45\text{mm}$

$h_0=h-a_s=450-45=405(\text{mm}), a_s'=45\text{mm}$

取 $\xi=0.4, 2a_s'/h_0=0.22<\xi<\xi_b=0.518$

$$M_1=\xi(1-0.5\xi)\alpha_1 f_c bh_0^2=0.4\times(1-0.5\times0.4)\times1.0\times14.3\times250\times405^2$$
$$=187.7\times10^6(\text{N}\cdot\text{mm})=187.7(\text{kN}\cdot\text{m})$$

$$A_s'=\frac{M-M_1}{f_y'(h_0-a_s')}=\frac{(200-187.7)\times10^6}{360\times(405-45)}=95(\text{mm}^2)$$

$$A_s=\frac{\alpha_1 f_c b\xi_b h_0+f_y'A_s'}{f_y}=\frac{1.0\times14.3\times250\times0.4\times405}{360}+95=1704(\text{mm}^2)$$

受压钢筋 2 Φ 8，实配 $A_s'=101\text{mm}^2$；受拉钢筋 3 Φ 28，实配 $A_s=1847\text{mm}^2$。

4.6.3　双筋矩形截面的极限弯矩

当截面尺寸 (b,h)、钢筋面积 (A_s,A_s') 和材料强度等级 $(\alpha_1 f_c, f_y)$ 均为已知时，双筋矩形截面的极限弯矩可由式(4-17)和式(4-18)求得。当 $\xi>\xi_b$ 时，可假定 $\xi=\xi_b$，由式(4-20)计算出截面的极限弯矩；当 $x<2\alpha_s'$ 时，由式(4-23)计算出截面的极限弯矩。

[例题 **4.7**]　某钢筋混凝土矩形截面双筋梁，截面尺寸为 $b\times h=250\text{mm}\times550\text{mm}$，混凝土强度等级为 C30，钢筋采用 HRB400 级。截面已配受压钢筋 2 Φ 16 $(A_s'=402\text{mm}^2)$，受拉钢筋 4 Φ 22 $(A_s=1520\text{mm}^2)$。试计算该截面的极限承载能力。

[解]

由已知 $a_s=35+22/2=46(\text{mm}), a_s'=45\text{mm}, h_0=h-a_s=550-46=504(\text{mm})$

$$x=\frac{f_yA_s-f_y'A_s'}{\alpha_1 f_c b}=\frac{360\times1520-360\times402}{1.0\times14.3\times250}=112.6(\text{mm})$$

$$2a_s' = 90\text{mm} < x < \xi_b h_0 = 0.518 \times 504 = 261.1(\text{mm})$$

$$M_u = \alpha_1 f_c b x (h_0 - \frac{x}{2}) + f_y' A_s' (h_0 - a_s')$$

$$= 1.0 \times 14.3 \times 250 \times 112.6 \times (504 - \frac{112.6}{2}) + 360 \times 402 \times (504 - 45)$$

$$= 246.6 \times 10^6 (\text{N} \cdot \text{mm}) = 246.6(\text{kN} \cdot \text{m})$$

4.7 T 形截面和工字形截面梁

在实际工程中，当梁和板整体浇注在一起时，板有两个作用：首先，板受荷弯曲并将荷载沿垂直于梁跨的方向传递到梁上；其次，梁两侧的板可作为梁的受压或受拉翼缘，如图 4-14 所示。如果翼缘位于受压区，根据翼缘位于梁的一侧或两侧，截面被称作为“L 形截面”或“T 形截面”。T 形截面通常由翼缘和腹板两部分组成，如图 4-14 所示。翼缘的宽度为 b_f'，翼缘的厚度为 h_f'，腹板的宽度为 b，截面的高度为 h。

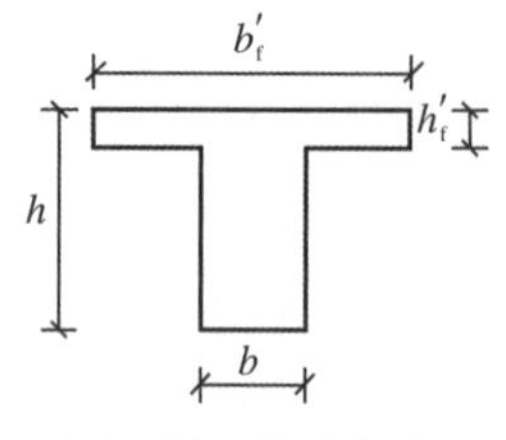

图 4-14　T 形截面

图 4-15 中，(a)、(b)图均为 T 形截面。(a)图构件破坏时，中和轴在翼缘内，受压区为矩形，这种 T 形截面称为第一类 T 形截面，可按宽度为 b_f' 的矩形截面进行受弯承载力的计算；(b)图的中和轴位于翼缘下，受压区为 T 形，这种 T 形截面称为第二类 T 形截面，必须按 T 形截面进行分析；图 4-15(d)为工字形截面，图 4-15(c)为箱形截面，它们可按腹板宽度为 b 的 T 形截面来分析，均属于第二类 T 形截面。

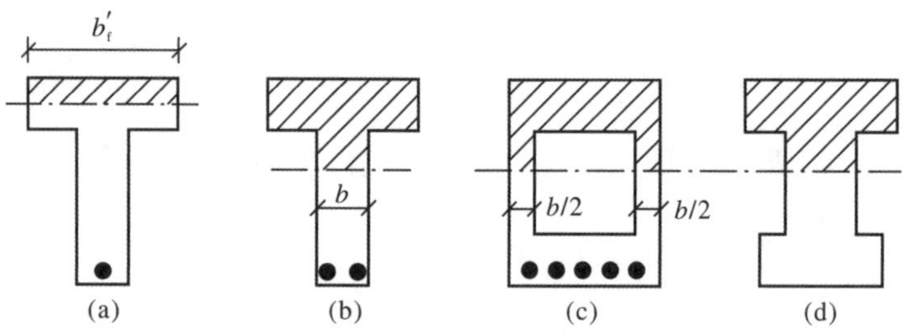

图 4-15　T 形截面构件

由于受拉钢筋位于腹板中和翼缘的剪切变形，因此只有有限宽度的翼缘参与工作，规范规定 T 形及倒 L 形截面受弯构件有效翼缘宽度 b_f' 如表 4-1 所示，计算时 b_f' 取表中三项的最小值。

表 4-1　T 形、倒 L 形截面受弯构件翼缘计算宽度 b_f

考虑情况	T 形截面		倒 L 形截面
	肋形梁(板)	独立梁	肋形梁(板)
按计算跨度 l_0 考虑	$\frac{1}{3}l_0$	$\frac{1}{3}l_0$	$\frac{1}{6}l_0$
按梁(肋)净距 S_n 考虑	$b+S_n$	—	$b+\frac{1}{2}S_n$

续表

考虑情况		T 形截面		倒 L 形截面
		肋形梁(板)	独立梁	肋形梁(板)
按翼缘高度 h_f' 考虑	当 $h_f'/h_0 \geqslant 0.1$	—	$b+12h_f'$	—
	当 $0.1 > h_f'/h_0 \geqslant 0.05$	$b+12h_f'$	$b+6h_f'$	$b+5h_f'$
	当 $h_f'/h_0 < 0.05$	$b+12h_f'$	b	$b+5h_f'$

4.7.1　设计公式

(1)第一类 T 形截面($x \leqslant h_f'$)

第一类 T 形截面的应力分布图形如图 4-16 所示。以等效矩形应力分布图形代替实际的应力分布图形,取轴向力及弯矩平衡,可得到式:

$$f_y A_s = \alpha_1 f_c b_f' x \tag{4-24}$$

$$M \leqslant M_u = \alpha_1 f_c b_f' x (h_0 - \frac{x}{2}) \tag{4-25}$$

同时必须满足式:

$$\xi \leqslant \xi_b \tag{4-26}$$

$$A_s \geqslant \rho_{min} bh \tag{4-27}$$

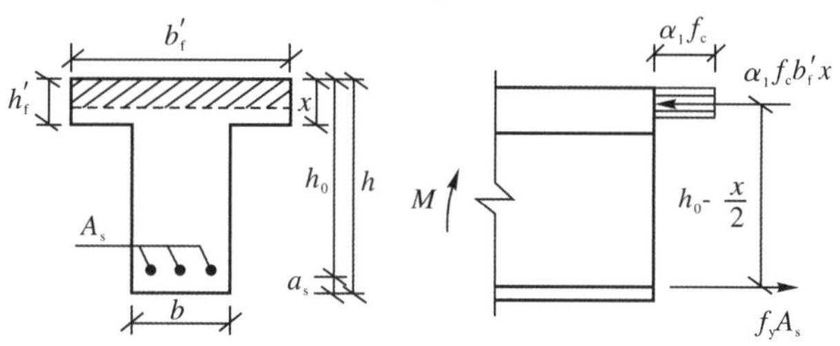

图 4-16　第一类 T 形截面的应力分布

(2)第二类 T 形截面($x \geqslant h_f'$)

第二类 T 形截面的应力分布图形如图 4-17 所示。以等效矩形应力分布图形代替实际的应力分布图形,取轴向力及弯矩平衡,可得到式:

$$f_y A_s = \alpha_1 f_c bx + \alpha_1 f_c (b_f' - b) h_f' \tag{4-28}$$

$$M \leqslant M_u = \alpha_1 f_c bx \left(h_0 - \frac{x}{2}\right) + \alpha_1 f_c (b_f' - b) h_f' \left(h_0 - \frac{h_f'}{2}\right) \tag{4-29}$$

适用条件为式:

$$\xi \leqslant \xi_b \tag{4-30}$$

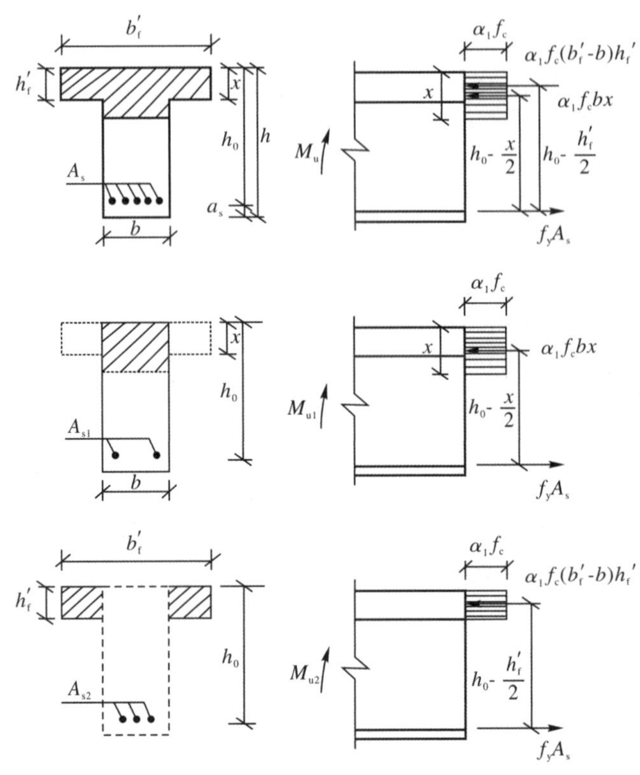

图 4-17　第二类 T 形截面的应力分布

(3)两类 T 形截面的判断标准

如果已知材料，求 T 形截面的极限承载力，应先判断截面类型(中和轴在翼缘内还是在腹板内)，判断标准为：

如果 $f_y \leqslant \alpha_1 f_c b_f' h_f'$，截面为第一类 T 形截面；

如果 $f_y > \alpha_1 f_c b_f' h_f'$，截面为第二类 T 形截面。

如果已知弯矩设计值 M，求受拉钢筋面积 A_s，应先判断截面类型，判断标准为：

如果 $M \leqslant \alpha_1 f_c b_f' h_f' \left(h_0 - \dfrac{h_f'}{2}\right)$，截面为第一类 T 形截面；

如果 $M > \alpha_1 f_c b_f' h_f' \left(h_0 - \dfrac{h_f'}{2}\right)$，截面为第二类 T 形截面。

4.7.2　T 形截面的设计

当弯矩设计值 M、截面尺寸(b, h, b_f', h_f')、材料强度等级($\alpha_1 f_c, f_y$)均为已知时，设计人员可按式(4-24)、(4-25)或者式(4-28)、(4-29)计算出所需的受拉钢筋面积 A_s。

［例题 **4.8**］　已知某工程 T 形截面独立梁，$b_f' = 500\text{mm}$，$b = 250\text{mm}$，$h_f' = 80\text{mm}$，$h = 600\text{mm}$，混凝土等级为 C30，钢筋为 HRB400，弯矩设计值为 $M = 350\text{kN} \cdot \text{m}$，求受拉钢筋截面面积 A_s。

［解］

假设钢筋放置为两排，$h_0 = h - a_s = 600 - 60 = 540\text{mm}$

$\alpha_1 f_c b_f' h_f' \left(h_0 - \dfrac{h_f'}{2}\right) = 1.0 \times 14.3 \times 500 \times 80 \times \left(540 - \dfrac{80}{2}\right) = 286.0(\text{kN} \cdot \text{m}) < M = 350\text{kN} \cdot \text{m}$

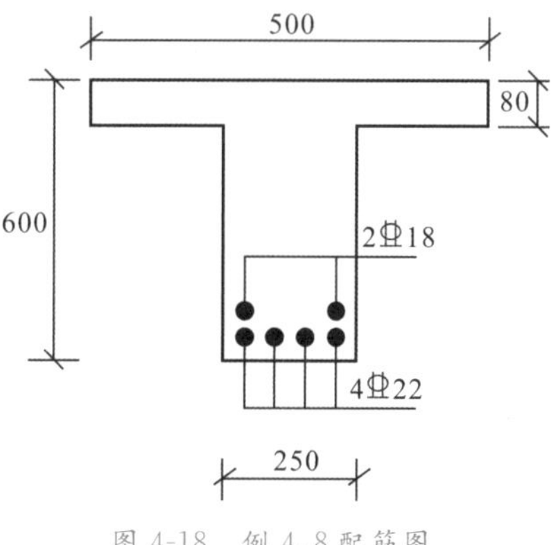

图 4-18　例 4.8 配筋图

故属于第二类 T 形截面。

$$M_1 = \alpha_1 f_c (b_f' - b) h_f' \left(h_0 - \frac{h_f'}{2}\right) = 14.3 \times (500 - 250) \times 80 \times \left(540 - \frac{80}{2}\right)$$

$$= 143.0 \times 10^6 (\text{N} \cdot \text{mm}) = 143.0(\text{kN} \cdot \text{m})$$

$$\alpha_s = \frac{M - M_1}{\alpha_1 f_c b h_0^2} = \frac{(350 - 143.0) \times 10^6}{1.0 \times 14.3 \times 250 \times 540^2} = 0.199$$

$$\xi = 1 - \sqrt{1 - 2\alpha_s} = 1 - \sqrt{1 - 2 \times 0.199} = 0.224 < \xi_b = 0.518$$

$$A_s = \frac{\alpha_1 f_c b \xi h_0 + \alpha_1 f_c (b_f' - b) h_f'}{f_y}$$

$$= \frac{1.0 \times 14.3 \times 250 \times 0.224 \times 540 + 1.0 \times 14.3 \times (500 - 250) \times 80}{360} = 1996(\text{mm}^2)$$

受拉钢筋 4 Φ 22＋ 2 Φ 18，实配 $A_s = 2029\text{mm}^2$。

4.7.3　T 形截面的极限承载力

当截面尺寸、钢筋（A_s，A_s'）和材料强度等级（$\alpha_1 f_c$，f_y）均为已知时，如果为第一类 T 形截面，可通过求解式(4-24)、(4-25)计算出截面的极限承载力；如果为第二类 T 形截面，可通过求解式(4-28)、(4-29)计算出截面的极限承载力。

［例题 4.9］　已知某工程 T 形截面独立梁，$b_f' = 550\text{mm}$，$b = 250\text{mm}$，$h_f' = 100\text{mm}$，$h = 650\text{mm}$，混凝土强度等级为 C30，钢筋为 HRB400，已配受拉钢筋 6 Φ 22，试求该梁截面的极限弯矩设计值。

［解］

判断截面类型：$a_s = 65\text{mm}$，$h_0 = h - a_s = 650 - 65 = 585\text{mm}$

$N_1 = \alpha_1 f_c b_f' h_f' = 1.0 \times 14.3 \times 550 \times 100 = 786500\text{N} = 786.5\text{kN}$

$N_2 = f_y A_s = 360 \times 2281 = 821160\text{N} = 821.2\text{kN}$

由于 $N_1 < N_2$

受压区进入腹板，属于第二类 T 形截面。

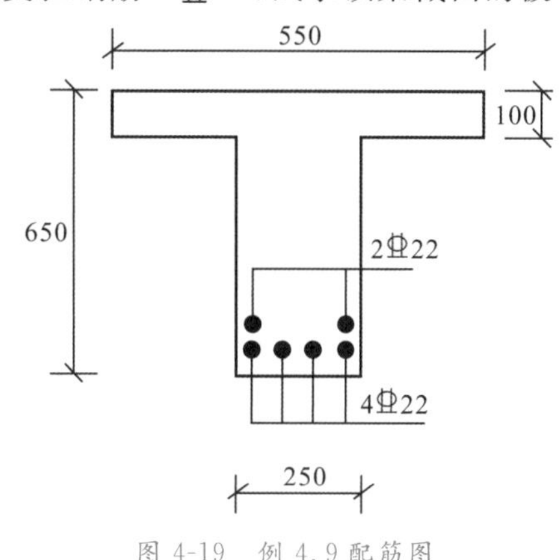

图 4-19　例 4.9 配筋图

$$x=\frac{f_yA_s-a_1f_c(b_f'-b)h_f'}{a_1f_cb}$$
$$=\frac{821160-1.0\times14.3\times(550-250)\times100}{1.0\times14.3\times250}$$
$$=109.7(\mathrm{mm})<\xi_bh_0=0.518\times585=303.0(\mathrm{mm})$$
$$M_u=a_1f_cbx(h_0-\frac{x}{2})+a_1f_c(b_f'-b)h_f'(h_0-\frac{h_f'}{2})$$
$$=14.3\times250\times109.7\times\left(585-\frac{109.7}{2}\right)+14.3\times(550-250)\times100\times\left(585-\frac{100}{2}\right)$$
$$=437.4\times10^6(\mathrm{N\cdot mm})=437.4(\mathrm{kN\cdot m})$$

4.8 截面的构造要求

构造要求是在深刻理解混凝土结构受力性能的基础上提出来的，同时它还受到工程实践中限制条件的制约，并随着经济要求的变化而变化，因而，与数学方法推导结构上的作用一样，要求有许多创造力融入其中。当选好钢筋并在截面中布置好钢筋后，设计才算完成。为了保证钢筋与混凝土之间有足够的黏结，《设计规范》对钢筋的选择和布置做了具体的规定。

4.8.1 混凝土保护层厚度

一类环境中的梁截面，纵筋的最小保护层厚度不应小于 20mm；纵筋的最小净间距不应小于 25mm，同时也不应小于钢筋的最大直径 d；受压钢筋的最小净间距不应小于 30mm，同时也不应小于 1.5d（d 为钢筋的最大直径）；对于板的截面，最小的混凝土保护层厚度为 15mm，受力钢筋的间距不应小于 70mm，如果板厚 $h\leqslant150$mm 时，其间距不宜大于 200mm；如果板厚 $h>150$mm 时，受力钢筋之间最大的间距不宜大于 250mm 和 1.5h，如图 4-20 所示。

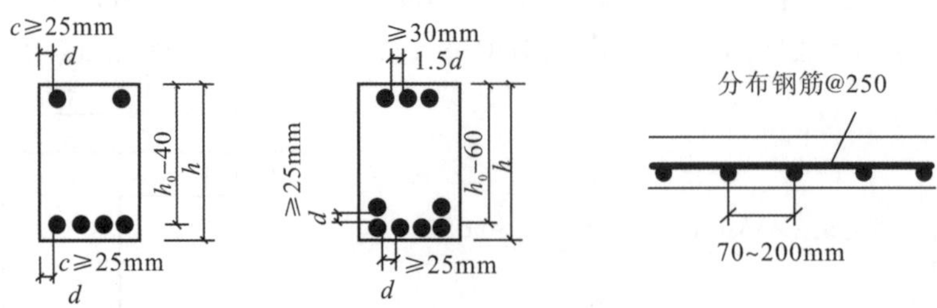

图 4-20　保护层厚度及钢筋间距

在其他类环境下，规定的最小混凝土保护层厚度见《设计规范》。

4.8.2 纵筋

通常，在板的截面设计中，受弯钢筋和分布钢筋的直径不应小于 6mm，受弯钢筋和分布钢筋的间距应分别不大于 200mm 和 250mm。在梁的截面设计中，纵筋的直径和数量应分别不小于 10mm 和 2 根。当梁的腹板高度大于 450mm 时，在梁的两个侧面应沿高度配置纵向构造钢筋，每侧纵向构造钢筋的截面面积不应小于腹板截面面积的 0.1%。

思考题

4.1　钢筋混凝土梁中的配筋形式如何？

4.2　钢筋混凝土板配筋形式如何？

4.3　为何规定混凝土梁、板中纵向受力钢筋的最小间距和最小保护层厚度？

4.4　常用纵向受力钢筋的直径是多大？

4.5　钢筋混凝土梁正截面的破坏形态有哪些？对应每种破坏形态的破坏特征是什么？

4.6　界限破坏(平衡破坏)的特征是什么？

4.7　确定钢筋混凝土梁中纵向受力钢筋最小配筋率的原则是什么？

4.8　随着纵向受力钢筋用量的增加，梁正截面受弯承载能力如何变化？

习题

4.1　某工程矩形单筋截面梁的尺寸 $b\times h=200\text{mm}\times500\text{mm}$，由荷载产生的弯矩设计值 $M=140\text{kN}\cdot\text{m}$，混凝土强度等级为 C30，钢筋为 HRB400 级钢筋，试计算截面配筋。

4.2　某矩形截面梁的计算跨度 $l_0=6.0\text{m}$；承受弯矩的设计值为 $M=150\text{kN}\cdot\text{m}$(包括梁的自重)；选用 C30 级混凝土，HRB400 级钢筋。试设计该截面尺寸 $b\times h$ 及配筋面积 A_s。

4.3　已知梁的截面尺寸 $b\times h=200\text{mm}\times450\text{mm}$，混凝土强度等级为 C30，钢筋为 HRB400 级钢筋，配置了 3 ⌀18 钢筋，求该梁所能承受的最大弯矩。

4.4　已知某工程框架梁截面尺寸 $b\times h=300\text{mm}\times500\text{mm}$，承受的弯矩设计值为 $M=430\text{kN}\cdot\text{m}$，混凝土强度等级选用 C30，钢筋为 HRB400 级钢筋，已知梁的受压区配置钢筋为 3 ⌀22，试求此梁受拉钢筋的配筋。

4.5　已知梁截面尺寸 $b\times h=250\text{mm}\times500\text{mm}$，承受的弯矩设计值为 $M=350\text{kN}\cdot\text{m}$，混凝土强度等级选用 C30，钢筋为 HRB400 级钢筋，试求此梁截面配筋。

4.6　某钢筋混凝土矩形截面双筋梁，截面尺寸为 $b\times h=200\text{mm}\times400\text{mm}$，混凝土强度等级为 C30，钢筋采用 HRB400 级。截面已配受压钢筋 2 ⌀16 ($A_s'=402\text{mm}^2$)，受拉钢筋3 ⌀20($A_s=942\text{mm}^2$)。要求承受的弯矩设计值为 100kN · m，试验算此梁截面是否安全。

4.7　已知某工程 T 形截面独立梁，$b_f'=600\text{mm}$，$b=250\text{mm}$，$h_f'=100\text{mm}$，$h=800\text{mm}$，混凝土等级为 C30，取 $a_s=60\text{mm}$，钢筋为 HRB400，弯矩设计值为 $M=440\text{kN}\cdot\text{m}$，求受拉钢筋截面面积 A_s。

4.8　已知某工程 T 形截面独立梁，$b_f'=400\text{mm}$，$b=250\text{mm}$，$h_f'=80\text{mm}$，$h=600\text{mm}$，混凝土强度等级为 C30，钢筋为 HRB400，已配受拉钢筋 4 ⌀25，试求该梁截面的极限弯矩设计值。

第5章　受弯构件斜截面承载力计算

本章知识点

知识点：受弯构件的斜截面受剪三种主要破坏形态，影响斜截面受剪承载能力的因素，保证斜截面受剪承载能力方法，斜截面受剪承载能力计算方法，保证斜截面受弯承载力方法，构造要求。

重　点：斜截面受剪主要破坏形态，斜截面受剪承载能力计算，斜截面受弯承载力保证方法。

难　点：纵向钢筋的弯起和截断。

混凝土受弯构件除了在主要承受弯矩的区段沿竖向裂缝发生正截面受弯破坏外，还有可能在弯矩和剪力共同作用区段沿斜裂缝发生斜截面受剪破坏或斜截面受弯破坏。因此，在保证受弯构件受弯承载力的同时，还要保证斜截面受剪承载力和斜截面受弯承载力。《设计规范》规定，斜截面受剪承载力须通过计算和构造要求保证，斜截面受弯承载力则可通过构造要求来保证。

为了防止构件沿斜截面破坏，应使构件有合理的截面尺寸、合适的混凝土强度等级，并配置必要的受剪钢筋。受剪钢筋包括与构件轴线垂直布置的箍筋和弯起钢筋，两者统称腹筋。配置腹筋的梁称为有腹筋梁，未配腹筋的梁称为无腹筋梁。箍筋、弯起钢筋、纵向钢筋及架立钢筋绑扎或焊接在一起，形成刚性较好的钢筋骨架，箍筋在承担部分剪力的同时可以限制纵向钢筋的竖向位移，如图5-1所示。

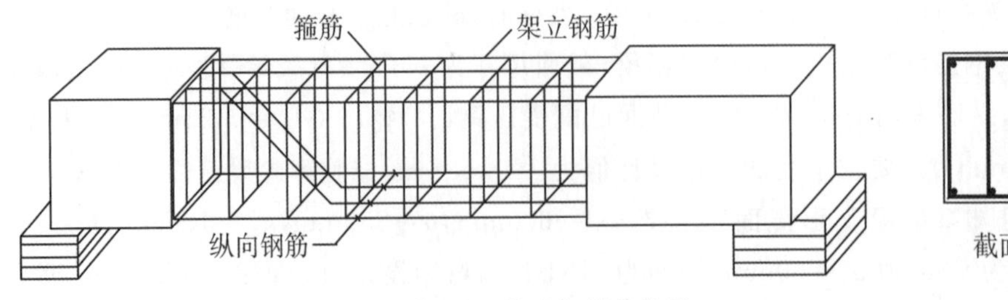

图5-1　梁的钢筋骨架图

5.1　梁沿斜截面受剪的破坏形态

5.1.1　匀质弹性体受剪的截面应力状态

无腹筋梁在混凝土开裂前处于弹性阶段，可以将其视为匀质弹性体。而钢筋混凝土构件由钢筋和混凝土两种材料组成，因此应先将两种材料换算为同一种材料，一般将钢筋等效换算成混凝土，即“等效混凝土”。换算的过程应保证：钢筋的重心位置与换算后等效混凝土的重心相同；换算后的承载力不变。

根据上述原则，可以得出换算截面面积 A_0 为

$$A_0=A_n+\alpha_E A_s=(A-A_s)+\alpha_E A_s=A+(\alpha_E-1)A_s \tag{5-1}$$

式中：A——构件的截面面积；A_s——钢筋横截面面积；A_n——减去钢筋面积后，构件的净截面面积；α_E——换算系数，$\alpha_E=E_s/E_c$，其中 E_s 和 E_c 分别为钢筋和混凝土的弹性模量。

据此，可计算换算截面的重心轴、惯性矩 I_0、面积矩 S_0 和弹性抵抗矩 W_0。根据材料力学公式即可求得换算截面上由弯矩 M 和剪力 V 产生的正应力 σ 和剪应力 τ 的数值：

$$\sigma=My/I_0 \tag{5-2}$$

$$\tau=VS_0/bI_0 \tag{5-3}$$

式中：y——换算截面形心轴至计算位置距离；I_0——换算截面惯性矩；S_0——换算截面面积矩；b——截面宽度。

根据材料力学应力状态的公式，可计算换算截面上任一点的主拉应力 σ_{tp} 和主压应力 σ_{cp}：

$$\sigma_{tp}=\frac{\sigma}{2}+\sqrt{\frac{\sigma^2}{4}+\tau^2} \tag{5-4}$$

$$\sigma_{cp}=\frac{\sigma}{2}-\sqrt{\frac{\sigma^2}{4}+\tau^2} \tag{5-5}$$

主应力作用方向与梁纵轴的夹角 α 为

$$\tan 2\alpha=-\frac{2\tau}{\sigma} \tag{5-6}$$

梁内主应力轨迹线见图 5-2(a)，实线表示主拉应力轨迹线，虚线表示主压应力轨迹线。在梁 Ⅰ—Ⅰ 截面上取三个点，分析它们的应力状态，见图 5-2(b)。

1 点：位于中和轴上，正应力 $\sigma=0$，只有剪应力 τ 的作用，主拉应力 σ_{tp} 与主压应力 σ_{cp} 作用方向均与梁纵轴成 45°角；2 点、3 点应力状态如图 5-2 所示。

由应力状态，根据混凝土适当的强度准则，可得到此梁的开裂位置、受力变形过程，如采用最大拉应力达到抗拉强度作为开裂的依据。

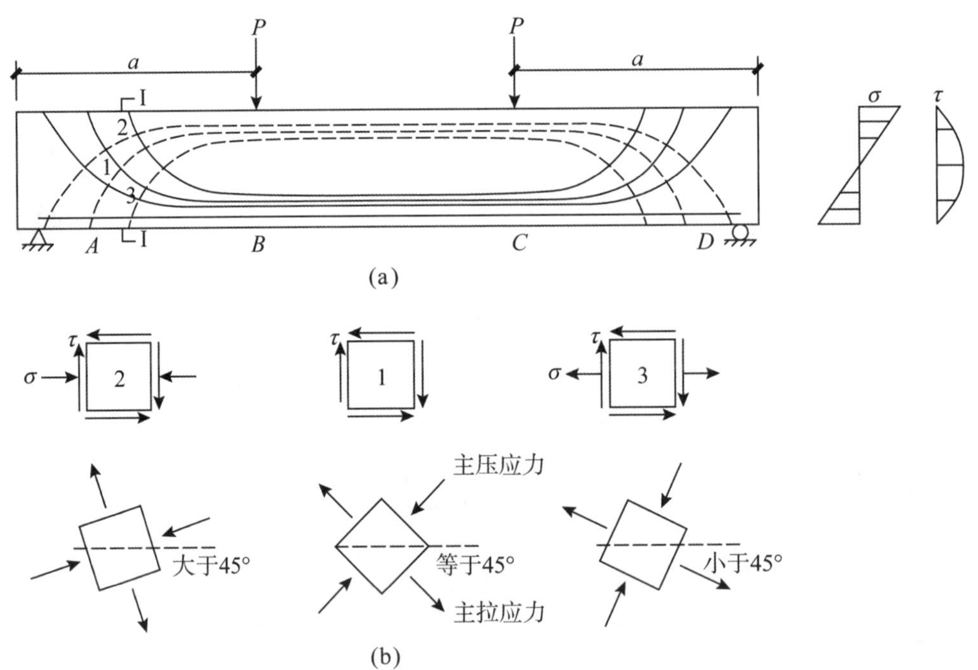

图 5-2 梁内主应力迹线及其应力分析

5.1.2 剪跨比 λ

试验研究表明，梁截面剪切破坏形态及抗剪承载力与正应力 σ 与剪应力 τ 之间的关系有关。剪跨比 λ 正是用来表征 σ 与 τ 之间的关系。

根据受力分析，弯矩 M 和剪力 V 分别使梁截面上产生正应力 σ 和剪应力 τ，对于矩形截面梁，对式(5-2)和式(5-3)做改动可得

$$\sigma=\alpha_1\frac{M}{bh_0^2} \tag{5-7}$$

$$\tau=\alpha_2\frac{V}{bh_0} \tag{5-8}$$

式中：α_1，α_2——与梁支座形式、计算截面位置等有关的系数；b——截面宽度；h_0——截面有效高度。

正应力 σ 与剪应力 τ 的比值为

$$\frac{\sigma}{\tau}=\frac{\alpha_1}{\alpha_2}\frac{M}{Vh_0} \tag{5-9}$$

由于 α_1/α_2 为一常数，所以 σ/τ 只与 M/Vh_0 有关，定义 $\lambda=M/Vh_0$ 为广义剪跨比。

广义剪跨比 λ 是截面所承受的弯矩与剪力两者的相对比值，是一个无量纲参数，它反映了截面上正应力 σ 与剪应力 τ 的相对比值。

对于承受集中荷载的简支梁(见图 5-3)，离支座最近的集中荷载作用点处的截面的剪跨比可表示为：

$$\lambda=\frac{M}{Vh_0}=\frac{Va}{Vh_0}=\frac{a}{h_0} \tag{5-10}$$

式中：a——集中荷载 P 作用点至相邻支座的距离，称为剪跨。剪跨 a 与截面有效高度 h_0 的比值，称为计算剪跨比，简称剪跨比。需要注意的是图5-3中距离支座较远的第二个或第三个集中荷载作用点的计算截面，不允许用该截面至支座的距离与截面的有效高度之比去计算其剪跨比，而应根据广义剪跨比的定义确定。

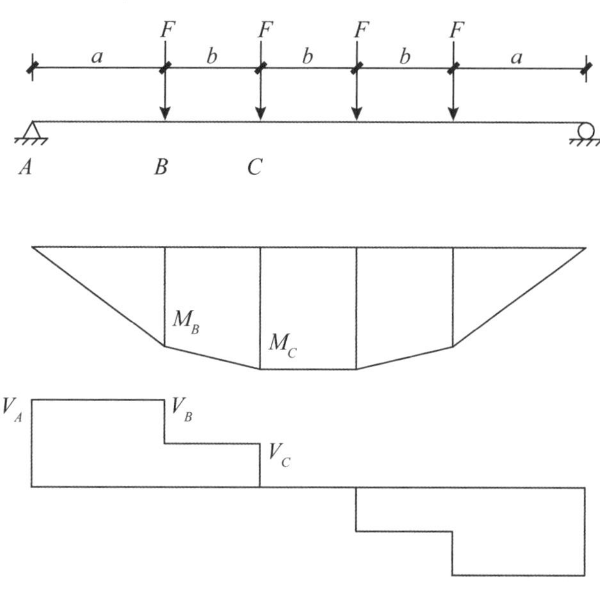

图5-3　集中荷载作用的简支梁

对于承受均布荷载的简支梁，设 l 为梁的跨度，βl 为计算截面离支座的距离，则 λ 可表示为跨高比 l/h_0 的函数：

$$\lambda=\frac{M}{Vh_0}=\frac{\beta-\beta^2}{1-2\beta}\cdot\frac{l}{h_0} \tag{5-11}$$

由上式可知，对于均布荷载作用下的梁，可用跨高比 l/h_0 来反映梁斜截面受剪的破坏形态和承载力。

剪跨比 λ 对无腹筋梁的斜截面受剪破坏形态有着决定性的影响，对斜截面受剪承载力也有着极为重要的影响（尤其当梁承受一定集中荷载时）。

5.1.3　两类斜裂缝

当荷载增加到一定程度时，受弯构件形成与主拉应力轨迹线大体上相垂直的斜裂缝。斜裂缝按出现部位的不同可分为：

（1）弯剪斜裂缝。一般出现在实腹矩形截面或剪跨比较大的梁中，由于作用在梁上的弯矩较大，因此各截面上正应力占主导地位，因此在拉应力最大处即弯剪段梁的下边缘首先出现垂直梁纵轴线的一系列裂缝，大致顺着主压应力轨迹线逐渐向上发展受弯。随着荷载进一步增加，斜裂缝发展至受压区，直至梁发生弯剪破坏，其特征是裂缝宽度下宽上窄，裂缝形态如图 5-4(a)所示。

(2)腹剪斜裂缝。一般出现在工字梁或剪跨比较小的梁中，当梁中部弯矩较小而剪力较大，而梁下部弯矩较小，这就可能造成梁中部产生的主拉应力更大，使得腹部先开裂，进而向作用力点发展，直至梁发生剪切破坏。腹剪斜裂缝的特征是中部宽，两头细，呈枣核状，其形态如图 5-4(b)所示。

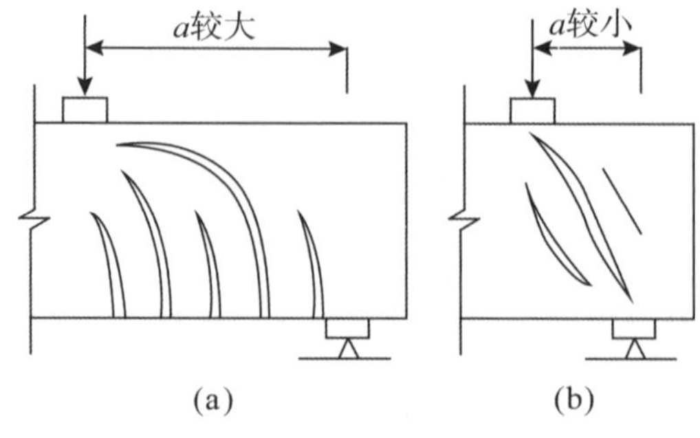

图 5-4 斜裂缝形态

5.1.4 三种破坏形态

不同的剪跨比，梁内的主应力迹线分布是不同的，图 5-5(a)、(b)、(c)分别表示剪跨比等于0.5、1、2 时主应力迹线分布，图中实线为主拉应力迹线，虚线为主压应力迹线，实线与虚线大致成 90°角。而斜裂缝形的方向大致与拉应力迹线垂直，因此剪跨比 λ 对无腹筋梁的斜截面受剪破坏形态影响很大。受剪跨比、荷载形式、腹筋用量、加荷形式和混凝土强度等因素的影响，梁沿斜截面受剪破坏的主要形态有斜拉破坏、剪压破坏和斜压破坏等三种。

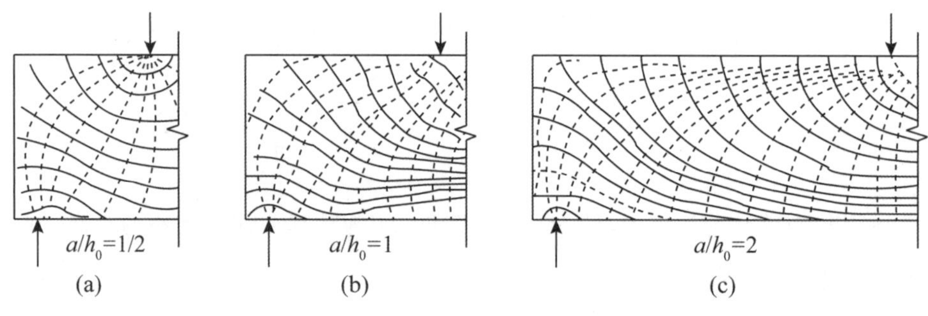

图 5-5 主应力迹线分布

1. 斜拉破坏

斜拉破坏一般发生在剪跨比较大($\lambda>3$)或跨高比较大($l/h_0>10$)的无腹筋梁或腹筋用量过少的有腹筋梁中。其破坏特征是斜裂缝一出现，就迅速向受压区斜向伸展，直至贯通截面，梁斜截面承载力随之丧失，如图 5-6(a)所示。斜拉破坏过程快速而突然，变形很小，无明显预兆，具有明显的脆性，承载力最小。究其原因是斜拉破坏是由主拉应力超过混凝土抗拉强度所导致，破坏荷载与混凝土的开裂荷载差不多。

若有腹筋梁中腹筋配置过少，斜裂缝一经开裂，腹筋就很快屈服，不能起到抑制斜裂缝开展的作用，也将产生斜拉破坏，这种破坏与少筋梁的正截面破坏类似，属于脆性破坏。

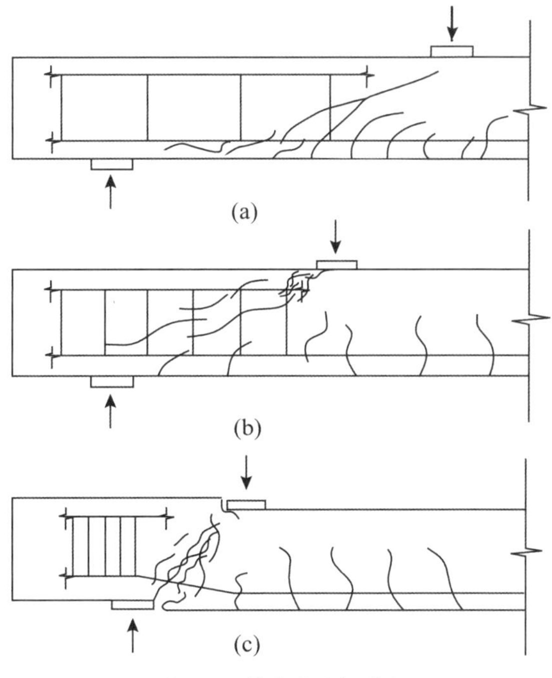

图 5-6　斜截面破坏形态

2.剪压破坏

剪压破坏一般发生在剪跨比适中($1<\lambda\leqslant3$)或跨高比适中($5<l/h_0\leqslant10$)及腹筋用量适中的梁中。这种破坏是最常见的斜截面破坏形态。破坏特征是首先梁的弯剪段下边缘出现若干条弯剪斜裂缝,随着荷载增加,斜向上延伸形成若干斜裂缝,之后产生一条贯穿的较宽的主要斜裂缝,称为临界斜裂缝。临界斜裂缝出现后,继续向集中荷载作用点处延伸,使斜截面剪压区高度减小,最后导致剪压区混凝土在压应力和剪应力共同作用下达到复合受力极限强度而失去承载能力,如图 5-6(b)所示。

剪压破坏时,剪压区混凝土压碎的同时,腹筋亦可达到受拉屈服强度,破坏时的极限荷载比混凝土开裂时的荷载要大得多,因此斜截面受剪承载力比斜拉破坏要高。但达到破坏荷载时,梁跨中挠度不大,所以剪压破坏仍属于脆性破坏,脆性程度相对斜拉破坏有所缓和。

3.斜压破坏

斜压破坏一般发生在剪跨比较小($\lambda\leqslant1$)或跨高比较小($l/h_0\leqslant5$),或腹筋配置过多,以及腹板很薄的 T 形、工字形截面的梁中。破坏特征是梁的腹部首先出现若干相互平行的斜裂缝,这些斜裂缝将支座与集中荷载作用点之间的混凝土分割成若干斜向受压杆件,最后由于主压应力超过混凝土的抗压强度,混凝土沿斜向被压坏,如图 5-6(c)所示。腹筋由于用量过多而未达到屈服状态。

斜压破坏时,斜截面承载力主要取决于混凝土抗压强度,因此当截面尺寸一定时,此类破坏形态抗剪强度最高。由于破坏时腹筋未达到屈服强度,该破坏与正截面的超筋破坏类似,属于脆性破坏。

图 5-7 所示为三种破坏形态的荷载挠度(F-f)曲线。从图中可知,三种破坏形态的斜截面承载力,斜压破坏最大,剪压破坏次之,斜拉破坏最小。达到峰值荷载时,三种破坏的梁的跨中挠度都不大,破坏时荷载都会迅速下降,表明它们都属于脆性破坏,在工程中应尽量避免。其中斜拉破坏腹筋配置过少而受混凝土的抗拉强度控制,因此脆性程度最高,《设计规范》通过构造措施,控制最小配箍率予以防止;斜压破坏因为箍筋用量过多而产生类似正截面超筋破坏,破坏受混凝土抗压强度控制,其脆性程度次之,《设计规范》通过构造措施,控制构件最小截面尺寸予以防止。

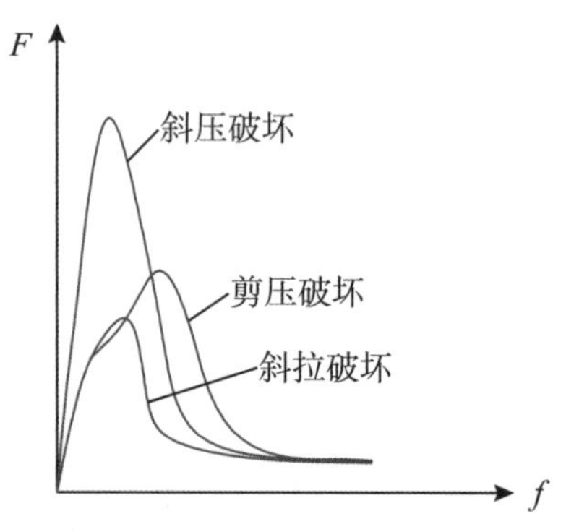

图 5-7 斜截面破坏的荷载挠度曲线

5.2 斜裂缝出现后梁斜截面的受剪性能

对于钢筋混凝土梁,斜裂缝出现后,梁的受力状态将发生质的变化,截面应力会发生重分布。5.1 节已叙述了斜裂缝出现前梁内应力状态以及荷载超过一定程度时梁内出现的两类斜裂缝。本节将叙述斜裂缝出现后无腹筋梁剪压面上剪力和压力的变化与纵筋拉力的变化,以及箍筋在有腹筋梁中所起的作用。由于箍筋的作用,斜裂缝出现后,有腹筋梁与无腹筋梁的剪力传递结构模型将有所不同,本节也将对此做进一步的分析。

5.2.1 开裂状态无腹筋梁的受剪性能

梁出现斜裂缝后,截面应力发生重分布,不能再用式(5-2)和式(5-3)计算梁中的正应力和剪应力。如图 5-8 所示,对于开裂的受剪简支梁,取临界斜裂缝 AC 左边部分作为脱离体做受力分析。在该脱离体上,平衡斜截面上弯矩 $M_{C-C'}$ 与剪力 $V_{C-C'}$ 的抗力主要有以下几部分:

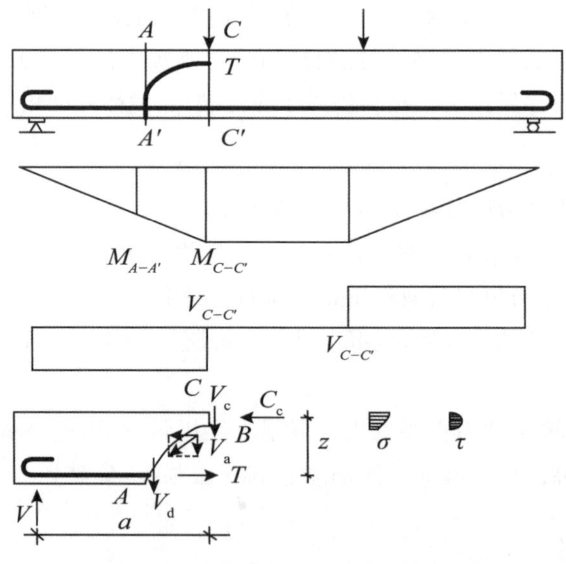

图 5-8 斜裂缝出现后斜截面受力图

(1)斜裂缝上端混凝土残余面 BC(也称剪压面)上的压力 C_c 和剪力 V_c;

(2)纵向钢筋的拉力 T;

(3)斜裂缝两侧混凝土发生相对错动产生的骨料咬合力的竖向分力 V_a;

(4)斜裂缝两侧混凝土发生相对的上下错动而使纵筋受到一定的剪力 V_d,这部分剪力也称为纵筋的销栓作用。

随着斜裂缝宽度增大,骨料咬合力的作用逐渐减弱以至消失。钢筋销栓作用下,阻止纵筋发生竖向位移的只有混凝土保护层,保护层厚度不大,因此销栓作用也很小。为了简化分析,骨料咬合力的竖向分力 V_a 和纵筋销栓作用力 V_d 都不予考虑,根据斜截面上力的平衡条件,由图 5-8 中脱离体的受力分析图可得

$$\sum V=0 \qquad V_c=V \tag{5-12}$$

$$\sum M=0 \qquad T=\frac{M_{C-C'}}{z} \tag{5-13}$$

$$\sum x=0 \qquad C_c=T \tag{5-14}$$

式中:z——纵筋拉力 T 与剪压面中心点之间的力臂。

由式(5-12)可知,斜裂缝出现后,本由整个截面承受的剪力 V 全部由剪压面 BC 承担,因此梁内混凝土所受的剪应力突然增大。

由式(5-13)可知,纵筋拉力 T 的大小由截面所受弯矩决定,斜裂缝出现前,拉力 T 为 $M_{A-A'}/z$,而斜裂缝出现后,弯矩变为 $M_{C-C'}$,拉力 T 为 $M_{C-C'}/z$。从图 5-8 可知 $M_{C-C'}$ 大于 $M_{A-A'}$,因此纵筋拉力 T 也突然增大。

由式(5-14)可知,剪压面承受的压力 C_c 与纵筋拉力 T 相等,由于 T 突然增大,C_c 也将突然增大,且 T 增大使斜裂缝进一步往上发展,减小了剪压面,因此剪压面承受的压应力也突然增大。

通过以上分析,可以知道:梁在受剪状态下可能因斜截面承载力不足而发生破坏,破坏方式有两种,正是本章开篇所提到的斜截面受剪破坏和斜截面受弯破坏。斜截面受剪破坏是由于剪压面混凝土在剪应力和压应力的复合受力下达到极限强度而破坏,而斜截面受弯破坏则是由于受拉纵筋发生屈服使梁产生过大挠度而破坏。

5.2.2　有腹筋梁腹筋的作用

无腹筋梁的承载力一般较低,斜裂缝形成即告梁的破坏,配置腹筋是提高梁斜截面受剪承载力的有效措施。斜裂缝出现前,混凝土梁变形协调,腹筋的应力很小,对阻止斜裂缝的出现几乎没有作用。但当斜裂缝出现后,与斜裂缝相交的腹筋将发挥其抗剪作用而大大提高斜截面的承载力,其作用主要有以下几个方面:

(1)与斜裂缝相交的腹筋直接承受部分剪力;

(2)腹筋可以延缓斜裂缝向上发展,增加剪压区高度,降低剪压面上的剪应力与压应力,从而提高混凝土斜截面的受剪承载力;

(3)腹筋可以减小斜裂缝的宽度,从而提高斜截面上的骨料咬合力;

(4)箍筋可以限制纵向钢筋的竖向位移,有效地阻止混凝土沿纵筋的撕裂,从而提高纵筋的销栓作用。

鉴于腹筋对梁的受剪性能的重要作用,《设计规范》中规定,截面高度不小于 150mm 的梁均需要设置箍筋,箍筋宜采用 HRB400、HRBF400、HPB300、HRB500、HRBF500 钢筋。为了取得最佳的抗剪效果,腹筋的布置最好与主拉应力方向一致,与梁轴线应大致成 30°～45°交角。但为了施工方便,箍筋一般垂直于梁轴线。而弯起钢筋方向一般与梁轴线成 45°交角,且大多由跨中纵筋直接弯起。虽然弯起钢筋传力直接,但它会使截面受力不均,可能引起弯起处混凝土的劈裂裂缝,见图 5-9。因此梁测边缘的纵筋不宜弯起,位于梁底的角筋不宜弯起,弯起钢筋直径不宜过大。此外,配置腹筋时应优选使用箍筋,箍筋用量过大时,可考虑设置弯起钢筋。

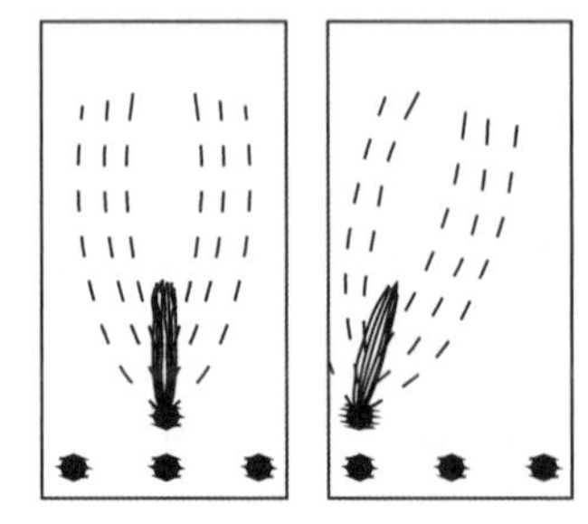

图 5-9　劈裂裂缝

5.2.3　简支梁斜截面受剪机理

对于无腹筋梁,临界斜裂缝出现后,梁被斜裂缝分割为一组拱体,见图 5-10(a),由位于临界斜裂缝上方的基本拱体Ⅰ和位于临界斜裂缝下方的小拱体Ⅱ、Ⅲ等组成。内侧拱体通过纵筋的销栓作用和混凝土的骨料咬合作用将剪力传递给相邻外侧拱体,再传递给基本拱体Ⅰ,最后传给支座。随着斜裂缝的开展,纵筋销栓作用和骨料咬合作用很小,小拱体的传递能力有限,因此剪力主要通过基本拱体传递。基本拱体加上梁底受拉纵筋,其传力结构可以比拟为了一个拉杆拱。当拱顶剪压面承载力不足时,将发生剪压或斜拉破坏;当基本拱体的抗压强度不足时,将发生斜压破坏。

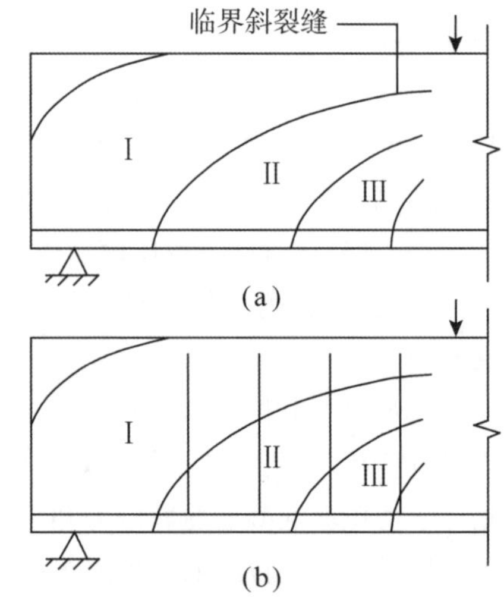

图 5-10　剪力传递模型图

对于有腹筋梁,由于梁中设置了腹筋,小拱Ⅱ、Ⅲ的传递的剪力可以通过腹筋传递到基本拱体Ⅰ上,见图 5-10(b)。小拱传递剪力的能力加强,分担了部分基本拱体承受的剪力,降低了剪压面上的应力,从而提高了梁的受剪性能。由于腹筋在传递剪力的过程中受拉,因此其与基本拱体、小拱和梁底受拉纵筋组成的传力体系可以比拟为一个拱形桁架。其中基本拱体Ⅰ为受压上弦杆,小拱Ⅱ、Ⅲ等为受压斜腹杆,纵筋为受拉下弦杆,箍筋为受拉腹杆,若配有弯起钢筋,则可作为受拉斜腹杆。根据各部分的作用,当腹筋配置过少时,将发生斜拉破坏;当腹筋配置过多时,将发生斜压破坏。

5.3　影响斜截面受剪承载力的主要因素

根据试验研究，影响斜截面受剪承载力的主要因素有剪跨比、箍筋配筋率、混凝土强度、纵筋配筋率、加荷方式等。

5.3.1　剪跨比

关于剪跨比的定义在5.1.2中已经详细叙述，剪跨比实质上反映了截面上正应力σ和剪应力τ之间的关系。剪跨比对集中荷载作用下的无腹筋梁影响尤为明显。集中荷载作用下不同剪跨比的无腹筋梁的破坏形态见图5-11，剪跨比与受剪承载力关系曲线见图5-12。

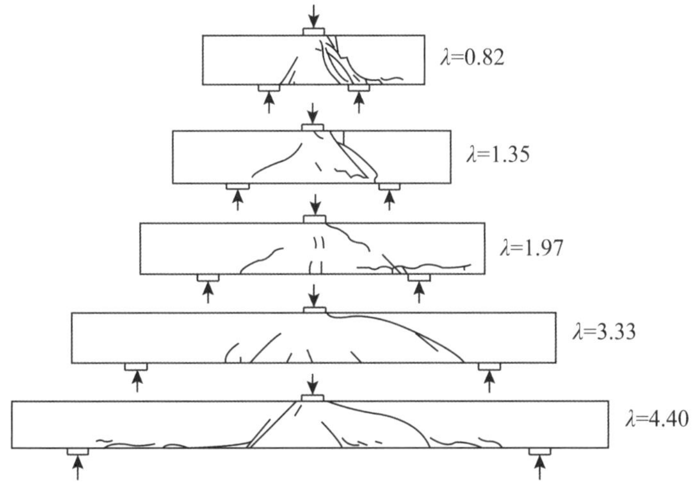

图5-11　不同剪跨比下集中荷载作用梁的破坏形态

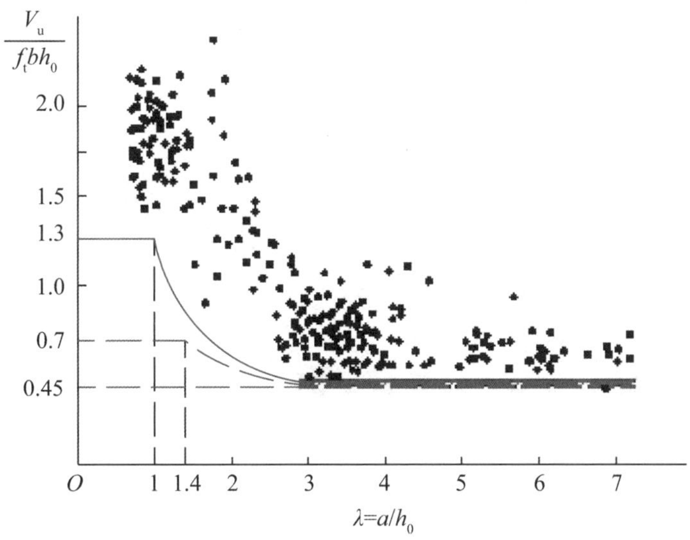

图5-12　受剪承载力与剪跨比关系(集中荷载作用梁)

以上两图表明：随着剪跨比的增大，梁的破坏形态按斜压、剪压和斜拉的顺序逐步变化，受剪承载力逐步降低，当 $\lambda>3$ 时，$V_u/f_t bh_0$ 趋于稳定，说明剪跨比对受剪承载力已无明显影响。

对于承受均布荷载作用的梁而言，构件跨度与截面高度之比（简称跨高比）l_0/h 是影响受剪承载力的主要因素。随着跨高比的增大，受剪承载力降低。

5.3.2 箍筋配筋率与箍筋强度

箍筋对于梁的受剪性能的提高在 5.2.2 中已经详细叙述。配箍率 ρ_{sv} 用以表示梁中箍筋用量多少，其表达式如下：

$$\rho_{sv}=\frac{A_{sv}}{bs}=\frac{nA_{sv1}}{bs} \tag{5-15}$$

式中：A_{sv}——同一截面内箍筋总截面面积；n——同一截面内箍筋的肢数，一般使用双肢箍，取 $n=2$；A_{sv1}——单肢箍筋的截面面积；b——梁的宽度；s——沿构件长度方向的箍筋间距。

根据试验研究，在适当的配箍率范围内，单位面积梁的受剪承载力 $V_u/f_c bh_0$ 与配箍率和箍筋强度乘积大致成线性正相关，如图 5-13 所示。

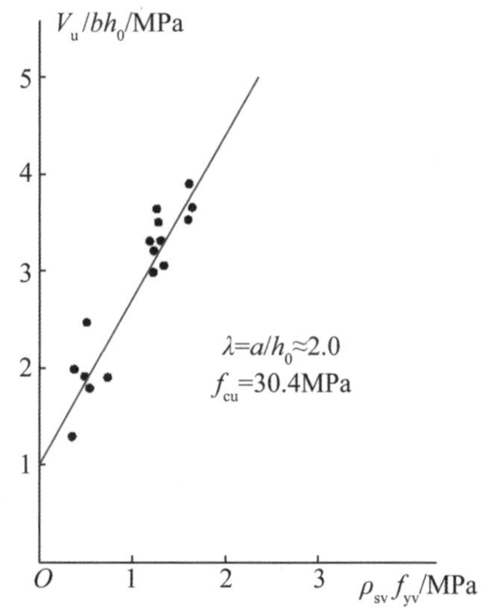

图 5-13　受剪承载力与箍筋用量关系

5.3.3 混凝土强度

试验表明，梁受剪承载力与混凝土抗压强度大致成线性正相关，如图 5-14 所示。

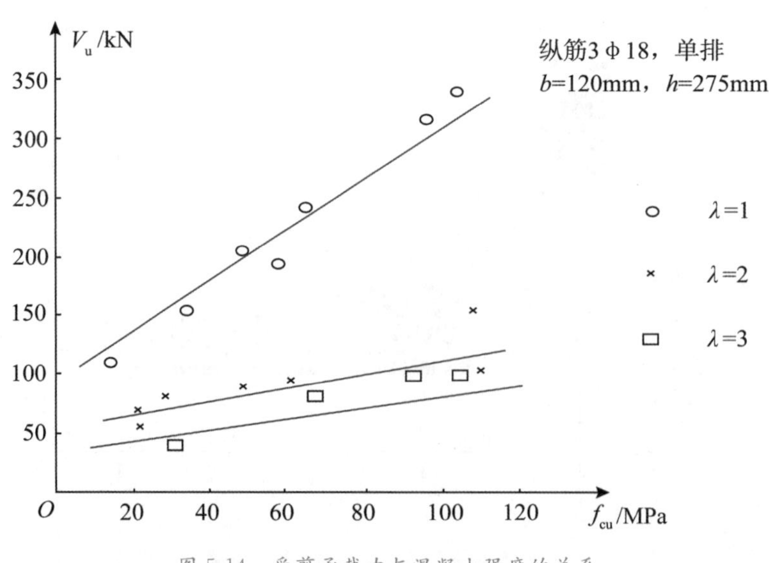

图 5-14　受剪承载力与混凝土强度的关系

从图 5-14 中还可以知道，因剪跨比的不同，受剪承载力是随强度的提高而变化程度有所不同的。剪跨比较小时，梁为斜压破坏，受剪承载力主要取决于混凝土的轴心抗压强度，因此受剪承载力随强度提高较多；剪跨比较大时，梁为斜拉破坏，受剪承载力主要取决于混凝土的抗拉强度，抗拉强度较小且不因混凝土强度等级提高而有明显增长，因此受剪承载力随强度提高而提高较少。

5.3.4 纵筋配筋率

试验表明，纵筋配筋率 ρ 对梁的受剪承载力有一定影响，大致为线性增长关系，如图5-15所示。纵筋对斜截面有销栓作用，同时可以抑制斜裂缝的开展，但 ρ 的影响程度不大，斜压破坏时影响程度最大，剪压破坏次之，斜拉破坏最小。

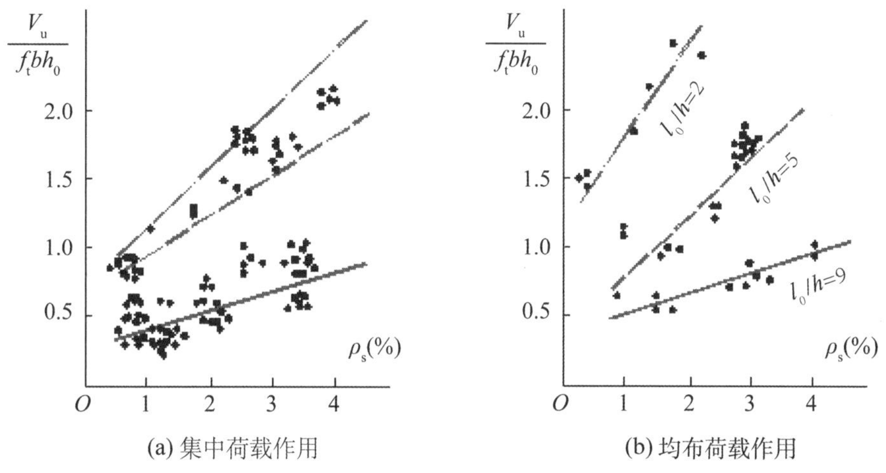

(a) 集中荷载作用　　(b) 均布荷载作用

图 5-15 受剪承载力与纵筋配筋率的关系

5.3.5 加荷方式

集中荷载作用位置不同时，剪压面上混凝土的应力状态是不同的，如图 5-16 所示。梁顶受荷时，垂直于梁轴线的正应力 σ_y 为压应力；梁腹受荷时，σ_y 为拉应力。根据材料力学的知识，受拉的 σ_y 更不利于应力状态的维持，因此梁腹受荷的加荷方式受剪承载力更低。梁腹加荷受剪承载力在不同剪跨比下变化很小，可以认为这种加荷方式几乎使本应该剪压破坏的梁发生了斜拉破坏。

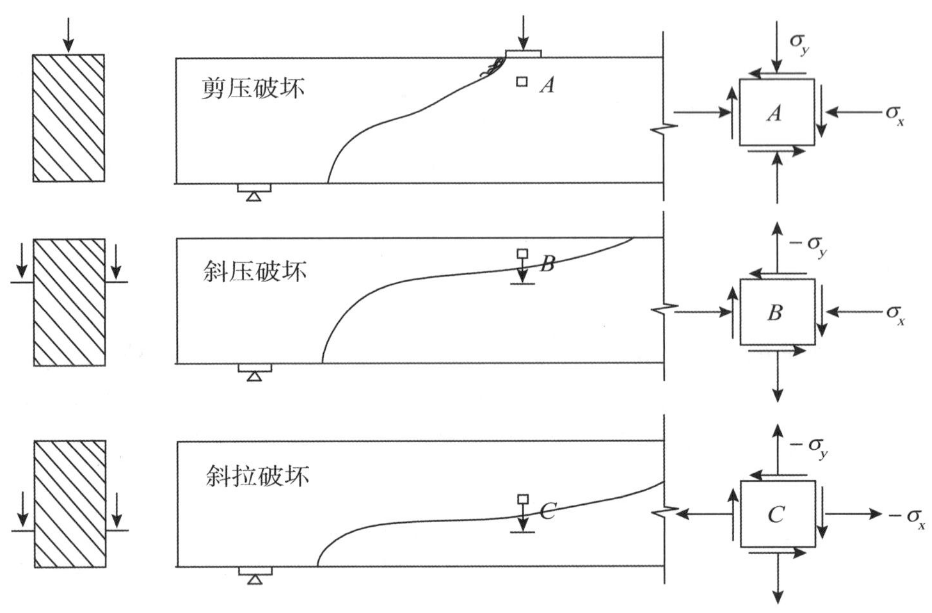

图 5-16 加载点对梁受剪应力状态的影响

5.4 受弯构件斜截面受剪承载力计算

梁受剪的三种破坏形态在 5.1.4 中已经述及，因它们都是脆性破坏，在工程设计中都应加以防止。对于斜压破坏，通常用控制截面的最小尺寸来防止；而对于斜拉破坏，则用设置最小配箍率及构造要求来防止；对于剪压破坏，梁的受剪承载力变化幅度较大，必须通过计算确定梁所能承受的最大剪力，从而防止剪压破坏。梁的受剪破坏比较复杂，影响因素很多，因此无法建立完整的理论体系用于计算受剪承载力。《设计规范》中规定的计算公式，是通过试验分析，考虑主要因素，忽略次要因素而建立的半理论半经验的公式。

5.4.1 斜截面受剪承载力的计算

1. 基本假设和计算方程

根据 5.2.1 节的内容并考虑腹筋作用，斜截面受剪承载力 V_u 由以下几部分组成：剪压面上的剪力 V_c，箍筋承受的剪力 V_{sv}，弯起钢筋承受的剪力 V_{sb}，骨料咬合力 V_a 和纵筋销栓力 V_d。受剪承载力计算公式的理论研究依然是取临界斜裂缝至支座间部分为脱离体，利用脱离体上的平衡条件，建立基本方程。为简化计算，建立计算方程时，做基本假设如下：

(1)梁发生剪压破坏时，忽略对抗剪作用不大的骨料咬合力和纵筋销栓力，只考虑三部分剪力：剪压面上的剪力 V_c，箍筋承受的剪力 V_{sv} 和弯起钢筋承受的剪力 V_{sb}。对于无腹筋梁，只考虑第一项 V_c；对于只配箍筋的有腹筋梁，考虑前两项 V_c 和 V_{sv}。

配置箍筋能提高混凝土剪压区承受的剪力，但变化规律较难掌握，因此对有腹筋梁分别给出混凝土剪压面所受剪力和箍筋所受剪力是有困难的，只能将两部分合在一起考虑，定义混凝土和箍筋共同承受的剪力 V_{cs}：

$$V_{cs}=V_c+V_{sv} \tag{5-16}$$

上式中的 V_c 项是按无腹筋梁混凝土承受的剪力来取值的，实际上，由于箍筋的存在，有腹筋梁中剪压面承担的剪力要比 V_c 高，高出的部分包含在 V_{sv} 项中，也就是说 V_{sv} 并不单纯是箍筋所承担的剪力，而是箍筋作用下梁斜截面受剪承载力的整体提高。

(2)剪压破坏时，与斜裂缝相交的箍筋和弯起钢筋的拉应力都达到屈服强度，但要考虑拉应力的不均匀性，特别是靠近剪压区的箍筋和弯起钢筋有可能达不到屈服。因此，在公式中需要取系数对箍筋和弯起钢筋受剪承载力予以折减。

(3)截面尺寸的影响主要针对无腹筋梁，故仅在不配箍筋和弯起钢筋的厚板计算时才予以考虑。

(4)剪跨比 λ 的影响仅在承受集中荷载为主的独立梁中予以考虑。

根据以上假定，脱离体上的受力情况如图 5-17 所示。由剪力平衡条件可得到基本计算方程：

对于有腹筋梁

$$\sum V=0 \quad V\leqslant V_u=V_{cs}+V_{sb} \tag{5-17}$$

对于无腹筋梁

$$\sum V=0 \quad V\leqslant V_u=V_c \tag{5-18}$$

式中：V——受弯构件截面最大剪力设计值；V_u——斜截面受剪和受弯承载力设计值；V_{cs}——混凝土与箍筋共同承受的剪力；V_{sb}——弯起钢筋承受的剪力；V_c——剪压面混凝土承受的剪力。

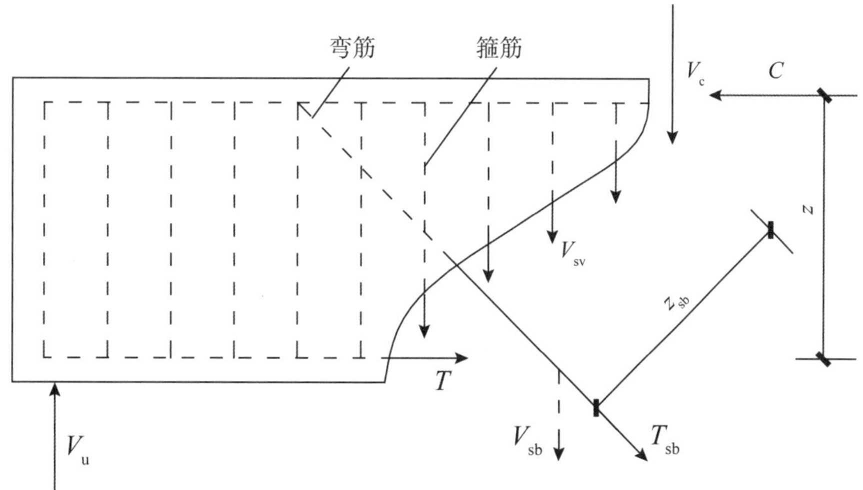

图 5-17 有腹筋梁斜截面受力图

2. 仅配有箍筋梁的斜截面受剪承载力

根据式(5-16)，仅配箍筋梁的斜截面受剪承载力 V_{cs} 由混凝土的受剪承载力 V_c 和箍筋的受剪承载力 V_{sv} 组成。另根据 5.3 节中的叙述，受剪承载力 V_u 与混凝土强度 f_{cu} 和配箍强

度 $\rho_{sv} f_{yv}$ 之间均大致呈线性关系，因此可将式(5-16)改写为名义剪应力 V_{cs}/bh_0(作用于垂直截面有效面积上的平均剪应力)与 f_t 和 $\rho_{sv} f_{yv}$ 之间的线性关系：

$$\frac{V_{cs}}{bh_0}=K_c f_t+K_{sv}\rho_{sv} f_{yv} \tag{5-19}$$

上式亦可改写成：

$$\frac{V_{cs}}{f_t bh_0}=K_c+K_{sv}\rho_{sv}\frac{f_{yv}}{f_t} \tag{5-20}$$

式(5-20)表示了 $V_{cs}/f_t bh_0$ 与 $\rho_{sv} f_{yv}/f_t$ 之间的线性关系。式中 $V_{cs}/f_t bh_0$ 为名义剪应力与混凝土轴心抗拉强度的比值，称为剪切特征值；$\rho_{sv} f_{yv}/f_t$ 为配箍率与两种材料抗拉强度比值的乘积，称为配箍特征值；K_c 和 K_{sv} 为两个待定系数，需通过大量试验研究确定其值。

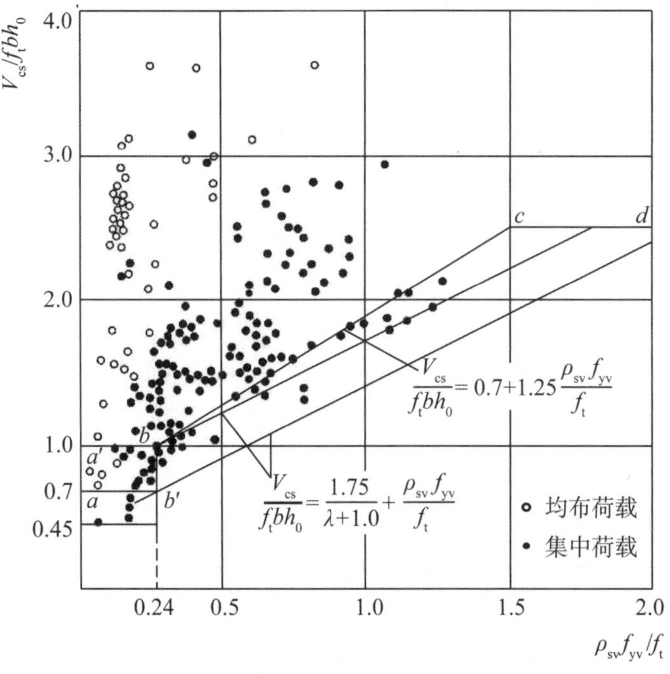

图 5-18　受剪承载力与箍筋用量试验图

图 5-18 是根据试验研究的结果得出的在均布荷载和集中荷载作用下，仅配箍筋梁的试验值与计算值的比较，图中分别以剪切特征值 $V_{cs}/f_t bh_0$ 和配箍特征值 $\rho_{sv} f_{yv}/f_t$ 为横纵坐标。根据理论分析和试验研究，《设计规范》给出了矩形、T 形和工字形截面受弯构件斜截面受剪承载力计算表达式：

$$\frac{V_{cs}}{f_t bh_0}=\alpha_{cv}+\rho_{sv}\frac{f_{yv}}{f_t} \tag{5-21}$$

可将上式改写为极限状态设计表达式：

$$V\leqslant V_{cs}=\alpha_{cv} f_t bh_0+f_{yv}\frac{A_{sv}}{s}h_0 \tag{5-22}$$

式中：V_{cs}——混凝土和箍筋共同承受的剪力；α_{cv}——斜截面混凝土受剪承载力系数，对于一般受弯构件取 0.7；对集中荷载作用下(包括作用有多种荷载，其中集中荷载对支座截面或节点边缘所产生的剪力值占总剪力的 75%以上的情况）的独立梁，取 α_{cv} 为$\frac{1.75}{\lambda+1}$，λ 为计算截面的剪跨比，当 $\lambda<1.5$ 时，取 1.5，当 $\lambda>3$ 时，取 3；f_t——混凝土轴心抗拉强度设计值；b——矩形截面宽度，T 形截面或工字形截面的腹板宽度；h_0——截面的有效高度；f_{yv}——箍筋的抗拉强度设计值；A_{sv}——同一截面内箍筋总截面面积；s——沿构件长度方向的箍筋间距。

这里需要对式(5-22)做以下几点说明：

(1)式(5-22)中采用的是抗拉强度 f_t 而不是抗压强度 f_c，究其原因是随着混凝土强度等级的提高，f_t 值的增加比 f_c 平缓（尤其在使用高强度混凝土时），若在式中采用 f_c，将使高强度混凝土构件斜截面受剪承载力的计算偏于不安全，采用 f_t 可以适应从低强到高强混凝土构件斜截面受剪承载力的变化。

(2)α_{cv}是斜截面混凝土受剪承载力系数，其中的一般受弯构件是指承受均布荷载为主的构件，α_{cv}取为 0.7；而集中荷载作用下（包括作用有多种荷载，其中集中荷载对支座截面或节点边缘所产生的剪力值占总剪力的 75%以上的情况）的独立梁，α_{cv}取为$\frac{1.75}{\lambda+1}$，这里主要考虑剪跨比对受剪承载力的影响。当 $\lambda<1.5$ 或 $\lambda>3$ 时，往往发生斜压和斜拉破坏，因此 λ 的取值范围为 1.5～3。规定 $\lambda<1.5$ 时，取 1.5；当 $\lambda>3$ 时，取 3。

(3)对于一般受弯构件，2002 版《设计规范》在式(5-22)中 $f_{yv}\frac{A_{sv}}{s}h_0$ 一项前取系数 1.25，主要是考虑图 5-18 中均布荷载作用下试验结果而得出。而 2010 版《设计规范》中取消了这一系数，主要原因有三：一是考虑公式的简化；二是减小或消除临界情况（即集中荷载对支座截面或节点边缘所产生的剪力值占总剪力的 75%）下采用两种不同计算模式引起的配箍率差异；三是取消该项系数对均布荷载作用下受弯构件的设计偏于安全，公式的可靠度有所提高。

(4)虽然式(5-22)适用于矩形、T 形和工字形截面，但截面形状对受剪承载力有一定影响。对于厚腹的 T 形梁或工形梁，受压翼缘使混凝土剪压区增大，从而减小剪压面上的剪应力和压应力，一定程度上能提高受剪承载力；而薄腹的 T 形梁或工形梁，易出现腹剪斜裂缝，使梁出现斜压破坏，因此翼缘对受剪承载力提高不大。

(5)式(5-22)为半理论半经验公式，不能单纯将 $\alpha_{cv}f_tbh_0$ 视为混凝土承担的剪力，将 $f_{yv}\frac{A_{sv}}{s}h_0$ 视为箍筋承担的剪力。箍筋限制了斜裂缝的开展，使剪压区面积增大，提高了混凝土承担的剪力，因此可以认为在 $f_{yv}\frac{A_{sv}}{s}h_0$ 一项中有部分剪力由混凝土承担。

3. 同时配有箍筋和弯起钢筋梁受剪承载力的计算

当受弯构件中还设置弯起钢筋时，可在式(5-22)的基础上再增加弯起钢筋所承担的剪力设计值：

$$V\leqslant V_u=V_{cs}+V_{sb} \tag{5-23}$$

式中：V_{sb}为弯起钢筋承受的剪力在垂直于梁轴方向的分力值，计算公式如下：

$$V_{sb}=0.8f_yA_{sb}\sin\alpha_s \tag{5-24}$$

式中：f_y——弯起钢筋抗拉强度设计值；A_{sb}——同一平面内弯起钢筋截面面积；α_s——弯起钢筋与梁纵轴线的夹角，一般取为45°。

公式中的系数0.8，是考虑靠近剪压区弯起钢筋在斜截面破坏时可能达不到抗拉强度设计值而取用的应力不均匀系数，详见本小节中基本假设第二条。

4.无腹筋梁受剪承载力的计算

无腹筋梁在工程中用到很少，无腹筋梁斜截面受剪承载力的计算公式与前述有腹筋梁的计算是类似的。通过收集到的大量均布荷载和集中荷载作用下的无腹筋简支梁及连续梁的试验数据，绘制了均布荷载作用下剪切特征值 V_u/f_tbh_0 与跨高比 l_0/h 之间关联点的分布(见图5-19)及集中荷载作用下 V_u/f_tbh_0 与剪跨比 λ 之间关联点的分布(见图5-20)。根据图5-19和图5-20分别取试验点偏下的值作为斜截面受剪承载力，得出无腹筋矩形、T形和工字形截面受弯构件斜截面受剪承载力 V_u 的计算公式：

$$V_u=\alpha_{cv}f_tbh_0 \tag{5-25}$$

式中：α_{cv}——斜截面混凝土受剪承载力系数，其定义和取值与式(5-22)中相同。

式(5-25)也可以看作式(5-22)的特殊形式，令式(5-22)中 $A_{sv}=0$(不设置腹筋)，即可得到式(5-25)。实际上工程设计中一般不允许将梁设计成无腹筋梁，即使满足斜截面受剪承载力的要求，也需要按照构造配置箍筋，因此式(5-25)的应用意义不大。

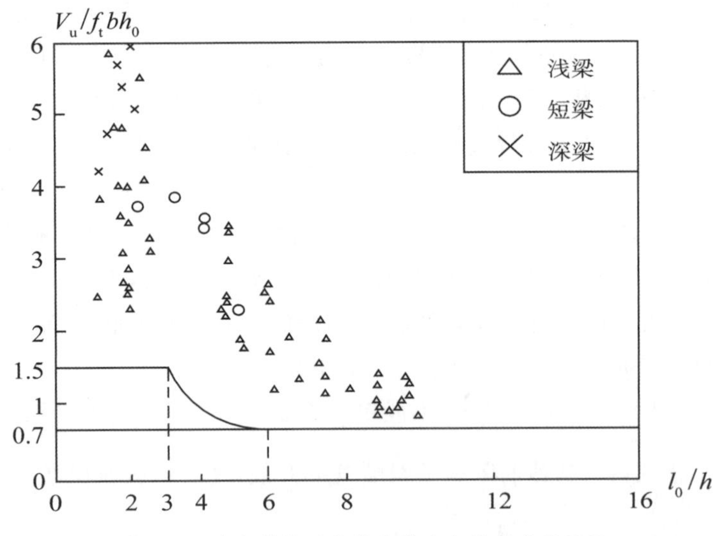

图5-19 均布荷载下受剪承载力与跨高比试验图

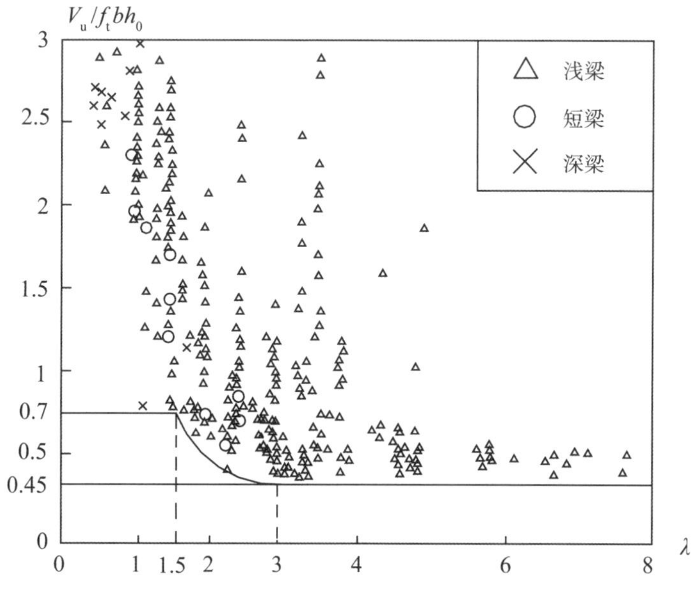

图5-20 集中荷载下受剪承载力与剪跨比试验图

5. 厚板受剪承载力的计算公式

板类构件难于配置箍筋，一般的钢筋混凝土板，因其厚度较薄，板内剪应力较小，通常不需要进行斜截面受剪承载力的计算。但在高层建筑中，基础底板和转换层板的厚度可达1～3m，甚至更大，这些板称为厚板，有必要对其进行斜截面受剪承载力的验算。厚板因其截面尺寸的影响，受剪承载力随板厚的增大而降低，因此其斜截面受剪承载力应按下式计算：

$$V_u = 0.7\beta_h f_t b h_0 \tag{5-26}$$

$$\beta_h = \left(\frac{800}{h_0}\right)^{1/4} \tag{5-27}$$

式中：β_h——截面高度影响系数，当 $h_0 < 800$mm 时，取 $h_0 = 800$mm；当 $h_0 > 2000$mm 时，取 $h_0 = 2000$mm。上式合理地反映了截面尺寸效应的影响，当截面有效高度超过2000mm后，其受剪承载力还将会有所降低。此时，除了沿板的上下表面按计算或构造配置双向钢筋之外，在板厚中间部位配置双向钢筋网，将会较好地改善其受剪承载力性能。

5.4.2 受剪承载力计算公式的适用范围

受弯构件的斜截面受剪承载力计算公式仅适用于剪压破坏形态，为防止斜压破坏和斜拉破坏，需要设定公式的上、下限值。

1. 上限值

上限值即为受剪截面最小尺寸的限制条件。当梁承受剪力较大而截面尺寸较小且箍筋数量又较多时，梁的破坏形态可能转变为斜压破坏，此时箍筋应力达不到屈服强度，梁的受剪承载力取决于混凝土的抗压强度和截面尺寸，箍筋用量的增加再多也无济于事。另外，对于薄腹梁，由于梁腹宽度太小，易出现较宽的腹剪斜裂缝，导致斜压破坏。综上所述，梁的截面尺寸不宜过小。

《设计规范》规定截面限制条件为：

当 $h_w/b \leqslant 4$ 时（普通构件），应满足：

$$V \leqslant 0.25\beta_c f_c b h_0 \tag{5-28}$$

当 $h_w/b \geqslant 6$ 时（薄腹构件），应满足：

$$V \leqslant 0.20\beta_c f_c b h_0 \tag{5-29}$$

当 $4 < h_w/b < 6$ 时，按线性内插法确定：

$$V \leqslant 0.025(14 - h_w/b)\beta_c f_c b h_0 \tag{5-30}$$

式中：V——剪力设计值；β_c——混凝土强度影响系数，当混凝土强度等级不超过 C50 时，取 $\beta_c = 1.0$；当混凝土强度等级为 C80 时，取 $\beta_c = 0.8$；其间按线性内插法确定；f_c——混凝土轴心抗压强度设计值；b——矩形截面的宽度，T 形或工字形截面的腹板宽度；h_w——截面的腹板高度，矩形截面取有效高度 h_0，T 形截面取有效高度减去翼缘高度，工字形截面取腹板净高。

薄腹构件发生斜压破坏时，受剪承载力比普通构件低，因此采用更严格的限制条件。对 T 形或工字形截面的简支受弯构件，考虑受压翼缘对抗剪的有利影响，当有实践经验时，式(5-28)中系数 0.25 可改用 0.3；对受拉边倾斜的构件，其受剪截面的控制条件亦可适当放宽。

2. 下限值

下限值为最小配箍率条件。若梁内箍筋配量过少，一旦斜裂缝出现，箍筋有可能迅速达到抗拉屈服，造成斜裂缝的加速开展，从而导致斜拉破坏。为了避免这一破坏，《设计规范》规定了最小配箍率 $\rho_{sv,min} = 0.24 f_t / f_{yv}$，若计算所得的配箍率 $\rho_{sv} < \rho_{sv,min}$，则应按 $\rho_{sv,min}$ 配置箍筋。

对于矩形、T 形和工字形截面的一般受弯构件，当承受的剪力较小，符合下列条件时，可不进行斜截面受剪承载力的计算，而仅需按构造要求配置箍筋，但应满足最小配箍率的要求：

$$V \leqslant \alpha_{cv} f_t b h_0 \tag{5-31}$$

以均布荷载作用下仅配箍筋的受弯构件斜截面受剪承载力的最小值为例，将 $\rho_{sv,min} = 0.24 f_t / f_{yv}$ 代入式(5-22)，可得

$$V_u = V_{cs} = 0.94 f_t b h_0 \tag{5-32}$$

上式即为均布荷载作用下受弯构件斜截面受剪承载力的下限值。

5.4.3 斜截面受剪的截面设计与复核

1. 计算截面位置的选择

计算截面位置应选择对受剪承载力起控制作用的斜截面，包括剪力设计值较大或受剪承载力较小或截面抗力变化处的斜截面。设计中一般取以下几种斜截面作为梁受剪承载力

的计算截面：

(1)支座边缘处截面(图 5-21 中截面 1—1)；

(2)受拉区弯起钢筋弯起点处截面(图 5-21 中截面 2—2、3—3)；

(3)箍筋截面面积或间距改变处截面(图 5-21 中截面 4—4)；

(4)腹板宽度改变处截面。

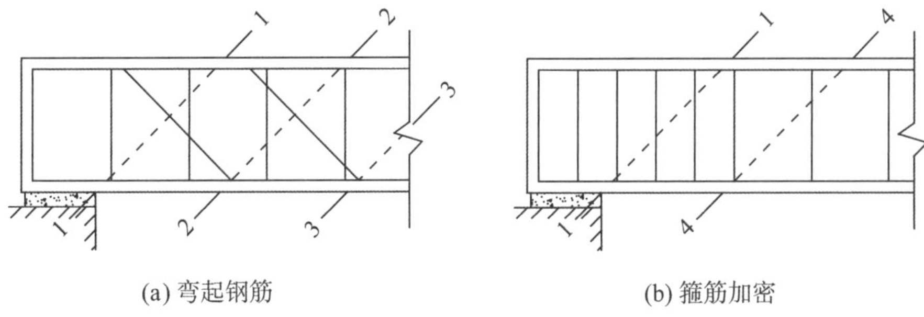

(a) 弯起钢筋　　(b) 箍筋加密

图 5-21　受剪承载力的计算截面

2. 截面设计

截面设计时，已知构件的截面尺寸 $b \times h$，材料强度设计值 f_t、f_c、f_{yv} 和 f_y，荷载设计值，要求确定箍筋和弯起钢筋用量。

计算步骤如下：

(1)确定计算截面位置，计算截面剪力设计值。

(2)验算截面尺寸。构件截面尺寸通常在正截面受弯承载力计算时已经确定，然后根据截面上的剪力设计值 V，按照式(5-28)、(5-29)或(5-30)验算截面尺寸能否满足要求，如不满足则应加大截面尺寸或提高混凝土强度等级。

(3)验算是否需要按计算配置箍筋。当计算截面剪力设计值满足式(5-31)的要求时，无须计算，可按最小配箍率配置箍筋；否则应按式(5-22)或式(5-23)进行斜截面受剪承载力计算。

(4)计算腹筋用量。配置腹筋有以下两种情况：

1)只配箍筋不配弯起钢筋

对矩形、T 形和工字形截面受弯构件，由式(5-22)可得

$$\frac{A_{sv}}{s} \geqslant \frac{V - \alpha_{cv} f_t b h_0}{f_{yv} h_0} \tag{5-33}$$

计算得到 A_{sv}/s 后，一般采用双肢箍，取 $A_{sv}=2A_{sv1}$，然后选定箍筋直径，并求出箍筋间距 s；也可以先选定箍筋间距 s，再计算 A_{sv1}，确定箍筋直径。选定的箍筋直径和间距应满足箍筋构造要求，同时箍筋的配筋率应满足最小配箍率条件，即 $\rho_{sv} \geqslant \rho_{sv,min} = 0.24 f_t / f_y$。

2)既配箍筋又配弯起钢筋

当计算截面剪力设计值较大箍筋配置数量较多仍不能满足截面抗剪要求时，需要配置弯起钢筋时，或者为节省钢筋用量将部分抗弯纵向钢筋弯起时，可按经验或者最小配箍率 $\rho_{sv,min}$ 选定箍筋直径和间距，并按式(5-22)计算 V_{cs}，然后按式(5-23)和式(5-24)计算所需弯起

钢筋的截面面积 A_{sb}：

$$A_{sb}=\frac{V-V_{cs}}{0.8f_y\sin\alpha_s} \tag{5-34}$$

上式中的剪力设计值 V 按下述方法取用：计算第一排弯起钢筋（从支座起）时，取支座边缘处的剪力设计值；计算以后每排弯起钢筋时，取前一排弯起钢筋弯起点处的剪力设计值。

3. 截面复核

做截面复核时，已知构件的截面尺寸 $b\times h$，材料强度设计值 f_t、f_c、f_{yv} 和 f_y，腹筋用量 n、A_{sv1}、s 或 A_{sb}，荷载设计值等，要求复核斜截面受剪承载力 V_u。

计算步骤如下：

(1)确定复核截面位置，计算该截面剪力设计值。

(2)检验截面限制条件，将剪力设计值代入式(5-28)、式(5-29)或式(5-30)，若不满足，应停止计算。

(3)当 $V<\alpha_{cv}f_tbh_0$ 时，检验构件是否满足最小配箍率条件 $\rho_{sv}\geqslant\rho_{sv,min}=0.24f_t/f_y$，若不满足，停止计算。

(4)将已知条件代入式(5-22)或式(5-23)，求得受剪承载力 V_u。若 $V\leqslant V_u$，满足斜截面受剪承载力的要求，否则不满足。

4. 计算例题

[例题 5.1]　有一钢筋混凝土矩形截面简支梁，截面尺寸 $b\times h=250\text{mm}\times550\text{mm}$，有效高度 $h_0=515\text{mm}$，梁的跨度为 $l=5.0\text{m}$，承受均布荷载设计值 $q=50\text{kN/m}$(包括梁自重)，混凝土采用强度等级为 C30，受拉纵筋用 HRB400 级钢筋，箍筋用 HPB300 级钢筋。若只配置箍筋，不配置弯起钢筋，要求确定箍筋用量。

[解]

(1)计算剪力，支座边截面剪力值为

$$V=\frac{1}{2}ql=\frac{1}{2}\times50\times5.0=125(\text{kN})$$

(2)验算截面尺寸：

$$h_w/b=515/250=2.06<4$$

$$0.25\beta_cf_cbh_0=0.25\times1\times14.3\times250\times515=460.28(\text{kN})>V=125\text{kN}$$

截面尺寸满足要求。

(3)确定是否需按计算配置箍筋：

$$0.7f_tbh_0=0.7\times1.43\times250\times515=128.88(\text{kN})>V=125\text{kN}$$

可按最小配箍率配置箍筋。

(4)计算最小配箍率并配置箍筋：

$$\rho_{sv,min}=0.24f_t/f_{yv}=0.24\times1.43/270=0.13\%$$

根据箍筋构造要求，选用双肢箍，箍筋直径 $d=6\text{mm}$，其截面面积 $A_{sv1}=28.3\text{mm}^2$；由 $\rho_{sv,min}=\rho_{sv}=nA_{sv1}/bs$ 可得：

$$s=\frac{nA_{sv1}}{b\rho_{sv,min}}=\frac{2\times28.3}{250\times0.13\%}=174\text{mm}$$

可选用双肢箍 Φ6@160。

[例题 5.2] 有一钢筋混凝土矩形截面简支梁，截面尺寸为 $b\times h=200\text{mm}\times500\text{mm}$，该梁跨度 $l_0=5\text{m}$，支撑于砖墙之上，墙厚 240mm，承受均布荷载 60kN/m(包括自重)，如图5-22所示；混凝土强度等级 C30，箍筋用 HPB300 级钢筋，梁内已配置受拉纵筋 3 Φ 25。求：需利用纵筋一部分弯起抗剪，计算弯起钢筋和箍筋用量。

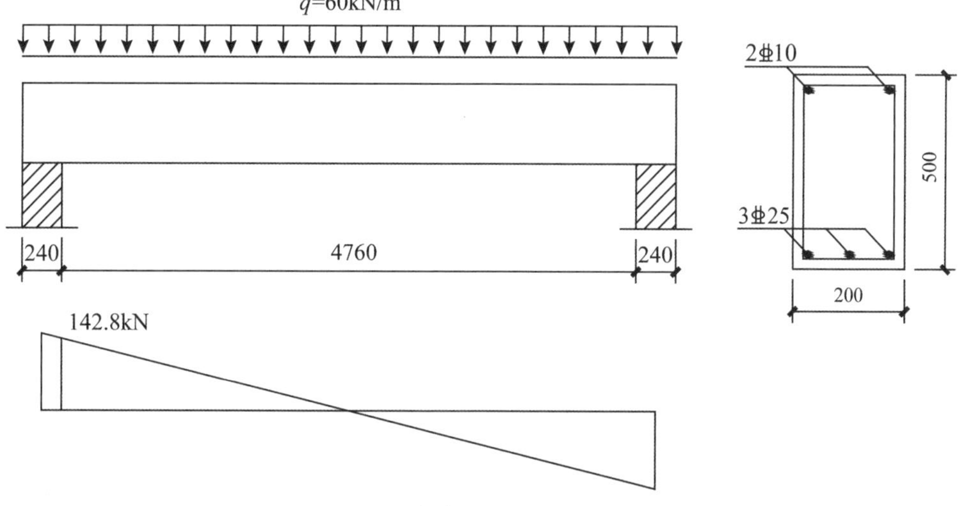

图 5-22 均布荷载下的简支梁示意图

[解]

(1)计算剪力，支座边截面剪力值为

$$V=\frac{1}{2}ql_n=\frac{1}{2}\times60\times(5-0.24)=142.8(\text{kN})$$

(2)验算截面尺寸：

$$h_w/b=462.5/200=2.3125<4$$

$$0.25\beta_c f_c bh_0=0.25\times1\times14.3\times200\times462.5=330.69(\text{kN})>V=142.8\text{kN}$$

截面尺寸满足要求。

(3)确定是否需按计算配置箍筋：

$$0.7f_t bh_0=0.7\times1.43\times200\times462.5=92.59(\text{kN})<V=142.8\text{kN}$$

需按计算配置箍筋。

(4)纵筋弯起钢筋用量计算：

a. 按最小配箍率选定箍筋：

根据构造要求选用双肢箍 ϕ6@200

$$\rho_{sv}=\frac{nA_{sv1}}{bs}=\frac{2\times28.3}{200\times200}=0.14\%>\rho_{sv,min}=0.13\%$$

b. 计算 V_{cs}：

$$V_{cs}=0.7f_tbh_0+f_{yv}\frac{nA_{sv1}}{s}h_0$$

$$=0.7\times1.43\times200\times462.5+270\times\frac{2\times28.3}{200}\times462.5$$

$$=127932(\text{N})$$

c. 计算 A_{sb}：

$$A_{sb}=\frac{V-V_{cs}}{0.8f_y\sin45^\circ}=\frac{142800-127932}{0.8\times360\times0.707}=73(\text{mm}^2)$$

弯起 1Φ25，实配 $A_{sb}=490\text{mm}^2>73\text{mm}^2$。

d. 验算弯起钢筋弯起点截面受剪承载力：

取第一排弯起钢筋弯终点至支座边距离为 50mm，则弯起钢筋弯起点至支座边缘的距离为 50＋(500－75)＝475(mm)。

弯起钢筋弯起点处截面剪力设计值为

$$V'=\frac{2380-475}{2380}\times142.8=114.3(\text{kN})<V_{cs}=127.93\text{kN}$$

不需要再配置第二排弯起钢筋。

［例题 5.3］ 有一矩形截面钢筋混凝土独立简支梁，截面尺寸 $b\times h=200\text{mm}\times500\text{mm}$，自重均布荷载设计值 $g=3\text{kN/m}$，净跨 $l_n=4.8\text{m}$，混凝土强度等级为 C30，梁内已配置受拉纵筋 HRB400 级钢筋 2Φ22＋1Φ20，箍筋 HPB300 级钢筋 ϕ6@150。试求：(1)承受均布荷载 q 的设计值；(2)承受如图 5-24 所示的集中荷载 P 的设计值。

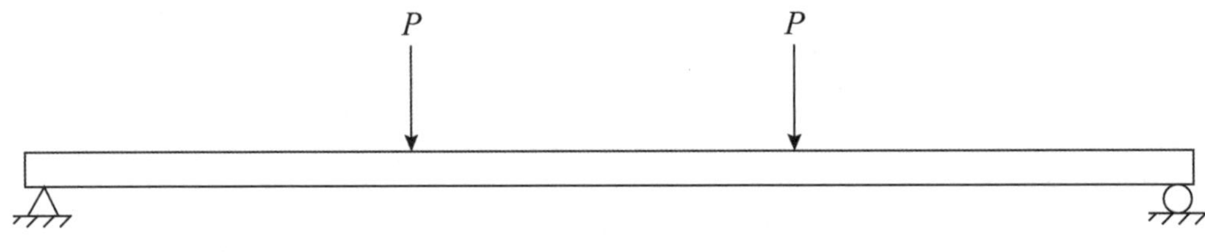

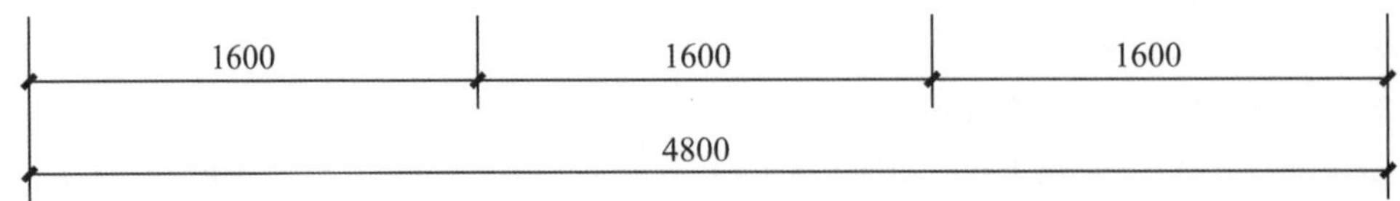

图 5-24 集中荷载作用的简支梁示意图

［解］

(1)计算正截面受弯承载力：

$h_0=500-36=464(\text{mm})$

$\rho=A_s/bh_0=1074/200\times464=1.16\%$

$$\rho>\rho_{min}=0.2\%\times\frac{h}{h_0}>45\frac{f_t}{f_y}\times\frac{h}{h_0}=45\times\frac{1.43}{360}\frac{500}{464}=0.19\%$$

$x=f_yA_s/\alpha_1f_cb=360\times1074/1.0\times14.3\times200=135(\text{mm})$

$<\xi_bh_0=0.518\times464=240(\text{mm})$(属适筋梁)

$M_u=\alpha_1f_cbx(h_0-x/2)=1.0\times14.3\times200\times135\times(464-135/2)=153(\text{kN}\cdot\text{m})$

(2)计算斜截面受剪承载力：

均布荷载下：

$$\begin{aligned}V_u&=0.7f_tbh_0+f_{yv}\frac{nA_{sv1}}{s}h_0\\&=0.7\times1.43\times200\times464+270\times\frac{2\times28.3}{150}\times464\\&=140(\text{kN})\end{aligned}$$

集中荷载下：

$$\lambda=a/h_0=1600/464=3.45>3$$

取 $\lambda=3$，

$$\begin{aligned}V_u&=\frac{1.75}{\lambda+1}f_tbh_0+f_{yv}\frac{nA_{sv1}}{s}h_0\\&=\frac{1.75}{3+1}\times1.43\times200\times464+270\times\frac{2\times28.3}{150}\times464\\&=105(\text{kN})\end{aligned}$$

(3)计算均布荷载设计值：

按正截面受弯承载力计算：

$$M_u=M_{max}=\frac{1}{8}gl_n^2+\frac{1}{8}q_1l_n^2$$

$$q_1=\frac{(153-1/8\times3\times4.8^2)\times8}{4.8^2}=50(\text{kN/m})$$

按斜截面受剪承载力计算：

$$V_u=V_{max}=\frac{1}{2}(g+q_2)l_n$$

$$q_2=2\times140/4.8-3=55(\text{kN/m})$$

取 $q=q_1=50\text{kN/m}$。

(4)计算集中荷载设计值：

按正截面受弯承载力计算：

$$M_u=M_{max}=\frac{1}{8}gl_n^2+P_1a$$

$$P_1=\frac{153-1/8\times3\times4.8^2}{1.6}=90(\text{kN})$$

按斜截面受剪承载力计算：

$$V_u=V_{max}=\frac{1}{2}gl_n+P_2$$

$$P_2=105-1/2\times3\times4.8=98(\text{kN})$$

取 $P=P_1=90\text{kN}$。

集中荷载产生的剪力值占总剪力值的百分比为

$$90/(90+3\times2.4)=92.6\%>75\%$$

故按集中荷载公式计算是合适的。

(5)验算截面尺寸：

$$h_w/b=464/200=2.32<4$$

$$0.25\beta_c f_c bh_0=0.25\times1\times14.3\times200\times464=331.76(\text{kN})>140\text{kN}>105\text{kN}$$

两种荷载作用下的梁截面尺寸均满足要求。

(6)验算最小配箍率：

$$\rho_{sv}=\frac{nA_{sv1}}{bs}=\frac{2\times28.3}{200\times150}=0.19\%>\rho_{sv,\min}=0.13\%(\text{满足要求})$$

5.5 保证斜截面受弯承载力的构造措施

对于图 5-17，除了剪力平衡方程外，还可以建立一个弯矩平衡方程：

$$\sum M=0 \quad M\leqslant M_u=Tz+V_{sv}z_{sv}+T_{sb}z_{sb} \tag{5-35}$$

式中：M——弯矩设计值；M_u——斜截面受弯承载力设计值；T——纵筋拉力；z——纵筋至剪压面合力中心点的距离；V_{sv}——与斜裂缝相交的箍筋承担的剪力合力值；T_{sb}——弯筋所受拉力；z_{sv}，z_{sb}——V_{sv}与 T_{sb}至剪压面上合力点的距离。

此时，斜截面受弯承载力通常无须计算，而是通过梁内纵筋的弯起、截断、锚固等构造措施予以保证。对此，可首先引入抵抗弯矩图的概念。

5.5.1 抵抗弯矩图

根据梁内实际配置的纵筋，计算出梁内正截面受弯承载力(抵抗弯矩)，将其在图上画出，即为抵抗弯矩图(M_R)，亦称正截面受弯承载力图，因其抗力由钢筋和混凝土等材料提供，也称材料图。

根据正截面受弯承载力的相关计算公式，可得

$$M_R=f_yA_s(h_0-\frac{f_yA_s}{2\alpha_1 f_c b}) \tag{5-36}$$

由上式可知，正截面抵抗弯矩与钢筋截面积近似成正比。因此，每根钢筋所抵抗的弯矩 M_{Ri}可近似按该根钢筋的面积 A_{si}与钢筋总面积 A_s 的比值乘以总抵抗弯矩 M_R 求得：

$$M_{Ri}=\frac{A_{si}}{A_s}M_R \tag{5-37}$$

1. 纵筋不弯起不截断时的抵抗弯矩图

图 5-25 所示为承受均布荷载设计值 q 的单筋矩形截面梁，设计弯矩图为抛物线 ab，按

正截面受弯承载力计算配置的纵筋为 2 Φ 25＋2 Φ 20。若纵筋全部伸入支座，则各截面的抵抗弯矩 M_R，即受弯承载力 M_u 是相同的，将它们在图上示出，即为抵抗弯矩图矩形 $acdb$。

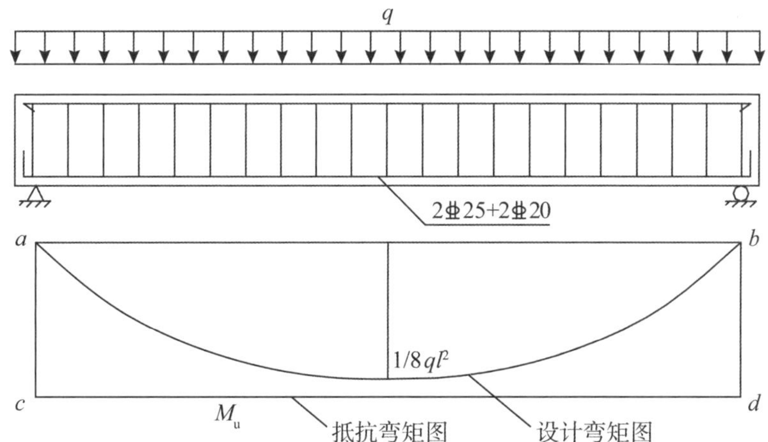

图 5-25　单跨简支梁设计弯矩图与抵抗弯矩图

而对于图 5-26 所示的伸臂梁，按设计弯矩图经过正截面受弯承载力计算，在伸臂梁跨中和支座截面处分别配置纵筋后，若不予以截断和弯起，而采用通长钢筋，则抵抗弯矩图为矩形 $aa'b'b$，也即该梁可同时承受一定程度的正、负弯矩。

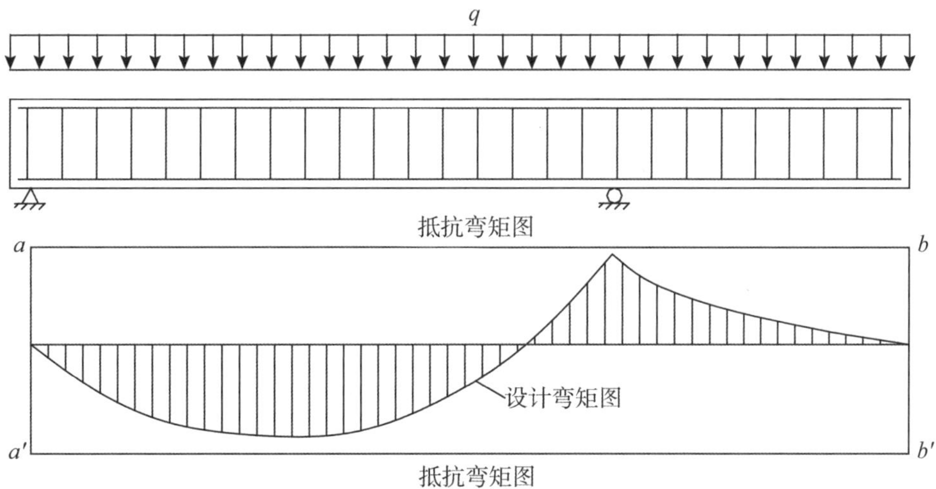

图 5-26　伸臂梁设计弯矩图与抵抗弯矩图

在正截面抗弯设计中，为保证正截面的受弯承载力，必须使抵抗弯矩大于设计弯矩，因此安全设计下抵抗弯矩图必然外包设计弯矩图。从图 5-25、图 5-26 可见，抵抗弯矩只有在控制截面(简支梁的跨中或伸臂梁支座处)与设计弯矩近似相等，在其他截面则有富余，这种钢筋布置方式虽然构造简单、施工方便，但浪费了部分钢筋。因此，工程中可以通过纵筋的弯起和截断来保证纵筋的利用率，减少材料的浪费。

2. 纵筋弯起时的抵抗弯矩图

图 5-27 所示即为图 5-25 中位于截面中间的编号为①、②的两根纵筋弯起时的抵抗弯矩

图，根据简支梁的特点，取左半部分梁作纵筋弯起时抵抗弯矩图的分析。

图中 $0p$ 段为跨中截面按实配 2 Φ 25＋2 Φ 20 钢筋通过式(5-36)计算所得的抵抗弯矩值，即受弯承载力 M_u。在 $0p$ 线上近似地按每根钢筋截面面积的比例通过式(5-37)，计算出每根钢筋所承受的抵抗弯矩 M_{Ri}，0—2 即为③号纵筋 2 Φ 25 承受的抵抗弯矩 M_{R3}、2—3 和 3—p 分别为②号和①号钢筋 1 Φ 20 承受的抵抗弯矩 M_{R2} 和 M_{R1}。

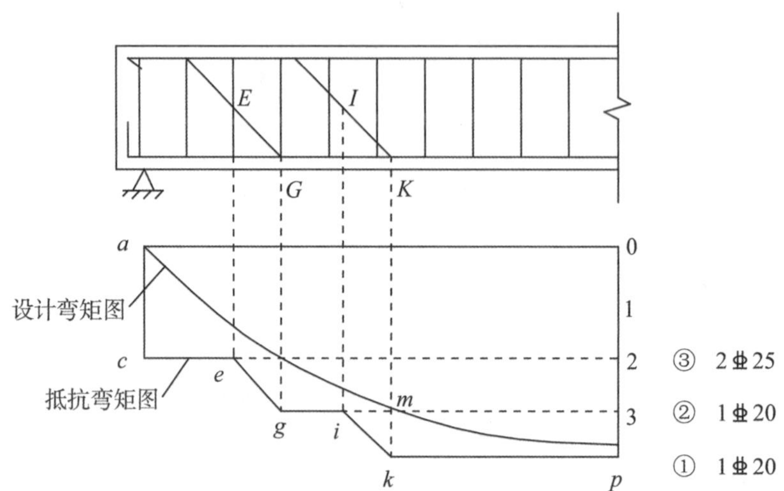

图 5-27　部分纵筋弯起后的抵抗弯矩图

设①号钢筋在 K 处弯起，则过 K 点作竖直线与抵抗弯矩图上过 p 点所作水平线交于 k 点。如 k 点位于设计弯矩图外侧，表明在 K 处弯起时，该截面的正截面受弯承载力已满足。p 截面称为①号钢筋的充分利用截面，因为在 p 截面上，①号钢筋是必不可少的。

钢筋在弯起过程当中，对受压区合力点的力臂在逐渐减少，图 5-28 中，从截面 K 的 z_K 减少到 K'截面的 $z_{K'}$，抗弯能力呈线性减小，因而受弯承载力也在逐渐减少，直至它与梁的纵轴线相交于 I 点，认为弯起钢筋已基本上进入受压区，不再承受弯矩。因此在图 5-28 中过 I 点作竖直线分别与弯矩图上过 3 点所作水平线交于 i 点，连接 i—k 斜直线，表示①号钢筋在弯起过程中受弯承载力逐渐减小的变化。

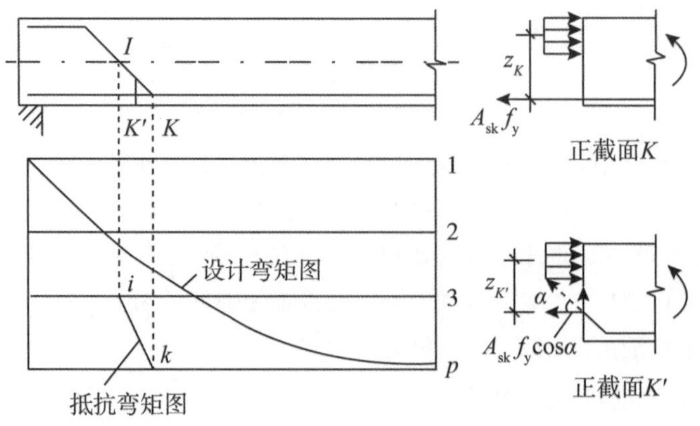

图 5-28　纵筋弯起时的截面受力变化图

显然，弯起点 K 的位置并不是任意的，它必须满足钢筋弯起后抵抗弯矩图仍然外包设计弯矩图，即 i、k 点均应位于设计弯矩图外侧，否则应将弯起处向两端支座移动。图 5-27 中 m 截面为①号钢筋的“完全不需要截面”，同时也是②号钢筋的“充分利用截面”，也就是说在 m 截面，只需②号和③号钢筋(1 ⌀ 20＋2 ⌀ 25)已足以满足弯矩设计值，不再需要①号钢筋，m 截面同时也是 i 点所能接近跨中的极限。

同理可画出②号钢筋在 G 和 H 处弯起时的抵抗弯矩图 $e-g$。因③号钢筋 2 ⌀ 25 伸入支座，故抵抗弯矩图为 $c-e$ 段水平线。

抵抗弯矩图 M_R 与设计弯矩图 M 越靠近，即截面抗力 R 与荷载效应 M 越接近，则纵向钢筋利用率越高。

3. 纵筋截断时的抵抗弯矩图

纵筋的截断主要是针对连续梁或伸臂梁支座负弯矩而言的，由于支座负弯矩随与支座截面距离的增大而迅速减小，为了节约钢筋，允许将多余的纵筋截断。对于受拉区的纵筋，一旦截断，截断处钢筋截面面积突然减小，混凝土拉应力骤增，致使截面处往往会过早地出现弯剪斜裂缝，甚至可能降低构件的承载能力。因此虽然跨中正弯矩随着向支座方向靠近而慢慢减小，但承受正弯矩的纵向受拉钢筋只能部分弯起作为受剪钢筋，而不宜在跨中截断。

图 5-29 所示为连续梁中间支座负弯矩区段纵筋截断时的抵抗弯矩图和截断后的锚固长度。

设计弯矩图上 $a-3$ 为三根钢筋承受的抵抗弯矩，$a-1$、$1-2$ 和 $2-3$ 分别为①、②和③号钢筋承受的抵抗弯矩。

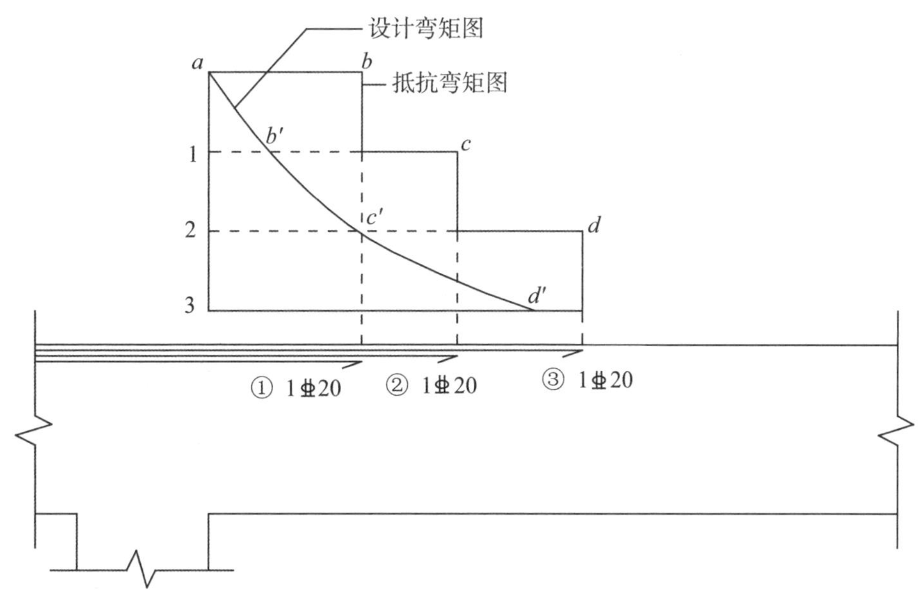

图 5-29　梁上部钢筋截断示意图

若将①号钢筋截断，则过 1 点作水平线与设计弯矩图交于 b' 点，与过①号钢筋截断点的

竖直线交于 b 点，b 点抵抗弯矩突然减少，因而形成一阶梯形抵抗弯矩图，表示该截面抵抗弯矩突然减少。同理可画出②和③号钢筋截断时的抵抗弯矩图。

图 5-29 中 a 点为①号钢筋的充分利用截面，b' 点为完全不需要截面，理论上①号钢筋过 b' 点后即可截断，故 b' 点也称作理论截断截面。

支座处钢筋截断后的抵抗弯矩图为阶梯形，截断之后，弯矩突变，而不像纵筋的弯起，在抵抗弯矩图上有一个过渡段，如图 5-27 中的 i—k 段。

5.5.2 保证斜截面受弯承载力的构造措施

1. 纵筋弯起时的构造措施

纵向钢筋弯起后，只要使抵抗弯矩图外包设计弯矩图就可以满足正截面受弯承载力的要求，但斜截面的受弯承载力却不一定能得到保证。要使构件满足斜截面的受弯承载力，还需要采用一定的构造措施。

图 5-30 所示为配置弯起钢筋的梁，取斜裂缝与支座部分 $ABCHJ$ 为脱离体，截面 C-C' 按正截面受弯承载力需要配置纵向受拉钢筋 A_s，若在 K 点处弯起一根(或一排)钢筋 A_{sb}，C' 点为其充分利用截面，余下的钢筋为 $A_{s1}=A_s-A_{sb}$。钢筋未弯起前，A_{sb} 应承受的弯矩为 M_c，对受压区合力点 O 取矩可得

$$M_c=f_yA_sz \tag{5-38}$$

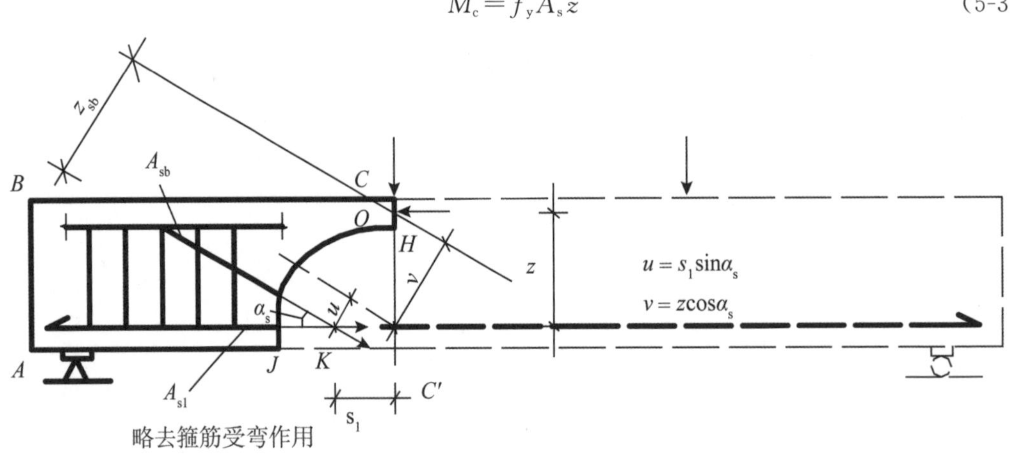

图 5-30 临界斜裂缝受力图

当出现斜裂缝 J—H 后，斜截面上 A_{s1} 和 A_{sb} 应承受的弯矩仍为 M_c，当略去斜截面上箍筋的受弯作用后，同样对受压区合力点 O 取矩可得

$$M_c=f_yA_{s1}z+f_yA_{sb}z_{sb} \tag{5-39}$$

式中：f_y——钢筋抗拉强度屈服值；z——钢筋 A_{s1} 至受压区合力点 O 的力臂；z_{sb}——弯起钢筋 A_{sb} 至受压区合力点 O 的力臂。

为了保证不致沿斜截面 J—H 发生破坏，必须满足以下条件：

$$f_yA_{s1}z+f_yA_{sb}z_{sb}\geqslant f_yA_sz \tag{5-40}$$

亦即应使

$$z_{sb} \geqslant z \tag{5-41}$$

从图 5-30 可知

$$z_{sb} = u + v = s_1 \sin\alpha_s + z\cos\alpha_s \tag{5-42}$$

式中：α_s——弯起钢筋 A_{sb} 与梁纵轴线的夹角。

将式(5-42)代入式(5-41)可得

$$s_1 \sin\alpha_s + z\cos\alpha_s \geqslant z$$

$$s_1 \geqslant \frac{1-\cos\alpha_s}{\sin\alpha_s} z \tag{5-43}$$

近似取 $z=0.9h_0$ 或 $z=0.8h_0$，则

当 $\alpha_s=45°$时，$s_1 \geqslant (0.37 \sim 0.33)h_0$

当 $\alpha_s=60°$时，$s_1 \geqslant (0.52 \sim 0.46)h_0$

因此，《设计规范》取 $s_1 \geqslant h_0/2$，以保证斜截面的受弯承载力。

如图 5-31 所示，弯起钢筋的弯起点与该钢筋“充分利用截面”(即按受弯承载力的计算充分利用该截面)之间的距离 s_1 应满足 $s_1 \geqslant h_0/2$ 的条件(h_0 为截面的有效高度)。连续梁跨中②号钢筋起弯点 d 与该钢筋充分利用截面 d'之间的距离应满足 $s_1 \geqslant h_0/2$。同时，为了保证正截面受弯承载力，该钢筋与梁纵轴线的交点 e 应位于该钢筋完全不需要截面 f 之外。同样在支座负弯矩处②号钢筋弯起截面 a 与其充分利用截面 a'的距离 s_1 也应该满足 $s_1 \geqslant h_0/2$ 的条件。此外，该钢筋与梁纵轴线交点 e'也应该位于完全不需要截面 b'之外。

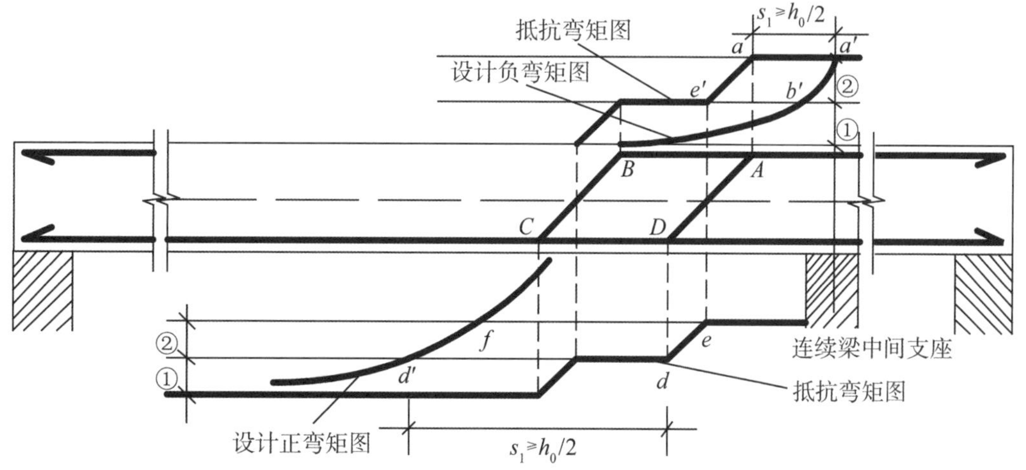

图 5-31　保证斜截面受弯承载力的构造措施

2. 纵向钢筋的截断

前面已经介绍过，跨中承受正弯矩的纵向受拉钢筋，可以部分弯起作为受剪钢筋，但要符合规范的要求。连续梁中间支座承受负弯矩的纵向钢筋，支座弯矩随距离的增大减小非常快，允许在适当位置截断钢筋。

根据近期对分批截断负弯矩纵筋情况下钢筋延伸区段受力状态的实测结果，《设计规

范》对截断位置的规定如表 5-1 所示。

表 5-1　负弯矩钢筋的延伸长度

截面条件	充分利用截面伸出 l_{d1}	计算不需要截面伸出 l_{d2}
$V \leqslant 0.7 f_t b h_0$	$1.2 l_a$	$20d$
$V > 0.7 f_t b h_0$	$1.2 l_a + h_0$	$20d$ 且 h_0
V 截断点仍位于负弯矩受拉区	$1.2 l_a + 1.7 h_0$	$20d$ 和 $1.3 h_0$

5.6　梁中钢筋的构造要求

5.6.1　箍筋构造要求

箍筋在梁的弯剪区段内承受斜截面剪力的同时，在不少部位还可改善混凝土和纵向钢筋的黏结锚固性能，箍筋和纵筋联系在一起还将起到约束混凝土的作用。

1. 箍筋形式

一般梁中必须配置箍筋，《设计规范》中对是否配置箍筋有下述规定：按承载力计算不需要箍筋的梁，当截面高度大于 300mm 时，应沿梁全长设置构造箍筋；当截面高度 h 为 150～300mm 时，可仅在构件端部 $l_0/4$ 范围内设置构造箍筋，l_0 为跨度。但当在构件中部 $l_0/2$ 范围内有集中荷载作用时，则应沿梁全长设置箍筋。当截面高度小于 150mm 时，可以不设箍筋。

箍筋形状有开口式和封闭式两种，如图 5-32 所示，封闭式箍筋在受压区的水平肢可以约束混凝土的横向变形，这有利于提高混凝土的承载力和整体性。

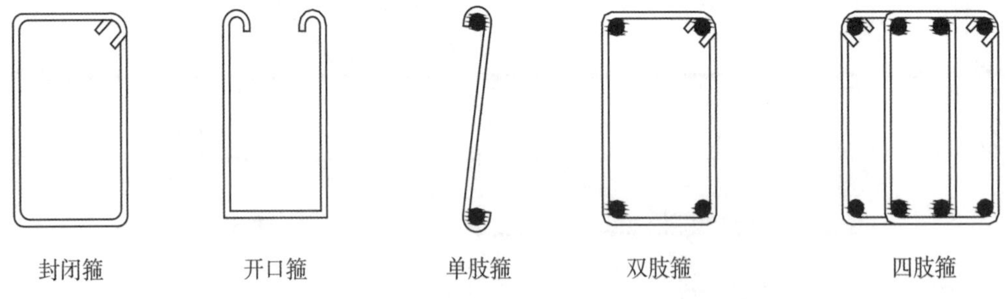

图 5-32　箍筋的形状和肢数

箍筋末端应弯折成不小于 135°的弯钩，不宜用 90°的弯钩，弯钩端头平直段长度对一般结构应不小于 $5d$（d 为箍筋直径），且不小于 50mm。对有抗震设防的结构应不小于 $10d$。箍筋端部应锚固在梁的受压区内。

箍筋一般采用双肢箍，当梁宽 $b>400$mm 且一层内的纵向受压钢筋多于 3 根时，应设置复合箍筋；当梁宽度 $b \leqslant 400$mm 但一层内纵向钢筋多于 4 根时也应设置复合箍筋。只有当梁宽 $b<150$mm 时，才允许用单肢箍。

2.箍筋直径和间距

《设计规范》对箍筋直径有如下规定：截面高度大于800mm的梁，箍筋直径不宜小于8mm；对截面高度不大于800mm的梁，不宜小于6mm。梁中配有计算需要的纵向受压钢筋时，箍筋直径尚不应小于$d/4$，d为受压钢筋最大直径。

一般宜采用直径略小、间距略密的箍筋。《设计规范》对箍筋的最大间距s_{max}做了规定，见表5-2。

表5-2　梁中箍筋的最大间距

单位：mm

梁高 h	$V>0.7f_tbh_0$	$V\leqslant 0.7f_tbh_0$
$150<h\leqslant 300$	150	200
$300<h\leqslant 500$	200	300
$500<h\leqslant 800$	250	350
$h>800$	300	400

3.箍筋强度

箍筋宜采用延性较好的钢筋，以减轻剪切破坏的脆性程度，宜作为箍筋的钢筋在5.2.2小节已有述及。

5.6.2　弯起钢筋的构造要求

弯起钢筋承受斜裂缝之间的主拉力，加强了斜裂缝两侧混凝土块体之间的共同工作，提高了受剪承载力。但是，弯起钢筋不便于施工，且箍筋传力比弯起钢筋均匀，因此，宜优先采用箍筋。

1.弯起钢筋的间距和弯起角度

弯起钢筋间距不宜过大，因其间距过大时斜裂缝可能恰好位于相邻两排弯起钢筋之间而不与弯起钢筋相交，从而使弯起钢筋不能发挥抗剪作用。当按受剪承载力计算，需配置两排及两排以上弯起钢筋时，第一排（从支座数起）弯起钢筋的起弯点与第二排弯起钢筋的弯终点宜在同一截面上，但允许有一定间距s，但应满足$s\leqslant s_{max}$。需要做疲劳验算的梁，两排弯起钢筋的间距除满足上述要求外，还应符合$s\leqslant h_0/2$（h_0为截面的有效高度）的要求。

另外，靠近支座的第一排弯起钢筋的弯终点至支座边的距离不宜小于50mm，且不应大于s_{max}。梁中弯起钢筋的弯起角度一般为45°，当梁高$h\geqslant$700mm时，也可采用60°。

2.弯起钢筋的锚固

若弯起钢筋锚固长度不足将发生与混凝土的黏结破坏而发生滑动，导致斜裂缝开展过大，这样弯起钢筋无法有效发挥抗剪作用，弯起钢筋在弯起终点以外应留有平行于梁轴线方向的锚固长度。当锚固在受压区时，其锚固长度不应小于$10d$，d为弯起钢筋的直径；当锚固在受拉区时，其锚固长度不应小于$20d$，见图5-33。若钢筋为光面钢筋，则在其末端尚应设置弯钩。

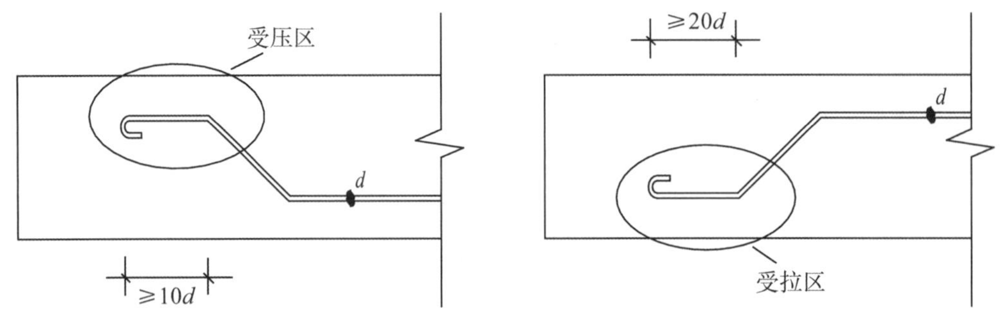

图 5-33 弯起钢筋的锚固

5.6.3 纵筋在支座处的锚固

简支梁板支座处纵筋的锚固，由于截面尺寸和受力特点的不同，对于梁和板的锚固有不同的要求。

(1)对于板端

《设计规范》规定，在简支板支座处或连续板的端支座及中间支座处，下部纵筋应伸入支座，其锚固长度 l_{as} 不应小于 $5d$（d 为下部纵筋直径）。

(2)对于梁端

梁下部纵筋伸入支座内的数量，当梁宽 $b \geqslant 100\text{mm}$ 时，不宜少于两根；当梁宽 $b < 100\text{mm}$ 时，可为一根。

支座处剪力较大，出现斜裂缝后，裂缝处钢筋应力将突增，如果没有足够伸入支座内的锚固长度，有可能产生纵筋的滑移，甚至有可能从支座内拔出而造成黏结锚固破坏，因此纵筋伸入支座内必须要有足够的锚固长度。

钢筋混凝土简支梁和连续梁简支端的下部纵筋伸入支座内的锚固长度用 l_{as} 表示，亦称搁置长度，如图 5-34 所示，其值较纵向受拉钢筋的锚固长度 l_a 为小，这是考虑到支座反力对纵筋锚固的有利影响，以及简支端纵向钢筋的强度一般未充分利用等因素。锚固长度 l_{as} 应符合下述规定：

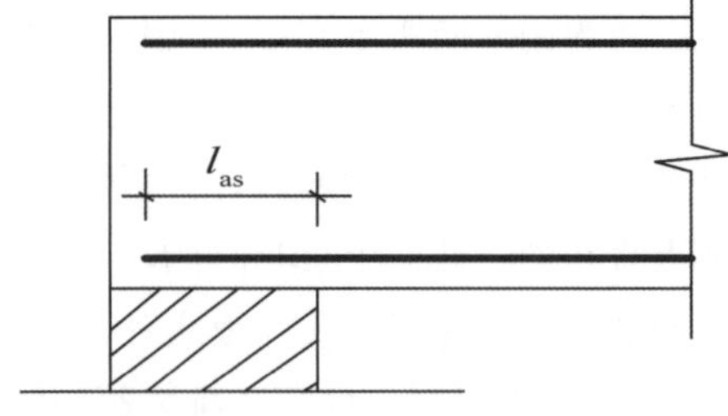

图 5-34 梁纵筋伸入支座锚固长度

对于板 $l_{as} \geqslant 5d$（d 为下部纵筋直径）；

对于梁 $V \leqslant 0.7 f_t b h_0$ 时，$l_{as} \geqslant 5d$；

$V > 0.7 f_t b h_0$ 时，光面钢筋 $l_{as} \geqslant 15d$；

带肋钢筋 $l_{as} \geqslant 12d$；（d 为下部纵筋中的最大直径）

如果纵筋伸入支座内的锚固长度不能符合上述规定时，可将纵筋上弯以满足 l_{as} 的要求，上弯段长度不应小于 $15d$；也可采用机械锚固措施。

支承在砌体结构上的钢筋混凝土独立梁，在纵筋的锚固长度 l_{as} 范围内，应设置不少于两个箍筋，其直径不宜小于 $d_{max}/4$（d_{max} 为纵筋最大直径），间距不宜大于 $10d_{min}$（d_{min} 为纵筋最小直径）。当采用机械锚固措施时，箍筋间距不宜大于 $5d_{min}$。

对混凝土强度等级不超过 C25 的简支梁和连续梁的简支端，当距支座边 $1.5h$（h 为梁截面高度）范围内作用有集中荷载，且 $V>0.7f_tbh_0$ 时，需对带肋钢筋取 $l_{as}\geqslant 15d$ 或采取附加锚固措施。

5.7　偏心受力构件斜截面受剪承载力的计算

构件除了承受弯矩和剪力外，还同时承受轴向力时，称为偏心受力构件。当轴向受压时，称为偏心受压构件或压弯构件；当轴向受拉时，称为偏心受拉构件。

轴向力的存在对斜截面受剪承载力有明显影响，故对偏心受力构件也应该进行斜截面受剪承载力的计算。

5.7.1　偏心受压构件斜截面受剪承载力计算

1. 轴向压力对简支构件受剪性能的影响

偏心受压构件受剪性能除了受到 5.3 节中所提到的剪跨比、混凝土强度、腹筋用量和强度以及纵筋配筋率等因素影响外，还将受到轴向压力的影响。轴向压力的大小对构件的破坏形态亦有较大影响。

试验研究表明，轴向压力对受剪承载力是有利的。轴向压力的存在将抑制斜裂缝的出现和开展，增大混凝土剪压区高度，从而提高构件受剪承载力。

随着轴向压力的增大，斜截面受剪承载力亦随之提高，但这种提高是有限度的。图 5-35 所示为受剪承载力与轴压比 N/f_cA（N 为轴向压力，A 为构件截面面积，f_c 为混凝土轴心抗压强度设计值）的关系曲线。由图 5-35可见，受剪承载力随轴压比的增大而提高，当轴压比 N/f_cA 为0.4～0.5 时，受剪承载力达到最大值；若轴压比继续增大，受剪承载力将随之降低。这是由于当轴压比增大到一定程度时，构件的破坏形态将从受剪破坏转变为带有斜裂缝的正截面小偏心受压破坏。因此，应对轴心压力的受剪承载力提高范围予以限制，在计算公式中规定了轴向压力 N 的上限值为 $N=0.3f_cbh_0$。

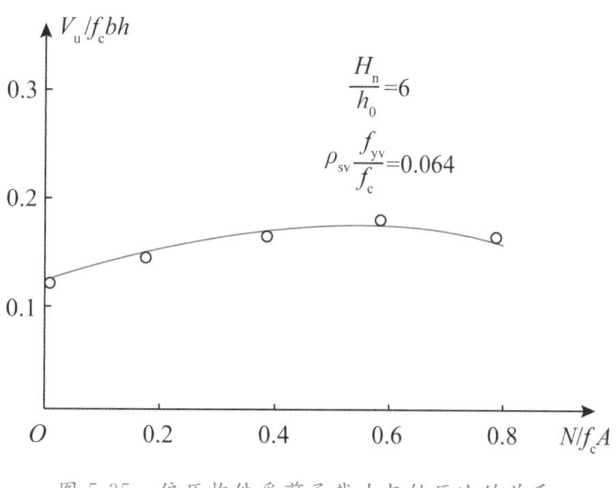

图 5-35　偏压构件受剪承载力与轴压比的关系

2. 计算公式

对矩形截面偏压构件斜截面受剪承载力的计算,《设计规范》采用在集中荷载作用下矩形截面梁受剪承载力计算公式的基础上,增加由于轴向压力的益处而提高受剪承载力的一项 $V_N=0.07N$。当 $N>0.3f_cA$ 时(为柱截面面积),取 $N=0.3f_cA$。因此矩形、T 形和工字形截面的钢筋混凝土偏心受压构件斜截面受剪承载力的计算公式为

$$V\leqslant V_{cs}+V_N=\frac{1.75}{\lambda+1}f_tbh_0+f_{yv}\frac{A_{sv}}{s}h_0+0.07N \tag{5-44}$$

式中:λ——偏心受压构件计算截面的剪跨比,取为 $M/(Vh_0)$;N——与剪力设计值相应的轴向压力设计值,当大于 $0.3f_cA$ 时,取 $0.3f_cA$。

计算截面的剪跨比 λ 应按下列规定取用:

(1)对框架结构中的框架柱,当其反弯点在层高范围内时,可取为 $H_n/(2h_0)$。当 λ 小于 1 时,取 1;当 λ 大于 3 时,取 3。此处,M 为计算截面上与剪力设计值 V 相应的弯矩设计值,H_n 为柱净高。

(2)其他偏心受压构件,当承受均布荷载时,取 1.5;当承受集中荷载(具体描述见式(5-22)中)时,取为 a/h_0,且当 λ 小于 1.5 时取 1.5,当 λ 大于 3 时取 3。

当偏压构件符合下述公式要求时,可不进行斜截面受剪承载力计算,仅需按构造要求配筋:

$$V\leqslant\frac{1.75}{\lambda+1}f_tbh_0+0.07N \tag{5-45}$$

式中:剪跨比 λ 和轴向压力设计值 N 按式(5-44)中的规定取用。

偏心受压构件受剪要求的截面限制条件与式(5-28)、(5-29)和(5-30)相同。

3. 计算例题

[例题 5.4] 一结构框架柱,截面尺寸 $b\times h=400\text{mm}\times500\text{mm}$,$h_0=465\text{mm}$,净高 $H_n=3.0\text{m}$;混凝土强度等级为 C30,箍筋采用 HPB300 级钢筋;柱端作用轴向压力设计值 $N=1000\text{kN}$,剪力设计值 $V=250\text{kN}$。要求计算箍筋用量。

[解]

(1)验算截面尺寸:

$$h_w/b=465/400=1.16<4$$

$$0.25\beta_cf_cbh_0=0.25\times1\times14.3\times400\times465=664.95(\text{kN})>V=250\text{kN}$$

截面尺寸满足要求。

(2)确定是否需按计算配置箍筋:

$$\lambda=H_n/2h_0=3000/2\times465=3.23>3,\text{取}\ \lambda=3$$

$$N/f_cA=1000\times10^3/(14.3\times400\times500)=0.350>0.3$$

取

$$N=0.3f_cA=0.3\times14.3\times400\times500=858(\text{kN})$$

$$\frac{1.75}{\lambda+1}f_tbh_0+0.07N=\frac{1.75}{\lambda+1}\times1.43\times400\times465+0.07\times858000$$
$$=176.43(\text{kN})<250\text{kN}$$

需按计算配置箍筋。

(3)箍筋的计算：

$$\frac{nA_{sv1}}{s}=\frac{V-[1.75/(\lambda+1)]f_tbh_0-0.07N}{f_{yv}h_0}$$
$$=\frac{250\times10^3-(1.75/4)\times1.43\times400\times465-0.07\times858000}{270\times465}$$
$$=0.586(\text{mm}^2/\text{mm})$$

按构造选用双肢箍，箍筋直径 $d=8\text{mm}$，截面面积 $A_{sv1}=50.3\text{mm}^2$，代入上式可得

$$s=nA_{sv1}/0.586=2\times50.3/0.586=171.67(\text{mm})$$

可选用双肢箍 $\phi8@150$。

验算最小配箍率：

$$\rho_{sv}=\frac{nA_{sv1}}{bs}=\frac{2\times50.3}{400\times150}=0.17\%$$

$$\rho_{sv,min}=0.24f_t/f_{yv}=0.24\times1.43/270=0.13\%<\rho_{sv}=0.17\%\text{(满足要求)}$$

5.7.2 偏心受拉构件斜截面受剪承载力计算

1. 受剪性能与计算公式

试验表明，轴向拉力作用于构件上将产生横贯全截面的初始垂直裂缝，如果再施加横向荷载，裂缝将在构件受压区闭合后再在受拉区进一步开展，弯剪段出现的斜裂缝可能直接穿过初始垂直裂缝向上发展，也可能沿初始垂直裂缝延伸一段距离后再斜向发展。图 5-36(a)为无轴向拉力仅受横向荷载作用构件的裂缝图，而图 5-36(b)为既受轴向拉力又受横向荷载构件的裂缝图。与无轴向拉力的构件相比，承受轴向拉力构件的垂直裂缝增多，斜裂缝宽度较大、长度较长、倾角较大，斜裂缝末端剪压区高度减小，甚至没有剪压区，属斜拉破坏，呈明显脆性。因此轴向拉力使构件的抗剪能力明显降低，降低的幅度随轴向拉力的增大而增加，但对箍筋的抗剪能力几乎没有影响。

根据试验结果并从偏保守考虑，偏心受拉构件斜截面受剪承载力计算公式取用集中荷载作用下受弯构件的斜截面受剪承载力计算公式，但需再减去一项由于轴向拉力引起受剪承载力的降低值，则有：

$$V\leqslant V_{cs}-V_N=\frac{1.75}{\lambda+1}f_tbh_0+f_{yv}\frac{A_{sv}}{s}h_0-0.2N \tag{5-46}$$

式中：N——与剪力设计值 V 相应的轴向拉力设计值；λ——计算截面的剪跨比，取 $\lambda=a/h_0$，a 为集中荷载至支座或节点边缘的距离；取值与式(5-44)相同。

当式(5-46)右边的计算值小于 $f_{yv}\frac{A_{sv}}{s}h_0$ 时，应取等于 $f_{yv}\frac{A_{sv}}{s}h_0$，且 $f_{yv}\frac{A_{sv}}{s}h_0$ 值不应小于

$0.36f_t bh_0$。

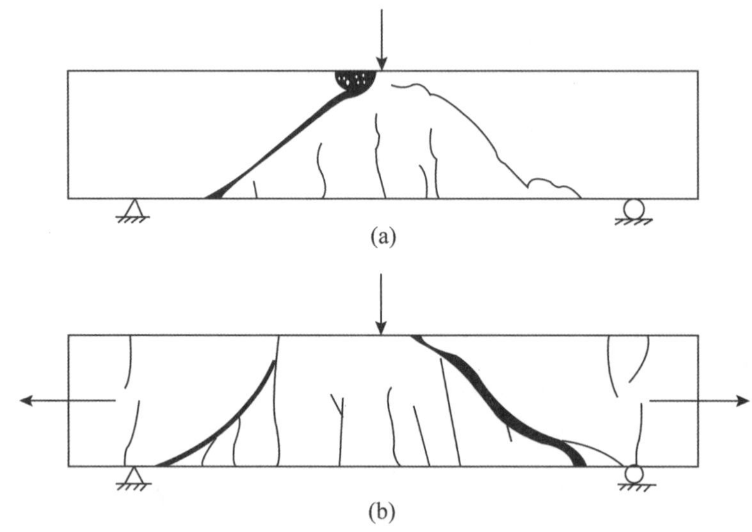

图 5-36 偏心受拉破坏形态

思考题

5.1 梁中箍筋的主要作用是什么？有腹筋梁和无腹筋梁的受剪力学模型有何异同？

5.2 剪跨比对梁斜截面破坏有什么样的影响？

5.3 梁斜截面破坏的主要形态有哪几种，其发生的条件是什么？

5.4 影响梁斜截面受剪承载力的因素有哪些？哪些是主要的因素？

5.5 为何会发生梁的斜截面受弯破坏，如何保证梁的斜截面受弯承载力？

5.6 使用梁的斜截面承载力计算公式进行计算时有什么样的限制条件？

5.7 梁中纵向钢筋为何可以弯起和截断，弯起和截断时分别应该如何考虑？

5.8 连续梁斜截面受剪破坏和简支梁相比有何不同？

5.9 偏心受压和偏心受拉构件斜截面受剪承载力计算与受弯构件斜截面受剪计算的主要区别是什么？

习　题

5.1 已知一钢筋混凝土矩形截面简支梁，受均布荷载，截面尺寸为 $b \times h = 200\text{mm} \times 500\text{mm}$，$h_0 = 465\text{mm}$，混凝土强度等级为 C30，承受剪设计值 $V = 140\text{kN}$，箍筋采用 HPB300 级钢筋。求箍筋用量。

5.2 有一钢筋混凝土矩形截面简支梁，截面尺寸为 $b \times h = 200\text{mm} \times 450\text{mm}$，该梁跨度 $l_0 = 4\text{m}$，支撑于砖墙之上，墙厚 240mm，承受均布荷载 60kN/m(包括自重)；混凝土强度等级 C30，箍筋用 HPB300 级钢筋，梁内已配置受拉纵筋 3 Φ 20。求：(1)若只配箍筋，计算箍筋用量；(2)若纵筋一部分可以弯起，计算弯起钢筋和箍筋用量。

5.3　有一矩形截面钢筋混凝土独立简支梁，截面尺寸 $b\times h=250\text{mm}\times550\text{mm}$，净跨 $l_n=4.76\text{m}$，承受均布荷载及集中荷载设计值如图 5-37 所示，混凝土强度等级为 C30，箍筋采用 HPB300 级钢筋，梁内已配置受拉纵筋 HRB400 级钢筋 2 ⌀22＋2 ⌀20。求：(1)若只配箍筋，计算箍筋用量；(2)若已配有双肢箍筋 ϕ6@200，计算所需弯起钢筋用量。

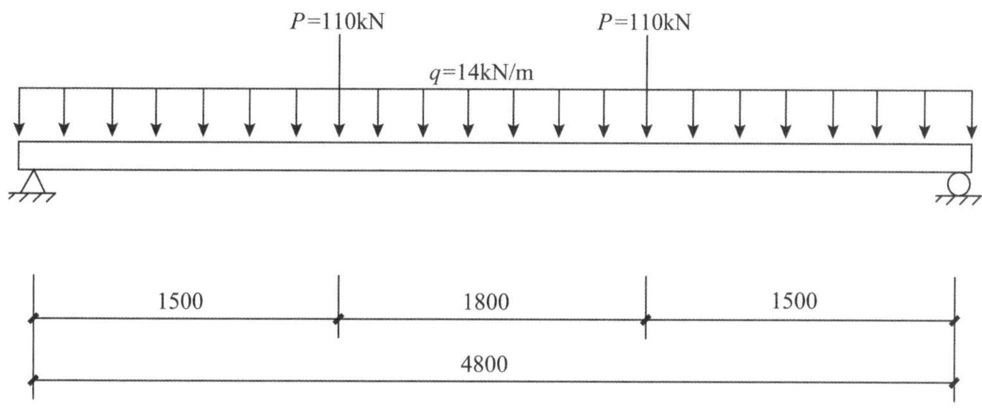

图 5-37　简支梁受荷示意图

5.4　有一承受跨中集中荷载的钢筋混凝土矩形截面简支梁，计算跨度 $l_0=4.8\text{m}$，截面尺寸 $b\times h=200\text{mm}\times500\text{mm}$；混凝土强度等级为 C30；箍筋采用双肢箍 ϕ8@150(HPB300 级钢筋)。梁的安全等级为二级。要求计算：(1)该梁斜截面受剪承载力 V_u；(2)该梁能承受的集中荷载的标准值(忽略梁的自重)。

5.5　有一钢筋混凝土框架结构的框架柱，净高 $H_n=3\text{m}$，截面尺寸 $b\times h=400\text{mm}\times400\text{mm}$，$h_0=365\text{mm}$；混凝土强度等级为 C30，箍筋为 HPB300 级钢筋；柱端作用轴向压力设计值 $N=800\text{kN}$，剪力设计值 $V=200\text{kN}$。要求计算箍筋用量。

5.6　有一钢筋混凝土偏心受拉构件，两端简支，跨度 $l=4\text{m}$；截面尺寸 $b\times h=300\text{mm}\times300\text{mm}$，$h_0=265\text{mm}$；构件上作用轴向拉力设计值 $N=100\text{kN}$，跨中作用一集中荷载设计值 $P=150\text{kN}$；混凝土强度等级 C30，箍筋用 HPB300 级钢筋。要求计算箍筋用量。

第 6 章 受扭构件扭曲截面承载力计算

本章知识点

知识点:纯扭构件破坏形态,受扭构件的配筋方式,纯扭构件承载力计算方法,弯扭、剪扭、弯剪扭构件承载力计算方法,计算公式中关键参数的物理意义及公式限制条件,构造要求。

重　点:受扭构件破坏形态,剪扭相关性,矩形、T 形和工字形截面受扭构件承载能力计算。

难　点:弯剪扭构件配筋计算方法及构造要求。

结构构件除承受弯矩、剪力、轴向压力和拉力外,扭转也是一种基本受力形式,在工程中经常遇到。常见的受扭构件有:曲形的桥梁;剧院和体育场的曲形挑台梁;螺旋形楼梯;不对称截面;承受水平制动力的吊车梁等。

混凝土结构中常见的受扭构件可按照引起构件受扭原因的不同分为两类,即平衡扭转和约束扭转。

静定的受扭构件,由荷载直接作用引起的扭转可直接由构件的静力平衡条件确定,它是维持基本平衡条件必不可少的内力之一,与构件本身抗扭刚度无关,称为平衡扭转。如图 6-1 所示的雨篷梁及受吊车横向刹车力作用的吊车梁。

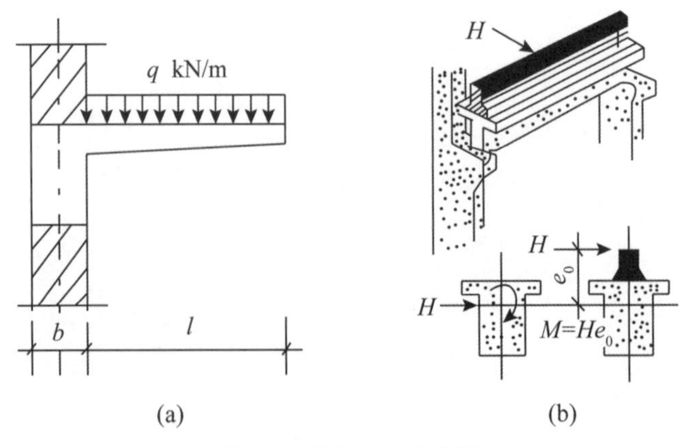

图 6-1　平衡扭转示意图

对于超静定受扭构件，作用在构件上的扭矩除了静力平衡条件以外，还必须由与相邻构件的变形协调条件才能确定，这种由变形协调性引起的扭转称为协调扭转（或附加扭转）。例如图 6-2 所示的现浇框架边梁，当次梁受弯产生弯曲变形时，边梁对与其整浇在一起的次梁端支座的转动就要产生弹性约束，产生扭转弯矩 T，使边梁受扭。约束的大小是由边梁的抗扭刚度和次梁的抗弯刚度决定的。例如，当边梁的抗扭刚度无穷大时，梁在端支座处即为固定端；而当边梁的抗扭刚度为零时，次梁在端支座处即为铰支。边梁承受的扭矩 T 是由楼面梁的支承点处的转角与该处边梁扭转角的变形协调条件所决定的，当边梁和楼面梁开裂后，由于楼面梁的弯曲刚度特别是边梁的扭转刚度发生了显著的变化，楼面梁和边梁都产生内力重分布，此时边梁的扭转角急剧增大，从而作用于边梁的扭矩迅速减小。

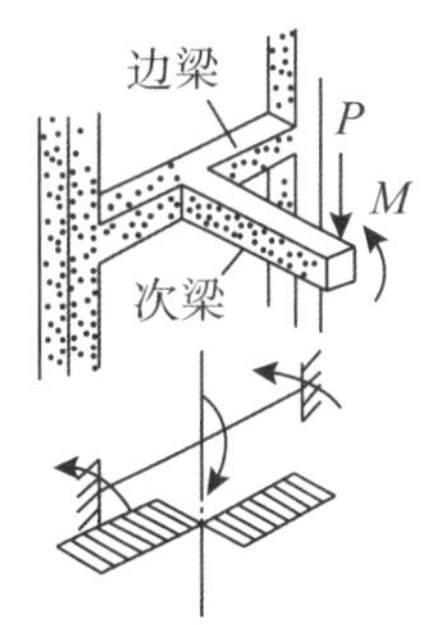

图 6-2　协调扭转示意图

目前《设计规范》建议的受扭构件承载力公式仅针对平衡扭转的情况，对协调扭转情况一般采取受扭构造措施予以解决。

实际工程中，单纯受扭的构件很少，大多数都是处于弯矩、剪力、扭矩共同作用下的复合受扭情况。为了深入了解构件的受扭性能及破坏形态，本章先介绍纯扭构件，然后介绍复合受扭构件。

6.1　纯扭构件的受力性能

6.1.1　素混凝土纯扭构件的受力性能

图 6-3(a)所示为一个素混凝土矩形截面构件承受扭矩 T 的作用，在加载的初始阶段，截面的剪应力分布符合弹性分析，由材料力学知识可知，矩形截面弹性状态的剪应力分布中，最大剪应力 τ_{max} 发生在矩形截面长边的中点，如图 6-4 所示。

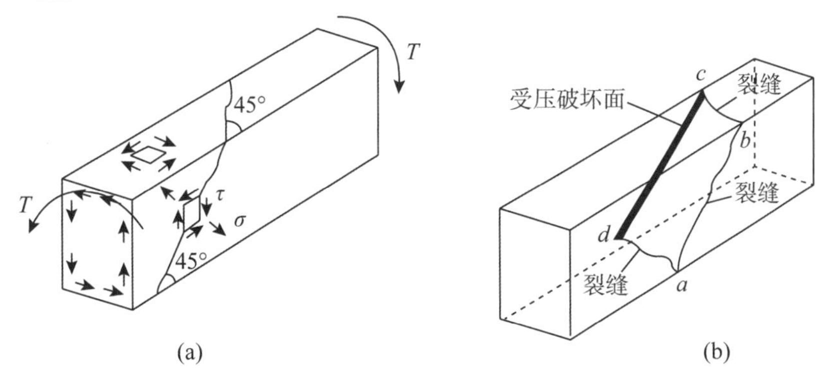

图 6-3　素混凝土纯扭构件开裂前后示意图

从图 6-3(a)所示的截面长边的微元体可看出，与微元体上纯剪状态所对应的主拉应力 $\sigma_{tp}=\tau_{max}$，方向与纵轴成 45°角。当主拉应力超过混凝土抗拉强度时，混凝土将在垂直于主拉应力方向开裂，因此构件首条裂缝将发生在长边中点附近混凝土抗拉薄弱部位（即图 6-4(b) 的 $a-b$ 裂缝）。

随着扭矩的增大，斜裂缝的两端同时沿 45°方向延伸到构件上下边缘，并继续向顶面和地面发展，当 3 个侧面的裂缝贯通后，在第 4 个侧面沿 $c-d$ 裂缝混凝土被压碎，形成翘曲的扭转破坏面，构件断成两截，如图 6-3(b)所示。

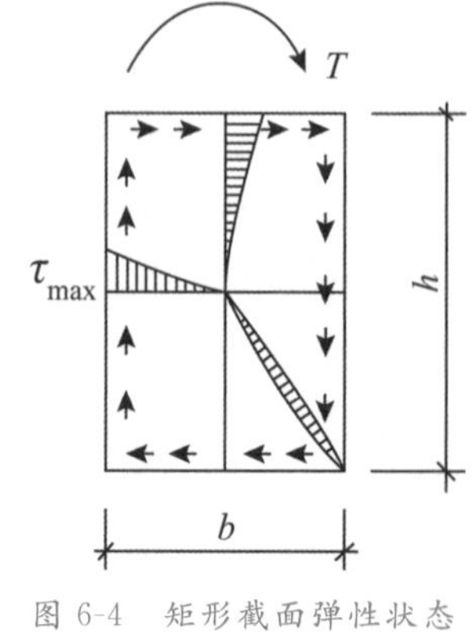

图 6-4　矩形截面弹性状态的剪应力分布

素混凝土纯扭构件的断口形状清晰、整齐，与受拉破坏特征一致，其他位置一般不再发生裂缝。这种破坏形态称为沿空间扭曲面的斜弯型破坏，属于脆性破坏。

试验资料显示，矩形截面梁的极限扭矩明显大于弹性计算值，又小于塑性计算值。表明混凝土构件受扭破坏之前，有一定的塑性变形发展。

6.1.2　混凝土纯扭构件的受力性能

素混凝土构件的抗扭承载能力是很低的。一旦开裂很快就会破坏，为了提高构件的抗扭承载力，受扭构件需要配置钢筋，以便在混凝土开裂后由钢筋代替混凝土来承担拉力。由素混凝土纯扭构件的破坏形态来看，最有效的配筋方式应将受扭钢筋布置成与构件纵轴线成 45°角的螺旋形钢筋，方向与主拉应力平行，与斜裂缝垂直。但这种钢筋施工困难，而且当扭矩方向改变时会完全失效，所以实际工程中都采用由均匀布置的箍筋和尽可能沿构件周边均匀分布的抗扭纵筋组成的钢筋骨架承受主拉应力。

试验结果表明，钢筋混凝土纯扭构件在扭矩作用时，开裂以前的钢筋应力是很小的，其抗扭刚度相对较大。裂缝出现时，由于部分混凝土退出工作，斜截面上拉应力主要由钢筋承受，钢筋应力明显增大，裂缝出现前构件截面受力的平衡状态被打破，带有裂缝的混凝土和钢筋将共同组成一个新的受力体系，获得新的平衡。在这个新的受力体系中，混凝土受压，受扭纵筋和箍筋均受拉。裂缝出现后，构件截面的扭转刚度降低较大，且受扭钢筋用量愈少，构件截面的扭转刚度降低愈多（如图 6-5 所示）。

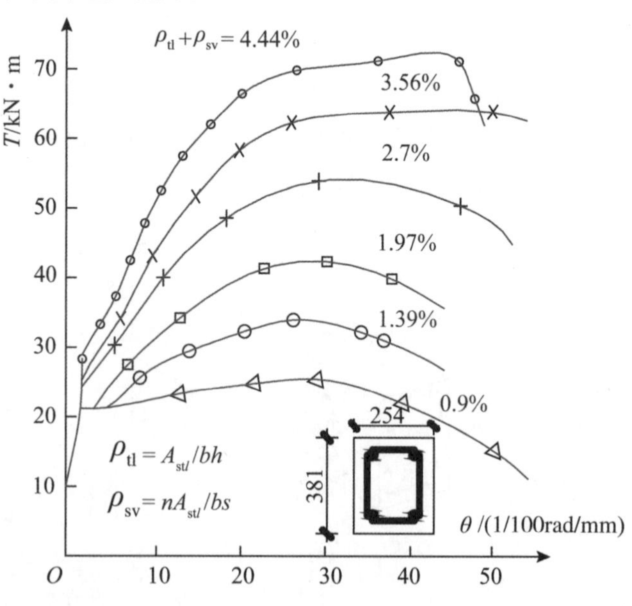

图 6-5　不同配筋量下的 T-θ 曲线

矩形截面钢筋混凝土受扭构件的初始裂缝一般发生在剪应力最大处，即截面长边的中点附近且与构件轴线约呈 45°角。随着时间的推移，这条初始裂缝逐渐向两边缘发展并相继出现许多新的螺旋形裂缝，混凝土和钢筋的应力、应变都不断增长，直到构件破坏。试验表明，钢筋混凝土构件截面的开裂扭矩比相应的素混凝土构件约高 10%～30%。

钢筋混凝土纯扭构件的破坏形态与受扭纵筋和受扭箍筋配筋率的大小有关，可分为适筋破坏、少筋破坏、部分超配筋破坏和完全超配筋破坏四类。

1. 适筋破坏

正常配筋条件下的钢筋混凝土构件，抗扭纵筋和箍筋的用量都比较适当。在扭矩作用下，纵筋和箍筋先到达屈服强度，然后混凝土被压碎而破坏。这种破坏与受弯构件适筋梁类似，属于延性破坏。此类受扭构件称为适筋受扭破坏。实际工程中的受扭构件应尽可能设计成具有这种适筋破坏特征的构件。

对于适筋破坏，当扭矩很小时，构件截面的应力分布与弹性分析一致，变形很小。当截面长边中点混凝土的主拉应力达到其抗拉强度后，出现 45°方向的斜裂缝，扭转角明显增大，扭转刚度明显降低，在曲线上表示为水平段。随着扭矩的增大，斜裂缝的数量不断增多，发展成为多重螺旋状表面裂缝(如图 6-6 所示)。同时，裂缝逐渐深入截面内部，外层混凝土退出工作，扭矩主要由钢筋承担，应力增长快，扭转角的增大加快，构件抗扭刚度下降。当与斜裂缝相交的一些箍筋和纵筋达到屈服强度时，截面上更多外层混凝土退出工作，构架刚度降低，T-θ 曲线趋向平缓。当其中一条斜裂缝宽度超过其他裂缝，称为临界斜裂缝，与之相交的箍筋和纵筋相继屈服，扭矩不再增大，扭转角继续增大，T-θ 曲线水平，就达到构件的极限扭矩 T_u。然后斜裂缝发展更宽，T-θ 曲线开始下降，混凝土破坏。钢筋混凝土适筋构件的破坏形态为三面螺旋形受拉裂缝和一面受压的斜弯型破坏。

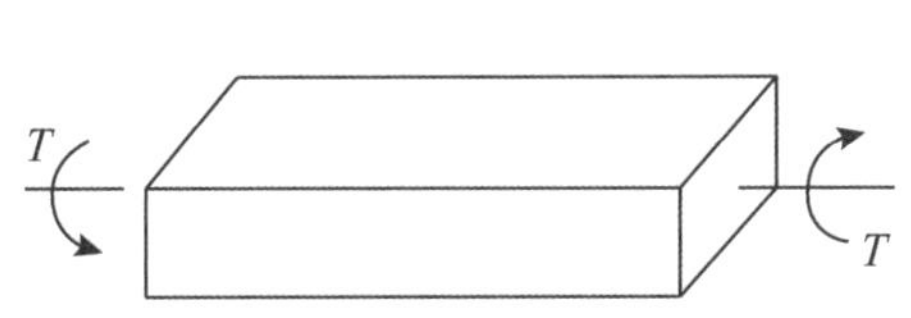

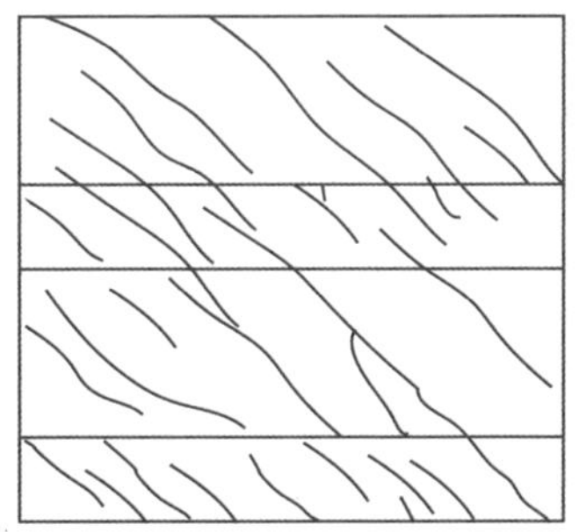

图 6-6　受扭构件适筋破坏时的裂缝分布

2. 少筋破坏

若构件中配置的箍筋和纵筋数量过少，在扭矩作用下，一旦出现裂缝，构件会立即发生破坏。此时，纵筋和箍筋不仅达到屈服阶段且可能进入强化阶段，其破坏类似于不配钢筋的素混凝土受扭构件，是脆性的，称为少筋受扭破坏。

在设计中应避免这类少筋构件的出现，因此《设计规范》分别规定了抗扭纵筋和箍筋的最小配筋率。

3. 完全超配筋破坏

若构件中配置的箍筋和纵筋数量过多或者混凝土强度等级过低，在扭矩作用下，纵筋和箍筋均未达到屈服强度时，混凝土就先行破坏，这类破坏与受弯构件的超筋梁破坏相类似，破坏时变形和混凝土裂缝宽度较小，属于脆性破坏。这种受扭构件可称为超筋受扭构件。在工程设计中应避免这种构件的出现，也可通过控制构件截面尺寸不致过小来限制抗扭钢筋的最大用量。

4. 部分超配筋破坏

构件在扭矩作用下的主拉应力需要由纵筋和箍筋共同承担。若抗扭纵向钢筋和箍筋的用量都比较多或者其中一种钢筋的用量较多，或两者配筋比率相差较大时，就会发生部分超配筋破坏。例如纵筋的配筋率比箍筋的小很多，则破坏时仅纵筋屈服，而箍筋不屈服；反之，则箍筋屈服，纵筋不屈服。随着扭矩荷载的不断增大，配置数量较多的钢筋未达到屈服点时，受压区混凝土已经达到抗压强度而破坏，结构就具有一定的延性，但与适筋受扭构件破坏时的截面相比，其延性就较小。这类构件在工程中还是可以采用的，只是不够经济。

为了使箍筋和纵向抗扭钢筋能够共同发挥承担扭矩的作用，就必须把它们之间的用量比控制在合理的范围内。定义纵筋和箍筋的配筋强度比 ζ 为

$$\zeta=\frac{A_{stl}f_y/u_{cor}}{A_{st1}f_{yv}/s}=\frac{A_{stl}f_y s}{A_{st1}f_{yv}u_{cor}} \tag{6-1}$$

式中：A_{stl}，f_y——沿截面周边对称布置的纵筋总面积及其屈服强度，A_{stl} 只能取对称布置的那部分纵向钢筋的截面面积；A_{st1}，f_{yv}——抗扭箍筋的单肢截面面积及其屈服强度；s——箍筋间距；u_{cor}——截面核芯部分的周长。

如图 6-7 所示，对于矩形截面，$u_{cor}=2(b_{cor}+h_{cor})$，$b_{cor}$ 和 h_{cor} 分别为从箍筋内表面计算的截面核芯的短边和长边尺寸。设混凝土保护层厚度为 c，则 $b_{cor}=b-2c$；$h_{cor}=h-2c$。

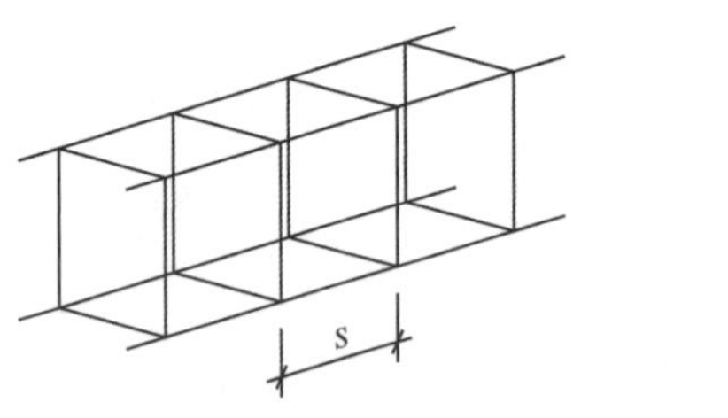

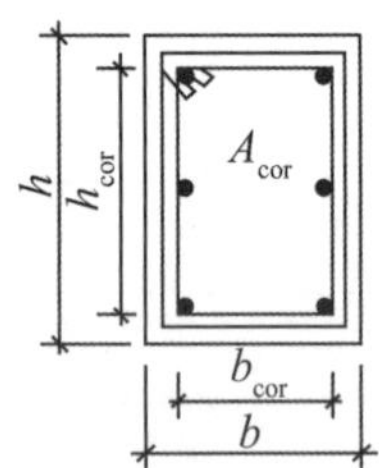

图 6-7 受扭核心区

试验证明，当 $0.5\leqslant\zeta\leqslant2.0$，受扭构件破坏时，纵筋和箍筋都能达到抗拉强度设计值。《设计规范》规定 ζ 的取值为 $0.6\leqslant\zeta\leqslant1.7$。当 $\zeta>1.7$ 时取 $\zeta=1.7$，当 $\zeta=1.2$ 左右时为钢筋达到屈服的最佳值，设计中 ζ 常用的范围是 1.0～1.3。

图 6-8 所示为配筋强度比 $\zeta=1.0$ 时，抗扭箍筋用量 $A_{st1}f_{yv}/s$ 和受扭承载力 T 的关系。图中 A—B 段为少筋构件，受扭承载力为水平直线，与配筋量无关；B—C 段为适筋构件，随箍筋用量增加，受扭承载力显著提高；C—D 段为部分超配筋构件，因为用量较多的那部分钢筋不能充分发挥作用，受扭承载力增长速度减慢；D—E 段为完全超配筋构件，配筋量的增加

对受扭承载力影响不大。在配筋强度比 ζ 不同时，少筋与适筋、适筋与超筋的极限位置是不同的。

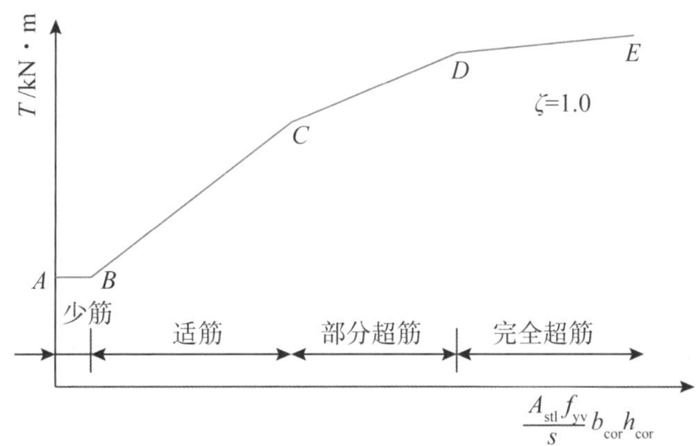

图 6-8　受扭箍筋量与受扭承载力关系

6.2　纯扭构件的扭曲截面承载力

计算纯扭构件的扭曲截面承载力时，需要首先计算构件的开裂扭矩。如果扭矩小于构件的开裂扭矩，仅需按构造要求配置受扭钢筋。若扭矩大于其开裂扭矩，则要按计算配置受扭纵筋和箍筋，以满足构件的承载力要求。

6.2.1　开裂荷载的计算

由前文分析知道，素混凝土构件一经开裂就达到纯扭承载力极限状态，而发生破坏，所以开裂扭矩 T_{cr} 和极限扭矩 T_u 就非常接近，可以认为 $T_{cr}=T_u$。

裂缝出现前，即在扭矩较小时，其扭矩一扭转角曲线为直线，扭转刚度与按弹性理论的计算值十分接近，受扭纵筋和箍筋的应力都很小，钢筋的存在对开裂扭矩影响不大。因此在研究开裂扭矩时，可忽略钢筋的影响，视为与素混凝土纯扭构件相似。

若将混凝土视为理想弹性材料，矩形截面上剪应力分布如图 6-4 所示，截面上任意一点的剪应力与该点至矩形截面中心的距离不成线性比例，最大剪应力发生在截面长边中点，形心和四个角点处的剪应力为零。当最大扭剪应力或最大主拉应力达到混凝土抗拉强度 f_t 时，构件开裂，则截面的开裂扭矩，即纯扭构件的受扭承载力为

$$T_{cr}=\tau_{max}(\alpha b^2 h)=\tau_{max}W_{te}=f_t W_{te} \tag{6-2}$$

式中：b、h——截面的短边和长边；α——与比值 h/b 有关的系数，当 h/b 为 1～10 时，α 为 0.208～0.313；W_{te}——截面抗扭弹性抵抗矩；f_t——混凝土抗拉强度设计值；τ_{max}——最大剪应力。

若将混凝土视为理想塑性材料，当截面上某一点的最大剪应力或主拉应力达到混凝土抗拉强度时，构件并不会立即破坏，而是保持屈服强度继续变形，整个截面尚能继续承受扭

矩，直至截面上各点的剪应力全部达到极限强度时，构件才丧失其承载能力，此时截面上剪应力分布图形为矩形，如图 6-9 所示，即为全塑性状态。此时构件能承受的扭矩即为开裂扭矩或极限扭矩。

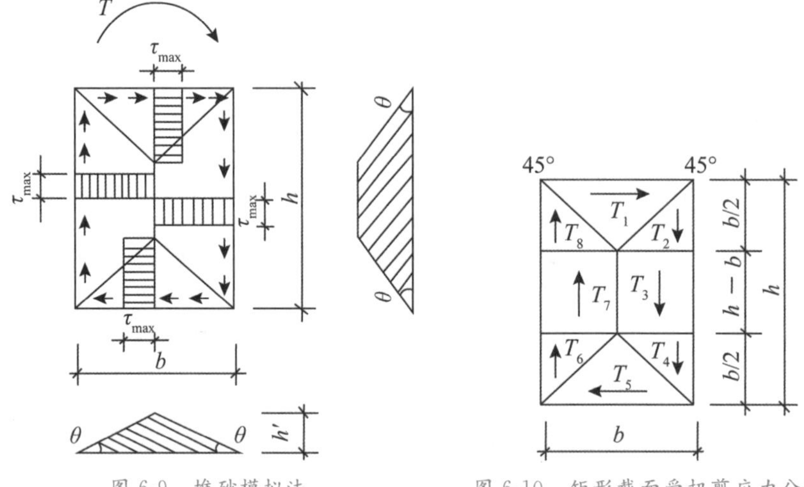

图 6-9　堆砂模拟法　　　图 6-10　矩形截面受扭剪应力分块

对于矩形截面，假定矩形截面内扭剪应力进入全塑性状态时，出现与各边成 45°的塑性应力分布界限线，为计算开裂扭矩 T_{cr} 方便，可将截面上的扭剪应力划分为几块，如图 6-10 所示划分为八块。先将每块的剪力流对截面扭转中心取矩，然后相加即得截面的开裂扭矩 T_{cr}。

$$T_{1-5}=\frac{1}{2}b\times\frac{b}{2}\left(h-2\times\frac{1}{3}\times\frac{b}{2}\right)\tau_{max}=\frac{b^2}{4}\left(h-\frac{b}{3}\right)\tau_{max}$$

$$T_{2-8}=T_{4-6}=\frac{1}{2}\times\frac{b}{2}\times\frac{b}{2}\left(h-2\times\frac{1}{3}\times\frac{b}{2}\right)\tau_{max}=\frac{b^2}{8}\left(h-\frac{b}{3}\right)\tau_{max}$$

$$T_{3-7}=\frac{b}{2}(h-b)\times\frac{b}{2}\tau_{max}=\frac{b^2}{4}(h-b)\tau_{max}$$

$$T_{cr}=T_{1-5}+T_{2-8}+T_{4-6}+T_{3-7}=\frac{b^2}{6}(3h-b)\tau_{max}=W_t\tau_{max}=W_tf_t \tag{6-3}$$

式中：b、h——截面的短边和长边；W_t——截面抗扭塑性抵抗矩，对矩形截面，$W_t=\frac{b^2}{6}(3h-b)$；f_t——混凝土抗拉强度设计值。

塑性理论还建议了简便、实用的堆砂模拟法确定其极限扭矩值。其方法为，制作一个与构件截面形状相同的平面，用松散的干燥细砂从其上均匀撒下，直至砂粒从四周滚落，不能再往上堆积为止。取砂堆的倾斜率 $\tan\theta$ 为塑性极限剪应力，则此构件塑性极限扭矩为砂堆体积的 2 倍。工程上常用的 T 形、工字形和 Γ 形截面都可以用堆砂模拟法计算塑性极限扭矩。图 6-9 所示为矩形截面构件的砂堆形状，用几何方法计算其体积后即得塑性极限扭矩。

事实上，混凝土材料既非理想弹性材料，亦非理想塑性材料，而是介于两者之间的弹塑性材料。试验证明，实测的开裂扭矩值高于按弹性分析的计算值，如式(6-2)，而低于按塑性分析的计算值，如式(6-3)。混凝土纯扭构件的开裂扭矩应介乎两者之间。

此外，构件中除作用有主拉应力外，还作用有主压应力，在拉、压复合应力状态下，混凝土的抗拉强度要低于单向受拉时的强度。混凝土内的微裂缝、裂隙和局部缺陷又会引起应力集中而降低构件的承载力。

为实用计算方便，纯扭构件受扭开裂扭矩设计时，采用理想塑性材料截面的应力分布计算，但对混凝土的抗拉强度应乘以折减系数适当予以降低。根据试验，对强度较低的混凝土，降低系数接近于 0.8；对强度较高的混凝土，降低系数接近于 0.7。为安全起见，《设计规范》取混凝土强度降低系数为 0.7，则开裂扭矩 T_{cr} 的计算式为

$$T_{cr}=0.7f_tW_t \tag{6-4}$$

式中符号与式(6-3)相同。

6.2.2　混凝土纯扭构件承载力的计算

构件在扭矩作用下处于三维应力状态，平截面假定就不再适用，而准确的理论计算则难度很大，至今工程中受扭构件的设计主要采用基于试验结果的经验公式，或者根据简化力学模型推导的近似计算式。

早在研究混凝土受扭构件的初期，1928 年德国的 Rausch 就提出了桁架模型分析方法。以后经过各种改进和补充，发展至弯剪扭共同作用的构件，称为斜压场理论和变角空间桁架模型等。目前的两种计算方法主要以变角空间桁架模型和斜弯破坏模型为基础，《设计规范》采用的是前者。

由于受扭构件破坏机理的复杂性，有些简化假设与构件实际受力状态相差较大，按变角空间桁架模型求得的计算值与试验值之间仍有一定偏差。这里只简单介绍变角空间桁架模型的基本概念和计算式的推导方法。

试验分析和理论研究表明，在裂缝充分发展、抗扭钢筋应力接近于屈服强度、构件即将破坏时，截面核芯部分混凝土退出工作，从而实心截面的钢筋混凝土受扭构件可以假想为一箱形截面构件。带有螺旋形裂缝的混凝土外壳和抗扭纵筋以及箍筋共同组成一个空间桁架以抵抗扭矩，如图 6-11 所示。

弦杆（纵筋）
斜裂缝
T
混凝土斜压杆
h_{cor}
竖杆（箍筋）
s　s
b_{cor}

图 6-11　变角空间桁架计算模型

变角空间桁架模型的基本假定有：

(1)混凝土只承受压力，具有螺旋形裂缝的混凝土外壳组成桁架的斜压杆，倾角为 α；

(2)抗扭纵筋和箍筋只承受拉力，分别为桁架的弦杆和腹杆；

(3)抗扭纵筋沿截面周边对称均匀布置，抗扭箍筋沿构件纵轴线等间距布置；

(4)忽略核心混凝土的受扭作用、纵向钢筋的销栓作用和斜裂缝之间的骨料咬合作用。

按弹性薄壁管理论，在扭矩 T 作用下，沿箱形截面侧壁中将产生大小相等的环向剪力流，如图 6-12 所示，且

$$q_{sv}=\tau \cdot t=\frac{T}{2A_{cor}} \tag{6-5}$$

式中：A_{cor}——剪力流路线所围成的面积，按变角度空间桁架模型取位于截面角部纵筋中心连线所围成的面积，$A_{cor}=b_{cor}\times h_{cor}$（规范规定为箍筋内表面围成的面积）；$\tau$——扭剪应力；$t$——箱形截面侧壁厚度。

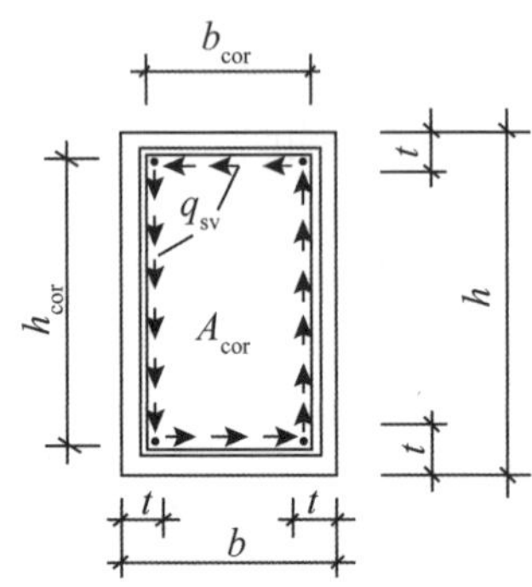

图 6-12 矩形截面中的环向剪力流

由图 6-12 可知，变角空间桁架模型是由 2 榀竖向的变角度平面桁架和 2 榀水平的变角度平面桁架组成。为了计算截面受扭承载力，取竖向的变角度平面桁架为研究对象，受力分析见图 6-13。

抗扭纵筋承受的纵向拉力为

$$N_{stl}=\frac{A_{stl}}{u_{cor}}f_{y}h_{cor} \tag{6-6}$$

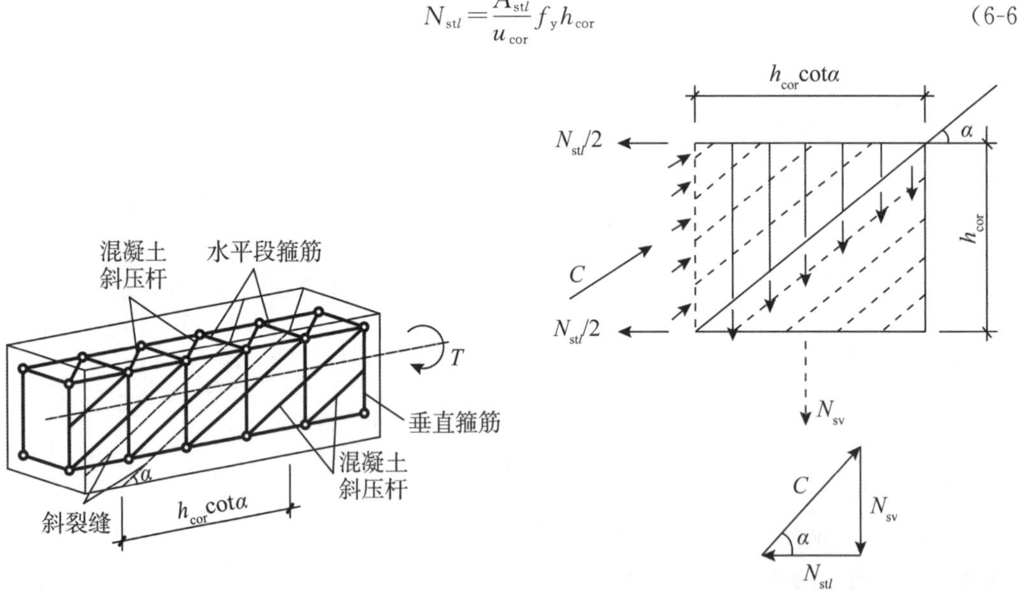

图 6-13 变角空间桁架模型受力分析

承受竖向拉力 N_{sv} 的抗扭箍筋，应取与斜裂缝相交的箍筋。沿构件纵向能计及的箍筋范围是 $h_{cor}\cot\alpha$，箍筋间距为 s，此范围内单肢箍筋承受总的竖向拉力为

$$N_{sv}=\frac{A_{st1}}{s}f_{yv}h_{cor}\cot\alpha \tag{6-7}$$

在 h_{cor} 范围内混凝土斜压杆承受的压力为 C，则 N_{stl}、N_{sv} 和 C 构成了一个如图 6-13(c)所示的平衡力系，其中

$$\cot\alpha=\frac{N_{stl}}{N_{sv}}=\sqrt{\frac{A_{stl}f_{y}s}{A_{st1}f_{yv}u_{cor}}}=\sqrt{\zeta} \tag{6-8}$$

式中：ζ——抗扭纵筋和抗扭箍筋的配筋强度比，见式(6-1)。

斜压杆和斜裂缝的倾角 α 将随 ζ 的变化而变化。试验表明，斜压杆倾角一般都在 30°～60°范围变化，故称变角桁架模型，此时得到的 ζ 为 3 到 0.333。

当对竖向桁架取单位高度时，可得到单位长度剪力值 q_{sv}，即剪力流强度，如图 6-12 所示。

$$\begin{aligned}q_{sv}&=\frac{N_{sv}}{h_{cor}}=\frac{A_{st1}}{s}f_{yv}h_{cor}\cot\alpha\,\frac{1}{h_{cor}}=\frac{A_{st1}f_{yv}}{s}\cot\alpha\\&=\frac{A_{st1}f_{yv}}{s}\sqrt{\zeta}\end{aligned} \tag{6-9}$$

将式(6-9)代入式(6-5)即得截面受扭承载力 T_u 的计算式：

$$T_u=2\sqrt{\zeta}\frac{A_{st1}f_{yv}}{s}A_{cor} \tag{6-10}$$

由上式可以看出，构件扭曲截面的受扭承载力主要取决于钢筋骨架尺寸、纵筋和箍筋用量及其屈服强度。

6.2.3 《设计规范》采用的受扭承载力计算方法

对于混凝土纯扭构件，《设计规范》根据大量的试验资料的统计分析，结合考虑可靠度要求，采用了一个相似于斜截面受剪承载力计算的半经验半理论公式，即

$$T\leqslant 0.35f_tW_t+1.2\sqrt{\zeta}\frac{A_{st1}f_{yv}}{s}A_{cor} \tag{6-11}$$

式中：T——扭矩设计值；f_t——混凝土抗拉强度设计值；W_t——截面受扭塑性抵抗矩；ζ——受扭构件纵筋与箍筋配筋强度比，由式(6-1)确定，当 ζ 大于 1.7 时，取 1.7；当 ζ 小于 0.6 时，取 0.6；A_{st1}——受扭计算中取截面周边所配置箍筋的单肢截面面积；A_{stl}——受扭计算中取对称布置的全部纵向钢筋截面面积；f_{yv}——箍筋抗拉强度设计值；s——受扭箍筋间距；A_{cor}——截面核心部分的面积，取为 $b_{cor}\times h_{cor}$，此处，b_{cor}、h_{cor} 分别为箍筋内表面范围内截面核心部分的短边、长边尺寸；u_{cor}——截面核心部分的周长，取 $2(b_{cor}+h_{cor})$。

式(6-11)中第一项表示开裂后混凝土所能承受的扭矩，其值为开裂荷载的一半。试验研究表面，钢筋混凝土构件在扭矩作用下开裂后形成许多相互平行的螺旋形裂缝，但钢筋混凝土有一定的塑性，还可承受一定的扭矩；另外，构件受扭时由于钢筋的连系，使裂缝开展受到一定的限制，斜裂缝间混凝土的骨料咬合作用也承受一定的扭矩。

式(6-11)中第二项为钢筋承受的扭矩，其系数 1.2 小于变角空间桁架模型得到的系数 2，原因是因为与斜裂缝相交的钢筋不可能全部达到屈服，与变角空间桁架模型钢筋均达到屈服的假定有一定的差别；同时，规范公式考虑了混凝土的抗扭作用，A_{cor} 为按箍筋内表面计

算的而非截面角部纵筋中心连线计算的截面核心面积。当采用系数 1.2 以后，由式(6-11)求得的计算值与相应的实验值符合程度较好，如图 6-14 所示。

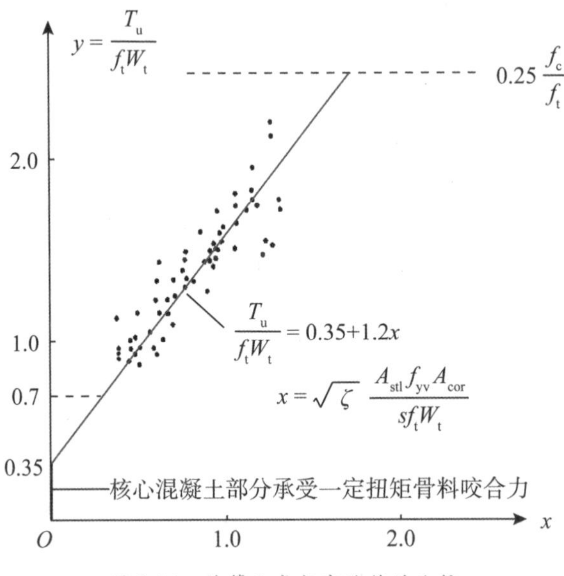

图 6-14 计算公式与实验值的比较

式(6-11)是针对适筋构件和部分超筋构件提出的，为了防止发生超筋破坏和少筋破坏，采用限制抗扭钢筋配筋率的上限值和下限值来保证。

(1)为防止少筋破坏，必须规定最小配筋率。

《设计规范》规定受扭纵筋和箍筋应满足最小配筋率要求，对于纯扭构件：

箍筋的最小配筋率

$$\rho_{sv}=\frac{nA_{st1}}{bs}\geqslant\rho_{sv,\min}=0.28\frac{f_t}{f_{yv}} \tag{6-12}$$

纵筋的最小配筋率

$$\rho_{tl}=\frac{A_{stl}}{bh}\geqslant\rho_{tl,\min}=0.6\sqrt{\frac{T}{Vb}}\frac{f_t}{f_y} \tag{6-13}$$

当 T/Vb 大于 2 时，取等于 2，$\rho_{tl,\min}=0.85\frac{f_t}{f_y}$

(2)为避免超筋破坏，必须限制最大配筋率，规定一个配筋的上限值，上限值可采用限制截面尺寸不能过小的条件。

《设计规范》规定，对 $h_w/b\leqslant 6$ 的矩形、T 形、工字形截面和 $h_w/t_w\leqslant 6$ 的箱形截面构件，如图 6-15 所示，其截面应符合下列条件：

当 h_w/b(或 h_w/t_w)$\leqslant 4$ 时

$$T\leqslant 0.2\beta_c f_c W_t \tag{6-14}$$

当 h_w/b(或 h_w/t_w)$=6$ 时

$$T\leqslant 0.16\beta_c f_c W_t \tag{6-15}$$

当 $4<h_w/b$(或 h_w/t_w)<6 时，按线性内插法确定。

式中：b——矩形截面的宽度，T 形或工字形截面的腹板宽度，箱形截面的侧壁总厚度 $2t_w$；h_0——截面的有效高度；h_w——截面的腹板高度，对矩形截面，取有效高度 h_0；对 T 形截面，取有效高度减去翼缘高度 h_f'；对工字形和箱形截面，取腹板净高；t_w——箱形截面壁厚，其值不应小于 $b_h/7$，此处，b_h 为箱形截面的宽度；β_c——混凝土强度影响系数，当混凝土强度等级不超过 C50 时，取 $\beta_c=1.0$；当混凝土强度等级为 C80 时，取 $\beta_c=0.8$；其间按线性内插法确定；f_c——混凝土轴心抗压强度设计值。

当 h_w/b(或 h_w/t_w)>6 时，受扭构件的截面尺寸条件及扭曲截面承载力计算应符合专门规定。

工程设计中，当满足 $T\leqslant 0.7f_cW_t$ 时，抗扭箍筋和纵筋可不进行计算，只需满足上述最小配筋率，按构造要求配置即可。

对于在轴向压力和扭矩共同作用下的矩形截面钢筋混凝土构件，其受扭承载力可按下列公式计算：

$$T_u=0.35f_tW_t+1.2\sqrt{\zeta}\frac{A_{st1}f_{yv}}{s}A_{cor}+0.07\frac{N}{A}W_t \tag{6-16}$$

式中：N——与扭矩设计值 T 相应的轴向压力设计值，当 $N>0.3f_cA$ 时，取 $0.3f_cA$；ζ——受扭构件纵筋与箍筋配筋强度比，由式(6-1)确定，当 ζ 大于 1.7 时，取 1.7；当 ζ 小于 0.6 时，取 0.6；A——构件截面面积。

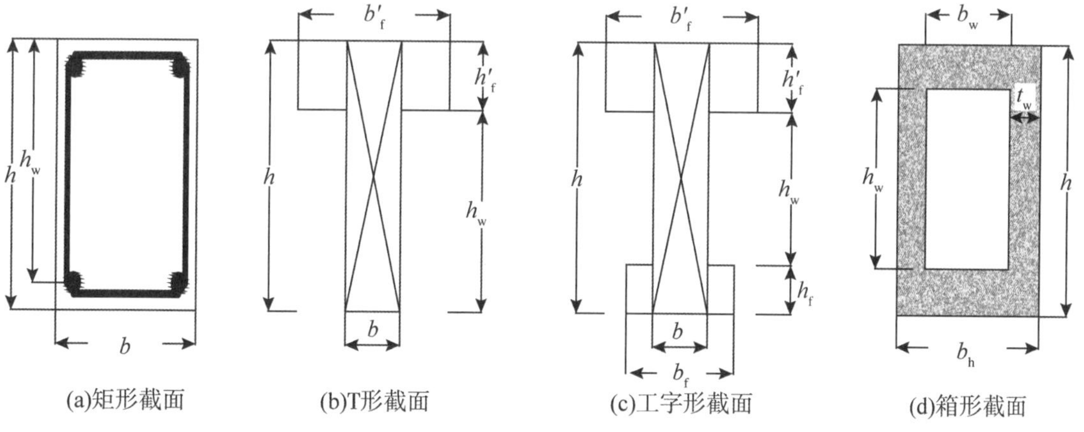

图 6-15　各类截面对应参数图

［例题 6.1］　有一钢筋混凝土矩形截面纯扭构件，截面尺寸 $b\times h=250\text{mm}\times 500\text{mm}$；承受扭矩设计值 $T=18\text{kN}\cdot\text{m}$；混凝土强度等级为 C30，纵向钢筋用 HRB400 级钢筋，箍筋用 HPB300 级钢筋。计算抗扭钢筋用量。

[解]

$f_c=14.3\text{N/mm}^2$，$f_t=1.43\text{N/mm}^2$，$f_y=360\text{N/mm}^2$，$f_{yv}=270\text{N/mm}^2$

(1)验算构件截面尺寸

$$h_0=500-35=465(\text{mm})$$

$$W_t=\frac{b^2}{6}(3h-b)=\frac{250^2}{6}\times(3\times500-250)=1.302\times10^7(\text{mm}^3)$$

$$\frac{h_w}{b}=\frac{465}{250}=1.86<4.0$$

$$T=18\text{kN}\cdot\text{m}<0.2\beta_c f_c W_t=0.2\times1.0\times14.3\times1.302\times10^7=37.24(\text{kN}\cdot\text{m})$$

满足要求。

(2)检验是否需按计算配筋

$$T=18\text{kN}\cdot\text{m}>0.7f_tW_t=0.7\times1.43\times1.302\times10^7=13.03(\text{kN}\cdot\text{m})$$

需按计算配筋

(3)计算抗扭箍筋

$$h_{cor}=500-2\times25=450(\text{mm})$$

$$b_{cor}=250-2\times25=200(\text{mm})$$

$$A_{cor}=h_{cor}b_{cor}=450\times200=9\times10^4(\text{mm}^2)$$

$$u_{cor}=2(h_{cor}+b_{cor})=2\times(450+200)=1300(\text{mm})$$

取 $\zeta=1.2$，从式(6-16)可得

$$\frac{A_{st1}}{s}=\frac{T-0.35f_tW_t}{1.2\sqrt{\zeta}f_{yv}A_{cor}}=\frac{18\times10^6-0.35\times1.43\times1.302\times10^7}{1.2\sqrt{1.2}\times270\times9\times10^4}=0.359(\text{mm}^2/\text{mm})$$

取 $d=8\text{mm}$，$A_{st1}=50.3\text{mm}^2$，代入上式得

$$s=\frac{A_{st1}}{0.359}=\frac{50.3}{0.359}=140.1(\text{mm})<s_{max}=200\text{mm}$$

选取箍筋 $\phi8@140$。

(4)验算箍筋的最小配筋率

$$\rho_{sv}=\frac{nA_{st1}}{bs}=\frac{2\times50.3}{250\times140}=0.29\%\geqslant\rho_{sv,min}$$

$$\rho_{sv,min}=0.28\frac{f_t}{f_{yv}}=0.28\times\frac{1.43}{270}=0.15\%$$

满足要求。

(5)计算抗扭纵筋

由式(6-1)，得

$$A_{stl}=\frac{A_{st1}f_{yv}u_{cor}}{f_ys}\zeta=\frac{50.3\times270\times1300}{360\times140}\times1.2=415(\text{mm}^2)$$

选取纵向钢筋 6 Φ 12，实配 $A_{stl}=678\text{mm}^2>415\text{mm}^2$。

(6)验算纵筋的最小配筋率

$$\rho_{tl}=\frac{A_{stl}}{bh}=\frac{678}{250\times500}=0.54\%\geqslant\rho_{tl,\min}$$

$$\rho_{tl,\min}=0.85\frac{f_t}{f_y}=0.85\times\frac{1.43}{360}=0.34\%$$

满足要求。

综上所述，受扭纵筋和箍筋都满足最小配筋率的要求，截面配筋如图 6-16 所示。

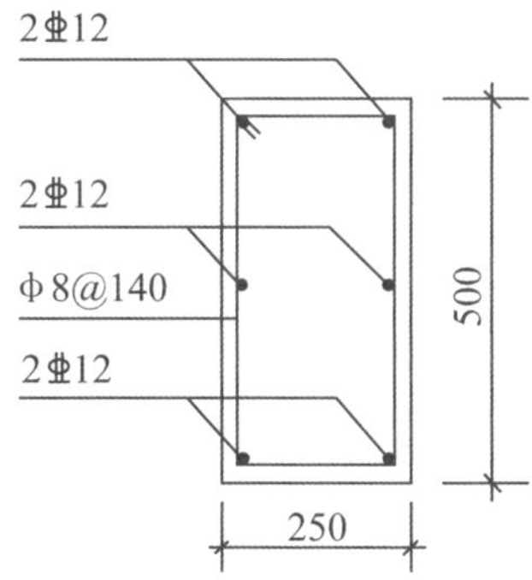

图 6-16　例题 6.1 的配筋图

6.2.4　T 形和工字形截面纯扭构件承载力计算

试验表明，T 形和工字形截面钢筋混凝土纯扭构件，当 $b>h_f$，$b>h_f'$时，结构的第一条斜裂缝出现在腹板侧面的中部，其破坏形态和规律性与矩形截面纯扭构件相似。计算其受扭承载力时，可先将截面划分为若干个矩形截面，然后将作用于 T 形和工字形截面上的总扭矩分配给各分块，再按分块的矩形截面进行计算。分块的原则是首先满足腹板矩形截面的完整性，按截面总高度确定腹板截面，再划分为受压翼缘和受拉翼缘，如图 6-17 所示。腹板矩形截面的高为 h，宽为 b；受压和受拉翼缘的宽各为$(b_f'-b)$和(b_f-b)，高分别为 h_f'和 h_f，各矩形截面承受的扭矩设计值可按下列规定计算：

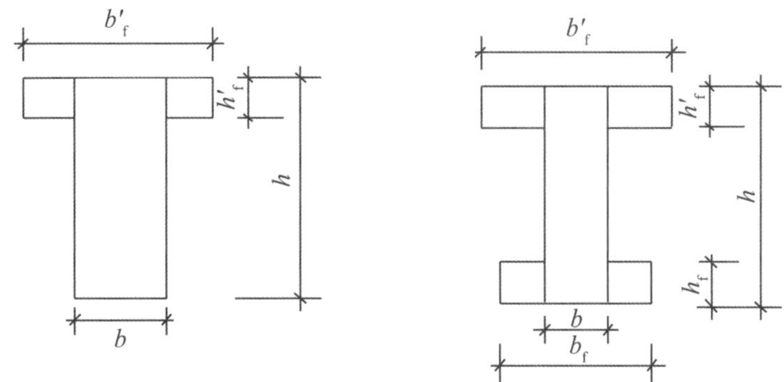

图 6-17　T 形和工字形截面的分块方法

(1)腹板

$$T_w=\frac{W_{tw}}{W_t}T \tag{6-17}$$

(2)受压翼缘

$$T_f'=\frac{W_{tf}'}{W_t}T \tag{6-18}$$

(3)受拉翼缘

$$T_f=\frac{W_{tf}}{W_t}T \tag{6-19}$$

式中：T_w——腹板所承受的扭矩设计值；T_f'、T_f——分别为受压翼缘、受拉翼缘所承受的扭矩设计值；W_t——T形和工字形截面的受扭塑性抵抗矩，$W_t=W_{tw}+W_{tf}'+W_{tf}$；$W_{tw}$、$W_{tf}'$、$W_{tf}$——分别为腹板、受压翼缘、受拉翼缘矩形块的受扭塑性抵抗矩，按下式计算：

$$W_{tw}=\frac{b^2}{6}(3h-b) \tag{6-20}$$

$$W_{tf}'=\frac{h_f'^2}{2}(b_f'-b) \tag{6-21}$$

$$W_{tf}=\frac{h_f^2}{2}(b_f-b) \tag{6-22}$$

计算受扭塑性抵抗拒时取用的翼缘宽度尚应符合 $b_f'\leqslant b+h_f'$，$b_f\leqslant b+h_f$的规定。

为了避免少筋破坏，保证构件具有一定的延性，受扭构件的箍筋和纵筋量应满足式(6-12)和式(6-13)最小配筋率的要求。同样，为了防止纵筋、箍筋配置过多或截面尺寸太小或混凝土强度等级过低时，钢筋的作用不能充分发挥而混凝土被压碎的超筋破坏，构件的截面尺寸应满足式(6-14)和式(6-15)的要求。

[例题 **6.2**] 有一钢筋混凝土工字形截面纯扭构件，截面尺寸 $b\times h=250\text{mm}\times500\text{mm}$，$b_f'=500\text{mm}$，$h_f'=150\text{mm}$；$b_f=500\text{mm}$，$h_f=150\text{mm}$；承受扭矩设计值 $T=25\text{kN}\cdot\text{m}$；混凝土强度等级为C30，箍筋用HPB300级钢筋，纵向钢筋用HRB400级钢筋。环境类别为一类。要求计算抗扭钢筋。

[解] $f_c=14.3\text{N/mm}^2$，$f_t=1.43\text{N/mm}^2$，$f_y=360\text{N/mm}^2$，$f_{yv}=270\text{N/mm}^2$

(1)计算截面抗扭塑性抵抗矩及分配扭矩

$$W_{tw}=\frac{b^2}{6}(3h-b)=\frac{250^2}{6}\times(3\times500-250)=13.02\times10^6(\text{mm}^3)$$

$$W_{tf}'=\frac{h_f'^2}{2}(b_f'-b)=\frac{150^2}{6}\times(500-250)=2.81\times10^6(\text{mm}^3)$$

$$W_{tf}=\frac{h_f^2}{2}(b_f-b)=\frac{150^2}{6}\times(500-250)=2.81\times10^6(\text{mm}^3)$$

$$W_t=W_{tw}+W_{tf}'+W_{tf}=18.64\times10^6(\text{mm}^3)$$

$$T_w=\frac{W_{tw}}{W_t}T=\frac{13.02\times10^6}{18.64\times10^6}\times25=17.46(\text{kN}\cdot\text{m})$$

$$T_f'=\frac{W_{tf}'}{W_t}T=\frac{2.81\times10^6}{18.64\times10^6}\times25=3.77(\text{kN}\cdot\text{m})$$

$$T_f=\frac{W_{tf}}{W_t}T=\frac{2.81\times10^6}{18.64\times10^6}\times25=3.77(\text{kN}\cdot\text{m})$$

(2)验算构件截面尺寸

$$\frac{h_w}{b}=\frac{500-35-150}{250}=1.26<4.0$$

$$T=25\text{kN}\cdot\text{m}<0.2\beta_c f_c W_t=0.2\times1.0\times14.3\times18.64\times10^6=53.31(\text{kN}\cdot\text{m})$$

满足要求。

(3)检验是否需按计算配筋

$$T=25\text{kN}\cdot\text{m}>0.7f_tW_t=0.7\times1.43\times18.64\times10^6=18.66(\text{kN}\cdot\text{m})$$

需按计算配筋。

(4)计算腹板抗扭纵筋和箍筋,与例题 6.1 类似。

1)计算受扭箍筋

$$h_{cor}=500-2\times25=450(\text{mm})$$

$$b_{cor}=250-2\times25=200(\text{mm})$$

$$A_{cor}=h_{cor}b_{cor}=450\times200=9\times10^4(\text{mm}^2)$$

$$u_{cor}=2(h_{cor}+b_{cor})=2\times(450+200)=1300(\text{mm})$$

取 $\zeta=1.2$,从式(6-16)可得

$$\frac{A_{st1}}{s}=\frac{T_w-0.35f_tW_{tw}}{1.2\sqrt{\zeta}f_{yv}A_{cor}}=\frac{17.46\times10^6-0.35\times1.43\times13.02\times10^6}{1.2\sqrt{1.2}\times270\times9\times10^4}=0.34(\text{mm}^2/\text{mm})$$

取 $d=8\text{mm}$,$A_{st1}=50.3\text{mm}^2$,代入上式得

$$s=\frac{A_{st1}}{0.34}=\frac{50.3}{0.34}=148(\text{mm})<s_{max}=200\text{mm}$$

选取箍筋 $\phi8@140$。

2)验算箍筋的最小配筋率

$$\rho_{sv}=\frac{nA_{st1}}{bs}=\frac{2\times50.3}{250\times140}=0.29\%\geqslant\rho_{sv,min}$$

$$\rho_{sv,min}=0.28\frac{f_t}{f_{yv}}=0.28\times\frac{1.43}{270}=0.15\%$$

满足要求。

3)计算抗扭纵筋

由式(6-1)得

$$A_{stl}=\frac{A_{st1}f_{yv}u_{cor}}{f_ys}\zeta=\frac{50.3\times270\times1300}{360\times148}\times1.2=398(\text{mm}^2)$$

选取纵向钢筋 6 Φ 12,实配 $A_{stl}=678\text{mm}^2>398\text{mm}^2$。

4)验算纵筋的最小配筋率

$$\rho_{tl}=\frac{A_{stl}}{bh}=\frac{678}{250\times500}=0.54\%\geqslant\rho_{tl,min}$$

$$\rho_{tl,min}=0.85\frac{f_t}{f_y}=0.85\times\frac{1.43}{360}=0.34\%$$

满足要求。

(5)计算受压翼缘抗扭纵筋和箍筋

1)计算受压翼缘抗扭箍筋

$$h_{cor}=250-2\times25=200(\text{mm})$$

$$b_{cor}=150-2\times25=100(\text{mm})$$

$$A_{cor}=h_{cor}b_{cor}=200\times100=2\times10^4(\text{mm}^2)$$

$$u_{cor}=2(h_{cor}+b_{cor})=2\times(200+100)=600(\text{mm})$$

取 $\zeta=1.2$,从式(6-16)可得

$$\frac{A_{st1}}{s}=\frac{T'_f-0.35f_tW'_{tf}}{1.2\sqrt{\zeta}f_{yv}A_{cor}}=\frac{3.77\times10^6-0.35\times1.43\times2.81\times10^6}{1.2\sqrt{1.2}\times270\times2\times10^4}=0.33(\text{mm}^2/\text{mm})$$

取 $d=8\text{mm}$,$A_{st1}=50.3\text{mm}^2$,代入上式得

$$s=\frac{A_{st1}}{0.33}=\frac{50.3}{0.33}=152(\text{mm})<s_{max}=200\text{mm}$$

选取箍筋 ϕ8@140。

2)验算箍筋的最小配筋率

$$\rho_{sv}=\frac{nA_{st1}}{bs}=\frac{2\times50.3}{150\times140}=0.48\%\geqslant\rho_{sv,min}$$

$$\rho_{sv,min}=0.28\frac{f_t}{f_{yv}}=0.28\times\frac{1.43}{270}=0.15\%$$

满足要求。

3)计算受压翼缘抗扭纵筋

由式(6-1)得

$$A_{stl}=\frac{A_{st1}f_{yv}u_{cor}}{f_ys}\zeta=\frac{50.3\times270\times600}{360\times152}\times1.2=178(\text{mm}^2)$$

选取纵向钢筋 4⏀10,实配 $A_{stl}=314\text{mm}^2>178\text{mm}^2$。

4)验算纵筋的最小配筋率

$$\rho_{tl}=\frac{A_{stl}}{bh}=\frac{314}{250\times150}=0.84\%\geqslant\rho_{tl,min}$$

$$\rho_{tl,min}=0.85\frac{f_t}{f_y}=0.85\times\frac{1.43}{300}=0.41\%$$

满足要求。

(6)计算受拉翼缘受扭纵筋和箍筋

同受压翼缘配筋,选取箍筋 ϕ8@140,纵筋 4⏀10。

综上所述,受扭纵筋和箍筋都满足最小配筋率的要求,截面配筋如图 6-18 所示。

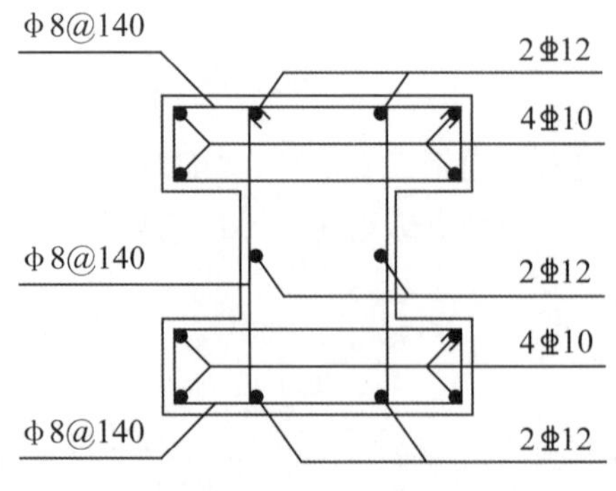

图 6-18 例题 6.2 的配筋图

6.2.5　箱形截面纯扭构件承载力计算

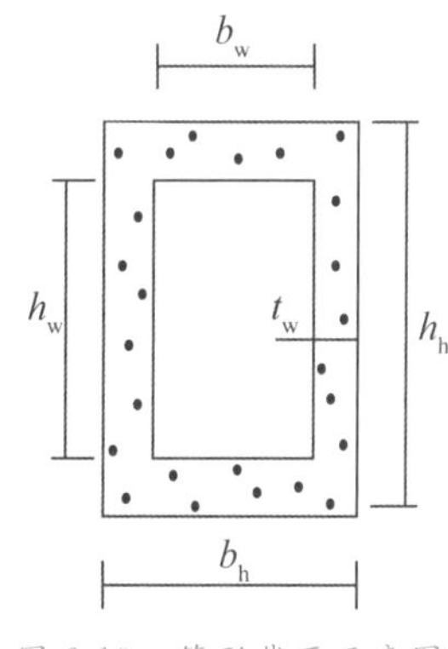

图 6-19　箱形截面示意图

实际工程中，当截面尺寸较大时，常采用箱形截面，以减轻结构自重，如桥梁中常采用箱形截面梁（见图 6-19）。

试验表明，具有一定壁厚的箱形截面，其受扭承载力与实心截面是基本相同的。因为截面内部的面积、剪应力值和力臂都小，抗扭的能力有限。当截面的壁厚太薄时，不能防止薄板的压曲，不宜采用实心截面计算构件的受扭抵抗力和极限扭矩。

因此，箱形截面受扭承载力公式是在矩形截面受扭承载力式(6-11)的基础上，对混凝土承受的扭矩项乘以壁厚修正系数 α_h 得到的，钢筋承受的扭矩项取与实心矩形截面相同。

箱形截面钢筋混凝土纯扭构件的受扭承载力计算公式为

$$T \leqslant 0.35\alpha_h f_t W_t + 1.2\sqrt{\zeta}\frac{A_{st1} f_{yv}}{s}A_{cor} \tag{6-23}$$

$$\alpha_h = 2.5t_w/b_h \tag{6-24}$$

式中：α_h——箱形截面壁厚影响系数，当 $\alpha_h > 1.0$ 时，取 1.0；ζ——按公式(6-1)计算，ζ 不应小于 0.6；当 ζ 大于 1.7 时，取 1.7；b_h、h_h——箱形截面的短边和长边尺寸；W_t——箱形截面受扭塑性抵抗矩：

$$W_t = \frac{b_h^2}{6}(3h_h - b_h) - \frac{(b_h - 2t_w)^2}{6}[3h_w - (b_h - 2t_w)] \tag{6-25}$$

在实际工程中，单纯的受扭构件是很少的，大多数情况是承受弯矩、剪力和扭矩的共同作用，构件处于弯、剪、扭共同作用的复合受力状态。由于构件受弯、受剪与受扭承载力之间的相互影响问题过于复杂，目前为止多把问题按剪扭之间的相互影响和弯扭之间的相互影响分开进行研究。

6.2.6　压(拉)扭构件

承受轴向压力或施加预压应力的构件，使扭矩产生的混凝土主拉应力和纵筋拉应力减小，从而提高了构件的开裂扭矩 T_{cr} 和极限扭矩 T_u。反之，承受轴向拉力的构件，其开裂扭矩和极限扭矩必然降低。《设计规范》采用附加扭矩来考虑轴力对受扭构件的影响。

6.2.7　剪扭构件

既受剪又受扭的构件称为剪扭复合受力构件，其承载力受到剪力和扭矩的相互影响，这种相互影响称为相关性。

剪扭构件的破坏形态及其承载力与扭矩和剪力之比 T/V（扭剪比）、构件的截面尺寸、配筋形式和数量以及混凝土的强度等级等因素有关。

同时受到剪力和扭矩作用的构件，其承载力总是低于剪力或扭矩单独作用时的承载力，因为扭矩和剪力产生的剪应力总会在构件的一个侧面上叠加。

按照扭剪比的不同，裂缝的分布和破坏形态亦不相同，一般有以下三种情况：

(1)扭型破坏

扭剪比大，即 $T/V \geqslant 0.6$ 时，其破坏形态和纯扭构件相同，故称扭型破坏。

裂缝首先在剪应力叠加面因混凝土主拉应力达到抗拉强度而出现，随荷载增大，呈螺旋形向截面顶部和底面发展，如图 6-20(a)所示。破坏前沿构件全长已有分布比较均匀的大量螺旋形裂缝。破坏时在剪应力叠加面、顶面和底面三个面上形成一条破坏斜裂缝，最后在剪应力相减面上混凝土受压破坏。极限斜扭面的受压区形状，由纯扭构件的矩形转为上宽下窄的梯形。

(2)剪型破坏

扭剪比小，即 $T/V \leqslant 0.3$ 时，破坏形态类似于受弯构件的斜截面破坏，故称剪型破坏，如图 6-20(c)所示。

首先在截面底面受拉区出现自下而上的受剪裂缝，沿两个侧面斜向发展。构件破坏时，截面顶部为一梯形剪压区，斜裂缝发展较高，压区高度稍小。

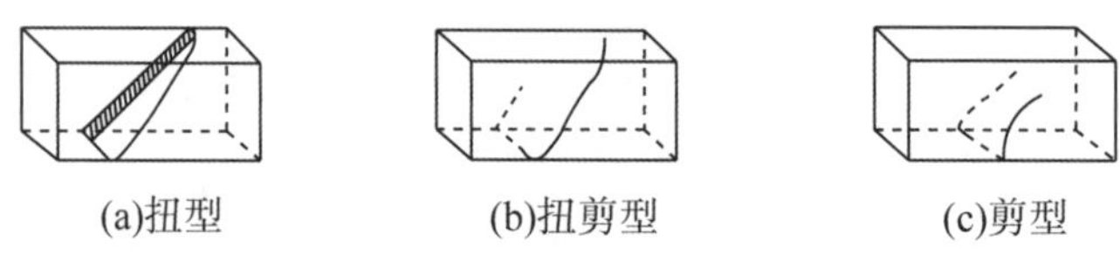

图 6-20　剪扭复合受力的破坏形态

(3)扭剪型破坏

中等扭剪比，T/V 为 0.3～0.6 时，构件的裂缝发展和破坏形态处于上述二者的过渡，故称扭剪型破坏。

一般斜裂缝首先在剪应力叠加面上出现，呈螺旋形往斜向延伸至顶面和底面以及剪应力相减面的下部。最后在顶面和剪应力相减面相交的角部形成受压区而破坏，如图 6-20(b)所示。破坏时截面侧边形成一个三角形的剪压区。

6.2.8　弯扭构件

弯扭构件在弯矩和扭矩共同作用下相互影响，由于弯扭构件中的纵向钢筋既要承担弯矩，又要承担扭矩，因此对于某个纵向钢筋配置数量及方式已知的构件来说，其抗弯承载力与抗扭承载力就必然具有相关性，即截面所能承担的弯矩随所作用扭矩的大小而变化，反之亦然。随着截面上部和下部纵筋数量的比值、截面高宽比、纵筋与箍筋强度比以及沿截面侧边纵筋配置数量的不同，这种相关性的具体变化规律也是不同的。试验表明，弯扭承载力的相关性问题牵涉的因素较多，其较准确的表达式必然相当复杂，不适合在实际设计中应用。

剪扭构件的破坏形态及其承载力与扭矩和弯矩之比 T/M(扭弯比)、构件的截面尺寸、配筋形式和数量以及混凝土的强度等级等因素有关。

令弯压区和弯拉区钢筋承载力的比值为 $\gamma=\frac{A_s' f_y'}{A_s f_y}$,对称配筋构件 $\gamma=1$ 的弯矩一扭矩破坏包络图可从试验中获得,形状为左右对称的两段抛物线,如图 6-21 所示。非对称配筋的构件,$\gamma<1$,弯矩一扭矩包络图曲线不对称,与最大极限扭矩相应的峰点偏向正弯矩一侧,且随着配筋承载力比值 γ 的减小而偏移更大,如图 6-21 所示。

按扭弯比的不同,非对称配筋的弯扭构件(以 $\gamma=0.3$ 为例)一般有以下三种破坏形态。

(1)扭型破坏

当扭矩与弯矩的比值较大时,将发生扭型破坏,如图 6-22(a)所示。

构件上一般先出现弯曲垂直裂缝,接着在截面长边中点附近出现扭转斜裂缝,并向顶、底面延伸。构件破坏时顶部纵向钢筋先受拉屈服,底部混凝土后受压破坏。

承受扭矩作用的钢筋混凝土构件,纵筋的位置不论在截面的上下或侧面都是受拉。在弯矩作用下,构件截面上有受拉区和受压区,钢筋分受拉钢筋和受压钢筋。当扭矩较大时,弯矩(假设为正)和扭矩的共同作用,使弯拉区钢筋的拉应力增大,弯压区钢筋的拉应力减小。当非对称配筋时,底部纵向钢筋数量一般多于顶部纵向钢筋。

在纯扭的极限状态,即图 6-21 的 a 点,顶部钢筋已受拉屈服,而底部钢筋低于屈服强度。截面承载力将由顶部纵向钢筋所决定。随着弯矩增大,扭弯比减小,顶部纵向钢筋所受压应力增大,截面受扭承载力将随之提高。弯矩越大,提高越多,其相关曲线见图 6-21 中的 ab 线。

(2)弯型破坏

当扭矩与弯矩的比值较小时,发生弯型破坏。

构件首先在弯曲受拉区底面出现裂缝,接着向两侧发展,破坏时底部纵向钢筋先达到屈服强度,顶面混凝土后受压破坏,如图 6-22(c)所示。

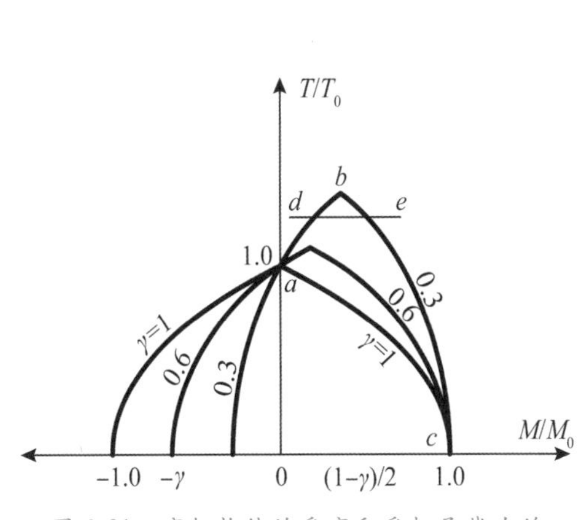

图 6-21　弯扭构件的受弯和受扭承载力的相关关系

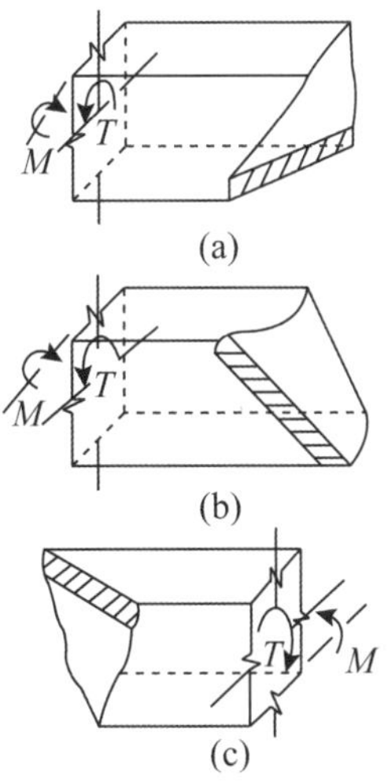

图 6-22　弯扭复合受力的破坏形态

底部纵向钢筋位于弯曲受拉区,同时承受弯矩和扭矩引起的拉应力,破坏时首先屈服。在纯弯矩的极限状态,如图 6-21 中 c 点所示,截面承载力将由底部纵向钢筋决定。随着弯矩的增大,截面受扭承载力将进一步降低,如图 6-21 中 bc 曲线。

(3)弯扭型破坏

在弯矩和扭矩共同作用下,在截面的一个侧面由于两者引起的主拉应力方向一致,裂缝易于开展,而另一侧面主拉应力方向相反,裂缝不易开展。如果构件的截面很窄,截面长边中点的钢筋将首先受拉屈服,并控制引起构件的破坏,这样的破坏叫作弯扭型破坏,此时截面的一个侧面将为受压区,如图 6-22(b)所示。

这种情况下,极限承载力主要取决于扭矩,而弯矩值影响不大。这种极限状态在弯矩一扭矩包络图中可近似为一水平线,如图 6-21 中 de 曲线。弯扭型破坏多发生在弯型破坏和扭型破坏的交界区附近。

6.3 复合受扭构件扭曲承载力的计算

6.3.1 压(拉)扭构件承载力计算

在轴向压力和扭矩共同作用下的矩形截面钢筋混凝土构件,其受扭承载力应符合《设计规范》规定:

$$T \leqslant 0.35 f_t W_t + 1.2\sqrt{\zeta}\frac{A_{st1} f_{yv}}{s}A_{cor} + 0.07\frac{N}{A}W_t \tag{6-26}$$

式中:N——与扭矩设计值 T 相应的轴向压力设计值,当 $N>0.3f_cA$ 时,取 $0.3f_cA$;ζ——同式(6-11)。

在轴向拉力和扭矩共同作用下的矩形截面钢筋混凝土构件,其受扭承载力为

$$T \leqslant \left(0.35 f_t - 0.2\frac{N}{A}\right)W_t + 1.2\sqrt{\zeta}\frac{A_{st1} f_{yv}}{s}A_{cor} \tag{6-27}$$

式中:ζ——同式(6-11);A_{st1}——受扭计算中取截面周边所配置箍筋的单肢截面面积;N——与扭矩设计值 T 相应的轴向压力设计值,当 $N>1.75f_tA$ 时,取 $1.75f_tA$;A_{cor}——截面核心部分的面积,取为 $b_{cor}\times h_{cor}$,此处,b_{cor}、h_{cor} 分别为箍筋内表面范围内截面核心部分的短边、长边尺寸;u_{cor}——截面核心部分的周长,取 $2(b_{cor}+h_{cor})$。

6.3.2 剪扭构件承载力计算

由于剪扭复合受力构件的承载力受到扭矩和剪力的相互影响,在进行计算时,应考虑这种影响采用相关设计。由于剪扭复合受力情况的复杂性,《设计规范》采用近似方法,对混凝土部分考虑剪扭共同作用下的相关性,而对钢筋部分不考虑其相关性,称这种方法为部分相关设计方法。

1.矩形截面剪扭构件承载力

理论分析及试验表明，矩形截面素混凝土剪扭构件在不同扭剪比时其无量纲参数 V_c/V_{c0}、T_c/T_{c0} 的相互关系大致符合 1/4 的圆曲线。这里 V_c、T_c 分别为考虑剪扭相关关系后，扭矩和剪力共同作用时受剪及受扭承载力，V_{c0}、T_{c0} 分别为扭矩和剪力单独作用时受剪及受扭承载力。假定配筋剪扭构件混凝土项的相关关系也近似于 1/4 圆曲线，如图 6-23(a)所示，即

$$\left(\frac{T_c}{T_{c0}}\right)^2+\left(\frac{V_c}{V_{c0}}\right)^2=1 \tag{6-28}$$

为简化计算，《设计规范》将图 6-23(a)中的 1/4 圆曲线近似为图 6-23(b)中的三折线（$a-b$，$b-c$，$c-d$）。

1)在 $a-b$ 段，$T_c/T_{c0}\leqslant 0.5$，即 $T_c\leqslant 0.5T_{c0}$（$=0.5\times 0.35f_tW_t=0.175\ f_tW_t$）时，$V_c/V_{c0}=1.0$。即当扭矩 T 相对较小时，可不考虑扭矩 T 对混凝土受剪承载力 V_{c0} 的影响。

均布荷载时 $V_c=V_{c0}=0.7\ f_tbh_0$；集中荷载时 $V_c=V_{c0}=\dfrac{1.75}{\lambda+1.0}f_tbh_0$。

2)在 $c-d$ 段，$V_c/V_{c0}\leqslant 0.5$，即 $V_c\leqslant 0.5V_{c0}$（$=0.5\times 0.7\ f_tbh_0=0.35\ f_tbh_0$）时，$T_c/T_{c0}=1.0$。即当剪力 V 相对较小时，可不考虑剪力 V 对混凝土受扭承载力 T_{c0} 的影响。

集中荷载时 $V_c\leqslant V_{c0}=\dfrac{0.875}{\lambda+1.0}f_tbh_0$；$T_c=0.5T_{c0}=0.35f_tW_t$。

3)在 $b-c$ 段，$T_c/T_{c0}>0.5$ 及 $V_c/V_{c0}>0.5$ 时，用一条斜率为 -1 的斜直线 bc 反映 V_c/V_{c0} 和 T_c/T_{c0} 之间的相关规律。

bc 斜线段上：$\dfrac{V_c}{V_{c0}}+\dfrac{T_c}{T_{c0}}=1.5$

令 $\dfrac{T_c}{T_{c0}}=\beta_t$，则 $\dfrac{V_c}{V_{c0}}=1.5-\beta_t$。由图 6-23(b)可得，$\beta_t$ 的适用范围是 $0.5\leqslant\beta_t\leqslant 1.0$。

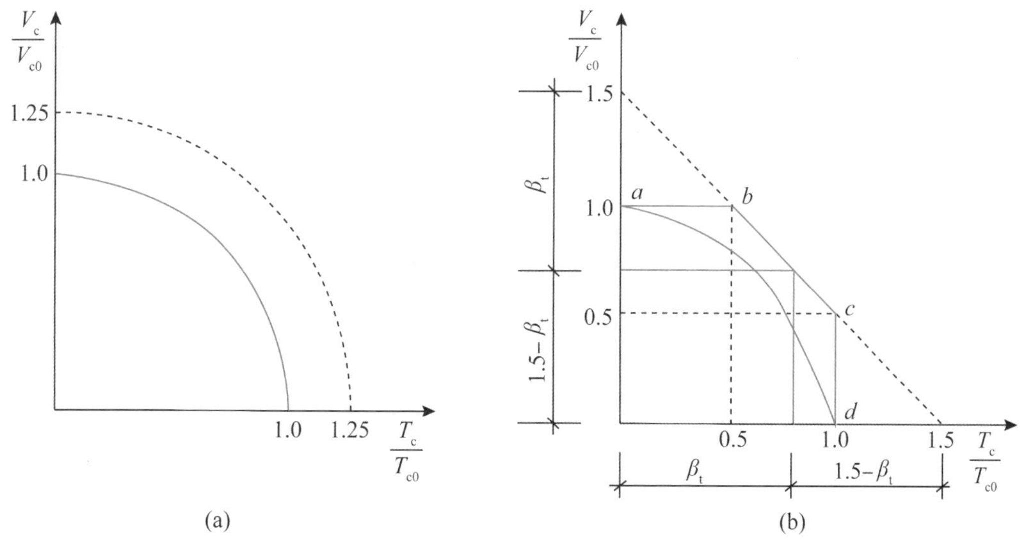

图 6-23　剪扭部分相关关系及其简化图

由图 6-23(b)中的几何关系可得

$$\beta_t : 1.5=\frac{T_c}{T_{c0}} : \left(\frac{V_c}{V_{c0}}+\frac{T_c}{T_{c0}}\right)$$

$$\beta_t=\frac{1.5}{1+\frac{V_c/V_{c0}}{T_c/T_{c0}}} \tag{6-29}$$

$$T_c=\beta_t T_{c0}=0.35\beta_t f_t W_t \tag{6-30}$$

$$V_c=(1.5-\beta_t)T_{c0} \tag{6-31}$$

近似取$\frac{V}{T}=\frac{V_c}{T_c}$，并将 $T_{c0}=0.35f_tW_t$和 $V_{c0}=0.7\ f_tbh_0$代入上式，可近似得到均布荷载作用下 β_t的计算式和矩形截面一般剪扭构件的受剪扭承载力计算公式：

$$\beta_t=\frac{1.5}{1+0.5\frac{VW_t}{Tbh_0}} \tag{6-32}$$

受剪承载力

$$V\leqslant 0.7(1.5-\beta_t)f_tbh_0+f_{yv}\frac{A_{sv}}{s}h_0 \tag{6-33}$$

受扭承载力

$$T\leqslant 0.35\beta_t f_tW_t+1.2\sqrt{\zeta}f_{yv}\frac{A_{st1}A_{cor}}{s} \tag{6-34}$$

式中：A_{sv}——受剪承载力所需的箍筋截面面积；β_t——一般剪扭构件混凝土受扭承载力降低系数，当 β_t 小于 0.5 时，取 0.5；当 β_t 大于 1.0 时，取 1.0；ζ——同式(6-11)。

对于集中荷载为主作用下独立的混凝土剪扭构件(包括作用有多种荷载，其中集中荷载对制作截面或节点边缘所产生的剪力值占总剪力值的 75%以上的情况)，β_t的计算式以及受剪扭承载力计算式：

$$\beta_t=\frac{1.5}{1+0.2(\lambda+1)\frac{VW_t}{Tbh_0}} \tag{6-35}$$

受剪承载力

$$V\leqslant\frac{1.75}{\lambda+1}(1.5-\beta_t)f_tbh_0+f_{yv}\frac{A_{sv}}{s}h_0 \tag{6-36}$$

式中：λ——计算截面的剪跨比，$1.5\leqslant\lambda\leqslant 3.0$；$\beta_t$——集中荷载作用下剪扭构件混凝土受扭承载力降低系数，当 β_t 小于 0.5 时，取 0.5；当 β_t 大于 1.0 时，取 1.0；受扭承载力仍按式(6-34)计算，但式中的 β_t应按式(6-35)计算。

2. T 形和工字形截面剪扭构件承载力

T 形和工字形截面剪扭构件受剪承载力与矩形截面相同，但应将式(6-23)和式(6-33)或式(6-35)和式(6-36)中的 T、W_t分别代之以 T_w、W_{tw}。

受扭承载力的计算则需要将截面分为若干个矩形截面，并将作用于截面的扭矩设计值分配给各个矩形截面。分块原则和扭矩分配方法与纯扭构件相同。其中，腹板可按式(6-34)和式(6-32)或式(6-34)和式(6-35)进行计算，但应将公式中的 T、W_t分别代之以 T_w、

W_{tw}。受压翼缘和受拉翼缘可按纯扭构件的规定进行计算，但应将 T、W_t 分别代之以 T'_f、W'_{tf} 或 T_f、W_{tf}。

3. 箱形截面剪扭构件承载力

根据钢筋混凝土箱形截面(图 6-15(d))纯扭构件受扭承载力计算公式，与矩形截面剪扭构件承载力方法相同，可导出下列计算公式：

1)一般剪扭构件

受剪承载力

$$V \leqslant 0.7(1.5-\beta_t) f_t b h_0 + f_{yv} \frac{A_{sv}}{s} h_0 \tag{6-37}$$

受扭承载力

$$T \leqslant 0.35 \alpha_h \beta_t f_t W_t + 1.2\sqrt{\zeta} f_{yv} \frac{A_{st1} A_{cor}}{s} \tag{6-38}$$

式中：β_t——按式(6-32)计算，但式中的 W_t 应代之以 $\alpha_h W_t$；α_h、ζ——同式(6-23)、式(6-24)。

2)集中荷载作用下的独立剪扭构件

受剪承载力

$$V \leqslant (1.5-\beta_t) \frac{1.75}{\lambda+1} f_t b h_0 + f_{yv} \frac{A_{sv}}{s} h_0 \tag{6-39}$$

式中：λ——计算截面的剪跨比，$1.5 \leqslant \lambda \leqslant 3.0$；$\beta_t$——按式(6-35)计算。

受扭承载力仍按式(6-34)计算，但式中的 β_t 应按式(6-35)计算。

6.3.3　弯扭构件承载力计算

根据试验研究，弯扭构件承载力的相关方程如下：

扭型破坏时(图 6-22(a))：

$$\left(\frac{T}{T_0}\right) = 1 + \gamma \frac{M}{M_0} \tag{6-40}$$

弯型破坏时(图 6-22(c))：

$$\left(\frac{T}{T_0}\right) = \gamma\left(1 - \frac{M}{M_0}\right) \tag{6-41}$$

式中：T、M——分别为扭矩和弯矩共同作用时截面受扭和受剪承载力；T_0、M_0——分别为纯扭和纯弯时截面承载力；γ——截面配筋强度比，$\gamma = f_y A_s / f'_y A'_s$；$A_s$、$A'_s$——分别为配置于弯曲受拉区和弯曲受压区纵向钢筋的截面面积；f_y、f'_y——分别 A_s 和 A'_s 的抗拉和抗压强度设计值。

试验研究结果表明，弯扭承载力的相关性问题牵涉的因素较多，其较准确的表达式必然相当复杂，不适于在实际设计中应用。为了简化计算，《设计规范》采用近似的叠加方法，即在弯矩作用下按受弯构件正截面承载力计算出所需纵向钢筋，在扭矩作用下按纯扭构件承载力计算出所需纵向钢筋和箍筋，然后将相应的纵向钢筋截面面积叠加，其中，纵向钢筋的最小配筋率不应小于受弯构件和受扭构件的最小配筋率之和。

6.3.4 弯剪扭构件承载力计算

处于弯矩、剪力、扭矩共同作用下的钢筋混凝土构件，其受力状态属于空间受力状态问题，准确的计算将十分烦琐。为此，《设计规范》采用的简化计算方法为：截面纵向钢筋按照受弯构件的正截面受弯承载力和剪扭构件的受扭承载力分别计算所需的钢筋截面面积，而箍筋按剪扭构件的受剪承载力和受扭承载力分别计算所需的箍筋截面面积。

公式适用条件：

(1)和纯扭构件一样，弯剪扭构件为避免超筋破坏，必须限制最大配筋率，规定一个配筋的上限值，上限值可采用限制截面尺寸不能过小的条件。

《设计规范》规定，对 $h_w/b\leqslant 6$ 的矩形、T 形、工字形截面和 $h_w/t_w\leqslant 6$ 的箱形截面构件，其截面应符合下列条件：

当 h_w/b(或 h_w/t_w)$\leqslant 4$ 时

$$\frac{V}{bh_0}+\frac{T}{0.8W_t}\leqslant 0.25\beta_c f_c \tag{6-42}$$

当 h_w/b(或 h_w/t_w)$=6$ 时

$$\frac{V}{bh_0}+\frac{T}{0.8W_t}\leqslant 0.2\beta_c f_c \tag{6-43}$$

当 $4<h_w/b$(或 h_w/t_w)<6 时，按线性内插法确定。

式中：b——矩形截面的宽度，T 形或工字形截面的腹板宽度，箱形截面的侧壁总厚度 $2t_w$；W_t——受扭构件的截面受扭塑性抵抗矩；h_w——截面的腹板高度，对矩形截面，取有效高度 h_0；对 T 形截面，取有效高度减去翼缘高度 h_f'；对工字形和箱形截面，取腹板净高；t_w——箱形截面壁厚，其值不应小于 $b_h/7$，此处，b_h 为箱形截面的宽度；β_c——混凝土强度影响系数，当混凝土强度等级不超过 C50 时，取 $\beta_c=1.0$；当混凝土强度等级为 C80 时，取 $\beta_c=0.8$；其间按线性内插法确定；f_c——混凝土轴心抗压强度设计值。

当 h_w/b(或 h_w/t_w)>6 时，受扭构件的截面尺寸条件及扭曲截面承载力计算应符合专门规定。

(2)为防止少筋破坏，必须规定最小配筋率。

《设计规范》规定受扭纵筋和箍筋应满足最小配筋率要求，对于剪扭构件：

箍筋的最小配筋率

$$\rho_{sv}=\frac{nA_{stl}^{总}}{bs}\geqslant\rho_{sv,\min}=0.28\frac{f_t}{f_{yv}} \tag{6-44}$$

纵筋的最小配筋率

$$\rho_{tl}=\frac{A_{stl}}{bh}\geqslant\rho_{tl,\min}=0.6\sqrt{\frac{T}{Vb}}\frac{f_t}{f_y} \tag{6-45}$$

当 $T/(Vb)>2.0$ 时，取 $T/(Vb)=2.0$。

(3)在弯矩、剪力和扭矩共同作用下的构件，当符合下列要求时，可不进行构件受剪扭承载力计算：

$$\frac{V}{bh_0}+\frac{T}{W_t}\leqslant 0.7f_t \tag{6-46-a}$$

或

$$\frac{V}{bh_0}+\frac{T}{W_t}\leqslant 0.7f_t+0.07\frac{N}{bh_0} \tag{6-46-b}$$

式中：N——与剪力、扭矩设计值相应的轴向压力设计值，当 $N>0.3f_cA$ 时，取 $0.3f_cA$；
A——构件截面面积。

需按构造要求配置纵向钢筋和箍筋，否则应进行受剪扭承载力计算，且应满足最小配筋率和最小配箍率的要求。

(4)在弯矩、剪力和扭矩共同作用下的构件，当构件承受的剪力小于纯剪构件混凝土承载力的 1/2，即满足以下条件时：

均布荷载作用下

$$V\leqslant 0.35f_tbh_0 \tag{6-47}$$

以集中荷载为主的独立梁

$$V\leqslant\frac{0.875}{\lambda+1}f_tbh_0 \tag{6-48}$$

$$1.5\leqslant\lambda\leqslant 3.0$$

可忽略作用剪力的影响，按弯扭构件计算，仅验算受弯构件的正截面受弯承载力和纯扭构件的受扭承载力。

(5)在弯矩、剪力和扭矩共同作用下的构件，当构件承受的扭矩小于纯扭构件混凝土承载力的 1/2，即满足以下条件时：

$$T\leqslant 0.175f_tW_t \quad 或 \quad T\leqslant 0.175\alpha_h f_tW_t \tag{6-49}$$

可忽略作用扭矩的影响，按受剪构件计算，仅验算受弯构件的正截面受弯承载力和斜截面受剪承载力。

6.3.5　压弯剪扭构件受扭承载力

在轴向压力、弯矩、剪力和扭矩共同作用下的钢筋混凝土矩形截面框架柱，其受剪扭承载力按《设计规范》计算如下：

受剪承载力

$$V\leqslant(1.5-\beta_t)\left(\frac{1.75}{\lambda+1}f_tbh_0+0.07N\right)+f_{yv}\frac{A_{sv}}{s}h_0 \tag{6-50}$$

受扭承载力

$$T\leqslant\beta_t\left(0.35f_t+0.07\frac{N}{A}\right)W_t+1.2\sqrt{\zeta}f_{yv}\frac{A_{st1}A_{cor}}{s} \tag{6-51}$$

式中：ζ 按式(6-11)取用，β_t 按 6.4 节中相关规定取用，λ 按第 5 章有关规定取用。

当 $T\leqslant\left(0.175f_t+0.035\frac{N}{A}\right)W_t$ 时，可忽略扭矩 T 对框架柱承载力的影响，仅按偏心受

压构件的正截面承载力和斜截面受剪承载力分别进行计算。

在轴向压力、弯矩、剪力和扭矩共同作用下的钢筋混凝土矩形截面框架柱，其纵向钢筋截面面积应分别按偏心受压构件的正截面承载力和剪扭构件的受扭承载力计算确定；箍筋截面面积应分别按剪扭构件的受剪承载力和受扭承载力计算确定，并应配置在相应的位置。

6.3.6 拉弯剪扭构件受扭承载力

在轴向拉力、弯矩、剪力和扭矩共同作用下的钢筋混凝土矩形截面框架柱，其受剪扭承载力按《设计规范》计算如下：

受剪承载力

$$V \leqslant (1.5-\beta_t)\left(\frac{1.75}{\lambda+1}f_t b h_0 - 0.2N\right) + f_{yv}\frac{A_{sv}}{s}h_0 \tag{6-52}$$

受扭承载力

$$T \leqslant \beta_t\left(0.35 f_t - 0.2\frac{N}{A}\right)W_t + 1.2\sqrt{\zeta} f_{yv}\frac{A_{st1}A_{cor}}{s} \tag{6-53}$$

式中：ζ 按式(6-11)取用，β_t 按 6.4 节中相关规定取用，λ 按第 5 章有关规定取用。当式(6-52)右边的计算值小于 $f_{yv}\frac{A_{sv}}{s}h_0$ 时，取 $f_{yv}\frac{A_{sv}}{s}h_0$；当式(6-53)右边的计算值小于 $1.2\sqrt{\zeta} f_{yv}\frac{A_{st1}A_{cor}}{s}$ 时，取 $1.2\sqrt{\zeta} f_{yv}\frac{A_{st1}A_{cor}}{s}$。

当 $T \leqslant \left(0.175 f_t - 0.1\frac{N}{A}\right)W_t$ 时，可忽略扭矩 T 对框架柱承载力的影响，仅按偏心受拉构件的正截面承载力和斜截面受剪承载力分别进行计算。

在轴向压力、弯矩、剪力和扭矩共同作用下的钢筋混凝土矩形截面框架柱，其纵向钢筋截面面积应分别按偏心受拉构件的正截面承载力和剪扭构件的受扭承载力计算确定；箍筋截面面积应分别按剪扭构件的受剪承载力和受扭承载力计算确定，并应配置在相应的位置。

6.4 受扭构件截面设计

前文分别介绍了钢筋混凝土纯扭构件和复合受扭构件的受力性能和承载力计算，本节将简要归纳下在轴向压(拉)力、弯矩、剪力、扭矩共同作用时的矩形、T 形、I 形和箱形截面设计的步骤。

(1)确定设计基本参数

根据荷载计算截面最大弯矩、剪力、压力(拉)和扭矩设计值；选定截面形式和尺寸、钢筋级别和混凝土强度等级。

(2)验算截面限制条件

当 h_w/b(或 h_w/t_w)$\leqslant 4$ 时

$$\frac{V}{bh_0}+\frac{T}{0.8W_t}\leqslant 0.25\beta_c f_c$$

当 h_w/b(或 h_w/t_w)$=6$ 时

$$\frac{V}{bh_0}+\frac{T}{0.8W_t}\leqslant 0.2\beta_c f_c$$

当 $4<h_w/b$(或 h_w/t_w)<6 时,按线性内插法确定。

如不能符合上式,应加大截面尺寸或提高混凝土强度条件。

(3)检查简化计算条件

按式(6-47)至式(6-49)进行检查;

当均布荷载作用下 $V\leqslant 0.35f_tbh_0$,或以集中荷载为主的独立梁作用下 $V\leqslant\frac{0.875}{\lambda+1}f_tbh_0$ 时,可仅计算受弯构件的正截面受弯承载力和纯扭构件的受扭承载力;

当 $T\leqslant 0.175f_tW_t$ 时,可仅计算受弯构件的正截面受弯承载力和斜截面受剪承载力。

否则需按压(拉)弯剪扭构件进行计算。

(4)验算是否需按计算配筋

在弯矩、剪力和扭矩共同作用下的构件,当符合

$$\frac{V}{bh_0}+\frac{T}{W_t}\leqslant 0.7f_t+0.07\frac{N}{bh_0}$$

的要求时,可不进行构件受剪扭承载力计算,仅需按构造要求配置纵向钢筋和箍筋,否则应进行受剪扭承载力计算,且应满足最小配筋率和最小配箍率的要求。

(5)计算箍筋用量

1)选定配筋强度比 ζ,ζ 宜在 1～1.3 范围选用。

2)按式(6-32)或式(6-35)计算混凝土强度降低系数 β_t,$0.5\leqslant\beta_t\leqslant 1.0$。

均布荷载下

$$\beta_t=\frac{1.5}{1+0.5\frac{VW_t}{Tbh_0}}$$

对集中荷载为主的独立梁($1.5\leqslant\lambda\leqslant 3.0$)

$$\beta_t=\frac{1.5}{1+0.2(\lambda+1)\frac{VW_t}{Tbh_0}}$$

3)按剪扭构件受剪承载力式(6-33)、式(6-36)、式(6-50)或式(6-52)计算受剪所需单肢箍筋用量。对于弯剪扭构件计算如下:

均布荷载下

$$\frac{A_{sv1}}{s}=\frac{V-0.7(1.5-\beta_t)f_tbh_0}{nf_{yv}h_0}$$

对集中荷载为主的独立梁($1.5\leqslant\lambda\leqslant 3.0$)

$$\frac{A_{sv}}{s}=\frac{V-\dfrac{1.75}{\lambda+1}(1.5-\beta_t)f_t bh_0}{nf_{yv}h_0}$$

压弯剪扭构件：$\dfrac{A_{sv1}}{s}=\dfrac{V-(1.5-\beta_t)\left(\dfrac{1.75}{\lambda+1}f_t bh_0+0.07N\right)}{nf_{yv}h_0}$

拉弯剪扭构件：$\dfrac{A_{sv}}{s}=\dfrac{V-(1.5-\beta_t)\left(\dfrac{1.75}{\lambda+1}f_t bh_0-0.2N\right)}{nf_{yv}h_0}$

4)按剪扭构件受扭承载力式(6-38)、式(6-51)或式(6-53)计算受扭所需单肢箍筋用量。

弯剪扭构件：

$$\frac{A_{st1}}{s}=\frac{T-0.35\beta_t f_t W_t}{1.2\sqrt{\zeta}f_{yv}A_{cor}}$$

压弯剪扭构件：$\dfrac{A_{st1}}{s}=\dfrac{T-\beta_t\left(0.35f_t-0.2\dfrac{N}{A}\right)W_t}{1.2\sqrt{\zeta}f_{yv}A_{cor}}$

拉弯剪扭构件：$\dfrac{A_{st1}}{s}=\dfrac{T-\beta_t\left(0.35f_t+0.07\dfrac{N}{A}\right)W_t}{1.2\sqrt{\zeta}f_{yv}A_{cor}}$

5)叠加以上3)、4)两项计算结果，即得剪扭共同作用时所需单肢箍筋的总用量：

$$\frac{A_{st1}^{总}}{s}=\frac{A_{sv1}}{s}+\frac{A_{st1}}{s}$$

然后可选定箍筋直径 d，从上式计算箍筋间距 s，亦可选定 s 后再确定 d。箍筋直径和间距必须满足构造要求，即 $d\geqslant d_{min}$，$s\leqslant s_{max}$（见附表）。

(6)验算最小配箍率

按式(6-44)验算：

$$\rho_{sv}=\frac{nA_{stl}^{总}}{bs}\geqslant\rho_{sv,min}=0.28\frac{f_t}{f_{yv}}$$

(7)计算纵向受力钢筋

1)由配筋强度比 ζ 计算受扭纵向钢筋 A_{stl}，式(6-1)：

$$A_{stl}=\zeta\frac{A_{stl}^{总}f_{yv}u_{cor}}{f_y s}$$

抗扭纵筋应按构造要求沿截面高度布置成若干排，间距应不大于200mm且不应小于截面宽度，均需对称地配置在截面底部、顶部和侧面。

2)按受弯构件正截面承载力公式计算受弯所需纵向钢筋 A_s。

3)将受弯纵向钢筋 A_s 和分配在截面底部的抗扭纵向钢筋叠加，然后选定其直径和根数。

(8)验算纵向钢筋最小配筋率

受弯和受扭纵向钢筋的配筋率不应小于受弯和受扭最小配筋率之和，即

$$(\rho+\rho_{tl})\geqslant(\rho_{\min}+\rho_{tl,\min})$$

$$\rho_{tl,\min}=0.6\sqrt{\frac{T}{Vb}}\frac{f_t}{f_y}$$

当 $T/(Vb)>2.0$ 时，取 $T/(Vb)=2.0$；$\rho_{\min}$按附表取用。

(9)T形、工字形和箱形截面

1)按第6.2.4节的截面分块方法，计算分块截面抗扭塑性抵抗矩并分配扭矩；

2)腹板按剪扭构件计算所需的箍筋及抗扭纵向钢筋；上、下翼缘按纯扭构件计算所需受扭箍筋及纵向钢筋；

3)按受弯构件正截面受弯承载力计算所需受弯纵向钢筋，叠加按剪扭构件的受扭承载力计算确定的那部分受扭纵向钢筋后配置在相应的位置，如腹板及下翼缘底部等。

［例题 **6.3**］　钢筋混凝土矩形截面梁，截面尺寸为 $b\times h=250\text{mm}\times400\text{mm}$；受均布荷载作用，弯矩设计值 $M=80\text{kN}\cdot\text{m}$，剪力设计值 $V=70\text{kN}$，扭矩设计值 $T=7\text{kN}\cdot\text{m}$；混凝土强度等级为C30，纵向钢筋用HRB400级钢筋，箍筋用HPB300级钢筋。要求计算截面配筋。

［解］　$f_c=14.3\text{N/mm}^2$，$f_t=1.43\text{N/mm}^2$，$f_y=360\text{N/mm}^2$，$f_{yv}=270\text{N/mm}^2$

(1)验算构件截面尺寸

$$h_0=400-35=365(\text{mm})$$

$$W_t=\frac{b^2}{6}(3h-b)=\frac{200^2}{6}\times(3\times400-200)=6.667\times10^6(\text{mm}^3)$$

$$\frac{h_w}{b}=\frac{365}{200}=1.83<4.0$$

$$\frac{V}{bh_0}+\frac{T}{0.8W_t}=\frac{70\times10^6}{200\times365}+\frac{7\times10^6}{0.8\times6.667\times10^6}=2.271(\text{N/mm}^2)>0.25\beta_c f_c$$

$$0.25\beta_c f_c=0.25\times1.0\times14.5=3.625(\text{N/mm}^2)$$

满足要求。

(2)检查简化计算条件

$$0.35f_tbh_0=0.35\times1.43\times200\times365=36.53(\text{kN})<V=70\text{kN}$$

$$0.175f_tW_t=0.175\times1.43\times6.667\times10^6=1.67(\text{kN}\cdot\text{m})<T=7\text{kN}\cdot\text{m}$$

应按弯剪扭构件计算。

(3)检验是否需按计算配筋

$$\frac{V}{bh_0}+\frac{T}{W_t}=\frac{70\times10^3}{200\times365}+\frac{7\times10^6}{6.667\times10^6}=2.01(\text{N/mm}^2)>0.7f_t$$

$$0.7f_t=0.7\times1.43=1.001(\text{N/mm}^2)$$

需按计算配筋。

(4)计算抗扭箍筋

1)计算混凝土强度降低系数

$$\beta_t=\frac{1.5}{1+0.5\dfrac{VW_t}{Tbh_0}}=\frac{1.5}{1+0.5\times\dfrac{70\times10^3\times6.667\times10^6}{7\times10^6\times200\times365}}=1.03\approx1$$

2)计算受剪箍筋

$$\frac{A_{sv1}}{s}=\frac{V-0.7(1.5-\beta_t)f_t b h_0}{n f_{yv} h_0}$$

$$=\frac{70\times10^3-0.7(1.5-1)\times1.43\times200\times365}{2\times270\times365}$$

$$=0.170(\mathrm{mm^2/mm})$$

3)计算受扭箍筋

$$h_{cor}=400-2\times25=350(\mathrm{mm})$$

$$b_{cor}=200-2\times25=150(\mathrm{mm})$$

$$A_{cor}=h_{cor}b_{cor}=350\times150=5.25\times10^4(\mathrm{mm^2})$$

$$u_{cor}=2(h_{cor}+b_{cor})=2\times(350+150)=1000(\mathrm{mm})$$

取 $\zeta=1.2$，从式(6-33)可得

$$\frac{A_{st1}}{s}=\frac{T_w-0.35\beta_t f_t W_{tw}}{1.2\sqrt{\zeta} f_{yv} A_{cor}}=\frac{7\times10^6-0.35\times1\times1.43\times6.667\times10^6}{1.2\sqrt{1.2}\times270\times52500}=0.196(\mathrm{mm^2/mm})$$

4)计算箍筋总用量

$$\frac{A_{st1}^{总}}{s}=\frac{A_{sv1}}{s}+\frac{A_{st1}}{s}=0.167+0.196=0.363(\mathrm{mm^2/mm})$$

取 $d=8\mathrm{mm}$，$A_{st1}=50.3\mathrm{mm^2}$，代入上式得

$$s=\frac{A_{st1}}{s}=\frac{50.3}{0.363}=138.6\mathrm{mm}<s_{max}=200\mathrm{mm}$$

选取箍筋 ϕ8@120。

(5)验算箍筋的最小配筋率

$$\rho_{sv}=\frac{nA_{st1}}{bs}=\frac{2\times50.3}{200\times120}=0.42\%\geqslant\rho_{sv,min}$$

$$\rho_{sv,min}=0.28\frac{f_t}{f_{yv}}=0.28\times\frac{1.43}{270}=0.15\%$$

满足要求。

(6)计算纵向钢筋用量

1)受扭纵向钢筋

由式(6-1)得

$$A_{stl}=\frac{A_{st1}}{s}\times\frac{f_{yv}u_{cor}}{f_y}\zeta=0.179\times\frac{270\times1000}{360}\times1.2=161\mathrm{mm^2}$$

按照构造要求，受扭纵筋需沿截面周边均匀布置，直径不小于 10mm，且间距不大于 200mm，所以选取 3 排纵向钢筋 2 Φ 10，实配 $A_{stl}=157\mathrm{mm^2}>161/3=54\mathrm{mm^2}$。

2)受弯纵向钢筋

$$\alpha_s=\frac{M}{\alpha_1 f_c b h_0^2}=\frac{80\times10^6}{1.0\times14.3\times200\times365^2}=0.210$$

$$\xi=1-\sqrt{1-2\alpha_s}=1-\sqrt{1-2\times0.210}=0.238<\xi_b=0.550$$

$$A_s=\frac{\alpha_1 f_c b\xi h_0}{f_y}\zeta=\frac{1.0\times14.3\times200\times0.238\times365}{360}=690(\text{mm}^2)$$

截面底部选取纵向钢筋 4 Φ 18，实配 $A_{stl}=1017\text{mm}^2>690+163/3=744\text{mm}^2$。

(7)验算纵筋的最小配筋率

$$\rho_{\min}=\left(45\frac{f_t}{f_y}\right)\%=\left(45\times\frac{1.43}{360}\right)\%=0.18\%<0.2\%$$

$$\rho=\frac{A_s}{bh_0}=\frac{1017}{200\times365}=1.39\%>\rho_{\min}=0.2\%$$

$$\frac{T}{Vb}=\frac{7\times10^6}{70\times10^3\times200}=0.5<2.0$$

$$\rho_{tl,\min}=0.6\sqrt{\frac{T}{Vb}}\frac{f_t}{f_y}=0.6\times\sqrt{0.5}\times\frac{1.43}{360}=0.17\%$$

$$\rho_{tl}=\frac{A_{stl}}{bh}=\frac{157\times3}{200\times400}=0.59\%\geqslant\rho_{t,\min}$$

$$(\rho+\rho_{tl})=\frac{1017+157\times2}{200\times400}=1.66\%\geqslant(\rho_{\min}+\rho_{tl,\min})=0.2\%+0.17\%=0.37\%$$

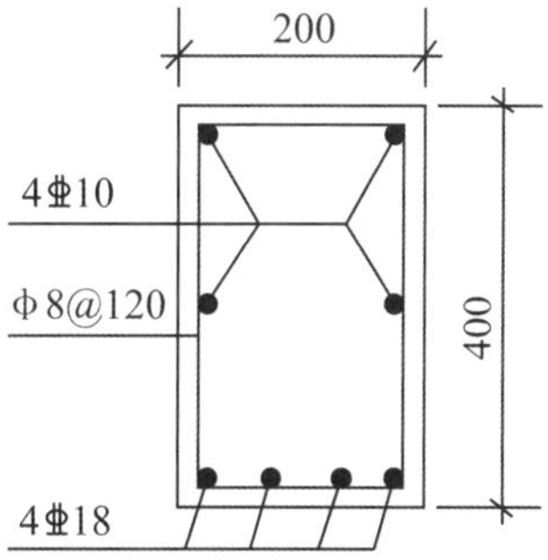

图 6-24　例题 6.3 的配筋图

满足要求。

综上所述，受扭纵筋和箍筋都满足最小配筋率的要求，截面配筋如图 6-24 所示。

6.5 构造要求

6.5.1 受扭纵向钢筋

沿截面周边布置受扭纵向钢筋的间距不应大于 200mm 及梁截面短边长度；除应在梁截面四角设置受扭纵向钢筋外，其余受扭纵向钢筋宜沿截面周边均匀对称布置。

受扭纵筋的直径不宜小于 10mm。计算所得的受扭纵向钢筋，其接头及锚固要求均与受弯构件纵向受拉钢筋的构造要求相同。

在弯剪扭构件中，配置在截面弯曲受拉边的纵向受力钢筋，其截面面积不应小于按受弯构件受拉钢筋最小配筋率计算的钢筋截面面积与按受扭纵向钢筋配筋率计算并分配到弯曲受拉边的钢筋截面面积之和，即式(6-54)。

6.5.2 受扭箍筋

受扭所需的箍筋应做成封闭式，且应沿截面周边布置。受扭所需箍筋的末端应做成 135°弯钩，弯钩端头平直段长度不应小于 $10d$，d 为箍筋直径，如图 6-25 所示。

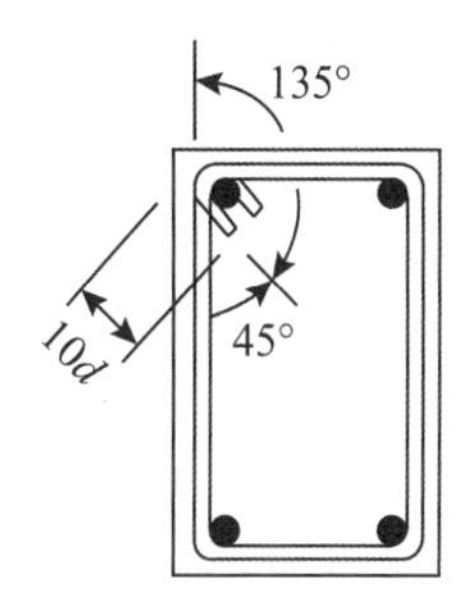

图 6-25　受扭箍筋的构造

截面高度大于 800mm 的梁，箍筋直径不宜小于 8mm；对截面高度不大于 800mm 的梁，不宜小于 6mm。梁中配有纵向受压钢筋时，

箍筋直径不应小于 $d/4$，d 为受压钢筋最大直径。

梁中箍筋的最大间距宜符合表 6-1 的规定；当 $V>0.7f_tbh_0+0.05N_{p0}$ 时，箍筋的配筋率 $\rho_{sv}=A_{sv}/(bs)\geqslant 0.24f_t/f_{yv}$。

表 6-1　梁中箍筋的最大间距

梁高 h	$V>0.7f_tbh_0+0.05N_{p0}$	$V\leqslant 0.7f_tbh_0+0.05N_{p0}$
$150<h\leqslant 300$	150	200
$300<h\leqslant 500$	200	300
$500<h\leqslant 800$	250	350
$h>800$	300	400

在超静定结构中，考虑协调扭转而配置的箍筋，其间距不宜大于 $0.75b$，此处 b 按图 6-15 规定取用，对箱形截面构件，b 均应以 b_h 代替。

思考题

6.1　素混凝土纯扭构件的破坏特征是什么？

6.2　比较扭转斜裂缝与受剪斜裂缝的异同点。

6.3　钢筋混凝土纯扭构件的破坏形态有哪些？

6.4　钢筋混凝土纯扭构件破坏时，什么情况下纵向钢筋和箍筋会先达到屈服然后混凝土才被压坏？

6.5　受扭构件中是否可以只配置受扭纵筋而不配置受扭箍筋？或者只配置受扭箍筋而不配置受扭纵筋？

6.6　配筋强度比的物理含义是什么？为何要限制其取值范围？

6.7　T 形、矩形、工字形剪扭构件在承载力计算时有何异同？

6.8　比较正截面受弯、斜截面受剪和受扭构件设计中防止出现超筋和少筋的措施。

6.9　剪力和扭矩共同作用、弯矩和扭矩共同作用下有哪些破坏形态？

6.10　受扭构件中配筋有哪些构造要求？

习　题

6.1　已知钢筋混凝土矩形结构纯扭构件，截面尺寸为 $b\times h=250\text{mm}\times 400\text{mm}$；承受扭矩设计值 $T=16.0\text{kN}\cdot\text{m}$；混凝土强度等级为 C30，箍筋用 HPB300 级钢筋，纵向钢筋用 HRB400 级钢筋。环境类别为一类。要求计算所需受扭纵向钢筋和箍筋。

6.2　有一钢筋混凝土矩形截面受扭构件，已知截面尺寸为 $b\times h=300\text{mm}\times 550\text{mm}$；配有 4 根直径为 14mm 的 HRB400 级纵向钢筋，箍筋为 HPB300 级钢筋，间距为 150mm；混凝土强度等级为 C30。试求该截面所能承受的扭矩值。

6.3　已知 T 形截面钢筋混凝土构件，截面尺寸为 $b\times h=250\text{mm}\times 700\text{mm}$，$b_f'=500\text{mm}$，$h_f'=120\text{mm}$；承受均布荷载作用下剪力设计值 $V=300\text{kN}$，扭矩设计值 $T=25\text{kN}\cdot\text{m}$；混凝土强度等级为 C30，箍筋用 HPB300 级钢筋，纵向钢筋用 HRB400 级钢筋。纵向受力钢筋为两排，取 $h_0=640\text{mm}$，混凝土保护层厚度 $c=25\text{mm}$。要求计算截面配筋并作截面配筋图。

6.4　有一钢筋混凝土矩形截面悬臂梁，截面尺寸为 $b\times h=200\text{mm}\times 400\text{mm}$；若在悬臂支座截面作用弯矩设计值 $M=56\text{kN}\cdot\text{m}$，剪力设计值 $V=60\text{kN}$，扭矩设计值 $T=4\text{kN}\cdot\text{m}$；混凝土强度等级为 C30，箍筋用 HPB300 级钢筋，纵向钢筋用 HRB400 级钢筋。要求计算截面配筋并作截面配筋图。

第 7 章　受拉构件正截面承载力计算

知识点：受拉构件的基本概念，受拉构件的破坏形式，轴心受拉构件正截面承载力计算，大/小偏心受拉的界限，小偏心受拉构件正截面受拉承载力的计算方法，大偏心受拉构件正截面受拉承载力的计算方法，偏心受拉构件斜截面承载力计算。

重　点：受拉构件的基本概念，偏心受拉构件的基本概念。

难　点：大/小偏心受拉的判定方法。

承受纵向拉力的混凝土构件，称为受拉构件。混凝土受拉构件可分为轴心受拉构件和偏心受拉构件（见图 7-1）。轴向拉力作用点通过截面质量中心连线且不受弯矩作用的构件称为轴心受拉构件，轴向拉力作用点偏离构件截面质量中心连线或构件承受轴向拉力及弯矩共同作用的构件称为偏心受拉构件。

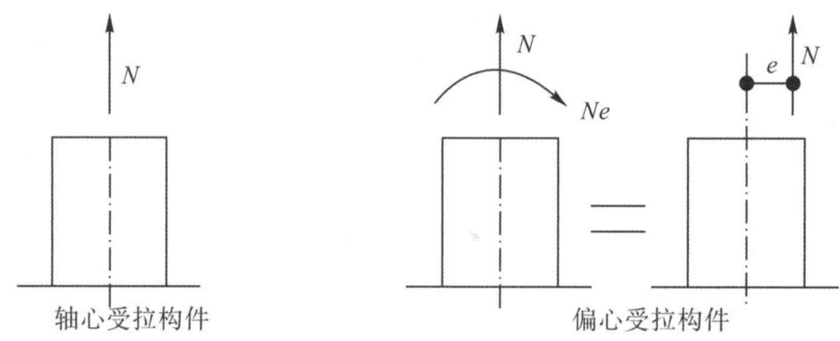

图 7-1　受拉构件的分类

7.1　轴心受拉构件的正截面承载力计算

在实际工程中，由于施工等各种原因，真正的轴心受拉构件是很少的，但有些构件，如混凝土屋架或托架的受拉弦杆和腹杆以及拱的拉杆等，这类构件主要承受轴心拉力，有时也伴随有一定的弯矩作用。由于弯矩通常较小，故可以忽略不计而将其作为轴心受拉设计。又例如圆形筒仓或水池的池壁，由于承受粒料或水作用在池壁上的径向压力，在水平方向也处于环向轴心受拉状态（见图 7-2）。

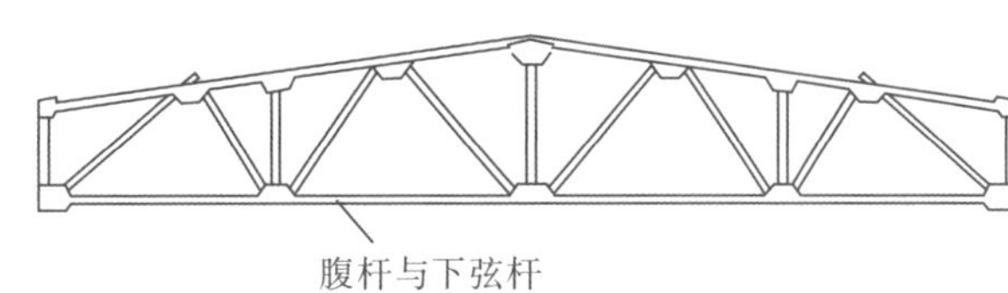

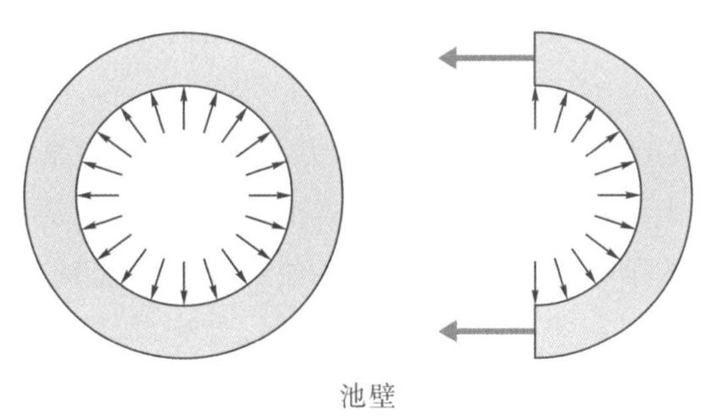

图 7-2　典型的轴心受拉构件

7.1.1　轴心受拉构件受力特点

与适筋受弯构件相似，轴心受拉构件从开始加载到破坏，其受力过程也可分为三个受力阶段：第Ⅰ阶段为从加载到混凝土开裂前，此阶段截面中的应力分布是均匀的，由截面中钢筋和混凝土共同承受拉力；第Ⅱ阶段为混凝土开裂到受拉钢筋屈服前，此时开裂处的混凝土不再承受拉力，所有拉力均由钢筋承担；第Ⅲ阶段为受拉钢筋达到屈服，此时，拉力 N 值基本不变，构件裂缝开展很大，可认为构件达到极限承载力，最终破坏时整个截面全部裂通（图 7-3）。

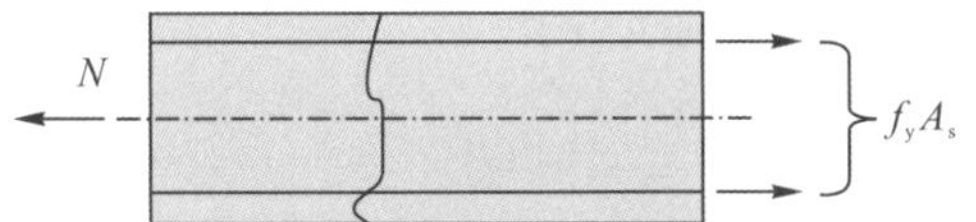

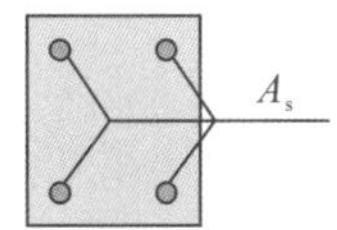

图 7-3　轴心受拉构件的受力状态

7.1.2　正截面受拉承载力计算

轴心受拉构件在混凝土开裂前，混凝土和钢筋共同变形，共同承受拉力。开裂后，开裂截面的混凝土退出工作，拉力由钢筋承受，当钢筋应力达到抗拉屈服强度时，截面到达受拉承载力极限状态，破坏时混凝土早已被拉裂，全部拉力均由钢筋承受，与单独的钢拉杆相同，所以轴心受拉构件正截面受拉承载力的计算公式非常简明，即设计轴力 N 不应高于纵向钢筋拉力 f_yA_s，并满足最小配筋率和构造要求。比如，轴心受拉构件中纵向受拉钢筋的接头必须采用焊接接头。轴心受拉构件破坏时，混凝土不承受拉力，全部拉力由钢筋来承受，故轴心受拉构件正截面承载力计算公式如下：

$$N \leqslant N_u = f_y A_s \tag{7-1}$$

式中：N——轴向拉力设计值；N_u——截面轴向受拉承载力设计值；A_s——受拉钢筋截面面积；f_y——钢筋抗拉强度设计值。

虽然在轴心受拉构件的承载力计算公式中，混凝土并没有发挥作用，但混凝土能对钢筋起到有效的防护作用，并且还可以提高构件的抗拉刚度。

7.2　偏心受拉构件的正截面承载力计算

偏心受拉构件是指轴向拉力不作用于构件截面形心。偏心受拉构件在实际工程中虽然不是量大面广的构件，但是有时也会遇到，如混凝土矩形水池的池壁、浅仓的壁板以及联肢剪力墙的某些墙肢、双肢柱的某些肢杆以及悬臂式桁架承受节间竖向荷载的受拉上弦杆以及一般屋架承担节间荷载的下弦杆，等等，都属于偏心受拉构件。

偏心受拉构件除作用有拉力和弯矩外，还作用有剪力。因此，除了按本章所述计算其正截面承载力外，还应按第 5 章计算其斜截面受剪承载力。由于混凝土抗拉强度低，受拉构件在使用荷载作用下都是带裂缝工作的，还需要满足第 9 章中的裂缝宽度验算。如果对抗裂要求较高，在使用阶段严格要求不出现裂缝或一般要求不出现裂缝的结构如水池和油罐等，普通钢筋混凝土结构难以满足要求，可采用第 10 章按预应力混凝土结构设计。

7.2.1　大小偏心受拉的判定依据

与偏心受压构件一样，根据偏心拉力 N 的作用位置不同，偏心受拉构件也分为大偏心受拉和小偏心受拉。如图 7-4 所示，设轴向拉力 N 的作用点距构件截面重心轴的距离为 e_0，在截面上靠近偏心拉力 N 一侧的钢筋截面积为A_s、在截面另一侧的钢筋截面积为A_s'。

1. 小偏心受拉

当纵向拉力 N 作用在A_s合力点与A_s'合力点之间时(图 7-4(a))，构件全截面混凝土裂通，仅由钢筋A_s和A_s'提供的拉力f_yA_s和$f_y'A_s'$与轴向拉力 N 平衡，构件的破坏取决于A_s和A_s'的抗拉强度。这类情况称为小偏心受拉。

2. 大偏心受拉

当纵向拉力 N 作用在A_s外侧时(图 7-4(b))，构件截面A_s一侧受拉，A_s'一侧受压，截面部分开裂但不会裂通，构件的破坏取决于A_s的抗拉强度或混凝土受压区的抗压能力。这类情况称为大偏心受拉。

3. 判定依据

上述分析可知，大、小偏心受拉构件的本质界限是构件截面上是否存在受压区。由于截面上受压区的存在与否与轴向拉力 N 作用点的位置有直接关系，所以在实际设计中以轴向

拉力 N 的作用点在钢筋A_s和A_s'之间或钢筋A_s和A_s'之外，作为判定大小偏心受拉的界限，即：

1）当偏心距$e_0 \leqslant h/2-a_s$时，属于小偏心受拉构件；

2）当偏心距$e_0 > h/2-a_s$时，属于大偏心受拉构件。

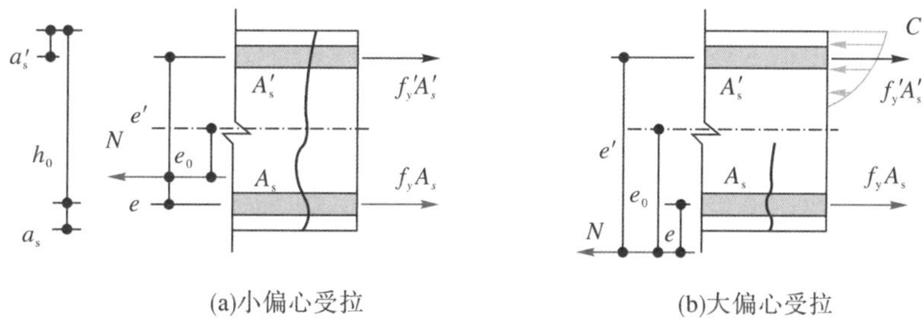

(a)小偏心受拉　　(b)大偏心受拉

图 7-4　大小偏心受拉构件分类

7.2.2　矩形截面偏心受拉构件正截面承载力计算

1. 小偏心受拉

当偏心距e_0很小时，荷载作用下混凝土结构的全截面受拉，裂缝贯通整个截面，并以一定间距分布，最后钢筋受拉屈服破坏。

当偏心距e_0增大时，在混凝土开裂前，截面部分受拉、部分受压，把拉区和压区的合力分别计为 T 和 C。当截面开裂后，受拉混凝土随即退出工作，拉力 T 全部转由A_s承受。由于纵向拉力 N 处于A_s和A_s'之间，为了保持力的平衡，截面上不可能再保持受压区，亦即原来的受压区将转变为受拉区，并使截面裂通，A_s'也变为受拉钢筋。

因此，只要轴向拉力 N 作用在A_s和A_s'之间，不论偏心距e_0的大小如何，构件破坏时均为全截面受拉，裂缝贯通整个截面，外荷载轴向拉力全部由钢筋A_s和A_s'承受，也就是所谓的小偏心受拉破坏。

小偏心受拉构件达到受拉承载能力极限状态时，截面早已裂通，混凝土已全部退出工作，轴向拉力全部由受拉钢筋承受，钢筋A_s和A_s'的应力可能都达到抗拉屈服强度，也可能近轴向拉力 N 一侧钢筋A_s的应力能达到抗拉屈服强度，而远离 N 一侧钢筋A_s'的应力达不到抗拉屈服强度，这与轴向拉力 N 作用点位置以及钢筋A_s和A_s'的比值有关。

(1)基本计算公式

小偏心受拉构件在截面达到极限承载力时，全截面混凝土裂通，拉力全部由钢筋承担，其应力均达到屈服强度f_y。分别对A_s'及A_s取矩（图 7-5），可得到矩形截面小偏心受拉构件正截面承载力的基本计算公式：

$$\sum M_{A_s'}=0, Ne'=f_yA_s(h_0-a_s') \tag{7-2}$$

$$\sum M_{A_s}=0, Ne=f_yA_s'(h_0-a_s') \tag{7-3}$$

式中：e——轴向拉力至钢筋A_s合力点之间的距离，$e=h/2-a_s-e_0$；e'——轴向拉力至钢筋

A_s'合力点之间的距离，$e'=h/2-a_s'+e_0$。

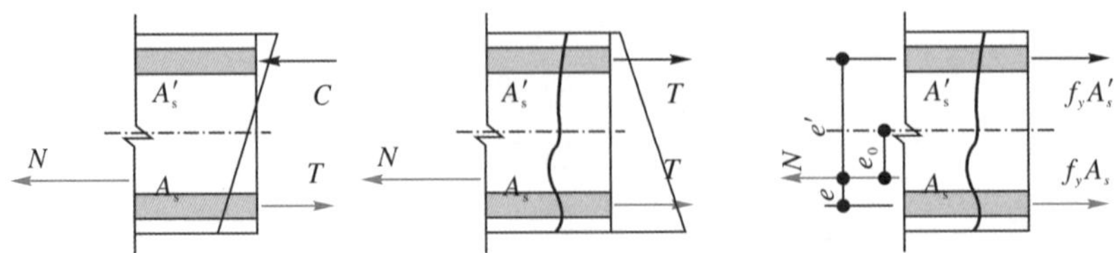

图 7-5　小偏心受拉构件正截面计算简图

（2）截面设计与截面复核

1）截面设计

在截面设计时，已知轴向拉力 N 及作用点的位置（或轴向拉力 N 及截面弯矩 M，可计算出轴向拉力 N 是否在A_s与A_s'之间，如在A_s与A_s'之间，为了使总用钢量A_s+A_s'最小，应使A_s和A_s'的应力均能达到抗拉屈服强度f_y，根据平衡条件，分别对A_s'合力点和A_s合力点取矩，则可得到两个弯矩平衡方程，即式（7-2）和式（7-3），在这两个平衡方程中分别只有A_s和A_s'两个未知量，所以可以很容易求解出A_s和A_s'的面积。请注意这个公式中的e'与 e 的计算公式，可以从几何关系中得到，轴向力 N 到A_s'的距离e'等于$h/2-a_s-e_0$，轴向力 N 到A_s的距离 e 等于$h/2-a_s-e_0$。求得的A_s、A_s'要验证是否满足最小配筋率条件。

另外，对于对称配筋，出于偏安全的考虑，以靠近轴向内一侧的钢筋A_s受力较大，因此可以先求出钢筋A_s的面积，然后令远离轴向力一侧的钢筋$A_s'=A_s$即可。

最后，再来讨论一下这两个小偏心受拉公式：即式（7-2）和式（7-3），将 e 和 e'分别代入这两个式子，并且假设 $Ne_0=M$，$a_s=a_s'$，可得到钢筋A_s和A_s'与设计轴力与设计弯矩 M 的关系：

$$A_s=\frac{N(\frac{h}{2}-a_s'+e_0)}{f_y(h_0-a_s')}=\frac{N}{2f_y}+\frac{M}{f_y(h_0-a_s')} \tag{7-4}$$

$$A_s'=\frac{N(\frac{h}{2}-a_s+e_0)}{f_y(h_0-a_s')}=\frac{N}{2f_y}-\frac{M}{f_y(h_0-a_s')} \tag{7-5}$$

在式（7-4）和式（7-5）中，等号右边第一项反映抵抗轴向拉力 N 所需的配筋，第二项反映抵抗弯矩 M 所需的配筋。所以，也可以近似这么理解：小偏心受拉时，设计轴向拉力 N 由钢筋A_s和A_s'各承担一半，而设计弯矩所产生的正应力，由于A_s一侧受拉，A_s'一侧受压，在钢筋A_s和A_s'上分别叠加，A_s一侧是叠加，而A_s'一侧是相减。显然，弯矩的增大使钢筋A_s的用量增加，而使钢筋A_s'的用量减少。因此，在设计时，如果遇到有多组不同内力组合值，计算A_s时应取最大 N 和最大 M 的内力组合值，而计算A_s'时应取最大 N 和最小 M 的内力组合值。

2）截面复核

根据已知的A_s与A_s'及其设计强度，可由式（7-2）、式（7-3）分别求得N_u值，其中较小者即为构件正截面的极限承载能力。

［例题 7.1］　某偏心受拉力构件，截面尺寸 $b\times h=300\text{mm}\times 450\text{mm}$，取 $a_s=a_s'=35\text{mm}$，承受轴向拉力设计值 $N=672\text{kN}$，弯矩设计值 $M=60.5\text{kN}\cdot\text{m}$，采用 C30 混凝土和 HRB400 级钢筋。试进行配筋计算，并画出配筋图。

［解］

(a)基本设计参数

C30 混凝土：$f_t=1.43\text{MPa}$，HRB400 级钢筋：$f_y=360\text{MPa}$；

$$\rho_{\min}=\max\left\{0.2\%,0.45\frac{f_t}{f_y}\right\}=0.2\%;$$

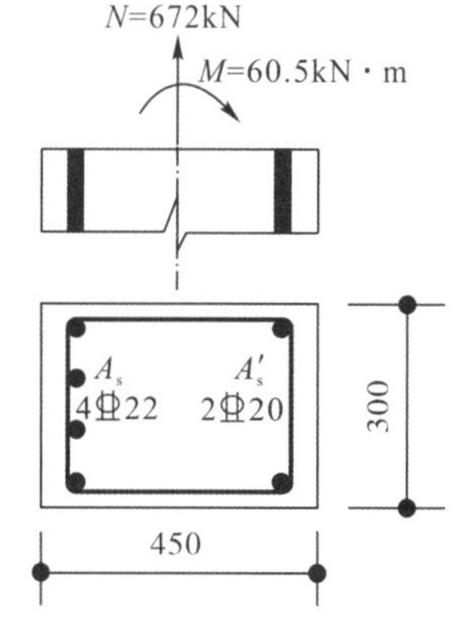

图 7-6　截面配筋图（［例题 7.1］）

(b)判断偏心类型

$$e_0=\frac{60.5}{672}=90(\text{mm})<h/2-a_s=450/2-35=190(\text{mm});$$

为小偏心受拉。

(c)计算几何条件

$$h_0=h-a_s=450-35=415(\text{mm});$$

$$e=h/2-a_s-e_0=450/2-35-90=100(\text{mm});$$

$$e'=h/2-a_s'+e_0=450/2-35+90=280(\text{mm});$$

(d)求 A_s 和 A_s'

$$A_s=\frac{Ne'}{f_y(h_0'-a_s)}=\frac{672\times10^3\times280}{360\times(415-35)}=1375(\text{mm}^2)$$

$$>\rho_{\min}bh=270(\text{mm}^2)$$

(e)选用钢筋并绘制配筋图

A_s 选用 4 Φ 22（$A_s=1520\text{mm}^2$），A_s' 选用 2 Φ 20（$A_s'=628\text{mm}^2$），截面配筋如图 7-6 所示。

2. 大偏心受拉

(1)基本计算公式

大偏心受拉构件在截面达到极限承载力时，截面受拉侧混凝土产生裂缝，拉力全部由钢筋承担，受拉钢筋达到屈服；在对应的另一侧形成受压区，混凝土达到极限压应变，如图 7-7 所示。

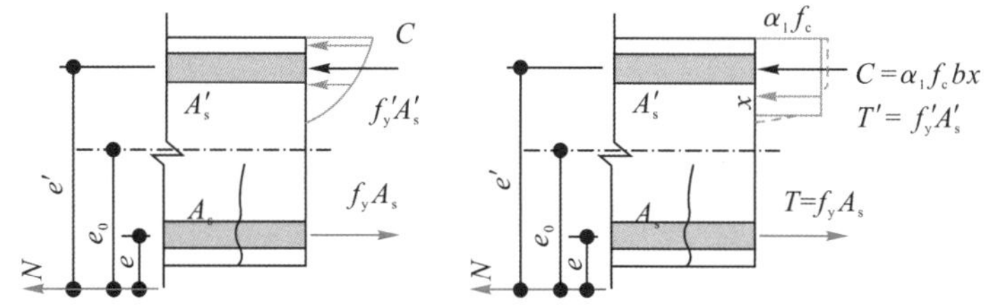

图 7-7　大偏心受拉构件正截面计算简图

由力和力矩平衡条件，可得到大偏心受拉构件正截面承载力的基本计算公式：

$$N\leqslant N_u=f_yA_s-\alpha_1f_cbx-f_y'A_s' \tag{7-6}$$

$$Ne\leqslant N_ue=\alpha_1f_cbx(h_0-x/2)+f_y'A_s'(h_0-a_s') \tag{7-7}$$

式中：e——轴向拉力至钢筋 A_s 合力点之间的距离，$e=e_0-h/2+a_s$。

为了保证构件不发生超筋和少筋破坏，使纵向受压钢筋 A_s' 应力达到屈服强度，上述公式的适用条件为：$2a_s'\leqslant x\leqslant \xi_b h_0$。

当 $x<2a_s'$ 时，A_s' 不会受压屈服，即 A_s' 的应力是未知数，此时可令 $x=2a_s'$，对 A_s' 合力点取矩得到：

$$Ne'\leqslant f_y A_s(h_0-a_s') \tag{7-8}$$

式中：e'——轴向拉力至 A_s' 合力点之间的距离，$e'=h/2-a_s'+e_0$。

(2)截面设计与截面复核

1)截面设计

已知截面尺寸(b、h)，材料强度(f_c、f_y、f_y')及轴向拉力设计值 N 和弯矩设计值 M，要求计算截面所需钢筋 A_s 及 A_s'。与大偏心受压类似，也可以分为以下两种情况。

①当 A_s 及 A_s' 均未知时，可按如下步骤进行(见图 7-8)：

a. 判别类型，当 $e_0>h/2-a_s$ 时为大偏心受拉；

b. 求 A_s'。为了使总用钢量(A_s+A_s')最小，与大偏心受压计算相同的原则，取 $x=\xi_b h_0$ 代入式(7-7)求 A_s'；

c. 求 A_s。将 A_s' 及 $x=\xi_b h_0$ 代入式(7-6)得 A_s；

d. 若 A_s' 太小或出现负值时，可按构造要求选配 A_s'，并把 A_s' 作为已知代入式(7-7)求得 x，再代入式(7-6)求 A_s；若 $x<2a_s'$，可由式(7-8)求得 A_s。A_s 要满足 $A_s\geqslant\rho_{min}bh$。

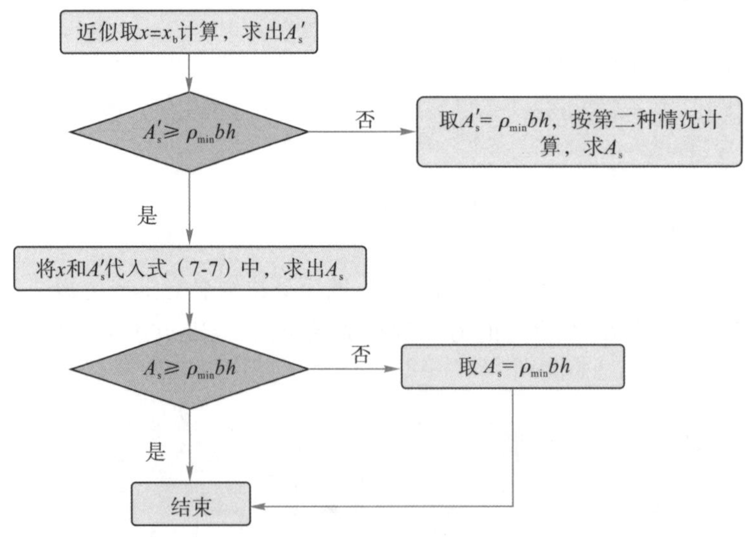

图 7-8 大偏拉构件的配筋设计流程(A_s 和 A_s' 均未知)

②当 A_s' 已知、A_s 未知时，可按如下步骤进行(见图 7-9)：

a. 将 A_s' 代入式(7-7)计算 x；

b. 如上式成立，将 A_s' 及 x 代入式(7-6)计算 A_s；

c. 如果有 $x<2a_s'$，则由式(7-8)计算 A_s，需要满足 $A_s\geqslant\rho_{min}bh$。

d. 如果有 $x>\xi_b h_0$，则表示构件截面尺寸偏小，此时应重新拟定截面尺寸再进行计算。

2）截面复核

已知截面尺寸(b、h)、材料强度(f_c、f_y'、f_y)以及截面作用效应 M 和 N，复核截面承载力按下列步骤进行(见图 7-10)：

a. 联立解式(7-6)和式(7-7)得 x；

b. 若 $x<\xi_b h_0$，由式(7-6)计算截面所能承担的轴向拉力 N；

c. 若 $x>\xi_b h_0$，则取 $x=\xi_b h_0$ 代入式(7-6)计算轴向拉力 N；

d. 若 $x<2a_s'$时，则由式(7-8)计算轴向拉力 N。

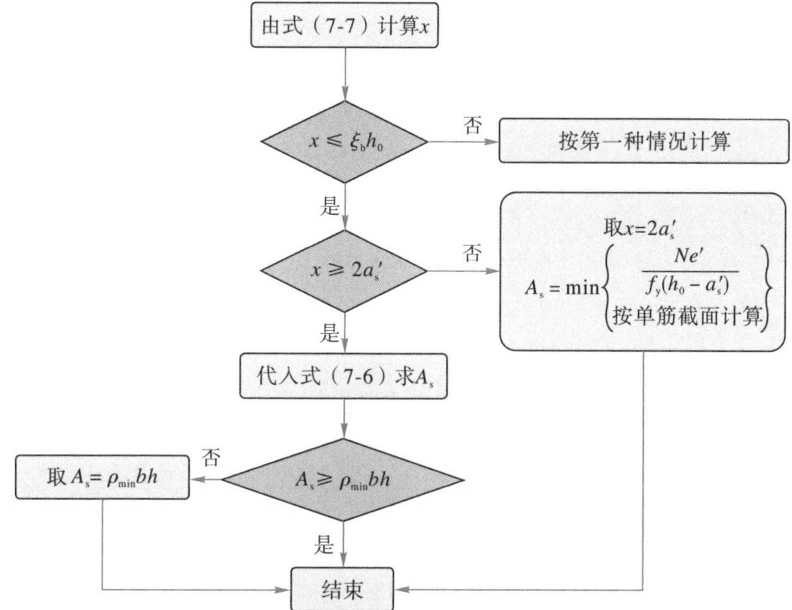

图 7-9　大偏拉构件的配筋设计流程(A_s'为已知，A_s未知)

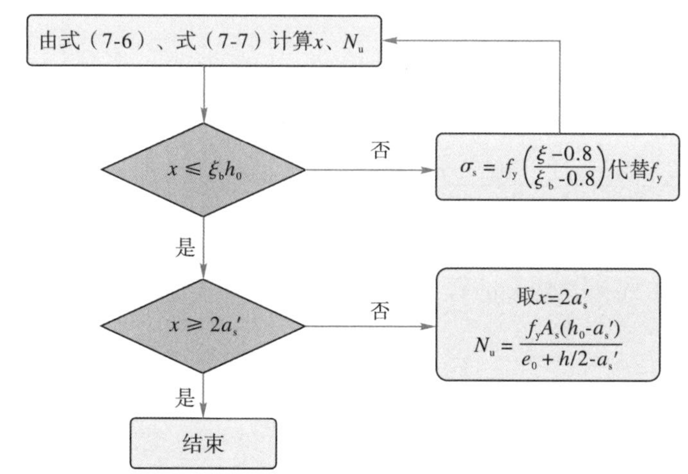

图 7-10　大偏拉构件的截面复核流程

［例题 7.2］ 已知某钢筋混凝土桁架下弦杆为一偏心受拉力构件，截面尺寸 $b\times h=300\text{mm}\times 400\text{mm}$，取 $a_s=a_s'=35\text{mm}$，承受轴向拉力设计值 $N=400\text{kN}$，弯矩设计值 $M=80\text{kN}\cdot\text{m}$，采用 C30 混凝土和 HRB400 级钢筋。试进行配筋计算，并画出配筋图。

［解］

(a)基本参数

C30 混凝土：$f_t=1.43\text{MPa}$，HRB400 级钢筋：$f_y=360\text{MPa}$；

$$\rho_{\min}=\max\left\{0.2\%,0.45\frac{f_t}{f_y}\right\}=0.2\%;$$

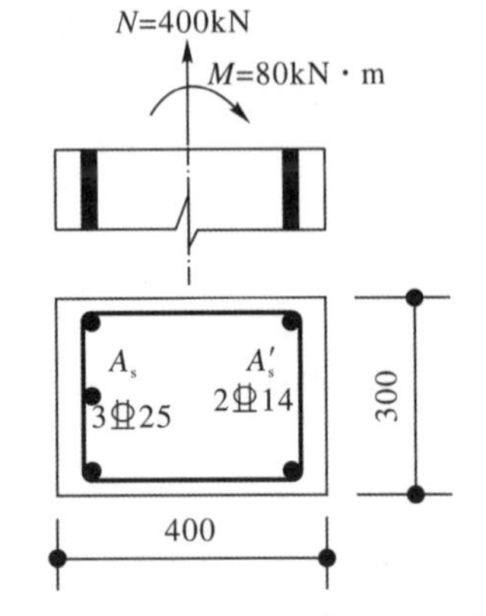

图 7-11　截面配筋图(［例题 7.2］)

(b)判断偏心类型

$$e_0=\frac{80}{400}=200(\text{mm})>h/2-a_s=400/2-35=165(\text{mm});$$

为大偏心受拉。

(c)求 A_s 和 A_s'

$$e=e_0-h/2+a_s=200-400/2+35=35(\text{mm})$$

$$h_0=h-a_s=400-35=365(\text{mm})$$

$$x=\xi_b h_0=0.518\times 365=189.1(\text{mm})$$

$$A_s'=\frac{Ne-\alpha_1 f_c bx(h_0-x/2)}{f_y'(h_0-a_s')}$$

$$=\frac{400\times 10^3\times 35-1.0\times 14.3\times 300\times 189.1\times(365-189.1/2)}{360\times(365-35)}$$

$$<0$$

所以按构造配筋，$A_s'=\rho_{\min}'bh=0.2\%\times 300\times 400=240(\text{mm}^2)$

将结果代入式(7-7)得 $x^2-730x-6765.5=0$，解得：

$x_1=739.2>h=400$，不符；

$x_2=-9.2<2a_s'$，故按式(7-8)计算。

$$e'=h/2-a_s'+e_0=400/2-35+200=365(\text{mm})$$

$$A_s=\frac{Ne'}{f_y(h_0-a_s')}=\frac{400\times 10^3\times 365}{360\times(365-35)}=1229(\text{mm}^2)>\rho_{\min}bh=240\text{mm}^2$$

(d)选用钢筋并绘制配筋图

A_s 选用 3 ⌀ 25 ($A_s=1472\text{mm}^2$)，A_s' 选用 2 ⌀ 14 ($A_s'=308\text{mm}^2$)，截面配筋如图 7-11 所示。

思考题

7.1　大、小偏心受拉的界限如何划分？它和大、小偏心受压界限的划分有何不同？

7.2　试从破坏形态、截面应力和计算公式来比较：大偏心受拉与大偏心受压有何相同和不同之处？小偏心受拉与小偏心受压有何相同和不同之处？

习　题

7.1　钢筋混凝土拉杆，截面尺寸 $b\times h=300\text{mm}\times 300\text{mm}$，取 $a_s=a_s'=35\text{mm}$，构件上作用轴心拉力设计值 $N=400\text{kN}$，采用C30混凝土，其内配置4⌀20 HRB400级钢筋。试校核此杆是否安全。

7.2　偏心受拉力构件，截面尺寸 $b\times h=300\text{mm}\times 500\text{mm}$，取 $a_s=a_s'=35\text{mm}$，承受轴向拉力设计值 $N=400\text{kN}$，弯矩设计值 $M=60\text{kN}\cdot\text{m}$，采用C30混凝土和HRB400级钢筋。试进行配筋计算。

7.3　偏心受拉力构件，截面尺寸 $b\times h=350\text{mm}\times 600\text{mm}$，取 $a_s=a_s'=35\text{mm}$，承受轴向拉力设计值 $N=140\text{kN}$，弯矩设计值 $M=110\text{kN}\cdot\text{m}$，采用C30混凝土和HRB400级钢筋。试进行配筋计算。

7.4　偏心受拉力构件，截面尺寸 $b\times h=300\text{mm}\times 450\text{mm}$，取 $a_s=a_s'=35\text{mm}$，采用C30混凝土和HRB400级钢筋，其内配置 $A_s=1964\text{mm}^2$（4⌀25），$A_s'=308\text{mm}^2$（4⌀14）。试求此构件在 $e_0=195\text{mm}$ 时所能承受的拉力。

第 8 章　受压构件正截面承载力计算

知识点:受压构件的基本概念,受压构件的破坏过程,轴心受压构件正截面承载力的计算,大小偏心受压的分界,界限破坏荷载,大偏心受压构件的承载力计算及复核的计算方法,小偏心受压构件的承载力计算及复核的计算方法。

重　点:受压构件的基本概念,受压构件的受力分析,矩形截面偏心受压构件的基本假定,大偏心受压构件的承载力计算及复核的计算方法,小偏心受压构件的承载力计算及复核的计算方法。

难　点:受压结构长细比的概念,构件计算长度的取值,轴心受压构件正截面承载力概念及计算方法,偏心受压构件纵向弯曲的影响,大小偏心受压的分界,界限破坏荷载,偏心受压构件正截面承载能力N_u-M_u的关系。

受压构件是混凝土结构中最常见的构件之一,如房屋结构中的柱、桥梁结构中的桥墩、桁架中的受压弦杆、腹杆等。受压构件往往在结构中具有极其重要的作用,一旦发生破坏,将导致整个结构的严重破坏,甚至倒塌。

混凝土受压构件在其截面上一般作用有轴力、弯矩和剪力。按受力情况不同,可以分为轴心受压和偏心受压两类。当只有轴力作用且轴向力作用线与构件截面形心轴重合时,称为轴心受压构件;当同时作用有轴力和弯矩或轴向力作用线与构件截面形心轴不重合时,称为偏心受压构件。当轴向力作用线与截面的形心轴平行且沿某一主轴偏离形心时,称为单向偏心受压构件。当轴向力作用线与截面的形心轴平行且偏离两个主轴时,称为双向偏心受压构件,如图 8-1 所示。

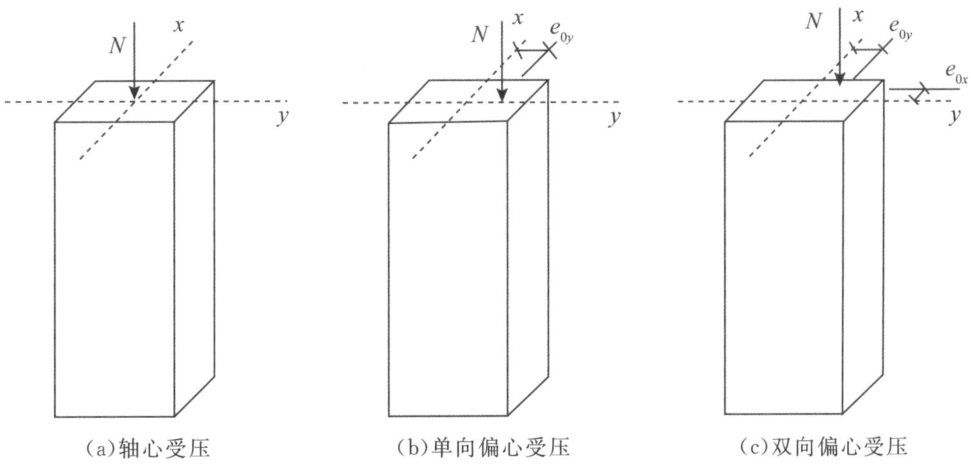

图 8-1　轴心受压与偏心受压

8.1　轴心受压构件的正截面承载力计算

在实际工程中，理想的轴心受压构件几乎是不存在的。通常由于混凝土材料的非均质性、施工制造的误差、荷载作用位置的偏差等原因，往往存在一定的初始偏心。但在实际设计中有些构件，如屋架（桁架）的受压腹杆 AB（图 8-2(a)）、以承受恒载为主的等跨框架的中柱 CD（图 8-2(b)）等因弯矩很小而忽略不计，可近似地当作轴心受压构件。

混凝土轴心受压构件中，钢筋骨架是由纵向受压钢筋和箍筋绑扎或焊接而成的。按照箍筋的配置方式和作用的不同，一般将混凝土轴心受压柱分为两种：配有纵向钢筋和普通箍筋的柱，简称普通箍筋柱（图 8-3(a)）；配有纵筋和螺旋式或焊接环式箍筋的柱，统称螺旋箍筋柱（图 8-3(b)）。

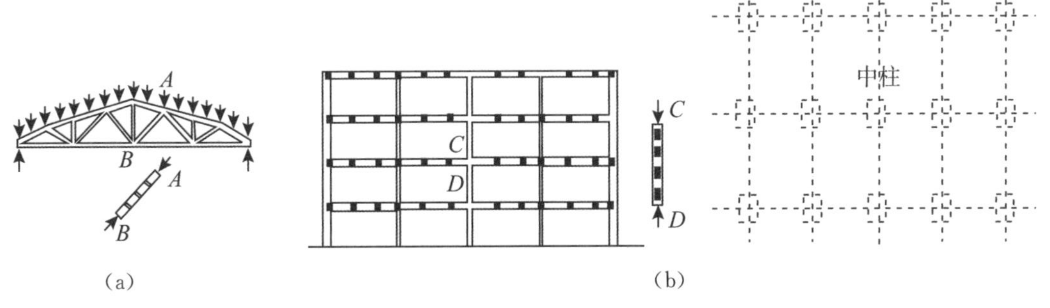

图 8-2　轴心受压构件实例

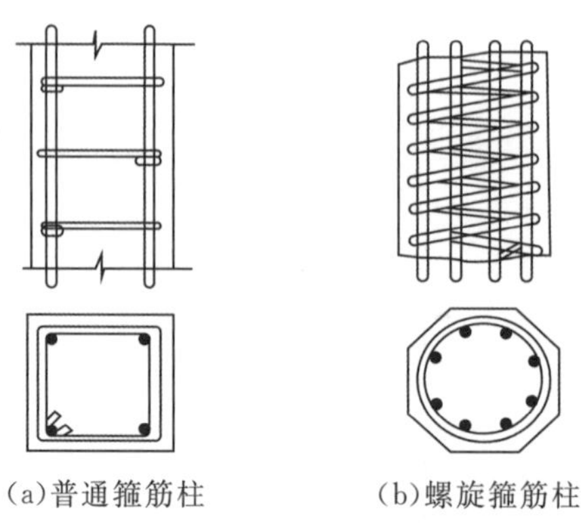

(a)普通箍筋柱　　(b)螺旋箍筋柱

图 8-3　柱中箍筋的形式

8.1.1　普通箍筋柱

最常见的混凝土轴心受压柱是普通箍筋柱，截面形式一般为正方形或矩形，当建筑上有要求时也可以采用圆形或多边形。

轴心受压柱的受压承载力主要由混凝土承担，但仍需配置纵向钢筋，常常沿截面周边对称布置，其作用包括：①与混凝土共同承受压力，提高柱的承载力；②提高破坏时构件的延性，防止构件出现突然的脆性破坏；③减小混凝土徐变变形；④承受可能产生的偏心弯矩、混凝土收缩及温度变化引起的拉应力。

横向箍筋一般沿柱高等间距布置，其作用包括：①与纵筋形成刚性较好的骨架；②防止纵向钢筋受力后压屈；③提高破坏时构件的延性。

1. 受力分析及破坏形态

根据长细比(l_0/b)大小不同，轴心受压柱可分为短柱和长柱两类。

短柱是指：(其中，l_0为柱的计算长度，按表 8-1 和表 8-2 采用)

$l_0/b\leqslant 8$ (矩形截面，b 为较小截面边长)；

$l_0/d\leqslant 7$ (圆形截面，d 为圆形截面直径)；

$l_0/i\leqslant 28$ (任意截面，i 为截面的最小回转半径)。

大量受压短柱试验表明，在轴心受压柱截面上，压应变基本上是均匀分布的。当荷载较小时，变形的增加与外力的增长成正比；当荷载较大时，变形增加的速度快于外力增加的速度，纵筋配筋量越少，这种现象就越明显。随着压力的继续增加，柱中开始出现细微裂缝，当达到极限荷载时，细微裂缝发展成明显的纵向裂缝，随着压应变的增长，这些裂缝将相互贯通，箍筋间的纵筋发生压屈，混凝土被压碎而整个柱子破坏。在这个过程中，混凝土的侧向膨胀将向外挤推纵筋，使纵筋在箍筋之间呈灯笼状向外受压屈服，混凝土被压碎，构件破坏，如图 8-4(a)。

随着轴向压力 N 的增大，由于混凝土应力和应变的非线性关系，截面上钢筋应力和混凝土应力的比值不断调整，将此加载过程中钢筋与混凝土应力增量速度的变化称为加载过程的应力重分布。

表 8-1　刚性屋盖单层房屋排架柱、露天吊车柱和栈桥柱的计算长度

柱的类别		l_0		
		排架方向	垂直排架方向	
			有柱间支撑	无柱间支撑
无吊车房屋柱	单跨	$1.5H$	$1.0H$	$1.2H$
	两跨及多跨	$1.25H$	$1.0H$	$1.2H$
有吊车房屋柱	上柱	$2.0H_u$	$1.25H_u$	$1.5H_u$
	下柱	$1.0H_l$	$0.8H_l$	$1.0H_l$
露天吊车柱和栈桥柱		$2.0H_l$	$1.0H_l$	—

注：①表中 H 为从基础顶面算起的柱子全高；H_l 为从基础顶面至装配式吊车梁底面或现浇式吊车梁顶面的柱子下部高度；H_u 为从装配式吊车梁底面或从现浇式吊车梁顶面算起的柱子上部高度；

②表中有吊车房屋排架柱的计算长度，当计算中不考虑吊车荷载时，可按无吊车房屋柱的计算长度采用，但上柱的计算长度仍可按有吊车房屋采用；

③表中有吊车房屋排架柱的上柱在排架方向的计算长度，仅适用于 $H_u/H_l \geqslant 0.3$；当 $H_u/H_l < 0.3$ 时，计算长度宜采用 $2.5H_u$。

表 8-2　框架结构各层柱的计算长度

楼盖类型	柱的类别	l_0
现浇楼盖	底层柱	$1.0H$
	其余各层柱	$1.25H$
装配式楼盖	底层柱	$1.25H$
	其余各层柱	$1.5H$

注：表中 H 为底层柱从基础顶面到一层楼盖顶面的高度，对其余各层柱为上、下两层楼盖顶面之间的高度。

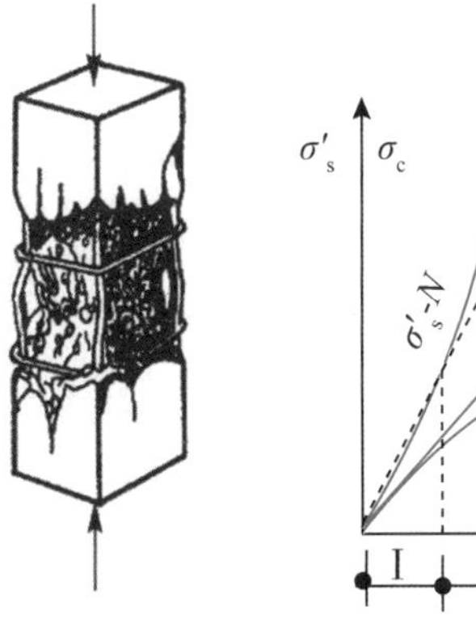

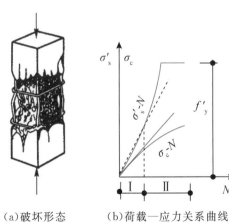

(a)破坏形态　　(b)荷载—应力关系曲线

图 8-4　轴心受压短柱试验

如图 8-4(b)所示，在轴力 N 较小时，截面混凝土和钢筋基本处于弹性工作阶段(第 Ⅰ

阶段)，N 与σ_s'、σ_c的关系基本呈线性。由于钢筋与混凝土之间的黏结作用，钢筋的压应变和混凝土的压应变相等，即：$\varepsilon_s'=\varepsilon_c$。将$\varepsilon_s'=\sigma_s'/E_s$和$\varepsilon_c=\sigma_c/E_c$代入可得

$$\sigma_s'=\frac{E_s}{E_c}\sigma_c=\alpha_E\sigma_c \tag{8-1}$$

式中：α_E——钢筋与混凝土弹性模量之比值，$\alpha_E=E_s/E_c$；

随着轴力 N 的不断增大，混凝土塑性变形发展，构件进入弹塑性工作阶段(第Ⅱ阶段)，钢筋应力和混凝土应力不再保持弹性阶段的线性关系，混凝土变形模量由E_c降低为vE_c，在相同的荷载增量下，钢筋的压应力比混凝土的压应力增加得快一些。钢筋和混凝土应力关系可用下式表示：

$$\sigma_s'=\frac{E_s}{vE_c}\sigma_c=\frac{1}{v}\alpha_E\sigma_c \tag{8-2}$$

式中：v——混凝土的弹性系数。

试验表明，素混凝土棱柱体构件达到最大压应力值时的压应变值约为 0.0015～0.002，而钢筋混凝土短柱达到应力峰值时的压应变一般在 0.0025～0.0035，主要是因为柱中纵筋发挥了调整混凝土应力的作用。另外，由于箍筋的存在，混凝土能比较好地发挥其塑性性能，构件达到强度极限值时的变形得到增加，改善了受压脆性破坏性质。

破坏时一般是纵筋先达到屈服强度，此时可持续增加一些荷载，直到混凝土达到最大压应变值，在此阶段，混凝土的应力将与荷载成比例增长(如图 8-4(b)所示)。当采用高屈服强度纵筋时，也可能因混凝土达到最大压应变已经破坏，但钢筋还没有达到屈服强度。为安全起见，以构件的压应变 0.002 为控制条件，认为此时混凝土达到棱柱体抗压强度f_c，相应的纵筋应力值$\sigma_\sigma'=E_\sigma\varepsilon_\sigma'\approx2\times10^5\times0.002=400$MPa(见图 8-5)。对于 HPB300、HRB335、HRBF335、HRB400 以及 HRBF400 级钢筋已经达到屈服强度，而对于其他高强钢筋(HRB500、HRBF500、热处理钢筋、冷拉钢筋等)在计算时只能取到大约 400MPa，在规范中 HRB500 钢筋的抗压强度设计值取 410MPa。

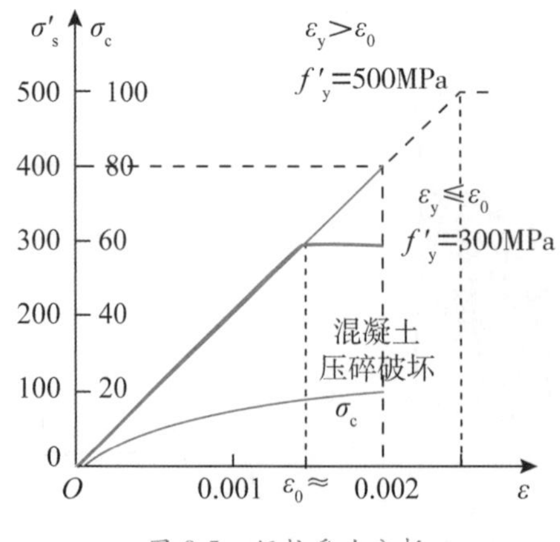

图 8-5　短柱受力分析

上述是短柱的受力分析和破坏形态。实际工程中轴心受压构件是不存在的，荷载的微小初始偏心不可避免，这对轴心受压短柱的承载能力无明显影响，但对于长柱则不容忽视。

长柱加载后，由于初始偏心距将产生附加弯矩，而这个附加弯矩产生的水平挠度又加大了原来的初始偏心距，这样相互影响的结果使长柱最终在弯矩及轴力共同作用下发生破坏。破坏时，受压一侧往往产生较大的纵向裂缝，箍筋之间的纵筋向外压屈，构件高度中部的混凝土被压碎；而另一侧混凝土则被拉裂，在构件高度中部产生若干条以一定间距分布的水平裂缝。对于长细比很大的长柱，还可能发生失稳破坏，如图 8-6 所示。

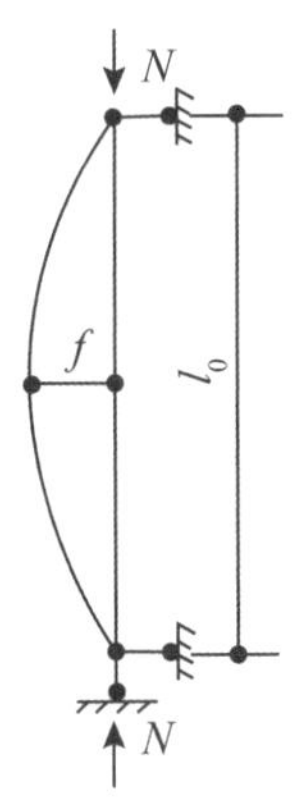

图 8-6 受压长柱的破坏

试验表明，长柱的受压承载力 N_u^l 低于其他条件相同的短柱的受压承载力 N_u^s。《设计规范》采用稳定系数 φ 来表示长柱承载力降低的程度，即

$$\varphi=\frac{N_u^l}{N_u^s} \tag{8-3}$$

根据中国建筑科学研究院试验及国外试验数据，可以得出稳定系数主要和构件的长细比(l_0/b)有关，如图 8-7 所示。

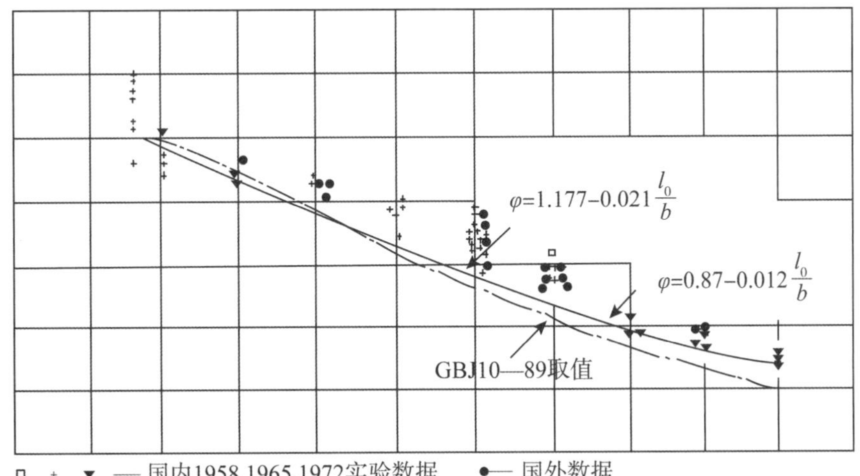

图 8-7 φ 值实验数据

从图 8-7 中可以看出，l_0/b 越大，φ 值越小。当 $l_0/b<8$ 时，柱的承载力没有降低，φ 值可取 1。对于具有相同 l_0/b 值的柱，由于混凝土强度等级和钢筋的种类及配筋率的不同，φ 值的大小还略有变化。根据试验结果和数理统计可得下列经验公式：

当$l_0/b=8\sim34$时，

$$\varphi=1.177-0.021\,l_0/b \tag{8-4}$$

当$l_0/b=35\sim50$时，

$$\varphi=0.87-0.012\,l_0/b \tag{8-5}$$

对于长细比l_0/b较大的构件，考虑到荷载初始偏心和长期荷载作用对其承载力的不利影响较大，为保证安全，取比经验公式计算值略低一些的φ值。对于长细比l_0/b小于20的构件，考虑到过去的使用经验，取比经验公式计算值略高一些的φ值。从而得到了《设计规范》采用的稳定系数φ值，见表8-3。

表8-3　钢筋混凝土轴心受压构件的稳定系数

l_0/b	l_0/d	l_0/i	φ	l_0/b	l_0/d	l_0/i	φ
≤8	≤7	≤28	1.0	30	26	104	0.52
10	8.5	35	0.98	32	28	111	0.48
12	10.5	42	0.95	34	29.5	118	0.44
14	12	48	0.92	36	31	125	0.40
16	14	55	0.87	38	33	132	0.36
18	15.5	62	0.81	40	34.5	139	0.32
20	17	69	0.75	42	36.5	146	0.29
22	19	76	0.70	44	38	153	0.26
24	21	83	0.65	46	40	160	0.23
26	22.5	90	0.60	48	41.5	167	0.21
28	24	97	0.56	50	43	174	0.19

注：表中l_0为构件计算长度，按表8-2采用；b为矩形截面的短边尺寸；d为圆形截面的直径；i为截面最小回转半径。

2.正截面受压承载力计算

根据以上分析，轴心受压柱正截面承载力由钢筋和混凝土两部分组成，其截面应力计算简图见图8-8。《设计规范》中，对配有普通箍筋的钢筋混凝土轴心受压构件，考虑柱子纵向弯曲对承载力影响后，其正截面承载能力设计值应按照下列公式计算：

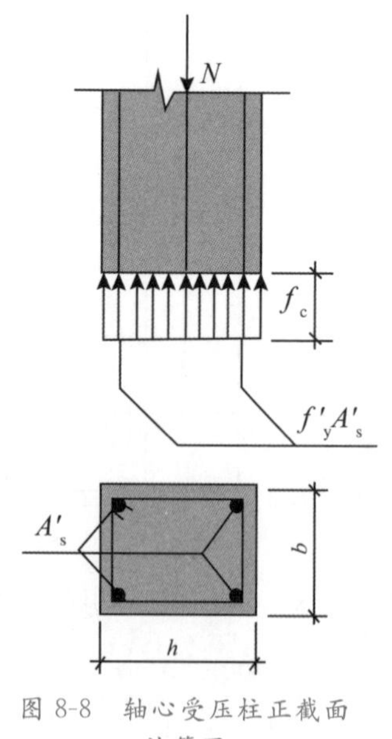

图8-8　轴心受压柱正截面计算图

$$N\leqslant N_u=0.9\varphi(f_cA+f'_yA'_s) \tag{8-6}$$

式中：N——轴心压力设计值；

φ——钢筋混凝土轴心受压构件的稳定系数，按表8-3取值，或直接按下述公式计算：

对矩形截面：$\varphi=[1+0.002\,(l_0/b-8)^2]^{-1}$；

对圆形截面：以$b=\sqrt{3}d/2$代入上式；

对其他任意截面：以$b=\sqrt{12i}$代入上式；

f_c——混凝土轴心抗压强度设计值；

f_y'——钢筋抗压强度设计值；

A——构件截面面积，当纵筋配筋率$\rho'>3\%$时，A 用 $A-A_s'$代替；

A_s'——截面全部受压纵筋截面面积，应满足规范中最小配筋率的要求。

0.9——为保持与偏心受压构件正截面承载力具有相近的可靠度而采用的系数。

实际工程中遇到的轴心受压构件的设计问题可以分为截面设计和截面复核两大类。

(1)截面设计

在进行截面设计时，一般在初步设计中根据设计经验和构造要求确定截面尺寸和材料强度，再根据构件的长细比查表 8-3 确定稳定系数 φ，然后按照式(8-6)计算确定钢筋面积(图 8-9 方法一)。如果需要，也可以首先假设截面配筋率ρ'、稳定系数 φ(常假设$\rho'=1$，$\varphi=1$)以及材料强度，根据式(8-6)初步计算确定截面面积 A 和形式，然后再根据构件的长细比查表 8-3 确定稳定系数 φ，最后按照公式(8-6)计算确定钢筋面积(图 8-9 方法二)。

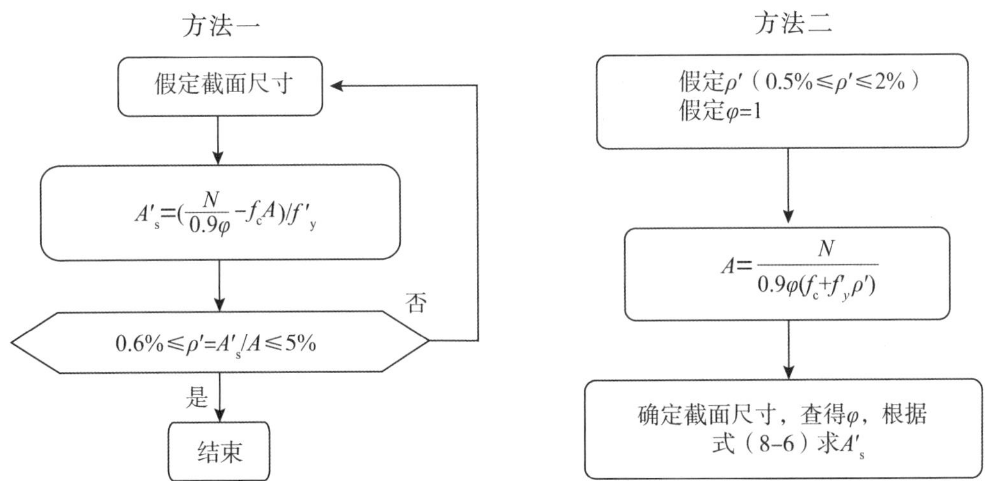

图 8-9　轴心受压柱正截面承载力设计流程

[例题 8.1]　某无侧移多层现浇框架结构的底层内柱，轴向力设计值 $N=2650\text{kN}$，计算长度$l_0=3.6\text{m}$，混凝土强度等级为 C30($f_c=14.3\text{N/mm}^2$)，钢筋用 HRB400 级($f_y'=360\text{N/mm}^2$)。确定柱截面尺寸及纵筋面积。

[解]

(a)根据构造要求，先假定柱截面尺寸为 400mm×400mm

由$\frac{l_0}{b}=\frac{3.6}{0.4}=9$，查表得 $\varphi=0.99$

(b)根据轴心受压承载力公式确定A_s'

$$A_s'=\frac{1}{f_y'}\left(\frac{N}{0.9\varphi}-f_cA\right)=\frac{1}{360}\left(\frac{2650\times10^3}{0.9\times0.99}-14.3\times400\times400\right)\times10^{-3}=1906(\text{mm}^2)$$

$\rho'=\frac{A_s'}{A}=\frac{1906}{400\times400}=1.2\%>\rho'_{\min}=0.55\%$，对称配筋截面每一侧配筋率也满足 0.2%的构造要求。

(c)选 4 Φ 25,$A_s'=1964\text{mm}^2$

设计面积与计算面积误差$\frac{1964-1906}{1906}=3.0\%<5\%$,满足要求。

(2)截面复核

在截面复核时,截面尺寸和材料强度等均为已知条件,则可以根据实际的长细比查表8-3求出稳定系数 φ 后。代入式(8-6)计算确定轴心抗压承载力设计值N_u,与轴心压力设计值 N 比较即可。

[例题 8.2] 某无侧移现浇框架结构底层中柱,计算长度$l_0=4.2\text{m}$,截面尺寸为 300mm×300mm,柱内配有 4 Φ 16 纵筋($f_y'=360\text{MPa}$),混凝土强度等级为 C30($f_c=14.3\text{MPa}$)。柱承载轴心压力设计值 $N=900\text{kN}$,试核算该柱是否安全。

[解]

(a)求 φ

则$\frac{l_0}{b}=\frac{4200}{300}=14.0$,由表得 $\varphi=0.92$

(b)求N_u

$N_u=0.9\varphi(f_cA+f_y'A_s')=0.9\times0.92\times(14.3\times300\times300+360\times804)=1305(\text{kN})>900\text{kN}$

故满足要求。

8.1.2 螺旋箍筋柱

1.受力分析及破坏形态

当柱内配有螺旋箍筋或焊接环筋时,如图 8-10 所示,由于轴向压力作用下引起混凝土横向变形受到约束,导致核心区内混凝土处于三向受压状态,螺旋箍筋或焊接环筋起到了一个套筒作用,亦称套箍效应。因此混凝土力学性能产生了变化,抗压强度将有所提高,从而提高了柱的承载能力和变形能力,增强了构件的延性。因为这种柱子是通过配置横向钢筋来间接提高柱的受压承载力,故又称为间接钢筋柱。

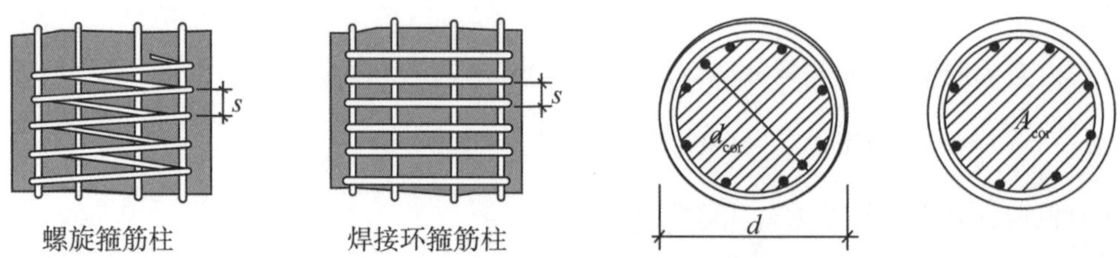

图 8-10　螺旋箍筋柱(间接钢筋柱)

由此可知配有螺旋箍筋或焊接环筋柱的受力过程和破坏特征与普通箍筋柱有明显不同。图 8-11 示出了其他条件相同的素混凝土柱、普通箍筋柱和螺旋箍筋柱在短期荷载作用下柱轴力 N 与压应变 ε 的全过程 N-ε 曲线。

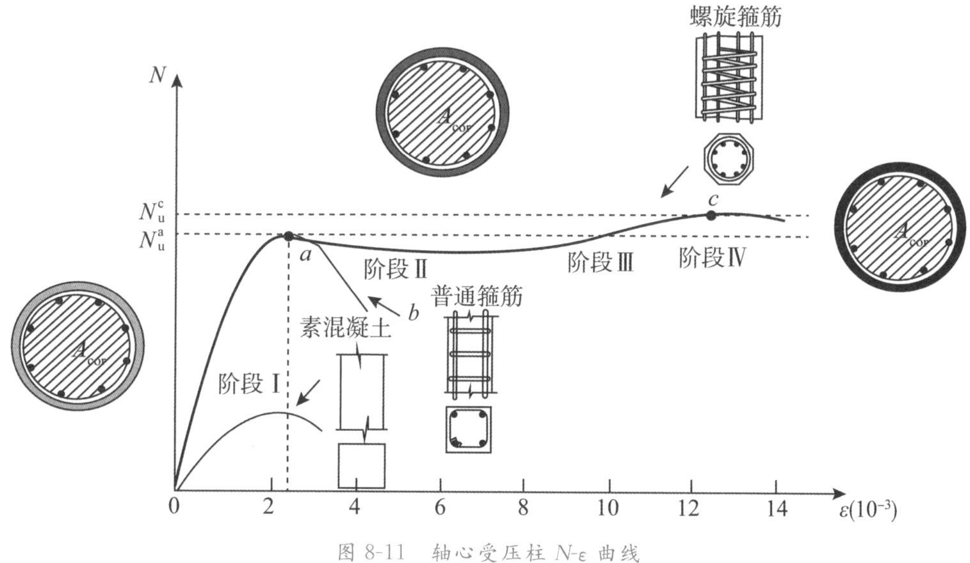

图 8-11　轴心受压柱 N-ε 曲线

可以看出：

(1)在接近普通箍筋柱承载能力之前，由于混凝土横向变形量较小，螺旋箍筋对混凝土的横向约束作用不明显，螺旋箍筋柱与普通箍筋柱的变形曲线基本相同；

(2)当荷载持续增加，普通箍筋柱混凝土因达到极限变形而破坏，达到极限承载力，此时螺旋箍筋外面的保护层开始剥落，有限截面减少，曲线有一定的回落，但由于箍筋内的混凝土，即核心混凝土横向变形受到约束，处于三向受压状态，其抗压强度明显提高，因此仍可以继续受力，承担的外荷载可以逐渐提高，曲线逐渐回升；

(3)随着荷载的不断增大，螺旋筋对核心混凝土的约束作用越来越大，螺旋筋的环向拉力也不断增大，直至螺旋筋达到屈服，不能再约束新增加荷载导致的横向变形，核心混凝土受到的约束作用达到最大，混凝土的强度不再提高，螺旋箍筋柱达到承载能力极限状态。

由上述过程可知，螺旋箍筋短柱的破坏是以螺旋筋的屈服为标志的。与普通混凝土柱相比，螺旋箍筋柱不但承载能力提高，其延性也明显改善。达到承载能力极限状态时，混凝土的压应变可达 0.01 以上，其值与螺旋筋的配置量有关，螺旋筋的直径越大，间距越小，其值越大。

2.正截面受压承载力计算

间接钢筋所包围的核心截面混凝土处于三向受压状态，其实际抗压强度因套箍作用而高于混凝土轴心抗压强度。这类配筋柱在进行承载力计算时，与普通箍筋不同的是要考虑横向箍筋的作用。

(1)设计计算方法

根据圆柱体混凝土三向受压的试验结果，被约束混凝土的轴心抗压强度可近似按下式计算：

$$f=f_c+4\sigma_r \tag{8-7}$$

式中：f——被约束混凝土轴心抗压强度；σ_r——间接钢筋屈服时，柱的核心混凝土受到的径向压应力。

当间接钢筋达到屈服时，如图 8-12 所示，根据力的平衡条件可得

$$\sigma_r = \frac{2f_y A_{ss1}}{d_{cor} s} \tag{8-8}$$

式中：A_{ss1}——单根间接钢筋的截面面积；f_y——间接钢筋的抗拉强度设计值；s——间接钢筋的间距；d_{cor}——混凝土核心截面直径，间接钢筋内表面间的距离。

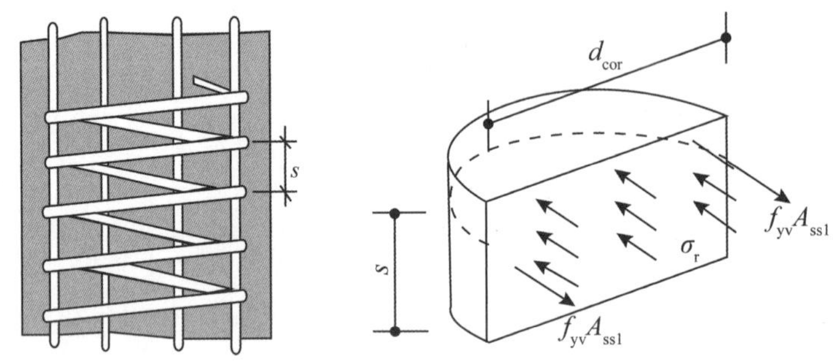

图 8-12　σ_r的计算简图

将式(8-8)代入式(8-7)，得间接钢筋所约束的核心截面面积内的混凝土强度为

$$f = f_c + \frac{8f_y A_{ss1}}{d_{cor} s} = f_c + \frac{2f_y A_{ss0}}{A_{cor}} \tag{8-9}$$

式中：A_{ss0}——间接钢筋的换算截面面积，$A_{ss0} = \frac{\pi d_{cor} A_{ss1}}{s}$；$A_{cor}$——混凝土核心截面面积，间接钢筋内表面范围内混凝土面积。

受压构件破坏时纵筋达到其屈服强度，考虑间接钢筋对混凝土约束作用，核心混凝土强度达到 f，得到配有间接钢筋的轴心受压柱的正截面承载力计算公式为

$$N \leqslant N_u = 0.9(f_c A_{cor} + f_y' A_s' + 2\alpha f_{yv} A_{ss0}) \tag{8-10}$$

式中：0.9——修正系数；α——间接钢筋对混凝土约束的折减系数，当混凝土强度等级不超过 C50 时，取 1.0；当混凝土强度等级为 C80 时，取 0.85；其间按线性内插法确定。

(2)适用条件

螺旋箍筋混凝土柱可参考图 8-13 的流程进行设计，其具体的适用条件如下：

1)为了保证间接钢筋外面的混凝土保护层在正常使用阶段不至于过早剥落，按式(8-10)计算的间接钢筋柱的轴心受压承载力设计值，不应高于按式(8-6)计算的同样材料和截面的普通箍筋柱的轴压承载力设计值的 1.5 倍；

2)当$\frac{l_0}{b} > 12$时，长细比较大，由于初始偏心距引起的侧向挠度和附加弯矩使构件处于偏心受压状态，破坏时间接钢筋的约束效果不明显，故不考虑间接钢筋的作用，应按普通箍筋柱进行设计；

3)当外围混凝土较厚，混凝土核心面积较小，按间接钢筋轴压构件算得的受压承载力小于按普通箍筋轴压构件算得的受压承载力时，构件承载力应按普通箍筋柱确定；

4)为保证间接钢筋的约束效果，间接钢筋不应太少，其换算截面面积A_{ss0}不应小于全部纵筋截面面积的 25%；

5)为了便于施工，间接钢筋间距不宜小于 40mm，也不应大于 80mm 及 0.2 d_{cor}。

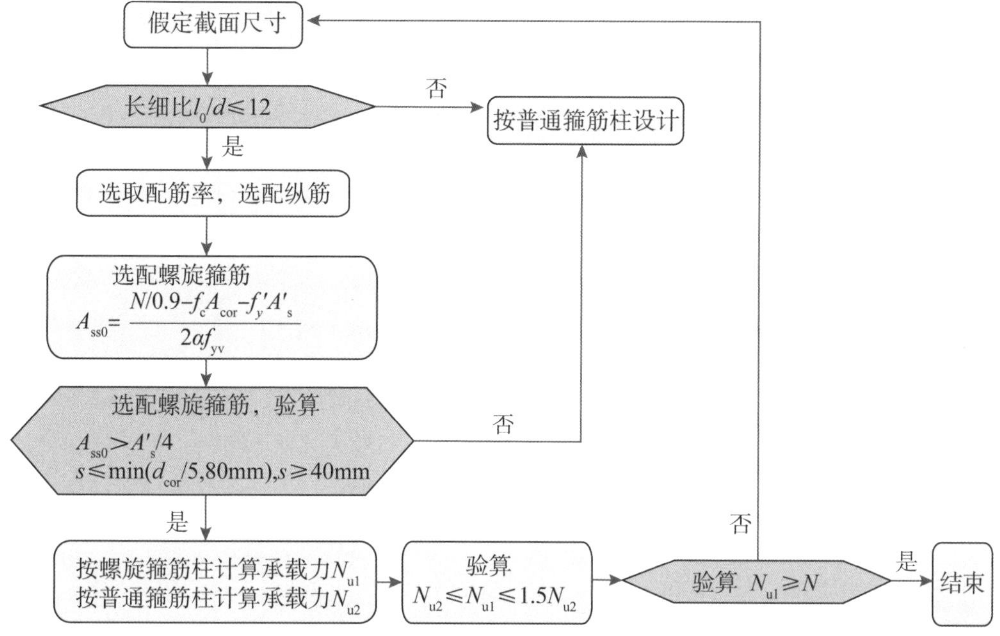

图 8-13　螺旋箍筋混凝土柱的设计流程

［例题 8.3］　某商场门厅采用现浇的圆形钢筋混凝土柱，直径为 450mm，保护层厚度 c ＝30mm，承受轴向压力设计值 $N=4580$kN，计算长度 $l_0=H=4.5$m，混凝土强度等级为 C30，柱中纵筋和箍筋分别采用 HRB400 和 HPB300 级钢筋，试进行该柱配筋计算。

［解］

(a)先按普通箍筋柱计算

根据规范得：C30 混凝土，$f_c=14.3\text{N/mm}^2$；HRB400 级钢筋，$f_y'=360\text{N/mm}^2$；HPB300 级钢筋，$f_y=270\text{N/mm}^2$

由$l_0/d=4500/450=10$，查表 8-3 得 $\varphi=0.9575$

圆柱截面面积为：

$$A=\frac{\pi d^2}{4}=\frac{3.14\times450^2}{4}=158962.5(\text{mm}^2)$$

由式(8-6)得：

$$A_s'=\frac{\dfrac{N}{0.9\varphi}-f_cA}{f_y'}=\frac{\dfrac{4580\times10^3}{0.9\times0.9575}-14.3\times158962.5}{360}=8448.9(\text{mm}^2)$$

$$\rho'=A_s'/A=8448.9/158962.5=5.31\%>\rho'_{max}=5\%$$

配筋率太高，因$l_0/d=10<12$，若混凝土强度等级不再提高，则可改配螺旋箍筋，以提高柱的承载力。

(b)按配有螺旋式箍筋柱计算

假定 $\rho'=3\%$,则$A_s'=0.03A=4768.9\text{mm}^2$

选配纵筋为 10 Φ25,实际$A_s'=4909\text{mm}^2$

$c=30\text{mm}$,假定螺旋箍筋直径为 14mm,则$A_{ss1}=153.9\text{mm}^2$

混凝土核心截面直径为:$d_{cor}=450-2\times(30+14)=362(\text{mm})$

混凝土核心截面面积为:$A_{cor}=\dfrac{\pi d_{cor}^2}{4}=\dfrac{3.14\times362^2}{4}=102869.5(\text{mm}^2)$

由式(8-10)得:

$$A_{ss0}=\frac{\frac{N}{0.9}-(f_cA_{cor}+f_y'A_s')}{2\alpha f_{yv}}=\frac{\frac{4580\times10^3}{0.9}-14.3\times102869.5-360\times4909}{2\times1.0\times270}=3427.1(\text{mm}^2)$$

因$A_{ss0}>0.25A_s'$,满足构造要求。

$$s=\frac{\pi d_{cor}A_{ss1}}{A_{ss0}}=\frac{3.14\times362\times153.9}{3269.5}=53.5(\text{mm})$$

取 $s=50\text{mm}$,满足 $40\text{mm}\leqslant s\leqslant80\text{mm}$,且不超过 $0.2d_{cor}=0.2\times362=72.4\text{mm}$ 的要求。

则有:

$$A_{ss0}=\frac{\pi d_{cor}A_{ss1}}{s}=\frac{3.14\times362\times153.9}{50}=3498.7(\text{mm}^2)$$

按式(8-10)计算:

$N_u=0.9(f_cA_{cor}+f_y'A_s'+2\alpha f_{yv}A_{ss0})=0.9\times(14.3\times102869.5+360\times4909+2\times270\times3498.7)\times10^{-3}=4614.8(\text{kN})>N=4580\text{kN}$

按式(8-6)计算:

$N_u=0.9\varphi(f_cA+f_y'A_s')=0.9\times0.9575\times(14.3\times158962.5+360\times4909)\times10^{-3}=3481.8(\text{kN})$

$N/N_u=4580/3481.5=1.316<1.5$,故满足设计要求。

故纵筋为 10 Φ25,箍筋为 $\phi14$,$s=50\text{mm}$,截面配筋如图 8-14 所示。

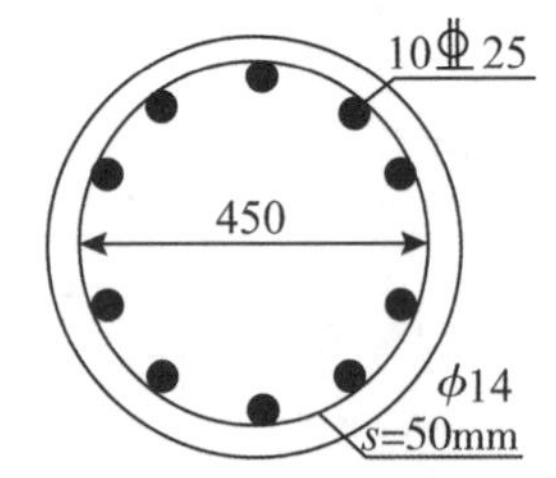

图 8-14 截面配筋图([例题 8.3])

8.2 偏心受压构件的正截面承载力计算

在实际工程中,通常由于混凝土材料的非均质性、施工制造的误差、荷载作用位置的偏差等原因,结构往往存在一定的初始偏心。常见的偏心受压构件包括拱结构的上弦杆(图

8-15(a))、单层厂房排架柱(图 8-15 (b))、一般框架柱、烟囱筒壁等。框架结构的角柱(图 8-15(c))则属于双向偏心受压构件。

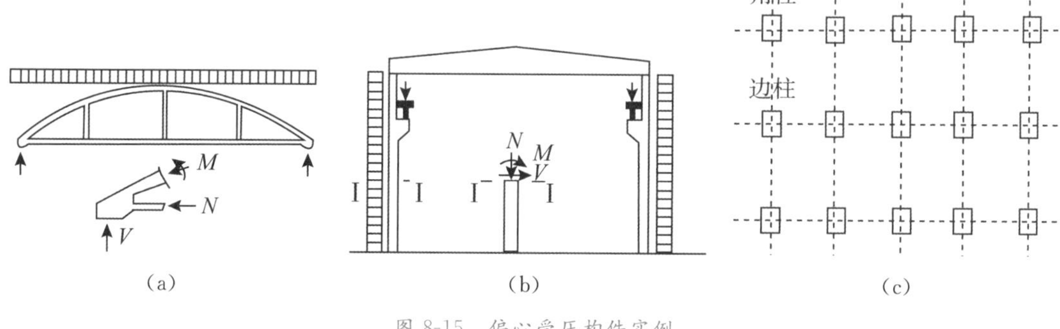

图 8-15　偏心受压构件实例

8.2.1　偏心受压柱的破坏形态及其特征

1.截面强度破坏

(1)偏心受压构件的破坏特征

偏心受压柱发生强度破坏的特征类似于钢筋混凝土梁，当材料性能及截面尺寸一定时，由于荷载、偏心距、受压及受拉钢筋量等的不同，一般可能有以下几种情况。

1)偏心距很小(图 8-16(a))

当偏心距很小时，构件全截面受压，中和轴位于截面以外，靠近轴向力 N 一侧的压应力较大。随着荷载增大，这一侧混凝土先被压碎，构件破坏，该侧受压钢筋A_s'的应力也达到受压屈服强度。而远离轴向力 N 一侧的混凝土未被压碎，钢筋A_s虽受压，但未达到受压屈服强度。

2)偏心距较小(图 8-16(b))

当偏心距较第一种情况稍大时，截面大部分受压，小部分受拉，中和轴离受拉钢筋人很近，不论受拉钢筋A_s数量多少，其应力都很小。破坏也总是发生在靠近轴向力 N 的受压一侧，破坏时，混凝土被压碎，受压钢筋正的应力达到受压屈服强度。接近破坏时，受拉一侧混凝土中可能出现少量横向裂缝，但受拉钢筋A_s'的应力未达到受拉屈服强度。

3)偏心距较大，但受拉钢筋A_s数量过多(图 8-16(c))

加荷后，如同第二种情况，同样是部分截面受压，部分截面受拉，受拉区先出现横向裂缝。所不同的是，由于受拉钢筋A_s的数量很多，故其应力增长缓慢，中和轴距受拉钢筋较近。随着荷载增大，破坏也是发生在受压一侧混凝土被压碎，受压钢筋A_s'应力达到受压屈服强度，构件破坏。但受拉一侧受拉钢筋A_s的应力未能达到受拉屈服强度，这种破坏形态类似于受弯构件的超筋梁。

4)偏心距较大，但受拉钢筋A_s数量不过多(图 8-16(d))

由于偏心距较大，部分截面受压，部分截面受拉，受拉区亦首先出现横向裂缝。但与第

3)种情况不同的是，随着荷载增加，受拉区裂缝不断开展延伸，由于受拉钢筋A_s数量不多，其应力增长较快，并首先达到受拉屈服强度，中和轴向受压区移动，使受压区高度急剧减小，受压应变增加很快。最后，受压区边缘混凝土达到极限压应变，混凝土被压碎，构件破坏，受压钢筋A_s'应力也达到受压屈服强度。其破坏形态与配有受压钢筋的双筋截面的适筋梁相似。

偏心受压构件的常见破坏形态如图 8-17 所示。

(2)偏心受压构件的分类

从偏心受压构件的破坏原因、破坏性质以及影响受压承载力的主要因素来看，上述四种破坏情况可以归纳为以下两类主要破坏形态。

第一类：大偏心受压(受拉破坏)

当偏心距较大且受拉钢筋配置不多时，在荷载作用下，截面受拉一侧首先出现横向裂缝，受拉混凝土逐渐退出工作。之后，随着荷载的增大，逐渐形成主裂缝，受拉钢筋应力明显增加。随着荷载的进一步增大，受拉钢筋屈服，裂缝明显开展，然后受压边缘混凝土达到极限压应变ε_{cu}而压碎，截面达到极限状态，此时，一般情况下受压钢筋A_s'都会受压屈服。由于大偏心受压破坏时受拉钢筋先屈服，因此又称受拉破坏，其破坏特征与钢筋混凝土双筋截面适筋梁的破坏相似，属于延性破坏。偏心受压构件大偏心受压破坏时的截面应力分布与构件上的裂缝分布情况如图 8-16(d)所示。

第二类：小偏心受压(受压破坏)

相对于大偏心受压，小偏心受压的截面应力分布较为复杂，可能大部分截面受压，也可能全截面受压。这取决于轴力及其偏心距的大小、截面的纵向钢筋配筋率等。

1)大部分截面受压，远离轴向力一侧钢筋受拉但不屈服；当偏心距较小，远离轴向力一侧的钢筋配置较多时，截面的受压区较大，随着荷载的增加，受压区边缘的混凝土首先达到极限压应变值ε_{cu}，受压钢筋应力达到屈服强度，但受拉钢筋的应力没有达到屈服强度，其截面上的应力状态如图 8-16(a)所示。

2)全截面受压，远离轴向力一侧钢筋受压；当偏心距很小，截面可能全部受压，由于全截面受压，近轴向力一侧的应变大，远离轴向力一侧的应变小，截面应变呈梯形分布，远离轴向力一侧的钢筋也处于受压状态，构件不会出现横向裂缝。破坏时一般近轴向力一侧的混凝土应变首先达到极限值ε_{cu}，混凝土压碎，钢筋受压屈服；远离轴向力一侧的钢筋可能达到屈服，也可能不屈服，见图 8-16(b)。

3)当偏心距很小，且近轴向力一侧的钢筋配置较多时，截面的实际形心轴向配置较多钢筋一侧偏移，有可能使构件的实际偏心反向，出现反向偏心受压，见图 8-16(c)。反向偏心受压使几何上远离轴向力一侧的应变大于近轴向力一侧的应变。此时，尽管构件截面的应变仍呈梯形分布，但与图 8-16(b)所示的相反。破坏时远离轴向力一侧的混凝土首先被压碎，钢筋受压屈服。

对于小偏心受压，无论何种情况，其破坏特征都是构件截面一侧混凝土的应变达到极限压应变，混凝土被压碎，另一侧的钢筋受拉但不屈服或处于受压状态。这种破坏特征与超筋的双筋受弯构件或轴心受压构件相似，无明显的破坏预兆，属脆性破坏。由于构件破坏起因于混凝土压碎，所以也称受压破坏。

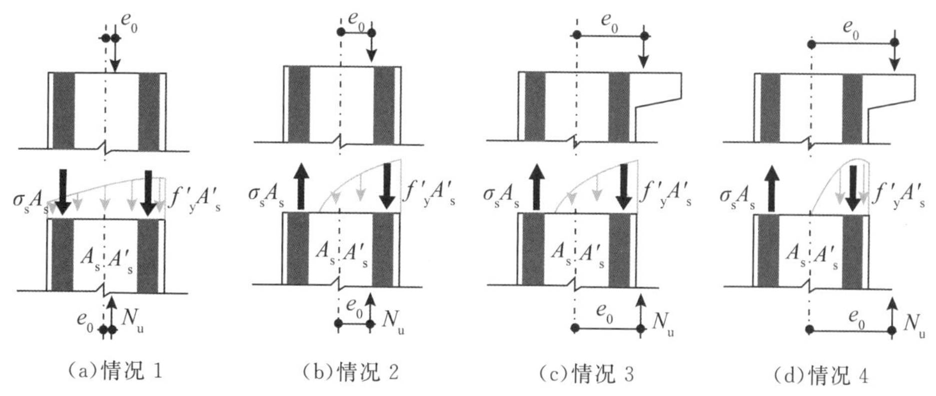

图 8-16　偏心受压柱截面的应力图

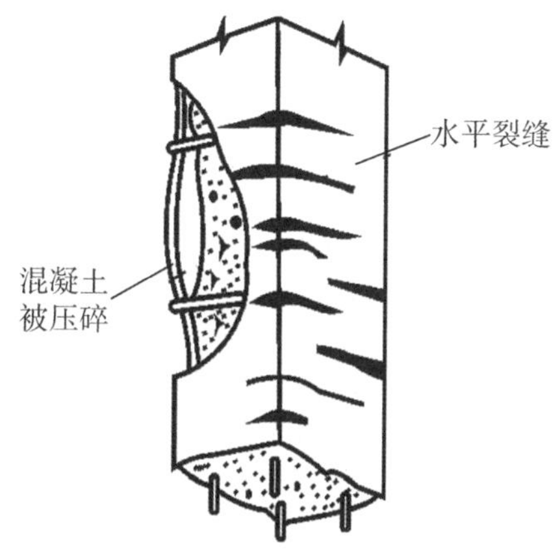

图 8-17　偏心受压构件的破坏形态

(3)偏心受压构件的界限破坏

由上述分析可知，发生两类强度破坏时，不论截面上钢筋的应力或应变如何，受压边缘混凝土都将因达到极限压应变ε_{cu}而破坏。

在受拉破坏与受压破坏之间存在着一种界限状态，称为界限破坏，即在受拉钢筋A_s受拉屈服的同时，受压边缘混凝土达到极限压应变ε_{cu}，这与适筋梁与超筋梁的界限是一致的。此时的轴向力称为界限轴向压力N_b，偏心距称为界限偏心距e_{0b}。

界限破坏可以作为判别大偏心受压和小偏心受压的条件，从截面的应变分布分析(图 8-18)可知，可以用图线 ab、ac 等来表示大偏心受压状态下可能出现的各种截面应变分布情况。

若随着轴向压力偏心距的减小和(或)受拉钢筋含量的增长而在破坏时形成如斜线 ad 所示的应变分布状态，即当受拉钢筋达到屈服应变时，受压边缘的混凝土应变也恰达到了极限值ε_{cu}，此时就是大、小偏心受压的界限状态。如果轴向压力的偏心距减小和(或)受拉钢筋含量进一步增大，则在截面破坏时形成如斜线 ae 所示的受拉钢筋达不到屈服的小偏心受压状态。

根据界限破坏时截面的应变特点，即受拉钢筋屈服时（$\varepsilon_s=f_y/E_s$），受压区边缘混凝土刚好达到极限压应变ε_{cu}，利用图 8-18 中界限破坏对应的斜线 ad 的几何关系可写出：

$$\frac{x_b}{h_0}=\frac{\varepsilon_{cu}}{\varepsilon_{cu}+\varepsilon_y} \tag{8-11}$$

和受弯构件正截面界限破坏一样，根据平截面假设，从而可求出偏心受压破坏界限破坏时的受压区高度 x 和相对受压区高度系数ξ_b分别为

$$x_b=\xi_b h_0 \tag{8-12}$$

$$\xi_b=\frac{\beta_1}{1+\dfrac{f_y}{\varepsilon_{cu}E_s}} \tag{8-13}$$

于是，当符合下列条件时，截面发生大偏心受压破坏，即

$$x\leqslant\xi_b h_0 \text{ 或 } \xi\leqslant\xi_b \tag{8-14}$$

反之，截面发生小偏心受压破坏。

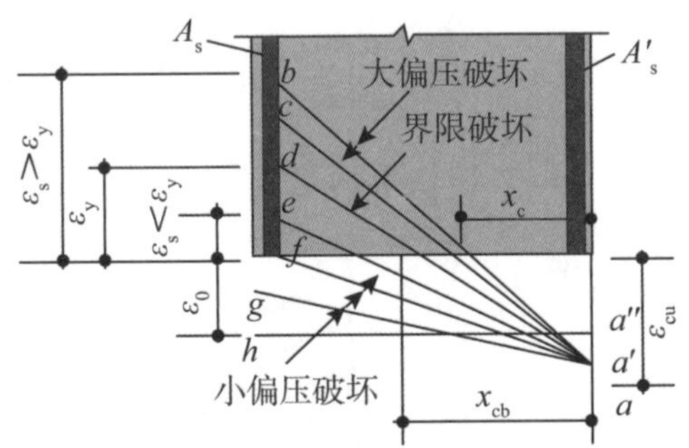

图 8-18　偏心受压构件截面应变分布

此外，偏心受压构件强度试验的实测结果表明，当截面进入小偏心受压状态后，特别是进入全截面受压状态后，混凝土受压较大一侧的边缘极限压应变将随着轴向力偏心距的减小而逐步有所降低。作为考虑这一现象的一种近似手法，可以把偏心距很小时的截面应变分布图形假定成按图 8-18 中斜线 af、$a'g$ 和水平线$a''h$ 所示的顺序变化。在这个过程中，受压边缘的极限压应变ε_{cu}将由逐步下降到接近轴心受压时的ε_0。

(4)偏心受压构件的判别条件

如前所述，判别条件(8-14)是大、小偏心的严格的判据，当截面相对受压区高度 $\xi\leqslant\xi_b$或$x\leqslant\xi_b h_0$时为大偏心受压，$\xi>\xi_b$或 $x>\xi_b h_0$时为小偏心受压。但是会有一个问题，在计算前，并不知道 ξ 或 x 的数值，也就意味着我们在计算出 ξ 或 x 之前，无从去判别这个构件是大偏心还是小偏心受压。无法知道确定大小偏压状态，也就无法选用前面的公式计算 ξ 或 x，这时我们就陷入了一个困境。因此，希望寻求一种可以初步判断大小偏压的方法。从大小偏压这个名词，大家应该有一个感性的认识，即偏心距越大，大偏心的可能性是不是应该越高？而偏心距越小，是不是应该更趋于小偏心破坏？基于这样的一个主观上的认识，考虑是不是可以以初始偏心距为判别条件，作为大小偏压的判定方法呢？下面就来讨论一下界限状态时所对应的初始偏心距。

在界限状态时，取 $x=\xi_b h_0$ 代入大偏心受压的计算公式：

$$N_b=\alpha_1 f_c b\xi_b h_0+f_y' A_s'-f_y A_s \tag{8-15}$$

$$N_b e=N_b(e_{ib}+h/2-a_s)=\alpha_1 f_c b\xi_b h_0^2\left(1-\frac{\xi_b}{2}\right)+f_y' A_s'(h_0-a_s') \tag{8-16}$$

此时，联立上面两式求解出界限状态对应的初始偏心距 e_{ib}，可得

$$e_{ib}=\left[\frac{\xi_b\left(1-\frac{\xi_b}{2}\right)+\frac{f_y'}{\alpha_1 f_c}\rho_s'\left(1-\frac{a_s'}{h_0}\right)}{\xi_b+\frac{f_y'}{\alpha_1 f_c}\rho_s'-\frac{f_y}{\alpha_1 f}\rho_s}-\frac{h}{2h_0}+\frac{a_s}{h_0}\right]h_0 \tag{8-17}$$

这个表达式中，可以近似取 $h/h_0=1.05$，$a_s'/h_0=0.05$，同时，当截面尺寸和材料强度给定时，方程的右侧随配筋率的减小而减小，所以当 A_s 和 A_s' 分别取最小配筋率时，可得 e_{ib} 的最小值，这个时候取《设计规范》规定的受拉钢筋和受压钢筋的最小配筋率 0.2%，并试算不同混凝土强度等级、不同钢筋级别所对应的界限偏心距 e_{0b}，并将常用的混凝土强度等级 C20～C50 以及 HRB335 和 HRB400 级钢筋的有关数据代入公式(8-17)，可以得到 e_{ib} 的最小值(表 8-4)。从这张表格的计算结果可以发现，界限偏心距的最小值 $e_{ib,min}$ 在(0.404～0.304)h_0，所以，可以认为 0.3 h_0 是界限偏心距的下限值。

表 8-4　界限偏心距 $e_{ib,min}$ 计算值

混凝土强度等级	HPB335 级钢筋	HRB400 级钢筋
C20	$0.358h_0$	$0.404h_0$
C30	$0.322h_0$	$0.358h_0$
C40	$0.304h_0$	$0.335h_0$
C50		$0.323h_0$

由表中可见，e_{ib} 一般均大于 0.3 h_0，故近似取 $e_{ib,min}=0.3h_0$ 作为大偏心和小偏心受压的初步判别条件。进行截面配筋计算时：

1)当 $e_i\leqslant 0.3h_0$ 时，属于小偏心受压情况；

2)当 $e_i>0.3h_0$ 时，可能为大偏心受压，也可能为小偏心受压，但可先按大偏心受压情况计算，待求得 ξ 或 x 后，再按 $\xi\leqslant\xi_b$ 或 $x\leqslant\xi_b h_0$ 的判别条件进行最后判别。

2. 构件失稳破坏

整体失稳破坏是各种材料柱的主要破坏形式。对偏心受压中长柱，当在一个对称轴平面内作用有弯矩时，如果非弯矩作用方向有足够的支承可以阻止发生侧向位移时，则只会在弯矩作用平面内发生弯曲失稳破坏；若侧向缺乏足够支承，则也可能发生弯曲作用平面外的弯扭失稳。因此，单向偏心受压柱的整体失稳分为弯矩作用平面外和平面内两种情况。

在弯矩作用平面内，如图 8-19 所示，外荷载偏心距e_0（一阶弯矩 $M=Ne_0$），由于纵向弯曲变形产生侧向挠度 f，则将引起附加弯矩（或称二阶弯矩）Nf，此称为“二阶效应”，习惯上称“p-δ”效应，这是一种非线性效应，使外弯矩效应增加至 $M=N(e_0+f)$。此时外弯矩增量随轴向压力的增大而非线性增长，从而使轴向压力和侧向位移间呈现出更明显的非线性。随着轴向压力的增加，会从稳定的平衡状态过渡到随遇平衡状态，也称临界状态，这时的轴向压力称为临界压力。即一旦轴向压力超过临界值，柱不能维持平衡状态，便发生失稳破坏。因此，对钢筋混凝土柱进行设计时，应在考虑纵向弯曲影响的基础上，进行截面承载力计算。

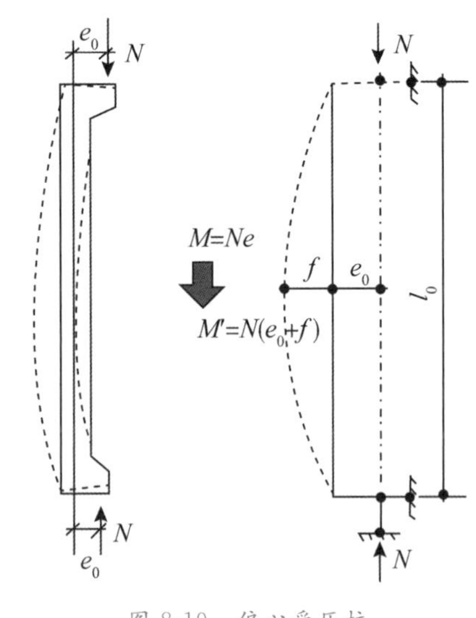

图 8-19 偏心受压柱

无论轴心受压柱还是偏心受压柱，发生失稳时，材料并没有或尚未完全破坏，即受压混凝土并未压碎。失稳破坏不只是未能充分利用材料，更主要是破坏突然，后果严重。

8.2.2 偏心受压构件计算的基本原则

1. 基本假设

由于偏心受压构件正截面破坏特征与受弯构件相似，因此，对偏心受压构件正截面承载力计算时，采用与受弯构件正截面承载力相同的假设。对受压区混凝土曲线应力图形也采用受弯构件正截面承载力计算采用的等效矩形应力图形，即受压区高度取按照平截面假设确定的中和轴高度乘以系数β_1；矩形应力图的应力值取为混凝土抗压强度设计值乘以系数a_1。a_1、β_1的取值与受弯构件计算时一致。

2. 轴向力的初始偏心距

从理论上讲，对于钢筋混凝土偏心受压构件，按照一般结构力学方法求出作用截面的弯矩 M 和轴向力 N 后，即可以得到不考虑纵向弯曲影响的轴向力偏心距e_0（$e_0=M/N$），然后求出考虑二次弯矩效应后轴向力的实际偏心距。但是，实际工程中，可能由于荷载作用位置的不定性、混凝土质量的不均匀性以及施工造成的截面尺寸的误差等（图 8-20），将使轴向力产生附加偏心距，因此在对偏心受压构件进行设计计算时，轴向力的初始偏心距应考虑附加偏心距的影响，取：

$$e_i=e_0+e_a \tag{8-18}$$

式中：e_i——初始偏心距；e_0——轴向力对截面中心的偏心距，$e_0=M/N$，当需要考虑二阶效应时，M 按式（8-20）计算；e_a——附加偏心矩。《设计规范》中取偏心方向截面最大尺寸的 1/30 和 20mm 中的较

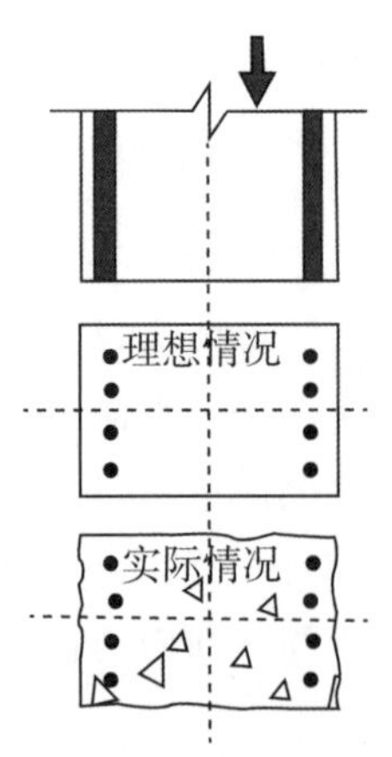

图 8-20 受压构件的实际情况

大者。

3. 纵向弯曲的影响

如前所述，偏心受压构件由于“p-δ”效应的影响会产生纵向弯曲，进而产生附加弯矩。从细长效应的角度我们可以把偏心受压构件的受力情况区分为以下三类：

(1)偏心受压短柱

短柱通常是指当柱的长细比$l_0/h\leqslant5$或$l_0/d\leqslant5$或$l_0/i\leqslant17.5$的偏心受压构件，其中l_0为杆件的计算长度，h为截面高度，d为圆形截面直径，i为截面的最小回转半径。当柱的长细比较小时，在偏心轴力作用下，侧向挠度较小，试验表明，二阶弯矩一般不超过一阶弯矩的5%，因此设计时可忽略其影响。

图 8-21 中直线 OB 为短柱从加荷开始至破坏点 B 的 N-M 关系曲线。由于短柱的纵向弯曲很小，可认为偏心距e_i是一个常数，当 $N=N_0$ 时，N-M 关系线与N_u-M_u相关曲线相交，这表明当轴向力达到最大值时，截面发生破坏，即构件的破坏是由于控制截面上的材料达到其极限强度而引起的，这种破坏类型称为材料破坏。

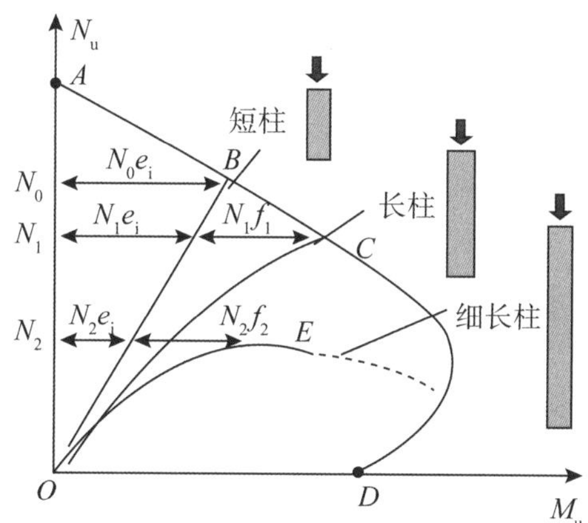

图 8-21　构件长细比对破坏形态的影响

(2)偏心受压长柱

对于矩形截面的长柱，通常是指$5<l_0/h\leqslant30$的偏心受压构件。二阶弯矩已不能忽略。图 8-21 中直线 OC 为长柱从加荷开始至破坏点 C 的 N-M 关系曲线。由于长柱中侧向挠度 f 随轴向力 N 的加大呈非线性增大，因此弯矩 M 比轴向力 N 的增大更快，N 与 M 不再保持线性关系。

(3)细长柱

当构件过于细长时，它在较低的荷载下的受力行为尚与上述长柱构件类似。图 8-21 中直线 OE 为细长柱从加荷开始至破坏点 E 的 N-M 关系曲线，其弯曲程度比长柱更大。当 N 达到最大值N_2时，侧向挠度 f 突然增大，此时即使增加很小的轴向力，也可引起弯矩不收敛的增加，导致构件破坏。此时 N-M 关系曲线不再与N_u-M_u相关曲线相交，表明当轴力达到最大值时，控制截面上钢筋和混凝土的应力均未达到其极限强度，这种破坏类型不再属于材料破坏，而属于失稳破坏。

当轴向力达到最大值N_2的E点后，如果能控制荷载逐渐减小以保持构件的继续变形，随着侧向挠度f的增大和荷载的减小，截面也可达到材料破坏，但此时的受压承载力已远小于失稳破坏时的承载力。

由上述可见，图8-21所示三种柱子的荷载偏心距e_i虽是相同的，但随着长细比的增大，其正截面受压承载力N_u，从短柱到长柱到细长柱依次降低，即$N_2 < N_1 < N_0$。

在实际工程中经常遇到上述的第一、二两种情况。在第一种情况下不需要考虑二阶效应，因此不需要专门讨论。在第二种情况下，由于最终发生的还是材料破坏，因此承载力计算需要考虑由于构件的侧向挠曲由轴向压力引起的附加弯矩。目前世界各国的设计规范多采用对一阶弯矩乘以一个能反映构件二阶效应的扩大系数来考虑二阶弯矩的影响。

《设计规范》规定：对于弯矩作用平面内截面对称的偏心受压构件，当同一主轴方向的杆端弯矩比M_1/M_2不大于0.9且轴压比(N/f_cA)不大于0.9时，若构件的长细比满足(8-19)式的要求，可不考虑轴向压力在该方向构件自身挠曲产生的附加弯矩影响。否则应按(8-20)式在截面的两个主轴方向分别考虑构件自身挠曲产生的附加弯矩影响。

$$l_0/i \leqslant 34 - 12(M_1/M_2) \tag{8-19}$$

式中：M_1、M_2——分别为已考虑侧移影响的偏心受压构件两端截面按结构弹性分析对同一主轴的组合弯矩设计值，绝对值较大端为M_2，绝对值较小端为M_1，当构件按单曲率弯曲(图8-22(a))时，取正值，否则取负值；l_0——构件的计算长度，可近似取偏心受压构件相应主轴方向上下支撑之间的距离；i——偏心方向的截面回转半径。

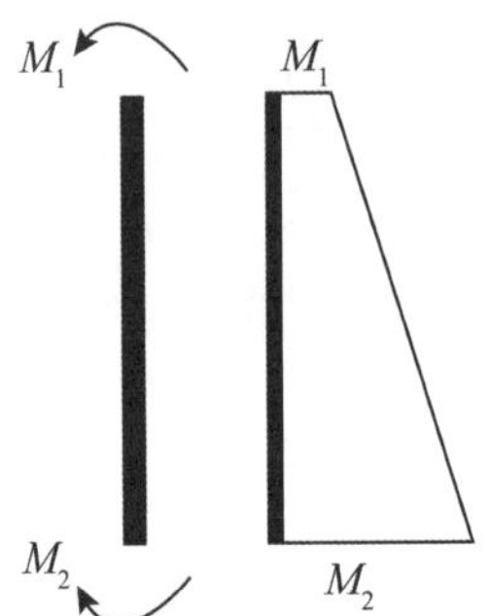

(a) 单曲率弯曲 M_1、M_2 同号

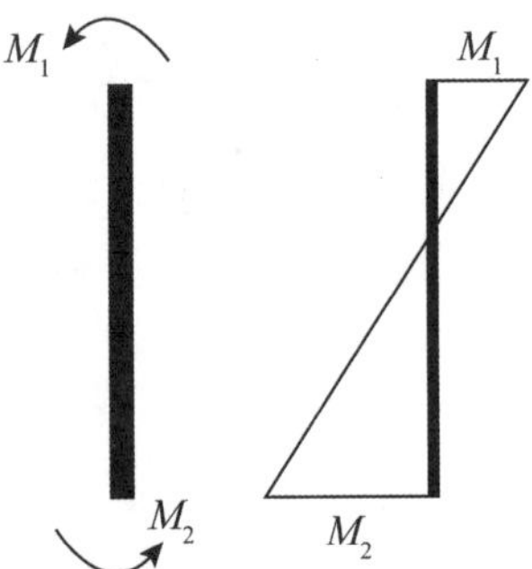

(b) 双曲率弯曲 M_1、M_2 异号

图8-22 单曲率弯曲与双曲率弯曲

除排架结构柱外，其他偏心受压构件考虑轴向压力在挠曲杆件中产生的二阶效应后控制截面的弯矩设计值，可按下式计算：

$$M = C_m \eta_{ns} M_2 \tag{8-20}$$

$$C_m = 0.7 + 0.3\frac{M_1}{M_2} \tag{8-21}$$

$$\eta_{ns} = 1 + \frac{1}{1300(e_{02} + e_a)/h_0}\left(\frac{l_0}{h}\right)^2 \zeta_c \tag{8-22}$$

$$\zeta_c = \frac{0.5 f_c A}{N} \tag{8-23}$$

$$e_{02}=\frac{M_2}{N} \tag{8-24}$$

式中：C_m——构件端截面偏心距调节系数，当小于 0.7 时取 0.7；η_{ns}——弯矩增大系数；N——与弯矩设计值M_2相应的轴向压力设计值；ζ_c——截面曲率修正系数，当计算值大于 1.0时取 1.0；e_a——附加偏心距，按(8-18)式计算；h——截面高度；对环形截面，取外直径；对圆形截面，取直径；h_0——截面有效高度，对环形、圆形截面，可按《设计规范》附录 E.0.3 条和 E.0.4 条确定；A——构件截面面积。

此外，当$C_m\eta_{ns}$小于 1.0 或是剪力墙及核心筒墙时，取$C_m\eta_{ns}$等于 1.0。

应当指出，上述这种考虑二阶效应的方法只是一种近似方法，它适用于长细比不是很大的细长偏压构件，当长细比过大时，最好采用考虑几何非线性和材料非线性性质的更精确的分析方法来预测构件的承载能力。

8.2.3　矩形截面正截面受压承载力计算

偏心受压构件常用的截面形式有矩形和工字形截面两种；其截面的配筋方式有非对称配筋和对称配筋两种；承载力的计算又分为截面设计和截面复核两种情况。

1.基本计算公式

(1)大偏心受压($x\leqslant\xi_b h_0$或 $\xi\leqslant\xi_b$)

承载能力极限状态时，大偏心受压构件中的受拉和受压钢筋应力都能达到屈服强度，根据截面力和力矩的平衡条件(图 8-23(a))，大偏心受压构件正截面承载能力计算的基本公式为：

$$N\leqslant N_u=\alpha_1 f_c bx+f_y'A_s'-f_yA_s \tag{8-25}$$

$$Ne\leqslant N_u e=\alpha_1 f_c bx\left(h_0-\frac{x}{2}\right)+f_y'A_s'(h_0-a_s') \tag{8-26}$$

$$e=e_i+\frac{h}{2}-a_s \tag{8-27}$$

式中：e——轴向力作用点至受拉钢筋合力点之间的距离。为了保证受压钢筋和受拉钢筋应力分别达到f_y'和f_y，上式应符合下列条件：

$$x\leqslant\xi_b h_0 \tag{8-28}$$

$$x\geqslant 2a_s' \tag{8-29}$$

若不满足式(8-29)，受压钢筋没有达到其抗压强度设计值。此时，可以近似假设受压钢筋合力与受压区混凝土合力作用点位于同一点，则应按式(8-30)计算：

$$Ne'\leqslant f_yA_s(h_0-a_s') \tag{8-30}$$

式中：e'——轴向力作用点至受压钢筋合力作用点之间的距离，$e'=e_i-h/2+a_s'$，其中e_i按式(8-18)计算。

其中，当 $x=\xi_b h_0$时，为大小偏压的界限情况，在式(8-25)中取 $x=\xi_b h_0$，可得界限轴向压力N_b的表达式：

$$N_b=\alpha_1 f_c \xi_b b h_0+f_y' A_s'-f_y A_s \tag{8-31}$$

当截面尺寸、配筋面积及材料强度为已知时，N_b为定值，可按式(8-31)确定，则可判断大小偏心受压，即若 $N \leqslant N_b$，为大偏压，反之为小偏压。

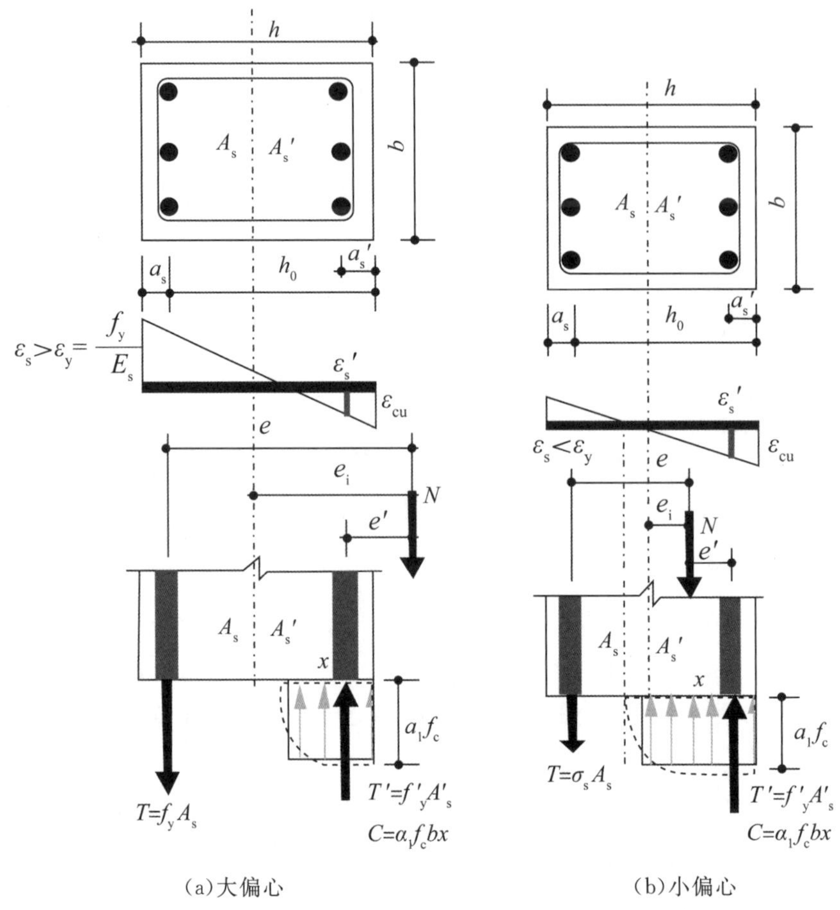

(a)大偏心　　(b)小偏心

图 8-23　矩形截面偏心受压构件正截面承载力计算图

(2)小偏心受压($x>\xi_b h_0$或$\xi>\xi_b$)

对小偏心受压构件，一般情况下，破坏发生在靠近轴向力 N 一侧，称为正向破坏。但当轴向力 N 很大、偏心距e_0很小，且A_s的数量又较少时，破坏有可能发生在远离轴向力 N 一侧，称为反向破坏。截面设计时，除按正向破坏计算配筋外，还应对反向破坏进行验算。此外，对小偏心受压构件还必须进行垂直于弯矩作用平面的验算。

1)正向破坏计算

对于矩形截面小偏心受压构件而言，由于离轴力较远一侧纵筋受拉不屈服或处于受压状态，其应力大小与受压区高度有关，而在构件截面配筋计算中受压区高度也是未知的，所以计算相对较为复杂。图 8-23(b)表示了小偏心受压截面的一种常见的受力情况。根据截面力和力矩的平衡条件，可得矩形截面小偏心受压构件正截面承载能力计算的基本公式为

$$N \leqslant N_u=\alpha_1 f_c bx+f_y' A_s'-\sigma_s A_s \tag{8-32}$$

$$Ne \leqslant N_u e = \alpha_1 f_c bx\left(h_0 - \frac{x}{2}\right) + f_y' A_s'(h_0 - a_s') \tag{8-33}$$

在小偏心受压范围内，远离轴向力一侧纵向钢筋A_s的应力σ_s不论受拉还是受压，在大部分情况下都不会达到屈服。因此必须确定σ_s，理论上可按应变的平截面假定求出，但计算过于复杂。《设计规范》参照实测结果取用简化了的直线方程，按下式近似计算：

$$\sigma_s = f_y \frac{\xi - \beta_1}{\xi_b - \beta_1} \tag{8-34}$$

按上式算得的钢筋应力σ_s应符合条件：$-f_y' \leqslant \sigma_s \leqslant f_y$。此外，当 $\xi \geqslant 2\beta_1 - \xi_b$时，取$\sigma_s = -f_y'$。

2)反向破坏计算

当小偏心受压构件在轴向力 N 很大、偏心距e_0很小(一般当 $N \geqslant \alpha_1 f_c bh$ 时)，且远离轴向力 N 一侧钢筋A_s的数量又相对较少时，构件的破坏有可能首先发生在远离轴向力 N 一侧的反向破坏，A_s的应力将达到抗压屈服强度。

为了防止A_s配置过少而发生反向破坏，应对小偏心受压构件进行验算，根据图 8-24 所示截面应力图，不考虑反向二阶弯矩的影响，尚应满足式(8-35)：

$$Ne' \leqslant \alpha_1 f_c bh\left(\frac{h}{2} - a_s'\right) + f_y' A_s(h_0 - a_s') \tag{8-35}$$

$$e' = \frac{h}{2} - a_s' - (e_0 - e_a) \tag{8-36}$$

式中：e'——轴向力作用点至受压钢筋合力作用点之间的距离，为了考虑最不利的结果，使e'最大，此处e_0不考虑二阶弯曲的影响；h_0'——纵向受压钢筋合力点至截面远边的距离，$h_0' = h - a_s'$。

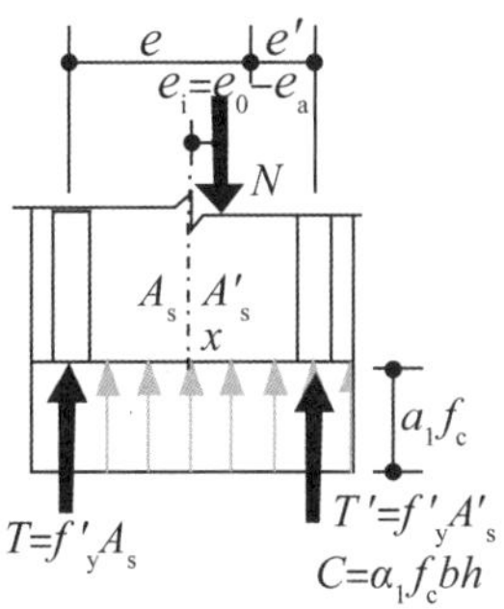

图 8-24　反向破坏截面配筋的计算

3)垂直于弯矩作用平面受压承载力的验算

当作用于偏心受压构件上的轴向力 N 较大，弯矩作用平面内的荷载偏心距较小，而截面宽度又小于截面高度 h 时，垂直于弯矩作用平面的受压承载力有可能起控制作用(图 8-25)。因此，除应进行弯矩作用平面内受压承载力的计算外，还应对垂直于弯矩作用平面的受压承载力进行验算。经分析，特别是对小偏心受压构件更需注意。

为简化计算，可按轴心受压构件受压承载力的计算方法验算，注意此时应取垂直于弯矩作用平面的截面宽度 b 来计算长细比l_0/b，并取用相应的稳定系数 φ。但可不计入弯矩的作用。

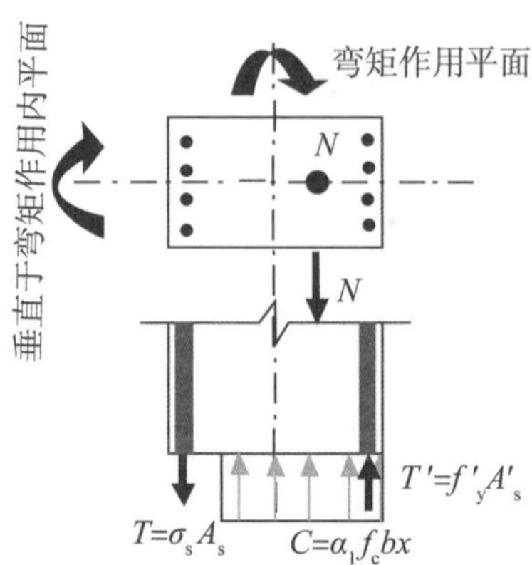

图 8-25 垂直于弯矩作用平面受压承载力的验算

2.非对称配筋矩形截面正截面承载力计算

(1)截面设计

1)大小偏心受压情况的判别

判别两种偏心受压类别的基本条件是：$\xi \leqslant \xi_b$ 为大偏心受压；$\xi > \xi_b$ 为小偏心受压。但在截面配筋计算时，A_s' 和 A_s 为未知，受压区高度 ξ 也未知，因此也就不能利用 ξ 来判别。此时可近似按下面的方法进行初步判别：

当 $e_i \leqslant 0.3h_0$ 时，为小偏心受压；

当 $e_i > 0.3h_0$ 时，可先按大偏心受压计算，求得 ξ 后再看是否满足 $\xi \leqslant \xi_b$ 的判别条件。

一般来说，当满足 $e_i \leqslant 0.3h_0$ 时为小偏心；当满足 $e_i > 0.3h_0$ 时受截面配筋的影响，可能处于大偏心受压，也可能处于小偏心受压。例如，即使偏心距较大但受拉钢筋配筋很多，极限破坏时受拉钢筋可能不屈服，构件的破坏仍为小偏心破坏。

2)大偏心受压构件的配筋计算

在进行非对称配筋大偏心受压截面的设计时可能出现以下两种情况。

第一种情况：受压钢筋 A_s' 及受拉钢筋 A_s 均未知(图 8-27)。

两个基本公式(8-25)及式(8-26)中有三个未知数：A_s'、A_s 及 x，故不能得出唯一解。为了满足总用钢量最省的原则，即令总的截面配筋面积($A_s'+A_s$)最小，和双筋受弯构件一样，可取 $x=\xi_b h_0$，则由式(8-26)可得

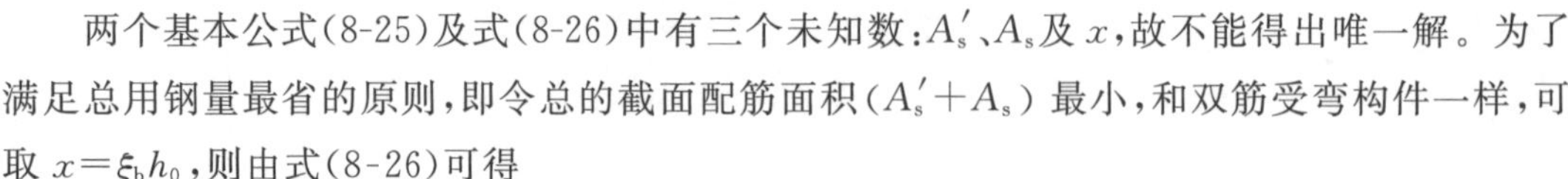

$$A_s'=\frac{Ne-\alpha_1 f_c b h_0^2 \xi_b(1-0.5\xi_b)}{f_y'(h_0-a_s')} \tag{8-37}$$

按式(8-37)算得的 A_s' 应不小于 $\rho_{\min}' bh$，否则取 $A_s'=\rho_{\min}' bh$，即 A_s' 为已知，按下文第二种情况计算。

若 A_s' 满足不小于 $\rho_{\min}' bh$，则将式(8-37)算得的 A_s' 代入式(8-25)可得

$$A_s=\frac{\alpha_1 f_c b \xi_b h_0+f_y' A_s'-N}{f_y} \tag{8-38}$$

同样，计算所得A_s应不小于$\rho'_{min}bh$。

第二种情况：受压钢筋A'_s为已知，求A_s（图 8-28）。

当A'_s为已知时，式(8-25)及式(8-26)中有两个未知数A_s及x可求得唯一解。为计算方便，将图 8-23(a)分解成图 8-26 所示的应力图形。将轴力N转换为作用在钢筋A_s重心处的压力N以及截面上的弯矩Ne，并和受弯构件双筋截面一样将弯矩Ne分解为M_1和M_2两部分。

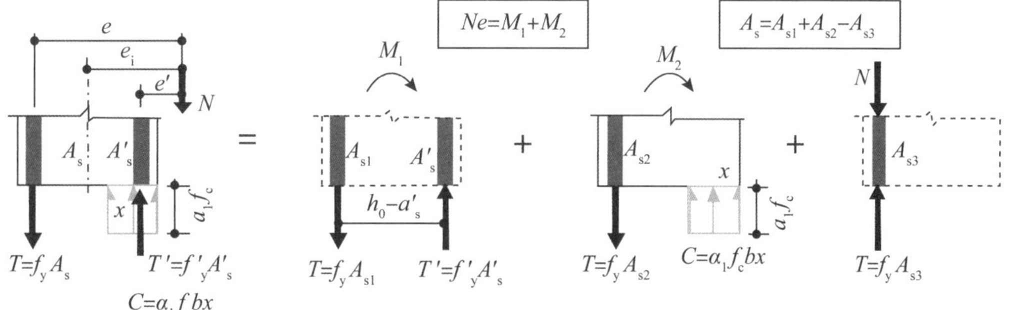

图 8-26　大偏心压应力分解图

由式(8-26)可知Ne由两部分组成：$M_1=f'_yA'_s(h_0-a'_s)$及$M_2=Ne-M_1=\alpha_1 f_c bx\left(h_0-\frac{x}{2}\right)$。

M_1为已知的A'_s与对应的部分受拉钢筋A_{s1}所组成的力矩，$A_s=f'_yA'_s/f_y$；

M_2为受压区混凝土与对应的部分受拉钢筋A_{s2}所组成的力矩。与单筋矩形受弯截面构件相似，有

$$\alpha_1 f_c bx=f_yA_{s2} \tag{8-39}$$

$$M_2=\alpha_1 f_c x\left(h_0-\frac{x}{2}\right) \tag{8-40}$$

式中：x可按公式$x=h_0-\sqrt{h_0^2-\frac{2M_2}{\alpha_1 f_c b}}$计算。

A_{s3}是轴向压力N所需要的受压钢筋，则总的受拉钢筋面积A_s的计算公式：

$$A_s=A_{s1}+A_{s2}+A_{s3}=\frac{\alpha_1 f_c bx+f'_yA'_s-N}{f_y} \tag{8-41}$$

应该指出的是：

若$x>x_b$，则说明已知的A'_s尚不足，需按第一种情况重新计算，使其满足大偏心受压的条件。

若$x<2a'_s$，与双筋受弯构件相似，可以近似取$x=2a'_s$，对A'_s合力中心取矩求出：

$$A_s=\frac{Ne'_s}{f_y(h_0-a'_s)}=\frac{N(e_i-h/2+a'_s)}{f_y(h_0-a'_s)} \tag{8-42}$$

按式(8-42)算得的A_s应不小于$\rho_{min}bh$，否则取$A_s=\rho_{min}bh$。

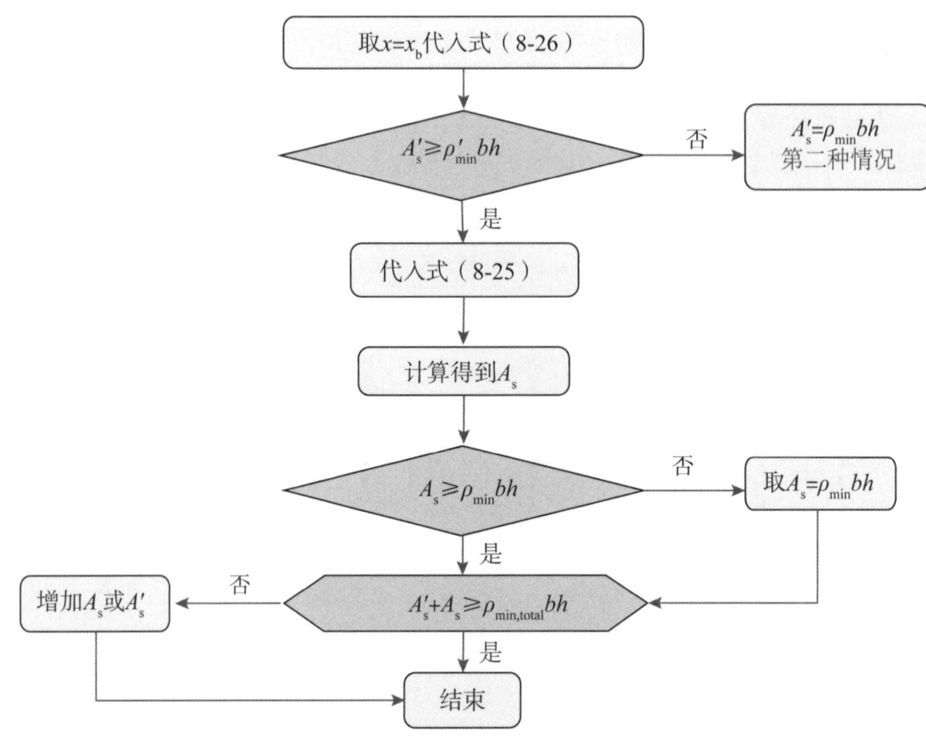

图 8-27　非对称配筋大偏心受压构件配筋设计(A_s和A'_s均未知)

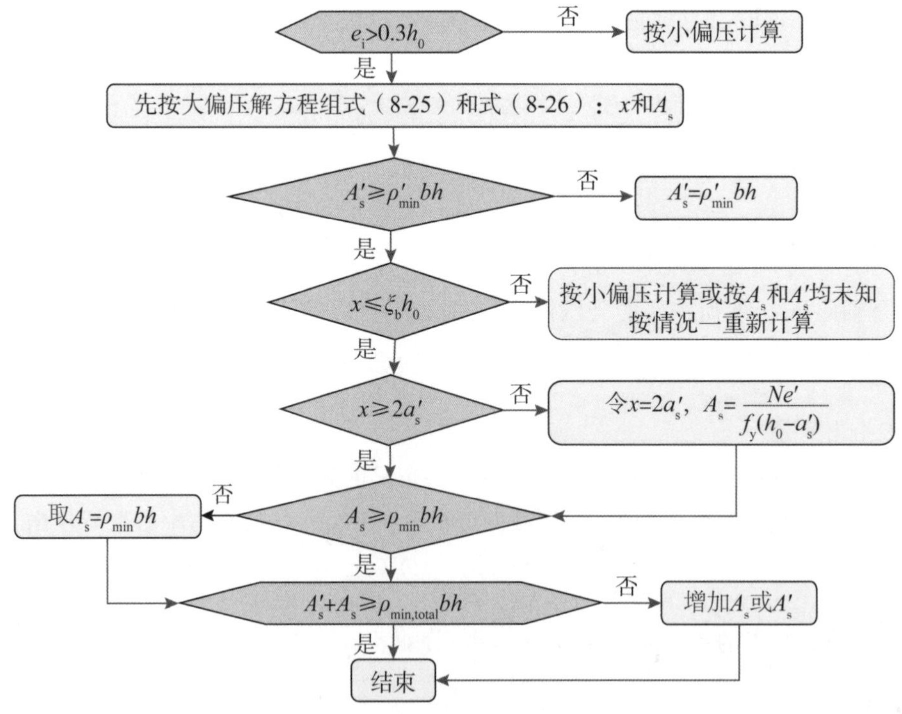

图 8-28　非对称配筋大偏心受压构件配筋设计(A'_s为已知)

[例题 8.4]　已知矩形截面偏心受压柱，截面尺寸为 $b\times h=300\text{mm}\times400\text{mm}$，$a_s=a_s'=40\text{mm}$，柱的计算长度为 3.6m，选用 C30 混凝土和 HRB400 级钢筋，承受轴力设计值为 $N=380\text{kN}$，弯矩设计值为 $M_1=M_2=230\text{kN}\cdot\text{m}$。求该柱的截面配筋。

[解]

(a)基本参数

C30 混凝土 $f_c=14.3\text{N/mm}^2$；HRB400 级钢筋 $f_y=f_y'=360\text{MPa}$，$\xi_b=0.518$；$h_0=h-a_s=400-40=360(\text{mm})$；

(b)判断截面类型

$l_0/h=3.6/0.4=9>5$

因为 $M_1=M_2$，所以 $M_1/M_2=1>0.9$，故需考虑纵向弯曲的影响；

$$C_m=0.7+0.3\frac{M_1}{M_2}=1,e_{02}=\frac{M_2}{N}=230/380=605(\text{mm});$$

$$e_a=\max\{h/30,20\}=20(\text{mm})$$

$$\zeta_c=\frac{0.5f_cA}{N}=\frac{0.5\times14.3\times300\times400}{380\times10^3}=2.258>1.0\text{ 取 }\zeta=1.0$$

$$\eta_{ns}=1+\frac{1}{1300(e_{02}+e_a)/h_0}\left(\frac{l_c}{h}\right)^2\zeta_c$$

$$=1+\frac{1}{1300\times(605+20)/360}\times9^2\times1.0=1.036$$

$$M=C_m\eta_{ns}M_2=1.0\times1.036\times230=238.3(\text{kN}\cdot\text{m});$$

$$e_0=\frac{M}{N}=238.3/380=627(\text{mm})$$

$$e_i=e_0+e_a=627+20=647(\text{mm})>0.3h_0=0.3\times360=108(\text{mm})$$

因此，可先按大偏心受压构件进行计算。

(c)计算 A_s 和 A_s'

为了配筋最经济，即使 (A_s+A_s') 最小，令 $\xi=\xi_b$。

$$e=e_i+\frac{h}{2}-a_s=647+400/2-40=807(\text{mm})$$

将上述参数代入式(6-34)和式(6-35)得

$$A_s'=\frac{Ne-\alpha_1f_cbh_0^2\xi_b(1-0.5\xi_b)}{f_y'(h_0-a_s')}$$

$$=\frac{380\times10^3\times807-1.0\times14.3\times300\times360^2\times0.518\times(1-0.5\times0.518)}{360\times(360-40)}$$

$$=810\text{mm}^2>\rho_{min}'bh=0.2\%\times300\times400=240(\text{mm}^2)$$

$$A_s=\frac{\alpha_1f_c\xi_bbh_0+f_y'A_s'-N}{f_y}=\frac{1.0\times14.3\times0.518\times300\times360+360\times810-380\times10^3}{360}$$

$$=1977(\text{mm}^2)$$

(d)选配钢筋

受拉钢筋选用 4 Φ 25（$A_s=1964\text{mm}^2\cong1977\text{mm}^2$），受压钢筋选用 4 Φ 18（$A_s'=1017\text{mm}^2$），配筋结果如图 8-29 所示，满足最小配筋率和钢筋间距要求。

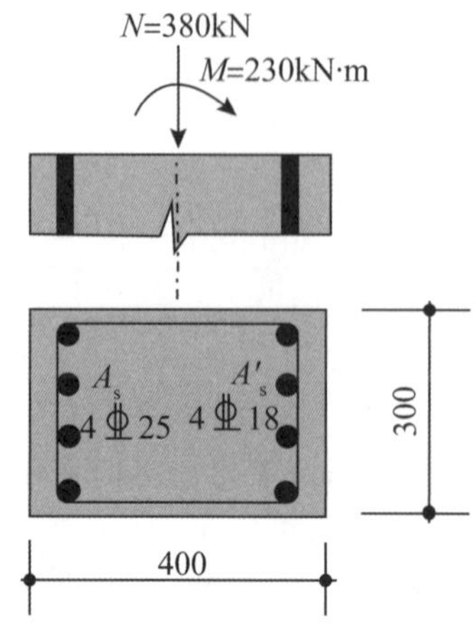

图 8-29 截面配筋图（[例题 8.4]）

[例题 8.5] 已知一矩形偏心受压构件的轴力设计值为 $N=380\text{kN}$，柱端弯矩设计值 $M_1=M_2=176\text{kN}\cdot\text{m}$，在近轴向力一侧配钢筋 $A_s'=942\text{mm}^2$，其他条件同[例题 8.4]。求受拉钢筋 A_s。

[解]

(a)基本参数

C30 混凝土 $f_c=14.3\text{N/mm}^2$；HRB400 级钢筋 $f_y=f_y'=360\text{MPa}$，$\xi_b=0.518$；$h_0=h-a_s=400-40=360(\text{mm})$；

(b)判断截面类型

$$l_0/h=3.6/0.4=9>5$$

因为 $M_1=M_2$，所以 $M_1/M_2=1>0.9$，故需考虑纵向弯曲的影响；

$$C_m=0.7+0.3\frac{M_1}{M_2}=1,e_{02}=\frac{M_2}{N}=176/380=463(\text{mm})$$

$$e_a=\max\{h/30,20\}=20(\text{mm})$$

$$\zeta_c=\frac{0.5f_cA}{N}=\frac{0.5\times14.3\times300\times400}{380\times10^3}=2.258>1.0\text{ 取 }\zeta=1.0$$

$$\eta_{ns}=1+\frac{1}{1300(e_{02}+e_a)/h_0}\left(\frac{l_c}{h}\right)^2\zeta_c=1+\frac{1}{1300\times(463+20)/360}\times9^2\times1.0=1.046$$

$$M=C_m\eta_{ns}M_2=1.0\times1.046\times176=184.1(\text{kN}\cdot\text{m})$$

$$e_0=\frac{M}{N}=184.1/380=484(\text{mm})$$

$$e_i=e_0+e_a=484+20=504(\text{mm})>0.3h_0=0.3\times360=108(\text{mm})$$

因此，可先按大偏心受压构件进行计算。

(c)计算 A_s

$$M_1=f_y'A_s'(h_0-a_s')=360\times942\times(360-40)=108.52(\text{kN}\cdot\text{m})$$

$$e=e_i+\frac{h}{2}-a_s=504+400/2-40=664(\text{mm})$$

$$M_2=Ne-M_1=380\times10^3\times664-108.52\times10^6=143.8(\text{kN}\cdot\text{m})$$

$$x=h_0-\sqrt{h_0^2-\frac{2M_2}{\alpha_1 f_c b}}=360-\sqrt{360^2-\frac{2\times143.8\times10^6}{1.0\times14.3\times300}}=109.9<\xi h_0=0.31\times360$$

$$=111.6(\text{mm})\text{，且满足 } x>2a_s'=80\text{mm}$$

因此，满足大偏心受压条件。

则总的受拉钢筋面积A_s的计算公式：

$$A_s=\frac{\alpha_1 f_c bx+f_y'A_s'-N}{f_y}=\frac{1.0\times14.3\times300\times109.9+360\times942-380\times10^3}{360}$$

$$=1196(\text{mm}^2)$$

3）小偏心受压构件的配筋计算

由小偏心受压承载能力计算的基本公式(8-32)、(8-33)可知，有两个基本方程，但要求三个未知数：A_s'、A_s和 x，因此，仅根据平衡条件也不能求出唯一解，需要像大偏心受压一样补充一个使钢筋的总用量$(A_s'+A_s)$最小的条件求 ξ。但对于小偏心受压构件要找到与经济配筋相对应的 ξ 值需用试算逼近法求得，计算较为复杂。小偏心受压应满足 $\xi>\xi_b$和$-f_y'\leqslant\sigma_s\leqslant f_y$两个条件。

实际上，小偏心受压破坏时，钢筋A_s应力σ_s可能受拉，也可能受压。一般情况下，应力都比较小，未能达到抗拉或抗压屈服强度。但当轴向力 N 很大、偏心距e_0很小，全截面受压情况时，σ_s可能达到抗压屈服强度，此时，截面相对受压区高度已可从下式算出，即令：

$$\sigma_s=f_y\frac{\xi_y-\beta_1}{\xi_b-\beta_1}=-f_y'$$

则得

$$\xi_y=\beta_1+(\beta_1-\xi_b)f_y'/f_y$$

当$f_y'=f_y$时

$$\xi_y=2\beta_1-\xi_b \tag{8-43}$$

由此可见，当 $\xi>2\beta_1-\xi_b$时，钢筋A_s的应力将达到抗压屈服强度，即$\sigma_s=-f_y'$。若混凝土强度等级不超过 C50，$\beta_1=0.8$，则当 $\xi>1.6-\xi_b$时，$\sigma_s=-f_y'$。

因此，当$\xi_b<\xi<\xi_y$时，A_s不屈服，为了使用钢量最小，可按最小配筋率配置A_s，取$A_s=\rho_{min}bh$，小偏心受压配筋计算可采用如下近似方法：

(a)首先假定$A_s=\rho_{min}bh$，并将A_s值代入基本公式中求 x 或 ξ。若$\xi_b<\xi<1.6-\xi_b$，说明钢筋A_s未屈服，将 x 直接代入式(8-33)计算A_s'，并满足最小配筋率要求。

(b)如果 $\xi\geqslant1.6-\xi_b$，且 $\xi\leqslant h/h_0$，说明A_s钢筋已屈服，取$\sigma_s=-f_y'$，代入基本公式求A_s'和A_s。并验算反向破坏的截面承载能力。

(c)如果 $\xi\geqslant h/h_0$且 $\xi\geqslant1.6-\xi_b$，说明不仅A_s钢筋已屈服且已经全截面受压，中和轴已在截面以外，应取 $\xi=h/h_0$和$\sigma_s=-f_y'$，代入基本公式求A_s'和A_s。并验算反向破坏的截面承载能力。

按上述方法计算的A_s'和A_s均应验算是否满足最小配筋率的要求。图 8-30 所示为非对称配筋小偏心受压构件正向破坏截面配筋的计算步骤。注意：除按正向破坏计算配筋外，还应对反向破坏进行验算。对小偏心受压构件还必须进行垂直于弯矩作用平面的验算。

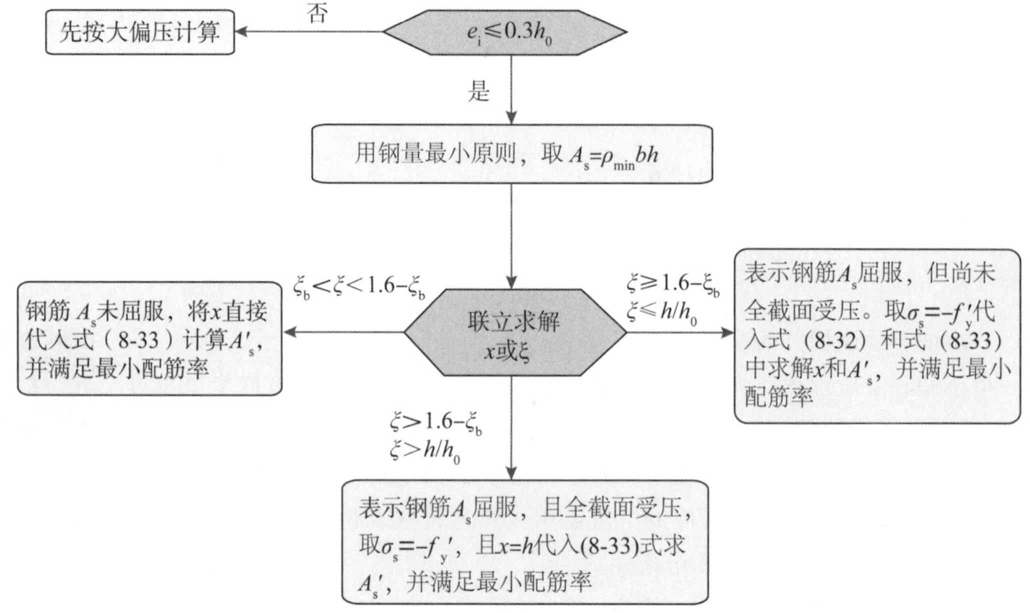

图 8-30　非对称配筋小偏心受压构件正向破坏截面配筋的计算步骤

［例题 8.6］　已知钢筋混凝土偏心受压柱截面尺寸为 $b\times h=400\text{mm}\times 600\text{mm}$，取$a_s=a_s'=40\text{mm}$，混凝土强度等级为 C30，纵向钢筋用 HRB400 级钢筋；构件计算长度$l_0=4.4\text{m}$；承受轴向力设计值 $N=4100\text{kN}$，弯矩设计值为$M_1=M_2=143.2\text{kN}\cdot\text{m}$。要求计算截面配筋$A_s$及$A_s'$。

［解］

(a)基本参数

C30 混凝土$f_c=14.3\text{N/mm}^2$；HRB400 级钢筋$f_y=f_y'=360\text{N/mm}^2$，$\xi_b=0.518$；

$$h_0=h-a_s=600-40=560(\text{mm})$$

(b)判断截面类型

$$l_0/h=4.4/0.6=7.3>5$$

因为$M_1=M_2$，所以$M_1/M_2=1>0.9$，故需考虑纵向弯曲的影响；

$$C_m=0.7+0.3\frac{M_1}{M_2}=1,e_{02}=\frac{M_2}{N}=\frac{143.2}{4100}=35(\text{mm})$$

$$e_a=\max\{h/30,20\}=20(\text{mm})$$

$$\zeta_c=\frac{0.5f_cA}{N}=\frac{0.5\times 14.3\times 400\times 600}{4100\times 10^3}=0.419<1.0$$

$$\eta_{ns}=1+\frac{1}{1300(e_{02}+e_a)/h_0}\left(\frac{l_c}{h}\right)^2\zeta_c=1+\frac{1}{1300\times(35+20)/560}\times 7.3^2\times 0.419=1.175$$

$$M=C_m\eta_{ns}M_2=1.0\times 1.175\times 143.2=168.26(\text{kN}\cdot\text{m})$$

$$e_0=\frac{M}{N}=168.62/4100=41(\text{mm})$$

$$e_i=e_0+e_a=41+20=61(\text{mm})<0.3h_0=0.3\times 560=168(\text{mm})$$

因此，按小偏心受压构件进行计算。

(c)选定A_s

$$N=4100\text{kN}>\alpha_1 f_c bh=1.0\times 14.3\times 400\times 600=3432(\text{kN})$$

有可能发生反向破坏，应该进行验算

$$e'=\frac{h}{2}-a_s'-(e_0-e_a)=600/2-40-(35-20)=245(\text{mm})$$

$$A_s=\rho_{\min}bh=0.2\%\times 400\times 600=480(\text{mm}^2)$$

$$Ne'=4100\times 0.245=1004.5(\text{kN}\cdot\text{m})$$

$$\alpha_1 f_c bh\left(\frac{h}{2}-a_s'\right)+f_y'A_s(h_0'-a_s)$$

$$=1.0\times 14.3\times 400\times 600\times(600/2-40)+360\times 480\times(560-40)$$

$$=982.2(\text{kN}\cdot\text{m})<Ne'=1004.5\text{kN}\cdot\text{m}$$

表明配置的A_s不足，应按反向破坏重求A_s。

$$A_s=\frac{Ne'-\alpha_1 f_c bh\left(\frac{h}{2}-a_s'\right)}{f_y'(h_0'-a_s)}=\frac{1004.5\times 10^6-1.0\times 14.3\times 400\times 600\times(600/2-40)}{360\times(560-40)}$$

$$=599(\text{mm}^2)>A_{s,\min}=480\text{mm}^2$$

选配 3 Φ 16，实配$A_s=603\text{mm}^2>599\text{mm}^2$

(d)计算A_s'

$$e=e_i+\frac{h}{2}-a_s=61+600/2-40=321(\text{mm})$$

由公式列出：

$$N=\alpha_1 f_c bx+f_y'A_s'-\frac{\xi-\beta_1}{\xi_b-\beta_1}f_yA_sNe=\alpha_1 f_c bx\left(h_0-\frac{x}{2}\right)+f_y'A_s'(h_0-a_s')$$

代入数据，得到：

$$4100\times 10^3=1.0\times 14.3\times 400\times 560\xi+360A_s'-360\times\frac{\zeta-0.8}{0.518-0.8}\times 599$$

$$4100\times 10^3\times 321=1.0\times 14.3\times 400\times 560^2\xi(1-0.5\xi)+360\times(560-40)A_s'$$

联立求解，得到：

$$1724.8\xi^2+518.28\xi-2180.784=0,$$

解方程得

$$\xi=0.984<2\beta_1-\xi_b=1.6-0.518=1.082$$

$$A_s'=2243\text{mm}^2>A_{s,\min}'=480\text{mm}^2$$

选配 5 Φ 25，实配$A_s'=2453\text{mm}^2>2243\text{mm}^2$

验算纵向钢筋的配筋率：

$A_s + A_s' = 603 + 2453 = 3056(\text{mm}^2) > \rho_{min}^{总} bh = 0.55\% \times 400 \times 600 = 1320(\text{mm}^2)$

(e)选配纵向钢筋配箍筋

$$\rho + \rho' = \frac{3056}{400 \times 600} = 1.27\% < 3\% < 5\%$$

箍筋选 $d = 8\text{mm} > d/4 = 25/4 = 6.25\text{mm}$

$$> 6\text{mm}(\rho + \rho' < 3\%)$$

$$s = 200\text{mm} < 15d = 15 \times 16 = 240(\text{mm})$$

$$< b = 400\text{mm}$$

选配 $\phi 8@200$

(f)垂直弯矩作用平面的验算：

$l_0/h = 4400/400 = 11$，取 $\varphi = 0.965$

$N_u = 0.9\varphi(f_c A + f_y' A_s' + f_y A_s) = 0.9 \times 0.965(14.3 \times 400 \times 600 + 360 \times 3056)$

$= 3936(\text{kN}) < N = 4100\text{kN}$

不能满足要求，需要增大截面尺寸或提高混凝土强度等级，或增大钢筋的用量。由此可见对于小偏心受压构件，应注意验算垂直于弯矩作用平面的受压承载力。

(2)截面复核

截面复核时，一般构件截面尺寸、配筋面积A_s和A_s'、材料强度及计算长度均已知，要求根据给定的轴力设计值 N(或偏心距e_0)确定构件所能承受的弯矩设计值 M(或轴向力 N)。一般情况下，单向偏心受压构件应进行两个平面内的承载力计算，即弯矩作用平面内的承载力计算及垂直于弯矩作用平面内的承载力计算。

1)弯矩作用平面内受压承载力复核

①给定轴向力设计值 N，求弯矩设计值 M 或偏心距e_0(图 8-32)

由于截面尺寸、配筋及材料强度均为已知，故可首先按式(8-31)算得界限轴向力N_b。如满足 $N \leqslant N_b$的条件，则为大偏心受压的情况，可按大偏心受压正截面承载能力计算的基本公式求 x 和 e，由求出的 e，根据公式(8-26)、(8-18)等求出偏心距e_0，最后求出弯矩设计值 $M = Ne_0$。

如 $N > N_b$，则为小偏心受压情况，可按小偏心受压正截面承载能力计算的基本公式求 x 和 e，采取与大偏心受压构件同样的步骤求弯矩设计值 $M = Ne_0$。

②给定偏心距e_0，求轴向力设计值 N(图 8-31)

根据e_0，取 $\xi = 1.0$ 并按已知的l_0/h 进行纵向弯曲修正，先求初始偏心距e_i。

为解题方便，通常可对未知值取矩建立平衡方程式，如求A_s'时可对A_s取矩，求A_s时可对A_s'取矩。截面复核时，由于轴向力 N 是未知值，故可对 N 取矩，建立弯矩平衡方程式 $\sum M_N = 0$ 求解 x：

$$\alpha_1 f_c bx\left(e_i - \frac{h}{2} + \frac{x}{2}\right) + f_y' A_s'\left(e_i - \frac{h}{2} + a_s'\right) = \begin{cases} 大偏压：f_y A_s\left(e_i + \dfrac{h}{2} - a_s\right) \\ 小偏压：\sigma_s A_s\left(e_i + \dfrac{h}{2} - a_s\right) \end{cases} \tag{8-44}$$

当$e_i > 0.3h_0$时，可按大偏心受压情况，再将e_i代入公式(8-44)中求解 x 和 N，并验算大偏心受压的条件是否满足。如满足 $x \leqslant \xi_b h_0$，为大偏心受压，计算的 N 即为截面的设计轴力；若不满足，则按小偏心的情况计算。

当$e_i \leqslant 0.3h_0$时，则属小偏心受压，将已知数据代入小偏心受压基本公式中求解 x 及 N。当求得 $N \leqslant f_c bh$ 时，所求得的 N 即为构件的承载力；当 $N > f_c bh$ 时，尚需按式(8-35)求不发生反向压坏的轴向力 N，并取较小的值作为构件的正截面承载能力。

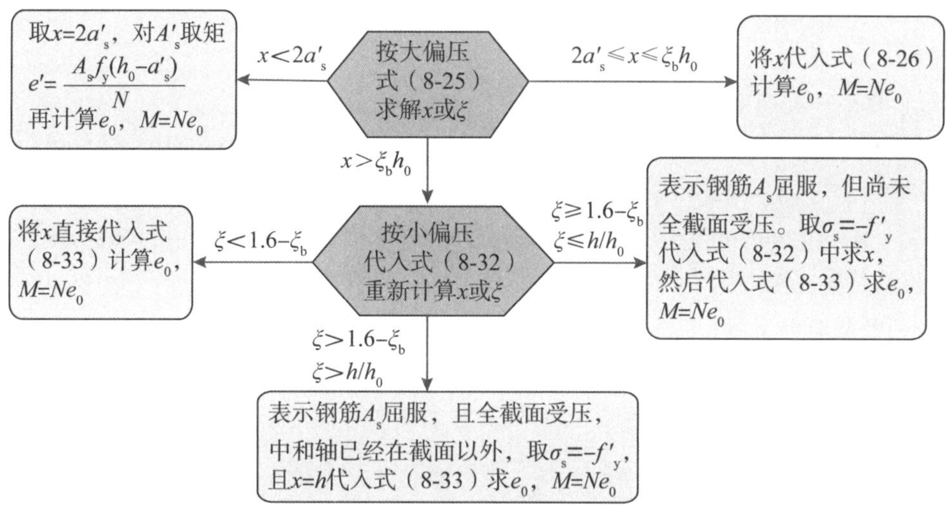

图 8-31　非对称配筋偏心受压构件承载力的复核(已知轴力设计值 N，要求弯矩设计值 M)

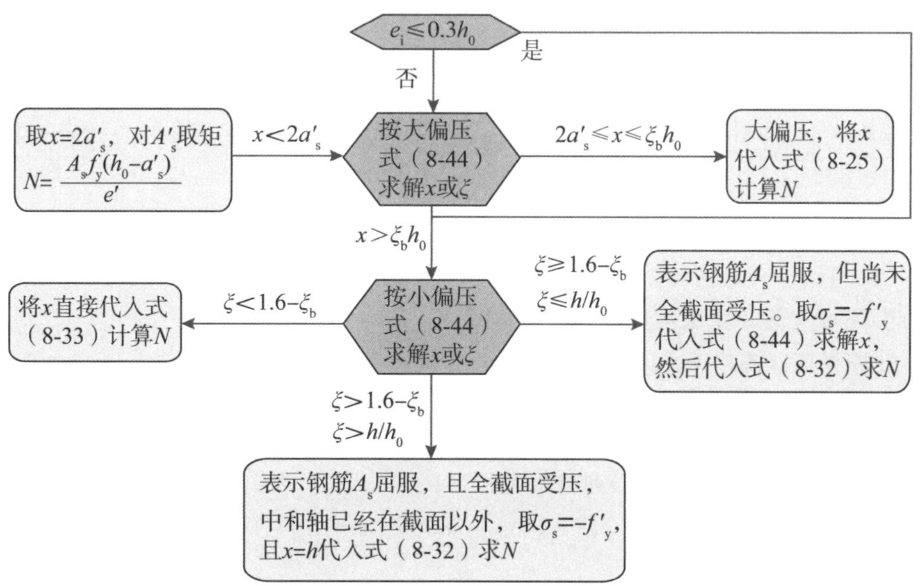

图 8-32　非对称配筋偏心受压构件承载力的复核(已知荷载偏心矩e_0，要求计算轴力设计值 N)

2)垂直弯矩作用平面的承载力计算

当构件在垂直于弯矩作用平面内的长细比较大时，除了验算弯矩作用平面的承载能力外，还应按轴心受压构件验算垂直于弯矩作用平面内的受压承载力。这时应取截面高度 b

计算稳定系数φ，按轴心受压构件的基本公式计算承载力 N。并将所求得的值与弯矩作用平面内受压承载力复核计算所得的轴向力设计值 N 比较，取两者之中较小者。无论截面设计还是截面校核，都应进行此项验算。

［例题 8.7］ 有一钢筋混凝土偏心受压构件，截面尺寸为 $b\times h=400\text{mm}\times500\text{mm}$，取$a_s=a_s'=40\text{mm}$。混凝土强度等级为 C30，纵向钢筋用 HRB400 级钢筋；构件计算长度 $l_0=6.0\text{m}$；配置A_s为 4 Φ 20，A_s'为 2 Φ 20。要求计算当偏心距$e_0=300\text{mm}$时，截面能承受的轴向设计值 N。($M_1=M_2$)

［解］

(a)验算最小配筋率

$$A_s=1256\text{mm}^2>\rho_{\min}bh=0.002\times400\times500=400(\text{mm}^2)$$

$$A_s'=628\text{mm}^2>\rho_{\min}'bh=0.002\times400\times500=400(\text{mm}^2)$$

$$A_s+A_s'=1256+628=1884(\text{mm}^2)>\rho_{\min}^{总}bh=0.55\%\times400\times500=1100(\text{mm}^2)$$

配筋满足构造要求。

(b)判断截面类型

$$l_0/h=6/0.5=12>5$$

因为$M_1=M_2$，所以$M_1/M_2=1>0.9$，故需考虑纵向弯曲的影响；

$$C_m=0.7+0.3\frac{M_1}{M_2}=1\text{，取}e_{02}=e_0=300\text{mm}$$

$$e_a=\max\{h/30,20\}=20(\text{mm})$$

由于轴力 N 未知，故取$\zeta_c=1.0$；

$$h_0=h-a_s=500-40=460(\text{mm})$$

$$\eta_{ns}=1+\frac{1}{1300(e_{02}+e_a)/h_0}\left(\frac{l_c}{h}\right)^2\zeta_c=1+\frac{1}{1300\times(300+20)/460}\times12^2\times1.0=1.159$$

$$e_0=\frac{M}{N}=\frac{C_m\eta_{ns}M_2}{N}=C_m\eta_{ns}e_0=1.0\times1.159\times300=348(\text{mm})$$

$$e_i=e_0+e_a=348+20=368(\text{mm})>0.3h_0=0.3\times460=138(\text{mm})$$

因此，先按大偏心受压构件进行计算；

(c)计算受压区高度 x，N

$$e=e_i+\frac{h}{2}-a_s=368+500/2-40=578(\text{mm})$$

代入基本方程(8-25)、(8-26)列方程组可得：

$$x^2+236x-78890.86=0$$

解方程得：

$$x=186.7\text{mm}<\xi_bh_0=0.518\times460=238.4(\text{mm})>2a_s'=80\text{mm}$$

故属于大偏心受压；

代入式(8-25)得：$N=841.8\text{kN}$

此处为了避免联立方程组求解，还可对截面应力图的 N 作用点取矩，列平衡方程求

解。即

$$\alpha_1 f_c bx(e_i - h/2 + x/2) + f'_y A'_s(e_i - h/2 + a'_s) - f_y A_s(e_i + h/2 - a_s) = 0$$

可求出 x，再根据基本公式(8-25)求得轴力 N。

复核ζ_c：

$$\zeta_c = \frac{0.5 f_c A}{N} = \frac{0.5 \times 14.3 \times 400 \times 500}{841.8 \times 10^3} = 1.7 > 1.0$$

故取 $\xi = 1.0$ 是正确的。

［例题 8.8］　有一钢筋混凝土偏心受压构件，截面尺寸为 $b \times h = 400\text{mm} \times 600\text{mm}$，取$a_s = a'_s = 40\text{mm}$。混凝土强度等级为 C30，纵向钢筋用 HRB400 级钢筋；构件计算长度 $l_0 = 7.2\text{m}$；配置A_s为 4 ⌀16，A'_s为 4 ⌀25。若作用于该构件的轴向设计值 $N = 2400\text{kN}$，要求计算截面在长边 h 方向能承受的弯矩设计值 M，以及$M_1 = M_2$的值。

［解］

(a)验算最小配筋率

$$A_s = 804\text{mm}^2 > \rho_{\min} bh = 0.002 \times 400 \times 600 = 480(\text{mm}^2)$$

$$A'_s = 1964\text{mm}^2 > \rho'_{\min} bh = 0.002 \times 400 \times 600 = 480(\text{mm}^2)$$

$$A_s + A'_s = 804 + 1964 = 2768(\text{mm}^2) > \rho^{\text{总}}_{\min} bh = 0.55\% \times 400 \times 600 = 1320(\text{mm}^2)$$

配筋满足构造要求

(b)判断大小偏心受压，求 e

$$h_0 = h - a_s = 600 - 40 = 560(\text{mm})$$

当 $\xi = \xi_b = 0.518$ 时，

$N_b = \alpha_1 f_c \xi_b b h_0 + f'_y A'_s - f_y A_s = 1.0 \times 14.3 \times 0.518 \times 400 \times 560 + 360 \times 1964 - 360 \times 804 = 2077(\text{kN}) < N = 2400\text{kN}$

说明属于小偏心受压。

利用基本公式(8-32)、(8-33)列方程组求解，得到：

$$\xi = 0.594 < 2\beta_1 - \xi_b = 1.6 - 0.518 = 1.082$$

再代入基本公式(8-33)求解得到：$e = 465.4\text{mm}$

(c)计算 M

$$e_i = e - \frac{h}{2} + a_s = 465.4 - \frac{600}{2} + 40 = 205.4(\text{mm})$$

$$e_0 = e_i - e_a = 205.4 - 20 = 185.4(\text{mm})$$

$$l_0/h = 7200/600 = 12 > 5$$

因为$M_1 = M_2$，所以$M_1/M_2 = 1 > 0.9$，故弯矩设计值需考虑纵向弯曲的影响：

$$M = N e_0 = 2400 \times 0.1854 = 444.96(\text{kN} \cdot \text{m})$$

(d)反向破坏验算

$$N = 2400\text{kN} < \alpha_1 f_c bh = 1.0 \times 14.3 \times 400 \times 600 = 3432(\text{kN})$$

满足要求。

(e)垂直于弯矩作用平面受压承载力验算

$\frac{l_0}{b}=\frac{7200}{400}=18$，查表得 $\varphi=0.81$

$N_u=0.9\varphi(f_cA+f_y'A_s'+f_yA_s)=0.9\times0.81\times[14.3\times400\times600+360\times(804+1964)]$
$=3228.4(\text{kN})>2400\text{kN}$

满足要求。

综上，该截面在 h 方向的弯矩设计值 $M=444.96\text{kN}\cdot\text{m}$。

(f)进一步求柱端弯矩$M_1=M_2$：

$$C_m=0.7+0.3\frac{M_1}{M_2}=1.0$$

$$\frac{M}{M_2}=C_m\eta_{ns}=C_m\left[1+\frac{1}{1300(M_2/N+e_a)/h_0}\left(\frac{l_c}{h}\right)^2\zeta_c\right]$$

$$=1.0\times\left[1+\frac{1}{1300\times(M_2/2400+20)/560}\times\left(\frac{7200}{600}\right)^2\times1.0\right]$$

求解该一元二次方程得：$M_1=M_2=351.4\text{kN}$

3. 对称配筋矩形截面正截面承载力计算

在实际工程中经常会遇到一些偏心受压构件如框架柱、排架柱、剪力墙等，其中的同一个控制截面在不同的荷载作用下可能分别承受正、负弯矩的作用，即截面受拉钢筋在反向弯矩作用下受压，而受压钢筋变为受拉。为了便于设计和施工，常常采用对称配筋。构件截面两侧配置钢筋的数量及其级别均相同，即取$A_s=A_s'$，$f_y=f_y'$和$a_s=a_s'$时，称为对称配筋。由于其构造简单及施工方便，在工程实践中广泛应用对称配筋。

原则上，对称配筋大小偏心受压构件的受力特点与非对称配筋没什么差别，但是由于$A_s=A_s'$，所以在具体计算方法上有所区别。下面仍然从截面设计和截面复核两个方面加以说明。

(1)截面设计

1)大小偏心受压情况的判别

由式(8-31)可知，当$A_s=A_s'$，$f_y=f_y'$时，

$$N_b=\alpha_1f_c\xi_bbh_0=\alpha_1f_cbx \tag{8-45}$$

因此，当 $N>N_b$时，为小偏心；当 $N\leqslant N_b$为大偏心。

2)大偏心受压构件的配筋计算

由式(8-25)可求出受压区高度：

$$x=\frac{N}{\alpha_1f_cb} \tag{8-46}$$

将上式求出的 x 代入式(8-26)可得

$$A_s'=A_s=\frac{Ne-\alpha_1f_cbx(h_0-x/2)}{f_y'(h_0-a_s')} \tag{8-47}$$

若 $x<2a_s'$，对受压钢筋合力点取矩，代入式(8-30)求A_s和A_s'：

$$A_s'=A_s=\frac{Ne_s'}{f_y(h_0-a_s')}=\frac{N(e_i-h/2+a_s')}{f_y(h_0-a_s')} \tag{8-48}$$

3)小偏心受压构件的配筋计算

在小偏心的情况下，远离纵向力一侧的钢筋不屈服，且$A_s=A_s'$，$f_y=f_y'$，由式(8-32)和式(8-34)可得

$$N=\alpha_1 f_c \xi b h_0+f_y'A_s'\frac{\xi_b-\xi}{\xi_b-\beta_1}$$

或

$$f_y'A_s'=(N-\alpha_1 f_c b h_0)\frac{\xi_b-\beta_1}{\xi_b-\xi} \tag{8-49}$$

将式(8-49)代入式(8-33)可得

$$Ne\frac{\xi_b-\xi}{\xi_b-\beta_1}=\alpha_1 f_c b h_0^2\xi(1-0.5\xi)\frac{\xi_b-\xi}{\xi_b-\beta_1}+(N-\alpha_1 f_c \xi b h_0)(h_0-a_s') \tag{8-50}$$

这是一个ξ的三次方程，用于设计是非常不便的。为了化简计算，设式(8-50)等号右侧第一项中含有ξ的项用Y表示

$$Y=\xi(1-0.5\xi)(\xi_b-\xi)/(\xi_b-\beta_1) \tag{8-51}$$

当钢材强度给定时，ξ_b为已知定值。大量实验表明：当$\xi>\xi_b$时，Y与ξ的关系近似直线，《设计规范》对常用的钢材近似取

$$Y\approx 0.43\frac{\xi_b-\xi}{\xi_b-\beta_1} \tag{8-52}$$

这样上述方程可以化解为一次方程，代入式(8-50)整理得

$$\xi=\frac{N-\xi_b\alpha_1 f_c b h_0}{\dfrac{Ne-0.43\alpha_1 f_c b h_0^2}{(\beta_1-\xi_b)(h_0-a_s')}+\alpha_1 f_c b h_0}+\xi_b \tag{8-53}$$

将算得的ξ代入式(8-33)，则可计算矩形截面对称配筋小偏心受压构件钢筋截面面积：

$$A_s'=A_s=\frac{Ne-\xi(1-0.5\xi)\alpha_1 f_c b h_0^2}{f_y'(h_0-a_s')} \tag{8-54}$$

对称配筋的偏心受压构件，由于截面两侧所配钢筋相同，不会出现反向破坏的情况，因此无须验算。

(2)截面复核

对称配筋矩形截面承载力的复核与非对称矩形截面相同，只是引入对称配筋条件$A_s=A_s'$，$f_y=f_y'$。与非对称配筋一样，也应同时考虑弯矩作用平面的承载力及垂直于弯矩作用的承载力。同样的，复核时亦只需考虑正向破坏。

[例题 **8.9**]　已知一偏心受压构件，截面尺寸为$b\times h=300\text{mm}\times 500\text{mm}$，取$a_s=a_s'=40\text{mm}$，其计算长度为4m，选用C35混凝土和HRB400级钢筋，轴力设计值为$N=500\text{kN}$，弯矩设计值为$M_1=M_2=200\text{kN}\cdot\text{m}$，求对称配筋面积。

[解]

(a)基本参数

C35 混凝土 $f_c=16.7\text{N/mm}^2$，HRB400 级钢筋 $f_y=f_y'=360\text{N/mm}^2$；$\alpha_1=1.0$，$\xi_b=0.518$；$h_0=h-a_s=500-40=460(\text{mm})$

(b)判断截面类型

$N_b=\alpha_1 f_c \xi_b b h_0=1.0\times16.7\times0.518\times300\times460=1193.8(\text{kN})>N=500\text{kN}$

故截面为大偏心受压。

(c)计算e_i

$$l_0/h=4/0.65=8>5$$

因为$M_1=M_2$，所以$M_1/M_2=1>0.9$，故需考虑纵向弯曲的影响：

$$C_m=0.7+0.3\frac{M_1}{M_2}=1, e_{02}=\frac{M_2}{N}=\frac{200}{500}=400(\text{mm})$$

$$e_a=\max\{h/30,20\}=20(\text{mm})$$

$$\zeta_c=\frac{0.5f_cA}{N}=\frac{0.5\times16.7\times300\times500}{500\times10^3}=2.51>1.0, \text{取}\zeta_c=1.0$$

$$\eta_{ns}=1+\frac{1}{1300(e_{02}+e_a)/h_0}\left(\frac{l_c}{h}\right)^2\zeta_c=1+\frac{1}{1300\times(400+20)/460}\times8^2\times1.0=1.054$$

$$M=C_m\eta_{ns}M_2=1.0\times1.054\times200=210.8(\text{kN}\cdot\text{m})$$

$$e_0=\frac{M}{N}=210.81/500=421.6(\text{mm})$$

$$e_i=e_0+e_a=421.6+20=441.6(\text{mm})$$

(d)计算A_s和A_s'

$$x=\frac{N}{\alpha_1 f_c b}=\frac{500\times10^3}{1.0\times16.7\times300}=99.8(\text{mm})>2a_s'=80\text{mm}$$

$$e=e_i+\frac{h}{2}-a_s=441.6+250-40=651.6(\text{mm})$$

$$A_s'=A_s=\frac{Ne-\alpha_1 f_c bx(h_0-x/2)}{f_y'(h_0-a_s')}$$

$$=\frac{500\times10^3\times651.6-1.0\times16.7\times300\times99.8\times(460-99.8/2)}{360\times(460-40)}$$

$$=799(\text{mm}^2)>\rho'_{\min}bh=0.2\%\times300\times500=300(\text{mm}^2)$$

受拉和受压钢筋选用 3 ⌀ 20（$A_s=A_s'=942\text{mm}^2$），满足构造要求。

(e)验算垂直于弯矩作用平面的轴心抗压承载能力$l_0/b=4/0.3=13.3$，查表得：$\varphi=0.93$。

$N_u=0.9\varphi(f_cA+f_y'A_s'+f_yA_s)=0.9\times0.93\times(16.7\times300\times500+942\times360\times2)=2664(\text{kN})>500\text{kN}$

满足要求。另外，由于是对称配筋，无须进行反向验算。

［例题 8.10］ 有一混凝土偏心受压构件，截面尺寸为 $b\times h=400\text{mm}\times500\text{mm}$，取$a_s=a_s'=40\text{mm}$。混凝土强度等级为 C30，纵向钢筋用 HRB400 级钢筋；构件计算长度$l_0=4.8\text{m}$；配置$A_s'=A_s$为 4 ⌀ 25。要求计算当偏心距$e_0=300\text{mm}$ 时，截面能承受的轴向设计值 N。

$(M_1=M_2)$

［解］

(a)验算最小配筋率

$$A_s=A_s'=1963\text{mm}^2>\rho_{\min}bh=0.002\times400\times500=400(\text{mm}^2)$$

$$A_s+A_s'=1963\times2\text{mm}^2>\rho_{\min}^{总}bh=0.55\%\times400\times500=1100(\text{mm}^2)$$

配筋满足构造要求。

(b)判断截面类型

$$l_0/h=4.8/0.5=9.6>5$$

因为$M_1=M_2$，所以$M_1/M_2=1>0.9$，故需考虑纵向弯曲的影响：

$$C_m=0.7+0.3\frac{M_1}{M_2}=1\text{，取}e_{02}=e_0=300\text{mm}$$

$$e_a=\max\{h/30,20\}=20(\text{mm})$$

由于轴力 N 未知，故取$\zeta_c=1.0$；

$$h_0=h-a_s=500-40=460(\text{mm})$$

$$\eta_{ns}=1+\frac{1}{\frac{1300(e_{02}+e_a)}{h_0}}\left(\frac{l_c}{h}\right)^2\zeta_c=1+\frac{1}{1300\times\frac{300+20}{460}}\times9.6^2\times1.0=1.102$$

$$e_0=\frac{M}{N}=\frac{C_m\eta_{ns}M_2}{N}=C_m\eta_{ns}e_0=1.0\times1.102\times300=331(\text{mm})$$

$$e_i=e_0+e_a=331+20=351(\text{mm})>0.3h_0=0.3\times460=138(\text{mm})$$

因此，先按大偏心受压构件进行计算。

(c)计算受压区高度 x，N

$$e=e_i+\frac{h}{2}-a_s=351+500/2-40=561(\text{mm})$$

代入基本方程(8-25)、(8-26)列方程组可得

$$x^2+202x-103778.18=0$$

解之得

$$x=236.6\text{mm}<\xi_bh_0=0.518\times460=238.4(\text{mm})>2a_s'=80\text{mm}$$

故属于大偏心受压；

$$N=\alpha_1f_cbx=1.0\times14.3\times400\times236.6=1353.4(\text{kN})$$

复核 ξ：

$$\zeta_c=\frac{0.5f_cA}{N}=\frac{0.5\times14.3\times400\times500}{1353.4\times10^3}=1.057>1.0$$

故取 $\xi=1.0$ 是正确的。

4.偏心受压构件N_u-M_u相关曲线

分析偏心受压构件正截面承载力的计算公式可以发现，对于给定截面、配筋及材料的偏心受压构件，无论是大偏压，还是小偏压，到达承载力能力极限状态时，截面所能承受的内力

设计值 N 和 M 并不是相互独立的，而是互为相关的。N 的大小受到 M 大小的制约并影响 M，M 的大小受到 N 大小的制约并影响 N，即轴力与弯矩对于构件的承载能力存在着相关关系。偏心受压构件承载力 N 和 M 的这种相关性，会直接甚至从根本上影响着构件截面的破坏形态、承载能力及配筋情况，从而决定了截面的工作性质和性能，进而也就决定了结构设计的经济性。因此，深刻认识偏心受压构件承载力的 N 与 M 之间的相关性，对于进行结构构件的合理设计，控制结构设计的经济指标，提高结构设计的综合效益，具有很强的指导意义。

(1) N_u-M_u 相关曲线绘制方法（图 8-33）

1）取受压边缘混凝土压应变等于 ε_{cu}；

2）取受拉侧边缘应变；

3）根据截面应变分布，以及混凝土和钢筋的应力—应变关系，确定混凝土的应力分布以及受拉钢筋和受压钢筋的应力；

4）由平衡条件计算截面的一组压力 N_u 和弯矩 M_u；

5）调整受拉侧边缘应变，重复(3)和(4)；

6）将上述各组 (N_u，M_u) 连接成线。

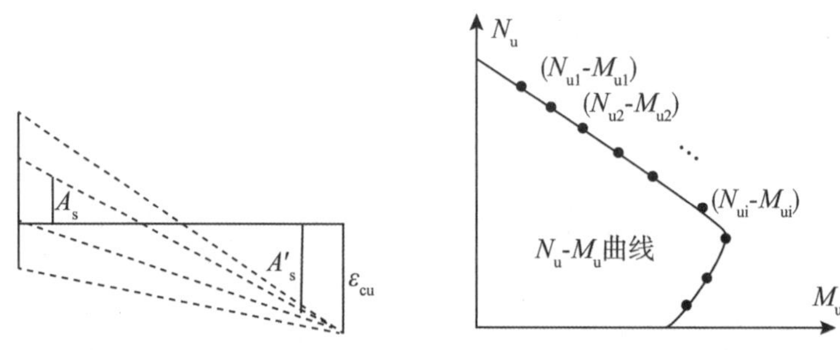

图 8-33 偏心受压构件 N_u-M_u 相关曲线绘制方法

(2) N_u-M_u 相关曲线

下面仅以对称配筋截面为例说明 N_u-M_u 相关关系，如图 8-34 所示。该图表明：

1）ab 段表示大偏心受压，为二次抛物线。随着轴向压力的增大，截面能承担的弯矩也相应增大。a 点代表截面处于纯弯状态，b 点为受拉钢筋和受压混凝土同时达到其极限状态的界限状态，此时偏心受压构件所能承受的弯矩 M 最大。

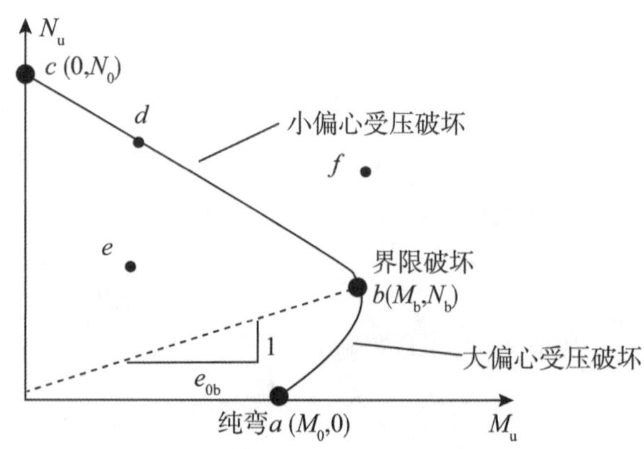

图 8-34 偏心受压构件 N_u-M_u 相关曲线

2）bc 段表示小偏心受压，是一条接近于直线的二次函数曲线。由曲线趋向可知，在小偏压情况下，随着轴向压力的增大，截面所能承受的弯矩反而降低。c 点代表截面处于轴心受压状态，此时构件的抗压能力达到最大值。

3)对于某一构件，当其截面尺寸、配筋情况及材料强度均给定时，构件的受弯承载力 M 与受压承载力 N 可以存有不同的组合，曲线上任意一点(如 d 点)的坐标(M,N)均代表了该截面处于承载力极限状态的一种 M 与 N 的内力组合，构件可以在不同的 M 与 N 的组合下达到其承载力极限状态。

4)任意给定的内力组合(M,N)是否会使截面达到某种承载力极限状态，可以从该组合在图中所代表的点与曲线之间的相对位置关系上来考察。如果该点处于曲线的内侧(如点 e)，表明该组合不能使截面达到承载力极限状态，是一种安全的内力组合；如果该点处于曲线的外侧(如点 f)，表明该组合已使截面超过了承载力极限状态，截面的承载能力不足；如果该点恰好处于曲线上，表明该组合正好使截面达到承载力极限状态，为一种承载力极限状态的内力组合。

(3) N_u-M_u 相关曲线的用途

在设计柱时，偏心受压柱由于受到各种荷载效应的组合，往往有很多组 N 和 M 的内力组合值。如果对每一组都进行内力计算和配筋，工作量相当大。此时就可以借鉴 N_u-M_u 相关曲线，筛选掉大部分不受控制的内力组合，对几组起控制作用的进行计算，就可以大大减少工作量。理论分析和工程设计实践表明，对称配筋时的最不利内力组合有可能是下列组合之一：

1) $|M|_{max}$ 及其相应的 N；

2) N_{max} 及其相应的 M；

3) N_{min} 及其相应的 M；

4)当 $|M|$ 虽然不是最大，但其相应的 N 很小时的 $|M|$ 及其相应的 N。

8.2.4　工字形截面偏心受压构件计算

在现浇刚架及拱架中，由于结构构造的原因，经常出现工字形截面的偏心受压构件；在单层工业厂房中，为了节省混凝土和减轻构件自重，对于截面尺寸较大(一般 $h>600$mm)的柱，也常采用工字形截面。

工字形截面偏心受压构件的正截面破坏特征与矩形截面的相似，同样存在大偏心受压和小偏心受压两种破坏情况。所以工字形截面偏心受压构件的正截面承载力计算方法与矩形截面的也基本相同，区别只在于需要考虑受压翼缘的作用，受压区的截面形状一般较为复杂。

1. 非对称配筋工字形截面正截面受压承载力计算

(1)大偏心受压($x\leqslant\xi_b h_0$ 或 $\xi\leqslant\xi_b$)

按 x 的不同，可分为两类。

1)当 $x\leqslant h_f'$ 时，截面受力情况如图 8-35(a)所示，受压区为矩形，整个截面相当于宽度为

b_f'的矩形截面。

$$N \leqslant \alpha_1 f_c b_f' x + f_y' A_s' - f_y A_s \tag{8-55}$$

$$Ne \leqslant \alpha_1 f_c b_f' (h_0 - 0.5x) + f_y' A_s' (h_0 - a_s') \tag{8-56}$$

适用条件：$x \geqslant 2a_s'$

2)当 $x > h_f'$时，截面受力情况如图 8-35(b)所示，受压区为 T 形。

$$N \leqslant \alpha_1 f_c [bx + (b_f' - b) h_f'] + f_y' A_s' - f_y A_s \tag{8-57}$$

$$Ne \leqslant \alpha_1 f_c [bx(h_0 - 0.5x) + (b_f' - b) h_f' (h_0 - 0.5h_f')] + f_y' A_s' (h_0 - a_s') \tag{8-58}$$

适用条件：$x \leqslant \xi_b h_0$

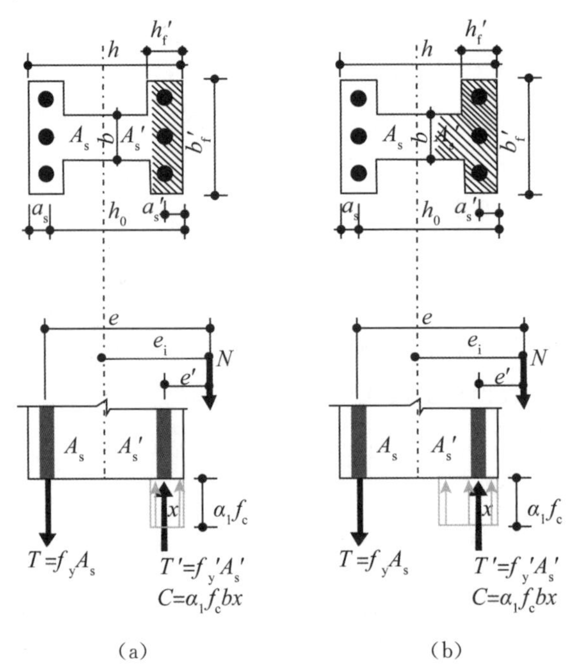

图 8-35　大偏心受压工字形截面受力图示

(2)小偏心受压($x > \xi_b h_0$或 $\xi > \xi_b$)

同样，按 x 的不同，也可分为两类。

1)当 $x \leqslant h - h_f$时，截面受力情况如图 8-36(a)所示，受压区仍为 T 形。

$$N \leqslant \alpha_1 f_c [bx + (b_f' - b) h_f'] + f_y' A_s' - \sigma_s A_s \tag{8-59}$$

$$Ne \leqslant \alpha_1 f_c [bx(h_0 - 0.5x) + (b_f' - b) h_f' (h_0 - 0.5h_f')] + f_y' A_s' (h_0 - a_s') \tag{8-60}$$

2)当 $x > h - h_f$且 $x \leqslant h$ 时，截面受力情况如图 8-36(b)所示，受压区成为工字形。

$$N \leqslant \alpha_1 f_c A_c + f_y' A_s' - \sigma_s A_s \tag{8-61}$$

$$Ne \leqslant \alpha_1 f_c S_c + f_y' A_s' (h_0 - a_s') \tag{8-62}$$

式中：$A_c = bx + (b_f' - b) h_f' + (b_f - b)(x - h + h_f)$；

$S_c = bx(h_0 - 0.5x) + (b_f' - b) h_f' (h_0 - 0.5h_f') + (b_f - b)(x - h + h_f)\left(h_f - a_s - \dfrac{x - h + h_f}{2}\right)$；

e、σ_s——与矩形截面相同，分别按式(8-27)、式(8-34)计算。

当 $N>f_c A$ 时，有可能发生反向破坏，尚应按下式进行验算：

$$Ne'\leqslant f_c[bh(h_0'-0.5h)+(b_f-b)h_f(h'_0-0.5h_f)+(b_f'-b)h_f'(0.5h_f'-a_s')]+f_y'A_s(h'_0-a_s) \tag{8-63}$$

$$e'=y'-a_s'-e_i \tag{8-64}$$

式中：y'——截面重心至离轴向压力较近一侧受压边的距离，当截面对称时取 $h/2$。

注意：此处应考虑附加偏心距e_a与e_0反向对A_s的不利影响，不计纵向弯曲的影响，取初始偏心距$e_i=e_0-e_a$，如果验算不满足要求，可对钢筋A_s'合力中心取矩，按下式计算A_s：

$$A_s=\frac{N[0.5h-a_s'-(e_0-e_a)]-\alpha_1 f_c[bh+(b_f'-b)h_f'+(b_f-b)h_f](0.5h-a_s')}{f_y'(h_0-a_s')} \tag{8-65}$$

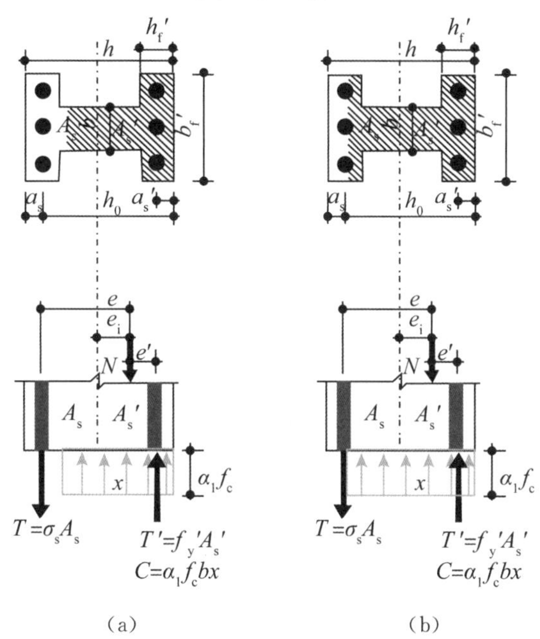

图 8-36　小偏心受压工字形截面受力图示

2.对称配筋工字形截面正截面受压承载力

在实际工程中，工字形截面一般按对称配筋原则进行配筋，即取$A_s=A_s'$，$f_y=f_y'$和$a_s=a_s'$。进行截面设计时，可分情况按下列方法计算。

1）当 $N\leqslant\alpha_1 f_c b_f' h_f'$时，$x\leqslant h_f'$，可按宽度为$b_f'$的大偏压矩形截面计算。

$$x=\frac{N}{\alpha_1 f_c b_f'} \tag{8-66}$$

$$A_s'=A_s=\frac{Ne-\alpha_1 f_c b_f' x(h_0-0.5x)}{f_y'(h_0-a_s')} \tag{8-67}$$

2）当$\alpha_1 f_c[\xi_b b h_0+(b_f'-b)h_f']\geqslant N\geqslant\alpha_1 f_c b_f' h_f'$时，$h_f'\leqslant x\leqslant\xi_b h_0$，可按大偏压处理。

$$x=\frac{N-\alpha_1 f_c(b_f'-b)h_f'}{\alpha_1 f_c b} \tag{8-68}$$

$$A_s'=A_s=\frac{Ne-\alpha_1 f_c[bx(h_0-0.5x)+(b_f'-b)h_f'(h_0-0.5h_f')]}{f_y'(h_0-a_s')} \tag{8-69}$$

3)当 $N>\alpha_1 f_c[\xi_b b h_0+(b_f'-b)h_f']$时,$x>\xi_b h_0$,为小偏心受压,为了避免求解关于 ξ 的三次方程,可按下式计算 ξ:

$$\xi=\frac{N-\alpha_1 f_c[\xi_b b h_0+(b_f'-b)h_f']}{\frac{Ne-\alpha_1 f_c[0.43bh_0^2+(b_f'-b)h_f'(h_0-0.5h_f')]}{(\beta_1-\xi_b)(h_0-a_s')}+\alpha_1 f_c b h_0}+\xi_b \tag{8-70}$$

进而得到 $x=\xi h_0$。如果 $x\leqslant h-h_f$,则可代入式(8-60)计算得到$A_s=A_s'$;如果 $x>h-h_f$,则需按式(8-61)和式(8-62)重新计算 ξ,而后再计算$A_s=A_s'$。

[例题 8.11] 某对称工字形截面柱,$b_f=b_f'=400\text{mm}$,$b=100\text{mm}$,$h_f=h_f'=100\text{mm}$,$h=600\text{mm}$,$a_s=a_s'=40\text{mm}$,计算长度$l_0=4.5\text{m}$。选用 C30 混凝土和 HRB400 级钢筋,承受轴向压力设计值 $N=726\text{kN}$,弯矩设计值$M_1=M_2=380\text{kN}\cdot\text{m}$。试按对称配筋原则计算纵筋用量。

[解]

(a)基本参数

C30 混凝土$f_c=14.3\text{N/mm}^2$;HRB400 级钢筋$f_y=f_y'=360\text{N/mm}^2$。

(b)计算e_i

$$l_0/h=4.5/0.6=7.5>5$$

因为$M_1=M_2$,所以$M_1/M_2=1>0.9$,故需考虑纵向弯曲的影响

$$C_m=0.7+0.3\frac{M_1}{M_2}=1,e_{02}=\frac{M_2}{N}=\frac{380}{726}=523(\text{mm})$$

$$e_a=\max\left\{\frac{h}{30,20}\right\}=20\text{mm}$$

$$A=bh+2(b_f'-b)h_f'=100\times600+2\times(400-100)\times100=120000(\text{mm}^2)$$

$$\zeta_c=\frac{0.5f_cA}{N}=\frac{0.5\times14.3\times120000}{4100\times10^3}=1.182>1.0,取\zeta_c=1.0$$

$$h_0=h-a_s=600-40=560(\text{mm})$$

$$\eta_{ns}=1+\frac{1}{\frac{1300(e_{02}+e_a)}{h_0}}\left(\frac{l_c}{h}\right)^2\zeta_c=1+\frac{1}{1300\times\frac{523+20}{560}}\times7.5^2\times1.0=1.045$$

$$M=C_m\eta_{ns}M_2=1.0\times1.045\times380=397.1(\text{kN}\cdot\text{m})$$

$$e_0=\frac{M}{N}=\frac{397.1}{726}=547(\text{mm})$$

$$e_i=e_0+e_a=547+20=567(\text{mm})$$

(c)判断截面类型

$$\alpha_1 f_c b_f' h_f'=1.0\times14.3\times400\times100=572(\text{kN})<N=726\text{kN}$$

$$\alpha_1 f_c[\xi_b b h_0+(b_f'-b)h_f']=1.0\times14.3\times[0.518\times100\times560+(400-100)\times100]$$
$$=843.8(\text{kN})>N=726\text{kN}$$

该截面为中和轴通过腹板的大偏压工字形截面,按式(8-68)和(8-69)计算。

(d)确定压区高度,检验适用条件

$$x=\frac{N-\alpha_1 f_c(b_f'-b)h_f'}{\alpha_1 f_c b}=\frac{726\times10^3-1.0\times14.3\times(400-100)\times100}{1.0\times14.3\times100}=208(\text{mm})$$

$$\xi_b h_0=0.518\times560=290(\text{mm})>x>h_f'=100\text{mm}$$

满足适用条件。

(e)计算A_s和A_s'

$$e=e_i+\frac{h}{2}-a_s=567+\frac{600}{2}-40=827(\text{mm})$$

$$\begin{aligned}S&=bx(h_0-0.5x)+(b_f'-b)h_f'(h_0-0.5h_f')\\&=100\times208\times(560-0.5\times208)+(400-100)\times100\times(560-0.5\times100)\\&=24784800\text{mm}^3\end{aligned}$$

$$A_s=A_s'=\frac{Ne-\alpha_1 f_c S}{f_y'(h_0-a_s')}=\frac{726\times10^3\times827-1.0\times14.3\times24784800}{360\times(560-40)}=1314(\text{mm}^2)$$

(f)检验配筋率

$$A_s=A_s'=1314\text{mm}^2>0.2\%\times120000=240(\text{mm}^2)$$

满足要求。

8.2.5　双向偏心受压构件正截面承载力计算

当轴向力在截面的两个主轴方向都有偏心或构件同时承受轴心压力及两个主轴方向的弯矩时，则为双向偏心受压构件(如图 8-1(c))。在钢筋混凝土结构工程中，经常会遇到这类构件，如框架房屋的角柱、地震区的框架柱、管道支架和水塔的柱子等。

双向偏心受压的中和轴一般不与截面的主轴相互垂直，而是斜交。受压区的形状变化较大、较复杂，对于矩形截面，可能为三角形、四边形或五边形(如图 8-37)，对于 T 形、L 形则更复杂。同时由于各根钢筋到中和轴的距离不等，且往往相差悬殊，致使纵向钢筋应力不均匀。

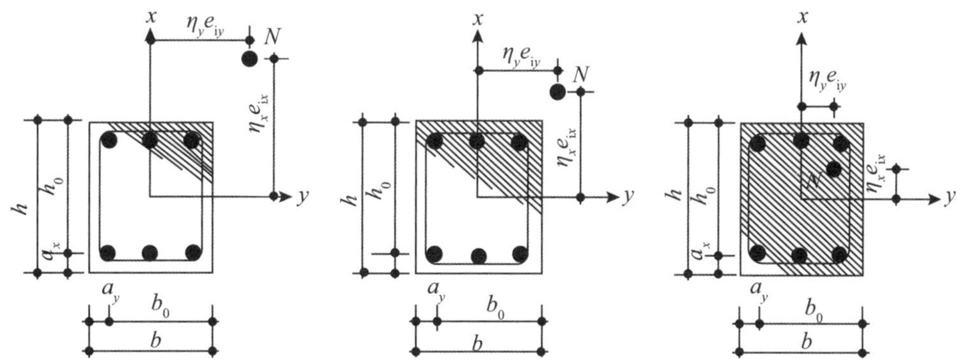

图 8-37　双向偏心受压构件截面

双向偏心受压构件的正截面承载力计算，同样可以根据正截面承载力计算的基本假定，将受压区混凝土的应力图形简化为等效矩形应力图，任意位置处钢筋应力σ_s可根据平截面假定求出应变ε_s再乘以弹性模量E_s求得。采用上述正截面承载力的一般理论进行分析时，需借助于计算机用迭代法求解，比较复杂。在工程设计中，常常采用近似计算方法。

下面介绍一种基于弹性阶段应力叠加的近似计算方法——倪克勤(N. V. Nikitin)计算方法。截面设计时，必须先拟定截面尺寸和钢筋配筋的配置方案，然后按式(8-71)复核截面所能承受的轴向力设计值 N。

$$N \leqslant N_u = \frac{1}{\frac{1}{N_{ux}} + \frac{1}{N_{uy}} + \frac{1}{N_{u0}}} \tag{8-71}$$

式中：N——双向偏心受压时，作用于构件上的轴向力设计值；

N_{ux}——轴向压力作用于 x 轴并考虑相应的计算偏心距 $\eta_{nx}e_{ix}$ 后，考虑全部纵向钢筋，按偏心受压构件计算的构件偏心受压承载力设计值，具体参见《设计规范》，此处 η_{nx} 应按式(8-22)计算；

N_{uy}——轴向压力作用于 y 轴并考虑相应的计算偏心距 $\eta_{ny}e_{iy}$ 后，考虑全部纵向钢筋，按偏心受压构件计算的构件偏心受压承载力设计值，具体参见《设计规范》(GB 50010—2010) 6.2.21，此处 η_{ny} 应按式(8-22)计算；

N_{u0}——构件截面轴心受压承载力设计值，按式(8-6)计算，但应取等号，将 N 以 N_{u0} 代替，且不考虑稳定系数 φ 和系数 0.9。

如果复核结果不满足，需重新调整构件截面尺寸和配筋，再进行复核，这样经过若干次反复计算直至满足设计要求。可见这其实是一种试算法，而不是直接设计截面的方法。

8.3 受压构件的构造要求

8.3.1 材料的选用

钢筋与混凝土共同承受压力，材料选用时要尽量保证充分发挥两者长处，互补互利。

1. 混凝土

受压构件的承载力主要取决于混凝土，因此采用较高强度等级的混凝土是经济合理的。钢筋混凝土柱的混凝土的强度等级不应低于 C25，当采用为了减小构件的截面尺寸，一般柱的混凝土强度等级采用 C25、C30、C35、C40，对多层及高层建筑结构的下层柱必要时可采用更高的强度等级。

2. 钢筋

柱纵向受力钢筋应采用 HRB400 级、HRB500 级、HRBF400 级和 HRBF500 级，不宜采用高强钢筋，因为受到混凝土极限压应变的限制，高强钢筋不能充分发挥其作用。同时，也不得用冷拉钢筋作为受压钢筋。箍筋宜采用 HRB400 级、HRBF400 级、HPB300 级、HRB500 级、HRB500F 级。

8.3.2 构件的计算长度和截面形式及尺寸

1. 柱的计算长度l_0

一般刚性屋盖单层房屋排架柱以及多层房屋中梁柱为刚接的框架结构的各层柱段的计算长度可以分别按附表23和附表24规定取用。

2. 截面形式及尺寸

钢筋混凝土受压构件截面形式的选择要考虑到受力合理和模板制作方便。轴心受压构件的截面形式一般为正方形或边长接近的矩形。建筑上有特殊要求时，可选择圆形或多边形。偏心受压构件的截面形式一般多采用长宽比不超过1.5的矩形截面。承受较大荷载的装配式受压构件也常采用工字形截面。为避免房间内柱子突出墙面而影响美观与使用，常采用T形、L形、十字形等异形截面柱。

对于方形和矩形独立柱的截面尺寸，不宜小于250mm×250mm，框架柱不宜小于300mm×300mm。对于工字形截面，翼缘厚度不宜小于120mm，因为翼缘太薄，会使构件过早出现裂缝，同时在靠近柱脚处的混凝土容易在车间生产过程中碰坏，影响柱的承载力和使用年限；腹板厚度不宜小于100mm，否则浇捣混凝土困难，对于地震区的截面尺寸应适当加大。

同时，柱截面尺寸还受到长细比的控制。因为当柱子过于细长时，其承载力受稳定控制，材料强度得不到充分发挥。一般情况下，对方形、矩形截面，$l_0/b\leqslant30$，$l_0/h\leqslant25$；对圆形截面，$l_0/d\leqslant25$。此处l_0为柱的计算长度，b、h分别为矩形截面短边及长边尺寸，d为圆形截面直径。

为施工制作方便，柱截面尺寸还应符合模数化的要求，柱截面边长在800mm以下时，宜取50mm为模数，在800mm以上时，可取100mm为模数。

8.3.3 纵向钢筋的构造要求

钢筋混凝土受压构件纵向钢筋最常见的配筋形式是沿周边配置。纵向受力钢筋的主要作用是与混凝土共同承担由外荷载引起的纵向压力，防止构件突然脆裂破坏及增强构件的延性，减小混凝土不匀质引起的不利影响。同时，纵向钢筋还可以承担构件失稳破坏时凸出面出现的拉力以及由于荷载的初始偏心、混凝土收缩、徐变、温度应变等因素引起的拉力等。

1. 纵向钢筋直径

为了增强钢筋骨架的刚度，减小钢筋在施工时的纵向弯曲及减少箍筋用量，受压构件中宜采用较粗直径的纵筋，以便形成刚性较好的骨架。纵向受力钢筋的直径不宜小于12mm，一般在16～32mm范围内选用。

2. 纵向钢筋配筋率

矩形截面受压构件中，纵向受力钢筋根数不得少于4根，以便与箍筋形成钢筋骨架。轴心受压构件中，纵向钢筋应沿构件截面周边均匀布置，偏心受压构件中的纵向受力钢筋应布置在垂直于弯矩作用方向的两个对边。圆柱中纵向钢筋宜沿周边均匀布置，根数不宜少于 8 根，且不应少于 6 根。当偏心受压柱的截面高度不小于 600mm 时，在柱的侧面上应设置直径不小于 10mm 的纵向构造钢筋，并相应设置复合箍筋或拉筋。

因为配筋过多的柱在长期受压混凝土徐变后卸载，钢筋弹性回复会在柱中引起横裂，故全部纵向钢筋的配筋率不宜超过 5%。受压构件纵向受力钢筋的配置需满足最小配筋率的要求，应按附表 18 采用。

3. 纵向钢筋间距

为便于浇筑混凝土，纵向钢筋的净间距不应小于 50mm，且不宜大于 300mm。对水平放置浇筑的预制受压构件，其纵向钢筋的间距要求与梁相同。

偏心受压构件中，垂直于弯矩作用平面的侧面上的纵向受力钢筋以及轴心受压构件中各边的纵向受力钢筋中距不宜大于 300mm。

8.3.4 箍筋的构造要求

受压构件中，一般箍筋沿构件纵向等距离放置，并与纵向钢筋构成空间骨架。箍筋除了在施工时对纵向钢筋起固定作用外，还给纵向钢筋提供侧向支点，防止纵向钢筋受压弯曲而降低承压能力。此外，箍筋在柱中也起到抵抗水平剪力的作用。密布箍筋还起约束核心混凝土、改善混凝土变形性能的作用。

为了有效地阻止纵向钢筋的压屈破坏、提高构件斜截面抗剪能力和保持对柱中混凝土的围箍作用，周边箍筋应做成封闭式，如图 8-38 所示。箍筋间距不应大于 400mm 及构件截面短边尺寸，且不应大于纵向钢筋的最小直径的 15 倍；箍筋直径不应小于纵向钢筋的最大直径的 1/4，且不应小于 6mm。当柱中全部纵向受力钢筋配筋率大于 3%时，箍筋直径不应小于 8mm，间距不应大于纵向钢筋的最小直径的 10 倍，且不应大于 200mm，箍筋末端应做成 135°弯钩，且弯钩末端平直段长度不应小于纵向受力钢筋最小直径的 10 倍。在配有螺旋箍筋或焊接环式间接钢筋的柱中，如计算考虑间接钢筋的作用，则间接钢筋的间距不应大于 80mm 及 $d_{cor}/5$，且不宜小于 40mm。

箍筋末端应做成 135°弯钩且弯钩末端平直段长度不应小于箍筋直径的 5 倍；箍筋也可焊接成封闭环式；当柱截面短边尺寸大于 400mm 且各边纵向钢筋多于 3 根时，或当柱截面短边尺寸不大于 400mm 但各边纵向钢筋多于 4 根时，应设置复合箍筋，如图 8-38(b)所示。对于截面形状复杂的柱，为了避免产生向外的拉力致使折角处的混凝土破损，不可采用具有内折角的箍筋，而应采用分离式箍筋，见图 8-38(c)。

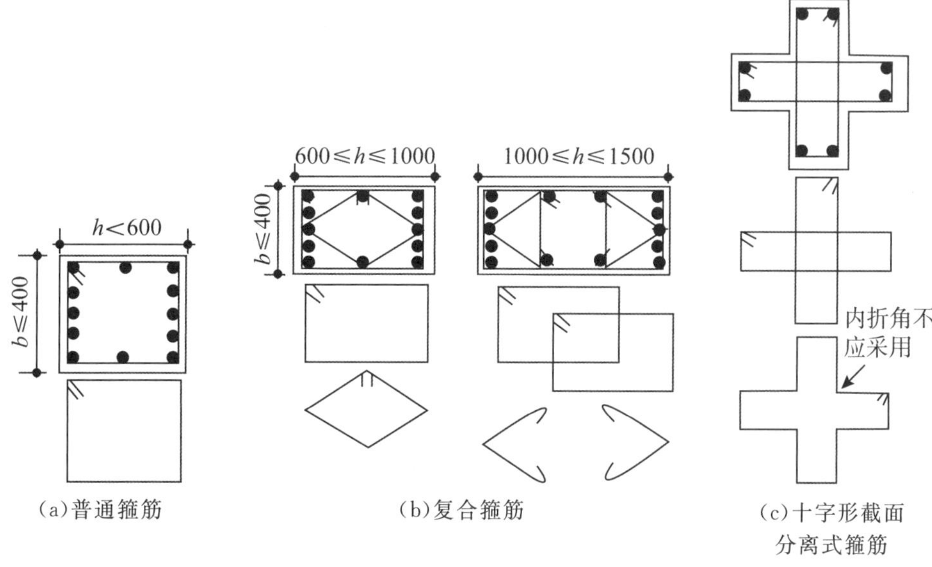

图 8-38　受压柱箍筋形式

思考题

8.1　轴心受压柱中配置纵向钢筋的作用是什么？为什么不宜采用高强度钢筋？如果用高强度钢筋，其设计强度应如何取值？

8.2　比较普通箍筋柱与螺旋箍筋柱中箍筋的作用，并以轴向力—应变曲线说明螺旋箍筋柱的受压承载力和延性均比普通箍筋柱高。

8.3　对受压构件中纵向钢筋的直径和根数有何构造要求？对箍筋的直径和间距又有何构造要求？

8.4　上、下柱接头处，对纵向钢筋和箍筋各有哪些构造要求？

8.5　为什么柱中最大配筋率不宜超过 5%？为什么要控制最小配筋率？偏心受压构件中比较经济合理的配筋率是多少？

8.6　轴心受压柱在恒定荷载的长期作用下会产生什么现象？对截面中纵向钢筋和混凝土的应力将产生什么影响？

8.7　进行螺旋箍筋柱正截面受压承载力计算时，有哪些限制条件？为什么要做出这些限制？

8.8　偏心受压构件的正截面有哪几种破坏形态？试从破坏原因和破坏特征加以说明，并绘出其截面应力图。

8.9　偏心受压构件当偏心距很大时，是否有可能发生受压破坏？当偏心距很小时，是否有可能发生受拉破坏？

8.10　偏心受压构件有几种破坏类型？试在 N_u-M_u 相关图中加以表示并作说明。

8.11　采用附加偏心距 e_a 的作用是什么？

8.12 什么叫二阶效应？在什么情况下需要考虑框架柱端的附加弯矩？如何计算？偏心距调节系数C_m和弯矩增大系数η_{ns}的含义是什么？

8.13 在进行不对称配筋的矩形截面偏心受压构件设计截面时，可否仅由e_i小于或大于$0.3h_0$的条件来判别大、小偏心？试问在对称配筋时是否也可以用上述条件来进行判别？

8.14 对于矩形截面偏心受压构件，在什么情况下，A_s应按下式计算：$A_s=\dfrac{Ne'}{f_y(h_0-a_s')}$，式中$e'$为轴向力$N$至$A_s'$合力点的距离。

8.15 不对称配筋矩形截面，大偏心受压正截面承载力的计算和双筋受弯构件正截面承载力的计算有何相似之处？试用应力图表示，并指出其主要异同点。

8.16 小偏心受压构件正截面承载力计算时，为什么要进行“反向破坏”的验算？如何验算？为什么对称配筋的小偏心受压破坏时，可不做“反向破坏”的验算？

8.17 为什么要复核垂直于弯矩作用平面的受压承载力？用什么方法？

8.18 矩形截面偏心受压构件在对称配筋时，如果$e_i>0.3h_0$，而求得的$x>\xi_b h_0$，试问应判别为大偏心受压还是小偏心受压？为什么？

8.19 对称配筋矩形截面小偏心受压正截面承载力计算时，在求解x（或ξ）时会遇到x（或ξ）的三次方程，此时可采用什么方法得到x（或ξ）的近似计算公式？

8.20 画出偏心受压构件N_u-M_u相关曲线，说明其意义和用途。

8.21 编制非对称配筋矩形截面大偏心受压构件截面设计时的计算框图。

8.22 编制非对称配筋矩形截面小偏心受压构件截面设计时的计算框图。

8.23 编制非对称配筋矩形截面偏心受压构件截面复核时，当已知荷载偏心距e_0，要求计算纵向力N时的计算框图。

8.24 编制非对称配筋矩形截面偏心受压构件截面复核时，当已知纵向力N，要求计算荷载偏心距e_0及弯矩设计值M时的计算框图。

习 题

8.1 某多层现浇框架结构的底层中柱，截面尺寸为$b\times h=350\text{mm}\times350\text{mm}$，轴向力设计值$N=1600\text{kN}$，计算长度$l_0=5\text{m}$，混凝土强度等级为C30（$f_c=14.3\text{N/mm}^2$），钢筋用HRB400级（$f_y'=360\text{N/mm}^2$）。试确定纵筋面积。

8.2 某无侧移现浇框架结构底层中柱，计算长度$l_0=7\text{m}$，截面尺寸为$b\times h=400\text{mm}\times400\text{mm}$，柱内配有8Φ20纵筋（$f_y'=360\text{N/mm}^2$），混凝土强度等级为C30（$f_c=14.3\text{N/mm}^2$）。柱承载轴心压力设计值$N=2000\text{kN}$，试核算该柱是否安全。

8.3 已知某建筑底层门厅内现浇钢筋混凝土圆形柱，直径为450mm，保护层厚度$c=30\text{mm}$，承受轴向压力设计值$N=3060\text{kN}$，计算长度$l_0=5.4\text{m}$，混凝土强度等级为C30，柱中纵筋和箍筋分别采用HRB400和HPB300级钢筋，纵筋配置6Φ25，试对该柱箍筋进行配筋设计。

8.4 已知矩形截面偏心受压柱，截面尺寸为 $b\times h=300\text{mm}\times600\text{mm}$，$a_s=a_s'=40\text{mm}$，柱的计算长度为 6m，选用 C30 混凝土和 HRB400 级钢筋，承受轴力设计值为 $N=600\text{kN}$，弯矩设计值为 $M_1=M_2=260\text{kN}\cdot\text{m}$。求该柱的截面配筋。

8.5 已知一矩形偏心受压构件，截面尺寸为 $b\times h=400\text{mm}\times400\text{mm}$，$a_s=a_s'=40\text{mm}$，计算长度为 3m，轴力设计值为 $N=350\text{kN}$，作用点偏心距 $e_{02}=150\text{mm}$，选用 C30 混凝土和 HRB400 级钢筋，在近轴向力一侧配钢筋 $A_s'=603\text{mm}^2$。求受拉钢筋 A_s。（$M_1=M_2$）

8.6 已知钢筋混凝土偏心受压柱截面尺寸为 $b\times h=400\text{mm}\times500\text{mm}$，取 $a_s=a_s'=40\text{mm}$，混凝土强度等级为 C30，纵向钢筋用 HRB400 级钢筋；构件计算长度 $l_0=7.2\text{m}$；承受轴向力设计值 $N=2030\text{kN}$，弯矩设计值为 $M_1=M_2=182\text{kN}\cdot\text{m}$。要求计算截面配筋 A_s 及 A_s'。

8.7 有一钢筋混凝土偏心受压构件，截面尺寸为 $b\times h=400\text{mm}\times500\text{mm}$，取 $a_s=a_s'=40\text{mm}$，构件计算长度 $l_0=4.5\text{m}$。混凝土强度等级为 C30，纵向钢筋用 HRB400 级钢筋；配置 A_s 为 942mm^2，A_s' 为 762mm^2。轴力设计值 $N=800\text{kN}$，求该构件在高度范围内能承受的弯矩设计 M。（$M_1=M_2$）

8.8 题 8.7 中其他条件不变，截面采用对称配筋，$A_s=A_s'=1152\text{mm}^2$，要求计算当偏心距 $e_0=300\text{mm}$ 时，该构件能承受的轴力设计值 N。（$M_1=M_2$）

8.9 某对称工字形截面柱，$b_f=b_f'=400\text{mm}$，$b=100\text{mm}$，$h_f=h_f'=112\text{mm}$，$h=600\text{mm}$，$a_s=a_s'=40\text{mm}$，计算长度 $l_0=7.6\text{m}$。选用 C30 混凝土和 HRB400 级钢筋，承受轴向压力设计值 $N=650\text{kN}$，弯矩设计值 $M_1=M_2=150\text{kN}\cdot\text{m}$。试按对称配筋原则计算纵筋用量。

8.10 某对称工字形截面柱，$b_f=b_f'=400\text{mm}$，$b=100\text{mm}$，$h_f=h_f'=100\text{mm}$，$h=800\text{mm}$，$a_s=a_s'=40\text{mm}$，计算长度 $l_0=8.5\text{m}$。选用 C30 混凝土和 HRB400 级钢筋，承受轴向压力设计值 $N=1450\text{kN}$，弯矩设计值 $M_1=M_2=232\text{kN}\cdot\text{m}$。试按对称配筋原则计算纵筋用量。

第 9 章　混凝土构件适用性验算

知识点:变形控制的目的,短期刚度及长期刚度、开裂混凝土截面刚度计算方法,受弯构件的变形验算方法,裂缝控制的目的和等级,裂缝宽度计算理论,平均裂缝宽度和最大裂缝宽度,非荷载裂缝。

重　点:受弯构件的变形验算方法,平均裂缝宽度和最大裂缝宽度的计算方法,各类构件裂缝截面的钢筋应力计算。

难　点:变形的特点,截面刚度计算的过程和特点,最小刚度原则的依据,两种常见的裂缝宽度计算理论。

钢筋混凝土构件除必须进行承载能力极限状态的设计外,还应进行正常使用极限状态的验算,以避免构件可能因变形过大或裂缝过宽而影响构件适用性和耐久性功能要求。本章的设计内容主要涉及结构/构件的适用性,而本书 4～8 章的设计内容主要是针对结构/构件的安全性,读者可参考表 9-1 对比分析两者在设计内容上的差异。

表 9-1　安全性与适用性设计内容的比较

	拉压弯剪扭计算	变形与裂缝验算
功能	安全性	适用性与耐久性
极限状态	承载力	正常使用
计算	必须计算	必要时验算
材料与荷载取值	设计值	标准值,准永久值
可靠性要求	较高	较低

9.1　结构变形的计算

9.1.1　结构变形控制的目的

在一般结构中，对构件的变形有一定的要求，主要是基于以下四个方面的考虑：

(1)保证结构构件的使用功能要求。结构构件产生过大的变形将损害甚至丧失其使用功能。例如，楼盖梁、板的挠度过大，将使仪器设备难以保持水平；吊车梁的挠度过大会妨碍吊车的正常运行；屋面构件和挑檐的挠度过大会造成积水和渗漏；桥梁变形过大将会引起行车事故等。

(2)防止对结构构件产生不良的影响。这里是指防止结构性能与设计的要求不相符。例如，梁端的旋转将会使支承面积减小，当梁支承在砖墙上时，可能会使墙体沿梁顶、梁底出现内外水平缝，严重时将产生局部承压或墙体失稳破坏；桥梁支承在桥墩上时，梁端的翘起将引起车辆对桥面及桥墩的冲击；又如当构件挠度过大时，在可变荷载下可能出现会因动力引起的共振效应等。

(3)防止对非结构构件产生不良的影响。这包括防止结构构件变形过大致使门窗等活动部件不能正常开闭，防止非结构构件如隔墙及天花板的开裂、压碎、鼓出或其他形式的损坏等。

(4)保证人们的感觉在可接受程度之内。例如，防止梁、板明显下垂引起人的不安全感，防止可变荷载引起的震动及噪声使人体产生不良感觉等。

随着高强度混凝土和高等级钢材的采用，构件截面尺寸相应减小，变形问题更为突出。《设计规范》在考虑上述因素的基础上，根据工程经验，仅对受弯构件规定了允许挠度值。验算值应满足

$$f \leqslant [f] \tag{9-1}$$

9.1.2　截面弯曲刚度

由材料力学可知，匀质弹性材质梁的跨中挠度

$$f = C\frac{M l_0^2}{EI} \quad \text{或}\ f = C\varphi l_0^2 \tag{9-2}$$

式中：C——与荷载形式、支承条件有关的挠度系数，例如，承受均布荷载的简支梁，$C=5/48$；l_0——梁的计算跨度；EI——梁的截面弯曲刚度；φ——截面曲率，即单位长度上的转角，$\varphi = M/EI$。

由 $EI = M/\varphi$ 可知，截面弯曲刚度就是使截面产生单位转角而需要施加的弯矩值，它是度量截面抵抗弯曲能力的重要指标。

当梁的截面形状、尺寸和材料已知时，梁的弯曲刚度 EI 就是一个常数。因此，弯矩与挠

度或者弯曲与曲率之间都是始终不变的正比例关系，如图 9-1 中虚线所示。

对于受弯构件而言，由于正常使用阶段的荷载效应不会使材料超出弹性范围，因而弯矩和曲率间可采用正比例关系，在此不予赘述。

上述力学概念仍然适用于混凝土受弯构件，而不同的在于混凝土结构是不匀质的非弹性材料，因而在其受弯的全过程中，截面弯曲刚度并不是常数而是变化的。

本书第 4 章 4.1.1 节中已经指出，混凝土受弯构件有三个工作阶段，而每个阶段的变形都各有特点。图 9-1 所示为适筋梁 M-φ 关系曲线，体现了混凝土受弯构件的三个阶段特点。从理论上讲，混凝土受弯构件的截面弯曲刚度应取为曲线上相应点处切线的斜率 $\mathrm{d}M/\mathrm{d}\varphi$。但是，这样做既有困难，也不实用。在混凝土结构设计中，用到截面弯曲刚度的有两种情况，可分别采用简化方法：

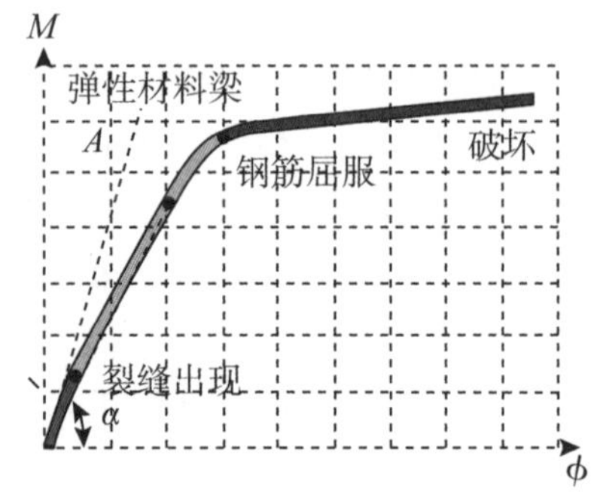

图 9-1　适筋梁 M-φ 关系曲线

(1)对要求不出现裂缝的构件，可近似地把混凝土开裂前的 M-φ 曲线视为直线，它的斜率就是截面弯曲刚度，但考虑到接近开裂时，受拉区混凝土的塑性变形发展会使刚度有所下降，所以截面弯曲刚度可取为 $0.85\,E_c I_0$。I_0 是换算截面惯性矩(将钢筋面积乘以钢筋与混凝土弹性模量的比值换算成混凝土面积后，保持截面中和轴位置不变与混凝土面积一起计算的截面惯性矩)。

(2)验算正常使用阶段混凝土构件挠度时，相应的正截面承担的弯矩约为其最大受弯承载力试验值 M_u 的 50%～70%，可定义在 M-φ 曲线上 $0.5\,M_u$～$0.7\,M_u$ 区段内，任一点与坐标原点 O 相连的割线斜率 $\tan\alpha$ 为截面弯曲刚度，记为 B。由图 9-1 知，$\tan\alpha$ 亦即截面弯曲刚度是随弯矩的增大而减小的。因此，$B=\tan\alpha=M/\varphi$，M 为 $0.5\,M_u$～$0.7\,M_u$。

上述讨论表明，在工程结构中，受弯构件的变形计算均可利用工程力学中的方法。对不同材料的受弯构件，在正常使用阶段的荷载效应不超出材料的弹性范围时，M-φ 为线性关系，截面弯曲刚度可取为常数或对该常数予以折减；当荷载效应超出材料的弹性范围时，可根据 M-φ 关系曲线，定义相应点的割线斜率作为截面弯曲刚度 B，此时 B 也是一个定值。

由于混凝土受弯构件的变形计算最为复杂并具有代表性，下面给予专门的阐述。

9.1.3　受弯构件的短期刚度 B_s

截面弯曲刚度不仅随荷载增大而减小，而且还将随荷载作用时间的增长而减小。这里先讲述荷载短期作用下的截面弯曲刚度，并简称为短期刚度，记作 B_s。

1. 平均曲率

图 9-2 给出了混凝土梁试验中裂缝出现后的第Ⅱ阶段，在纯弯段内测得的钢筋和混凝土的应变情况：

(1)沿梁长，受拉钢筋的拉应变和受压区边缘混凝土的压应变都是不均匀分布的，裂缝截面处最大，裂缝间为曲线变化。

(2)沿梁长，中和轴高度呈波浪形变化，裂缝截面处中和轴高度最小。

(3)如果测量范围比较长(≥750mm)，则各水平纤维的平均应变沿梁截面高度的变化符合平截面假定。

根据平均应变符合平截面的假定，可得平均曲率

$$\varphi=\frac{1}{r_{cm}}=\frac{\varepsilon_{sm}+\varepsilon_{cm}}{h_0} \tag{9-3}$$

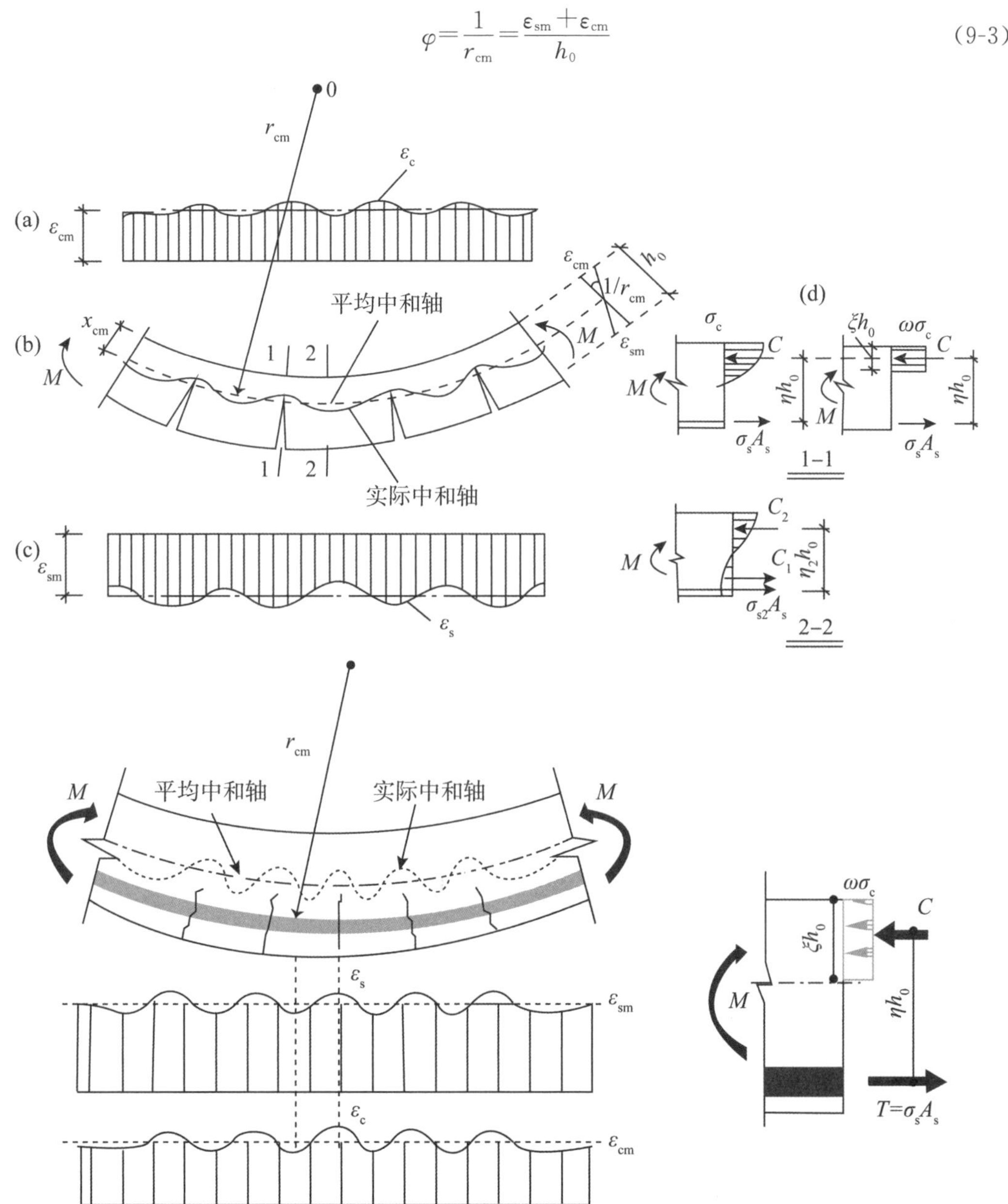

图 9-2　梁纯弯段内各截面应变及裂缝分布

式中：r_{cm}——与平均中和轴相应的平均曲率半径；ε_{sm}、ε_{cm}——分别为纵向受拉钢筋重心处的平均拉应变和受压区边缘混凝土平均压应变，在此处，第二下标 m 表示平均值；h_0——截面

的有效高度。

因此，短期刚度B_s可以表示为

$$B_s=\frac{M}{\varphi}=\frac{Mh_0}{\varepsilon_{sm}+\varepsilon_{cm}} \tag{9-4}$$

式中：M——作用在构件上的弯矩值，对普通钢筋混凝土构件，按荷载效应准永久组合计算弯矩值M_q；对预应力混凝土构件，按荷载效应标准组合计算弯矩值M_k。

2. 裂缝截面的应变ε_{sk}和ε_{ck}

在荷载效应的标准组合也即短期效应组合下，裂缝截面纵向受拉钢筋重心处的拉应变ε_s和受压区边缘混凝土的压应变ε_c按下式计算：

$$\varepsilon_s=\frac{\sigma_s}{E_s} \tag{9-5}$$

$$\varepsilon_c=\frac{\sigma_c}{E'_c} \tag{9-6}$$

式中：σ_s、σ_c——分别为裂缝截面纵向受拉钢筋重心处的拉应力和受压区边缘混凝土的压应力，对普通钢筋混凝土构件，按荷载效应准永久组合计算；对预应力混凝土构件，按荷载效应标准组合计算；E_c、E'_c——分别为混凝土的弹性模量和变形模量，$E'_c=\upsilon E_c$；υ——混凝土的弹性特征值。

σ_s和σ_c可按图 9-3 所示第Ⅱ阶段裂缝截面的应力图形求得。对受压区合力点取矩，得

$$\sigma_s=\frac{M}{A_s\eta h_0} \tag{9-7}$$

对于 T 形受压翼缘，受压区面积为$(b'_f-b)h'_f+bx_0=(\gamma'_f+\xi_0)bh_0$，将曲线分布的压应力换算成平均应力 $\omega\sigma_c$，再对受拉钢筋的重心取矩，则得

$$\sigma_s=\frac{M}{\omega(\gamma'_f+\xi_0)\eta bh_0^2} \tag{9-8}$$

式中：ω——压应力图形丰满程度系数；η——裂缝截面处内力臂长度系数；ξ_0——裂缝截面处受压区高度系数，$\xi_0=\frac{x_0}{h_0}$；γ'_f——受压翼缘的加强系数（相对于肋部面积），$\gamma'_f=(b'_f-b)h'_f/(bh_0)$。

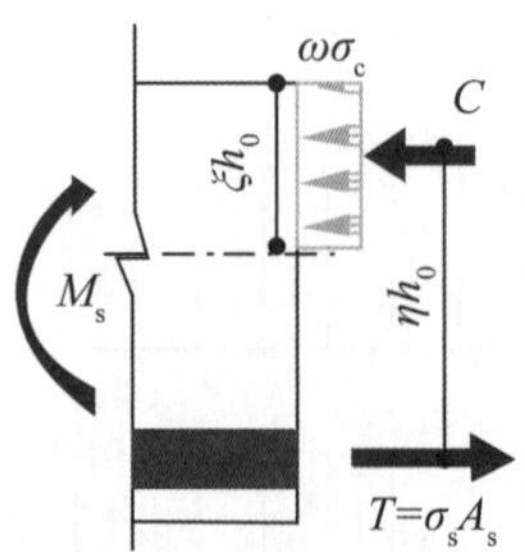

图 9-3　第Ⅱ阶段裂缝截面的应力图

3. 裂缝截面的平均应变ε_{sm}和ε_{cm}

设裂缝间纵向受拉钢筋重心处的拉应变不均匀系数为 ψ，受压区边缘混凝土压应变不

均匀系数为ψ_c，则平均应变ε_{sm}和ε_{cm}可用裂缝截面处的相应应变ε_s和ε_c表达。

$$\varepsilon_{sm}=\psi\varepsilon_s=\psi\frac{\sigma_s}{E_s}=\psi\frac{M}{A_s\eta h_0E_s} \tag{9-9}$$

$$\varepsilon_{cm}=\psi_c\varepsilon_c=\psi_c\frac{\sigma_c}{vE_c}=\psi_c\frac{M}{\omega(\gamma_f'+\xi_0)\eta bh_0^2vE_c} \tag{9-10}$$

为了简化，取$\zeta=\omega v(\gamma_f'+\xi_0)\eta/\psi_c$，则上式改为

$$\varepsilon_{cm}=\frac{M}{\zeta bh_0^2E_c} \tag{9-11}$$

式中：ζ——受压边缘混凝土平均应变综合系数，从材料力学观点，ζ也可称为截面弹塑性抵抗矩系数。采用系数ζ后既可减轻计算工作量并避免误差的积累，又可按式(9-11)通过试验直接得到它的试验值。

4. 短期刚度B_s的一般表达式

将式(9-9)及式(9-10)代入式(9-4)，得

$$B_s=\frac{1}{\dfrac{\psi}{A_s\eta h_0^2E_s}+\dfrac{1}{\zeta bh_0^3E_c}} \tag{9-12}$$

分子分母同乘以$E_sA_sh_0^2$，并取$\alpha_E=E_s/E_c$，即得

$$B_s=\frac{E_sA_sh_0^2}{\dfrac{\psi}{\eta}+\dfrac{E_sA_sh_0^2}{\zeta E_cbh_0^3}}=\frac{E_sA_sh_0^2}{\dfrac{\psi}{\eta}+\dfrac{\alpha_E\rho}{\zeta}} \tag{9-13}$$

5. 参数η、ψ和ζ的表达式

对于式(9-13)中的参数η、ψ和ζ均可通过试验研究得出相应的表达式。

(1)裂缝截面处内力臂系数η

裂缝截面内力臂系数η与配筋率、混凝土强度及截面形状等因素有关。随着荷载增大，裂缝不断向上开展，受压区高度不断减小，内力臂不断增大。但试验表明，在使用荷载作用下，截面相对受压区高度($\xi=x/h_0$)和内力臂的变化都不大，对常用混凝土强度等级和常用配筋率的矩形截面，内力臂系数η大致在0.83～0.93，为简化计算，一般可近似取$\eta=0.87$。

当考虑配筋系数$\alpha_E\rho$的影响时，根据理论分析，η亦可按下式计算：

$$\eta=1-\frac{0.4}{1+2\gamma_f'}\sqrt{\alpha_E\rho} \tag{9-14}$$

式中：γ_f'——受压翼缘面积与腹板有效截面面积的比值，$\gamma_f'=(b_f'-b)h_f'/bh_0$；$\alpha_E$——钢筋弹性模量与混凝土弹性模量的比值，$\alpha_E=E_s/E_c$；$\rho$——纵向受拉钢筋配筋率，$\rho=A_s/bh_0$。

(2)裂缝间纵向受拉钢筋应变不均匀系数ψ

图9-4为沿一根试验梁实测的纵向受拉钢筋的应变分布图，可见在纯弯区段$A-A$内，钢筋应变是不均匀的，裂缝截面处最大，离开裂缝截面就逐渐减小，这主要是由于裂缝间的受拉混凝土参加工作的缘故。图中的水平虚线表示平均应变ε_{cm}。因此，系数ψ的物理意义就是反映裂缝间受拉混凝土对纵向受拉钢筋应变的影响程度。

图 9-5 中绘出了梁在裂缝截面处的钢筋应变ε_{sk}、纯弯段内钢筋平均应变ε_{sm}以及自由金属应变三者与应力间的关系图。图中示出，裂缝出现后，$\varepsilon_{sm}<\varepsilon_{sk}$，这说明受拉混凝土是参加工作的。试验表明，随着荷载的增大，ε_{sm}和ε_{sk}间的差距逐渐减小。也就是说，随着荷载的增大，裂缝间受拉混凝土是逐渐退出工作的。从图中可知，$\psi_2=\varepsilon_{sm2}/\varepsilon_{sk2}>\psi_1=\varepsilon_{sm1}/\varepsilon_{sk1}$；当$\varepsilon_{sm}=\varepsilon_{sk}$时，$\psi=1$，表明此时裂缝间受拉混凝土全部退出工作。当然，$\psi$ 值不可能大于 1。

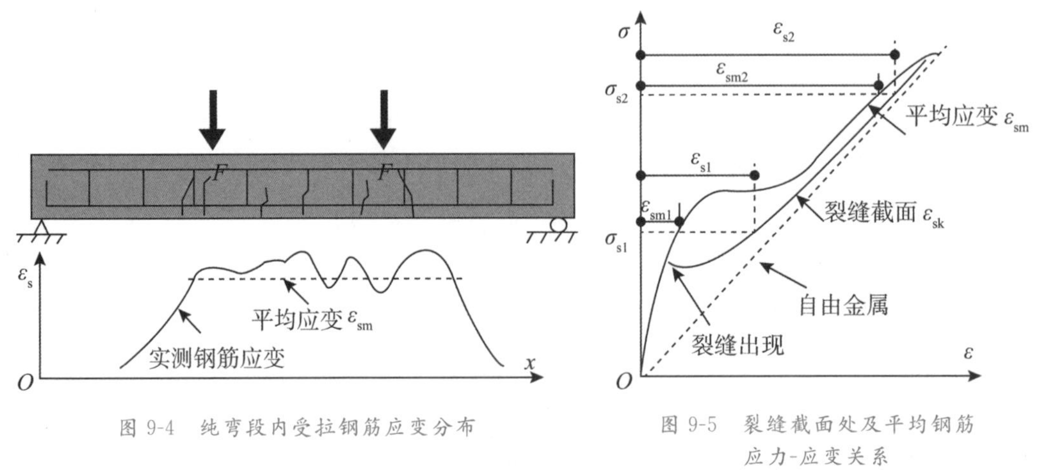

图 9-4 纯弯段内受拉钢筋应变分布

图 9-5 裂缝截面处及平均钢筋应力-应变关系

ψ 的大小还与以有效受拉混凝土截面面积计算且考虑钢筋黏结性能差异后的有效纵向受拉钢筋配筋率ρ_{te}有关。这是因为参加工作的受拉混凝土主要是指钢筋周围的那部分有效范围内的受拉混凝土面积。当ρ_{te}较小时，说明参加受拉的混凝土面积相对大些，对纵向受拉混凝土应变的影响程度也相应大些，因而 ψ 就小些。

《设计规范》根据试验结果(图 9-6)，提出了裂缝间纵向受拉钢筋应变不均匀系数 ψ 的统计公式：

$$\psi=\omega_1\left(1-\frac{M_{cr}}{M_k}\right) \tag{9-15}$$

式中：ω_1——系数，与钢筋和混凝土的握裹力有一定关系，取为 1.1；M_{cr}——构件混凝土截面的抗裂弯矩；M_k——按荷载短期效应的标准组合计算的弯矩值。

M_{cr}和M_k的计算式如下：

$$M_{cr}=0.8[0.5bh+(b_f-b)h_f]\eta_{cr}hf_{tk} \tag{9-16}$$

$$M_k=\sigma_{sk}A_s\eta h_0 \tag{9-17}$$

式中：b、h——截面的宽度和高度；b_f、h_f——受拉区翼缘的宽度和高度；η_{cr}——截面开裂时内力臂系数；f_{tk}——混凝土抗拉强度标准值；0.8——考虑混凝土收缩等因素的影响系数。

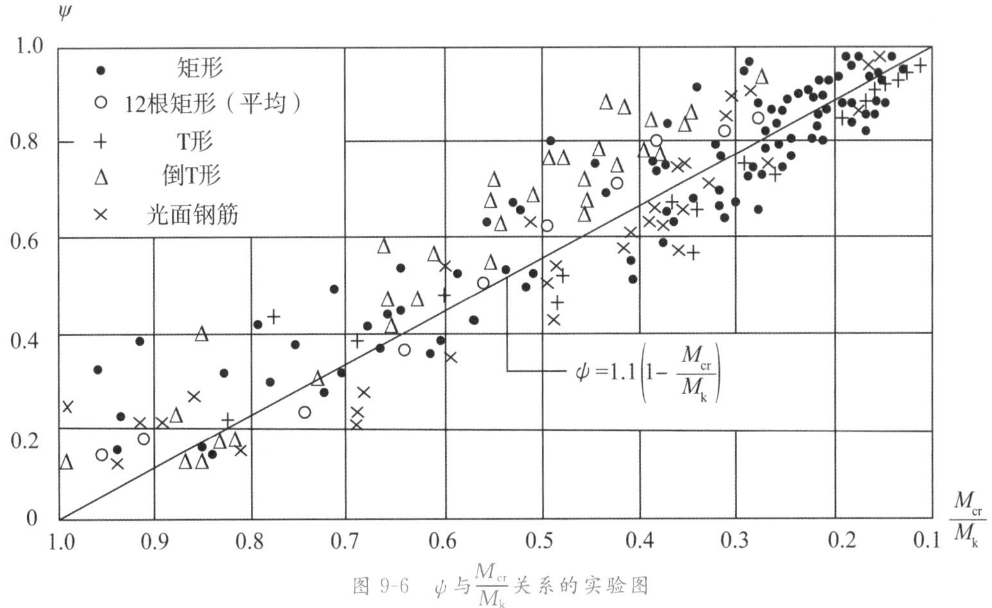

图 9-6　ψ 与 $\frac{M_{cr}}{M_k}$ 关系的实验图

将式(9-16)和式(9-17)代入式(9-15)，并近似取 $h/h_0=1.1$，$\eta_{cr}/\eta=0.67$，则可得到以钢筋应力σ_s为主要参数的 ψ 的计算式为

$$\psi=1.1-0.65\frac{f_{tk}}{\rho_{te}\sigma_s} \tag{9-18}$$

式中：f_{tk}——混凝土抗拉强度标准值；ρ_{te}——按有效受拉混凝土截面面积A_{te}计算的纵向受拉钢筋的配筋率，$\rho_{te}=A_s/A_{te}$，式中A_{te}为有效受拉混凝土截面面积，对轴心受拉构件，取构件截面面积；对受弯、偏心受压和偏心受拉构件，$A_{te}=0.5bh+(b_f-b)h_f$（图 9-7），当$\rho_{te}<0.01$时，取$\rho_{te}=0.01$；σ_s——构件纵向受拉钢筋的应力，《设计规范》规定：对普通钢筋混凝土构件，按荷载效应准永久组合计算，受弯构件的钢筋应力$\sigma_{sq}=M_q h_0 A_s=M_q/0.87\,h_0 A_s$；对预应力混凝土构件，按荷载效应标准组合计算钢筋应力σ_{sk}。

当计算出的 $\psi<0.2$ 时，取 $\psi=0.2$，因为 M 或σ_s较小时，按式(9-18)算出的 ψ 偏小，导致过高估计截面刚度B_s；当计算出的 $\psi>1$，如前所述是没有物理意义的，此时只能取 $\psi=1.0$。

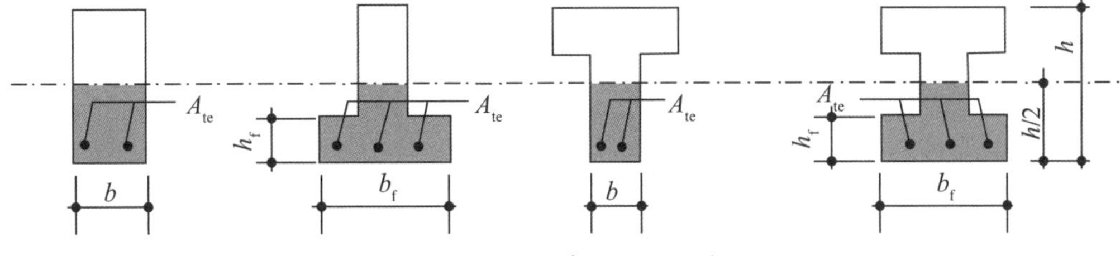

图 9-7　不同截面A_{te}的取值

从式(9-18)可知，纵向受拉钢筋的应变不均匀系数 ψ 随钢筋应力σ_s的提高而增大，即随弯矩的增大而增大，由于σ_s的增大，裂缝进一步开展，混凝土参与受拉的程度小，使 ψ 值增大，刚度B_s降低，挠度增大。可见钢筋混凝土梁在开裂后的使用阶段，截面刚度B_s是一个随弯矩 M 而变化的变数。

(3)受压区边缘混凝土平均应变综合系数 ζ

受压区边缘混凝土的平均应变综合系数 ζ 综合了 5 个参数，它们在使用荷载作用下变化均不大。试验表明，ζ 值随荷载增大而减小，但在使用荷载范围内基本稳定，故对 ζ 的取值可不考虑荷载效应弯矩 M 的影响。为了简化计算，根据实测资料回归，直接给出了 $\sigma_E\rho/\zeta$ 的经验公式(图 9-8)：

$$\frac{\alpha_E\rho}{\zeta}=0.2+\frac{6\ \alpha_E\rho}{1+3.5\ \gamma_f'} \tag{9-19}$$

式中：γ_f'——受压翼缘面积与腹板有效截面面积的比值，$\gamma_f'=(b_f'-b)h_f'/(bh_0)$，当 $h_f'>0.2h_0$ 时，取 $h_f'=0.2\ h_0$。因翼缘过高时，靠近中和轴的部分翼缘受力较小，若按实际 h_f' 计算所得刚度值将偏高。如果计算 γ_f' 时需考虑受压钢筋对截面刚度的影响，则可取 $\gamma_f'=\frac{(b_f'-b)h_f'}{bh_0}+\alpha_E\rho'$，$\rho'=A_s'/bh_0$。

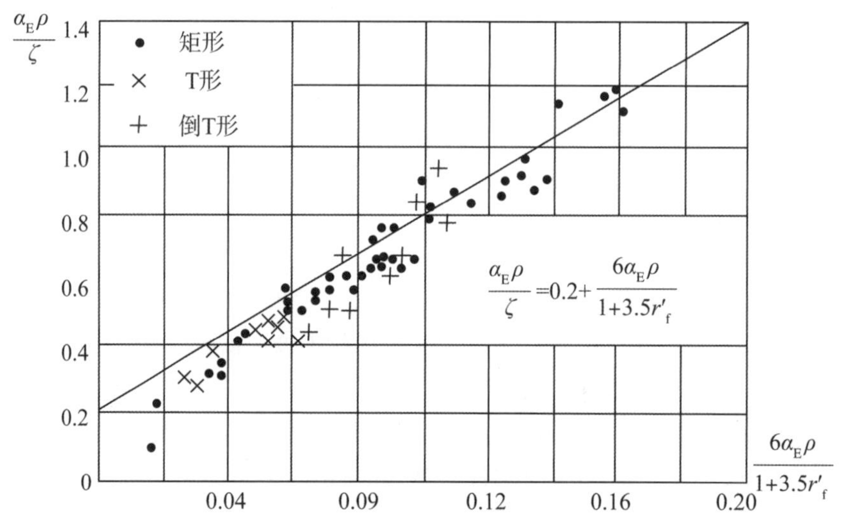

图 9-8 受压区边缘混凝土平均应变综合系数经验公式

5. 短期刚度 B_s 的计算公式

当取 $\eta=0.87$，并将式(9-19)代入式(9-13)后，即得短期刚度 B_s 的计算公式：

$$B_s=\frac{E_sA_sh_0^2}{1.15\psi+0.2+\frac{6\ \alpha_E\rho}{1+3.5\ \gamma_f'}} \tag{9-20}$$

式中：当 $h_f'>0.2\ h_0$ 时，取 $h_f'=0.2\ h_0$ 计算 γ_f'。因为当翼缘较厚时，靠近中和轴的翼缘部分受力较小，如仍按全部 h_f' 计算 γ_f'，将使 B_s 的计算值偏高。

在荷载效应的标准组合作用下，受压钢筋对短期刚度的影响不大，计算时可不考虑，如需要估算其影响，可在 γ_f' 计算式中加入 $\alpha_E\rho'$，即

$$\gamma_f'=\frac{(b_f'-b)h_f'}{bh_0}+\alpha_E\rho' \tag{9-21}$$

式(9-20)适用于矩形、T 形、倒 T 形和工字形截面受弯构件，由该式计算平均曲率与实

验结果符合较好。

对矩形、T 形和工字形截面偏心受压构件以及矩形截面偏心受拉构件，只需要不同的力臂长度系数 η，即可得出类似式(9-20)的短期刚度计算公式。

值得注意的是，短期刚度由纯弯段内的平均曲率导得，因此这里所述的刚度实质上是指纯弯段内平均的截面弯曲刚度。

6. 影响短期刚度的因素

(1)弯矩 M 对B_s的影响是隐含在 ψ 中的。若其他条件相同，M 增大时，σ_s增大，因而 ψ 亦增大，由式(9-20)知，B_s则相应减少。

(2)具体计算表明，ρ 增大，B_s也略有增大。

(3)截面形状对B_s有所影响，当有受拉翼缘或受压翼缘时，都会使B_s有所增大。

(4)在常用配筋率 ρ 为 1%～2%的情况下，提高混凝土强度等级对提高B_s作用不大。

(5)当配筋率和材料给定时，截面有效高度h_0对截面弯曲刚度的提高作用最显著。

9.1.4　受弯构件刚度 B 的计算

在荷载长期作用下，钢筋混凝土受弯构件的刚度将随时间逐渐降低，挠度不断增大，因为：(1)受压区混凝土的徐变使混凝土的受压区应变ε_{cm}不断增大；(2)混凝土的收缩；(3)钢筋与混凝土之间的黏结滑移徐变、裂缝间受拉混凝土的应力松弛，导致受拉区混凝土逐渐退出工作，使受拉钢筋应变ε_{sm}不断增大。

在以上因素中，混凝土的徐变和收缩起主要作用，因此凡是影响混凝土徐变和收缩的因素都将影响荷载长期作用下的刚度，如受压钢筋A_s'的配筋率ρ'，加荷时混凝土的龄期及构件使用环境的温度、湿度等。长期挠度增长的规律亦与混凝土的徐变和收缩的规律相似，前 6 个月增长较快，随后逐渐减缓，一年后趋于收敛，但数年后仍能发现变形有很小的增长。

荷载长期作用下的刚度 B 可按下法计算：

1. 采用荷载准永久组合时(混凝土结构构件)

$$B=\frac{B_s}{\theta} \tag{9-22}$$

式中：θ 为考虑荷载长期作用对挠度增大的影响系数，它是长期荷载作用下挠度 f 与短期荷载作用下挠度f_s的比值，$\theta=f/f_s$。

受弯构件的长期挠度试验表明，受压钢筋对混凝土的徐变起着约束作用，从而将减小长期荷载作用下的挠度。《设计规范》同时参考国外规范的规定，给出了 θ 的取值如下：

当$\rho'=0$ 时，取 $\theta=2.0$；

当$\rho'=\rho$ 时，取 $\theta=1.6$；

当ρ'为中间数值时，θ 按线性内插法取用。此处$\rho'=A_s'/(bh_0)$，$\rho=A_s/(bh_0)$。

截面形状对长期荷载作用下的挠度也有影响，对翼缘位于受拉区的倒 T 形截面，由于在短期荷载作用下，受拉区混凝土参与受拉的程度较矩形截面大，因此在长期荷载作用下，受拉区混凝土退出工作的影响也较大，挠度增大亦较多，故对 θ 值需再乘以 1.2 的增大系数。

2.采用荷载标准组合时(预应力混凝土结构构件)

作用在构件上的实际荷载中仅有一部分为长期作用，故可按荷载效应标准组合计算的弯矩M_k(取计算区段内的最大弯矩值)分为两部分：一部分为按荷载效应准永久组合计算的弯矩M_q；另一部分则为短期作用的荷载效应值(M_k-M_q)，故$M_k=M_q+(M_k-M_q)$。从图 9-9 所示的计算模式，可建立曲率、刚度和弯矩三者间的关系。

在M_q作用下，构件先产生一个短期曲率φ_{c1}，在M_q持续作用下，曲率将增大 θ 倍，即

$$\varphi_{c1}=\theta\times\frac{M_q}{B_s} \tag{9-23}$$

在荷载效应(M_k-M_q)短期作用下产生的曲率φ_{c2}为

$$\varphi_{c2}=\theta\times\frac{M_k-M_q}{B_s} \tag{9-24}$$

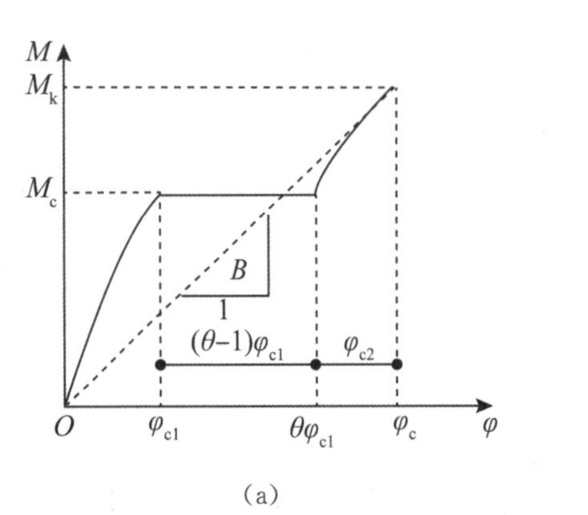

(a)

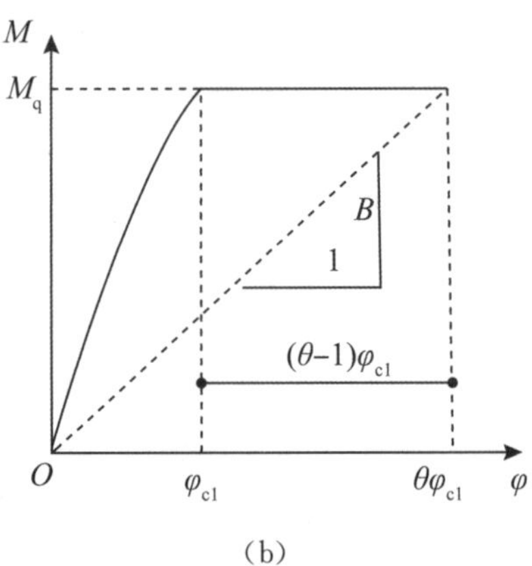

(b)

图 9-9　长期刚度 B 与曲率 φ、弯矩 M 的关系

设在M_k作用下，构件的总曲率为φ_c，则叠加式(9-23)和式(9-24)可得

$$\varphi_c=\theta\varphi_{c1}+\varphi_{c2}=\theta\frac{M_q}{B_s}+\frac{M_k-M_q}{B_s} \tag{9-25}$$

根据从上式求得的总曲率，即可得到在M_k作用下长期刚度 B 的计算式：

$$B=\frac{M_k}{\varphi_c} \tag{9-26}$$

将式(9-25)代入上式整理后，即得长期刚度 B 的计算式：

$$B=\frac{M_k}{M_q(\theta-1)+M_k}B_s \tag{9-27}$$

9.1.5　受弯构件的挠度计算

1.挠度计算中的最小刚度原则

一个混凝土受弯构件，例如图 9-10 所示的简支梁，在剪跨范围内各截面弯矩是不相等

的，靠近支座的截面弯曲刚度要比纯弯段内的大，如果采用纯弯区段的截面弯曲刚度计算挠度，似乎会使挠度计算值偏大。但实际情况却不是这样，因为在剪跨段内还存在着剪切变形，甚至可能出现少量斜裂缝，它们都会使梁的挠度增大，而这在计算中是没有考虑到的。为了简化计算，对图 9-10 所示的梁，可引入“最小刚度原则”，近似地按纯弯区段平均的截面弯曲刚度计算挠度。

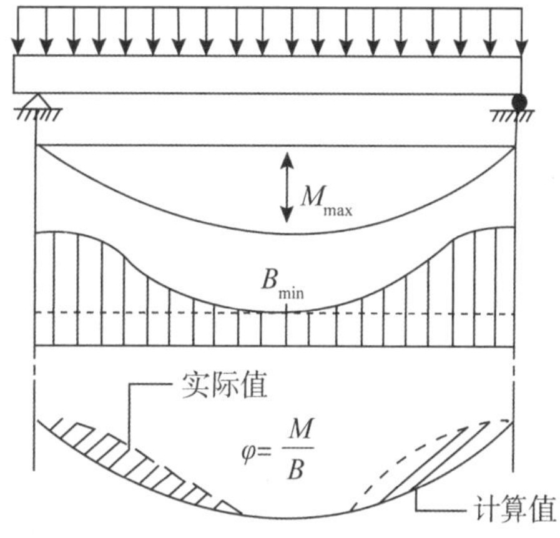

图 9-10　沿梁长的刚度和曲率分布

最小刚度原则就是在简支梁全跨长范围内，可都按弯矩最大处的截面弯曲刚度，亦即按最小的截面弯曲刚度B_{min}（如图 9-10(b) 中虚线所示），用工程力学的方法中不考虑剪切变形影响的公式来计算挠度。当构件上存在正、负弯矩时，可分别取同号弯矩区段内$|M_{max}|$处截面的最小刚度计算挠度。

试验分析表明，一方面按B_{min}计算的挠度值偏大，即如图 9-10(c) 中多算了用阴影线示出的两小块 M/B_{min} 面积；另一方面，不考虑剪切变形的影响，对构件出现斜裂缝的情况，剪跨内钢筋应力大于按正截面的计算值，这些均导致挠度计算值偏小。然而，上述两方面的影响大致可以相互抵消，对国内外约 350 根试验梁验算结果发现，计算值与试验值符合较好。因此，采用最小刚度原则是可以满足工程要求的。

2. 受弯构件的挠度验算

如前所述，受弯构件的挠度在按工程力学方法计算时，最关键的是确定不同材料的截面弯曲刚度。对于正常使用阶段荷载效应不超过材料弹性范围尚未出现裂缝的混凝土受弯构件，截面弯曲刚度分别采用 EI（按毛截面计算）及 $0.85EI_0$（按换算截面计算）；对荷载效应超出材料弹性范围的混凝土受弯构件，可用B_{min}代替匀质弹性材料梁截面弯曲刚度 EI。在求得截面弯曲刚度后，梁的挠度计算就十分简便。按规范要求，挠度验算应满足式(9-1)即

$$f\leqslant[f]$$

式中：$[f]$——允许挠度值；f——根据不同材料 M-φ 关系确定的刚度 B 进行计算的挠度。

［例题 9.1］　有一钢筋混凝土工字形截面受弯构件，上下翼缘厚度 150mm，翼缘宽度 200mm，梁高 1200mm，腹板厚度 80m，混凝土强度等级为 C30，受拉区配置 HRB400 级钢筋 6 ⌀ 20（两排），受压区配置 HRB400 级钢筋 4 ⌀ 16；混凝土保护层厚度 $c=20$mm。梁承受按荷载短期效应组合计算的弯矩值$M_s=500$kN · m，按荷载长期效应组合计算的弯矩值$M_l=400$kN · m；梁的计算跨度$l_0=10.0$m；梁的允许挠度值为$[f]=l_0/300$。要求验算梁的挠度。

［解］

(a) 计算σ_{sk}及 ψ，查表$A_s=1884\text{mm}^2$，$A_s'=804\text{mm}^2$

$$A_{te}=0.5bh+(b_f-b)h_f=0.5\times80\times1200+(200-80)\times150=6.6\times10^4\text{mm}^2$$

$$\rho_{te}=\frac{A_s}{A_{te}}=\frac{1884}{6.6\times10^4}=0.02885>0.01$$

$$a_s=20+10+20+\frac{25}{2}=62.5(\text{mm})$$

$$h_0=h-a_s=1200-62.5=1137.5(\text{mm})$$

$$\sigma_{sq}=\frac{M_q}{0.87h_0A_s}=\frac{400\times10^6}{0.87\times1137.5\times1884}=215(\text{MPa})$$

$$\psi=1.1-0.65\frac{f_{tk}}{\rho_{te}\sigma_{sk}}=1.1-0.65\times\frac{2.01}{0.02885\times215}=0.8894>0.2，且<1$$

(b)计算B_s及 B

$$\alpha_E=\frac{E_s}{E_c}=\frac{2.0\times10^5}{3.0\times10^4}=6.67$$

$$\rho=\frac{A_s}{bh_0}=\frac{1884}{80\times1137.5}=0.0207$$

$$h_f'=150\text{mm}<0.2h_0=0.2\times1137.5=227.5(\text{mm})$$

$$r_f'=\frac{(b_f'-b)h_f'}{bh_0}=\frac{(200-80)\times150}{80\times1137.5}=0.198$$

$$B_s=\frac{E_sA_sh_0^2}{1.15\psi+0.2+\frac{6\alpha_E\rho}{1+3.5r_f'}}=\frac{2.0\times10^5\times1884\times1137.5^2}{1.15\times0.8894+0.2+\frac{6\times6.67\times0.0207}{1+3.5\times0.198}}=2.85\times10^{14}(\text{N}\cdot\text{mm}^2)$$

$$\rho'=\frac{A_s'}{bh_0}=\frac{804}{80\times1137.5}=8.835\times10^{-3}$$

$$\theta=2-0.4\times\frac{\rho'}{\rho}=2-0.4\times\frac{8.835\times10^{-3}}{0.0207}=1.829$$

$$B=\frac{B_s}{\theta}=\frac{2.85\times10^{14}}{1.829}=1.56\times10^{14}(\text{N}\cdot\text{mm}^2)$$

$$f=\frac{5}{48}\frac{M_ql_0^2}{B}=\frac{5}{48}\times\frac{400\times10^6\times10000^2}{1.56\times10^{14}}=26.7(\text{mm})$$

(c)验算

$$f=26.7\text{mm}<[f]=\frac{l_0}{300}=\frac{10000}{300}=33.3(\text{mm})$$

满足要求。

9.2 混凝土裂缝宽度

9.2.1 产生裂缝的原因及控制

混凝土是抗压性能良好而抗拉性能很差的材料，其极限拉伸应变很小，因而极易产生裂缝。混凝土材料来源广泛，成分多样，施工工序繁多，硬化又需要较长时间，其中任何一个环节出了问题均可能引起混凝土开裂。采用近代仪器探测(如 X 射线、声发射、超声切片后用扫描电镜观测等)可知，混凝土在受荷以前，在硬化后的混凝土内部，尤其是在胶结料与骨料的界面上总是存在着大量的微观裂缝，其分布具有随机性。这些裂缝在外界荷载作用下或环境变化时会发展而形成可见的宏观裂缝。目前设计计算的裂缝控制主要是指这类宏观裂缝。引起混凝土裂缝的原因很多，主要有以下几种：

(1)荷载引起的裂缝。当构件中的拉应力大于混凝土的抗拉强度或拉应变大于混凝土的极限拉伸应变时，混凝土就产生裂缝。受力状态不同，裂缝的形态也不同，如受弯构件有受拉区的弯曲裂缝、剪跨区的弯剪裂缝，柱子受轴力作用时产生沿轴线向的纵向裂缝等。这些受力产生的裂缝，裂缝方向大致与拉应力正交。在普通混凝土结构中，通过配置钢筋以传递开裂后混凝土所不能传递的拉力或剪力。

(2)因变形受到约束引起的裂缝。变形一般由地基不均匀沉降、混凝土的收缩及温度差等引起，当构件受到约束时，将产生裂缝。约束作用越大，裂缝宽度也就越大。例如，在混凝土薄腹 T 形梁的腹板表面上出现中间宽、两端窄的竖向裂缝，这是混凝土结硬时，腹板混凝土受到四周混凝土及钢筋骨架约束而引起的裂缝。

(3)钢筋锈蚀裂缝。由于混凝土保护层碳化或冬季施工中掺氯盐(是一种混凝土促凝、早强剂)过多而导致钢筋锈蚀。锈蚀产物的体积比被侵蚀部分钢筋的体积大 2～3 倍，这种体积膨胀使外围混凝土产生相当大的拉应力，引起混凝土开裂，甚至混凝土保护层剥落。钢筋锈蚀裂缝是沿钢筋长度方向劈裂的纵向裂缝，而纵向裂缝的危害要比横向裂缝大得多。

过多的裂缝或过大的裂缝宽度会影响结构的外观，产生不安全感。从结构本身来看，裂缝的发生或发展，将影响结构的使用寿命。为了保证混凝土构件的耐久性，必须在设计、施工等方面控制裂缝。对外加变形因约束引起的裂缝，一般是在构造上提出要求和在施工工艺上采取相应的措施予以控制。例如，混凝土收缩引起的裂缝，往往发生在混凝土的结硬初期，因此在施工过程中，要严格控制混凝土的配合比，保证混凝土的养护条件和时间。又如，对于混凝土薄腹梁，应沿梁腹高的两侧设置直径为 8～10mm 的水平纵向钢筋，并且具有规定的配筋率。对于钢筋锈蚀裂缝，由于它的出现将影响结构的使用寿命，危害性较大。在实际工程中，主要的措施是要有足够厚度的混凝土保护层和保证混凝土的密实性。此外，还应严格控制早凝剂、早强剂的掺入量。一旦钢筋锈蚀，裂缝出现，应当及时处理。

在混凝土结构的使用阶段，由荷载作用引起的混凝土裂缝，只要不是沿混凝土表面延伸过长或裂缝的发展处于不稳定状态，均属正常的(指一般构件)。但当裂缝宽度过大，仍会造成裂缝处钢筋的锈蚀。

混凝土构件在荷载作用下产生的裂缝宽度，主要通过设计计算和采取构造措施加以控制。由于裂缝发展的影响因素很多，较为复杂，例如荷载作用及构件性质、环境条件、钢筋种类等，目前仅对混凝土构件的弯曲裂缝进行裂缝宽度验算。

9.2.2　裂缝控制等级

关于裂缝控制等级，首先需要探讨确定裂缝控制等级时需要考虑的因素，其次是划分裂缝控制的等级。

1. 确定裂缝等级的因素

(1)功能要求

结构构件的裂缝控制等级首先应根据其使用功能的要求加以确定，对使用时不允许开裂或渗漏的构件(如贮液气罐池或压力管道等)，设计时应保证其严格不出现裂缝，或一般不出现裂缝；对裂缝存在不影响其正常使用的构件，设计时可允许其出现一定宽度的裂缝。

(2)环境条件

结构构件所处环境的相对湿度是确定裂缝控制等级的重要因素。在相对湿度低于60%的环境中，混凝土中的钢筋很少发生腐蚀，即使发生也是极轻微的；当相对湿度在60%以上时，腐蚀将随湿度的增大而加剧；在干湿循环环境中，钢筋腐蚀最为严重；而在永久饱和的混凝土中，钢筋不会腐蚀，因为水堵住了氧气流向钢筋。

(3)钢筋对腐蚀的敏感性

钢筋对腐蚀的敏感程度是不同的。HPB300级、HRB335级和HRB400级这类热轧钢筋对腐蚀的敏感性比较轻微。预应力钢丝、钢绞线和热处理钢筋等对腐蚀就比较敏感，还会发生应力腐蚀。表9-1中对结构构件最大裂缝宽度的限值适用于采用上述热轧钢筋和预应力钢丝等，当采用其他类别的钢丝和钢筋时，其裂缝控制要求应按其他专门标准确定。

(4)荷载长期作用影响

荷载短期作用和长期作用下，构件的抗裂度和裂缝宽度均不相同。在荷载长期作用下，裂缝宽度将随时间进一步增大，可参见第9.2.4节。

综上所述，根据正常使用极限状态的要求，钢筋混凝土和预应力混凝土构件应按所处环境类别和结构类别确定相应的裂缝控制等级和最大裂缝宽度限值。

根据上述控制因素，现行《设计规范》对结构构件的裂缝控制等级及最大裂缝宽度限值规定如表9-2所示。

表 9-2　结构构件的裂缝控制等级及最大裂缝宽度的限值(mm)

耐久性环境类别	钢筋混凝土结构			预应力混凝土结构		
	裂缝控制等级	w_{lim}	荷载组合	裂缝控制等级	w_{lim}	荷载组合
一	三级	0.30(0.40)	准永久	三级	0.2	标准
二 a		0.20			0.1	
二 b				二级	—	
三 a、三 b				一级	—	

注：1)对处于年平均值相对湿度小于60%地区一类环境下的受弯构件，其最大裂缝宽度限制可采用括号内的数值；

2)在一类环境下，对钢筋混凝土屋架、托架及需作疲劳验算的吊车梁，其最大裂缝宽度限值应取为0.20mm；对钢筋混凝土屋面梁和托梁，其最大裂缝宽度限值应取为0.30mm；

3)在一类环境下，对预应力混凝土屋架、托架及双向板体系，应按二级裂缝控制等级进行验算；对一类环境下的预应力混凝土屋面梁、托梁、单向板，应按表中二 a 类环境的要求进行验算；在一类和二 a 类环境下需作疲劳验算的预应力混凝土吊车梁，应按裂缝控制等级不低于二级的构件进行验算；

4)表中规定的预应力混凝土构件的裂缝等级和最大裂缝宽度限值仅适用于正截面的验算；预应力混凝土构件的斜截面裂缝控制验算应符合规范第 7 章的有关规定；

5)对于烟囱、筒仓和处于液体压力下的结构，其裂缝控制要求应符合专门标准的有关规定；

6)对于处于四、五类环境下的结构构件，其裂缝控制要求应符合专门标准的有关规定；

7)表中的最大裂缝宽度限值为用于验算荷载作用引起的最大裂缝宽度。

2. 裂缝控制等级

根据上述确定裂缝控制等级的影响因素，《设计规范》规定，对钢筋混凝土和预应力混凝土构件，应按下列规定进行受拉边缘应力或正截面裂缝宽度验算。

(1)一级裂缝控制等级构件，在荷载标准组合下，受拉边缘应力应符合下列规定，即构件受拉边缘混凝土不允许产生拉应力：

$$\sigma_{ck}-\sigma_{pc}\leqslant 0$$

(2)二级裂缝控制等级，在荷载标准组合下，受拉边缘应力应符合下列规定，即构件受拉边缘混凝土允许产生拉应力，但拉应力值不得大于混凝土抗拉强度标准值：

$$\sigma_{ck}-\sigma_{pc}\leqslant f_{tk}$$

(3)三级裂缝控制等级时，对钢筋混凝土构件允许出现裂缝，最大裂缝宽度可按荷载准永久组合并考虑长期作用影响的效应计算，对预应力混凝土构件的最大裂缝可按荷载标准组合并考虑长期作用影响的效应计算最大裂缝宽度应符合下列规定：

$$w_{max}\leqslant w_{lim}$$

对环境类别二 a 类的预应力混凝土构件，在荷载准永久组合下，受拉边缘应力应符合下列规定：

$$\sigma_{cq}-\sigma_{pc}\leqslant f_{tk}$$

以上式中：σ_{ck}、σ_{cq}——荷载标准组合、准永久组合下抗裂验算边缘的混凝土法向应力；σ_{pc}——扣除全部预应力损失后在抗裂验算边缘混凝土的预压应力；f_{tk}——混凝土轴心抗拉强度标准值，见附表 1；w_{max}——按荷载的标准组合或准永久组合并考虑长期作用影响计算的最大裂缝宽度；w_{lim}——最大裂缝宽度限值，见表 9-2。

按上述要求，裂缝控制等级可概括为两类：一类是严格要求或一般要求不出现裂缝的构件(即一级和二级裂缝控制等级)，对它们主要是进行抗裂度的验算，方法是验算构件受拉边缘混凝土的应力，一般只有采用预应力混凝土结构才能满足要求；另一类是允许出现裂缝的三级裂缝控制等级，一般是普通混凝土和部分预应力混凝土构件，它们仍是带裂缝工作的，因此无需作抗裂验算而是验算最大裂缝宽度。

9.2.3　裂缝宽度的计算理论

对于构件在荷载作用下产生的裂缝问题，尽管自 20 世纪 30 年代以来各国学者做了大量的研究工作，提出了多种计算理论，但至今对于裂缝宽度的计算理论并未取得一致的看法。这些不同观点反映在各国关于计算裂缝宽度的公式有较大的差别上，从目前的裂缝计算模式上看，主要有黏结滑移理论、无滑移理论、基于实验的统计公式或半经验半理论方法。下面分别加以介绍。

(1)黏结滑移理论

1936 年，沙里加(Saligar)的黏结滑移理论是在钢筋混凝土单轴拉伸试验和分析的基础上提出来的，后来被认为是一种“经典”的裂缝理论而被广泛地引用。这一理论的要点是钢筋应力是通过钢筋与混凝土之间的黏结应力传给混凝土的，由于钢筋和混凝土间产生了相对滑移，变形不再一致而导致裂缝开展。

(2)无滑移理论

实验表明，构件表面处的裂缝与钢筋表面处的裂缝宽度不一样，裂缝在钢筋表面附近的宽度仅为构件表面宽度的 1/5～1/3，且与钢筋直径关系不大。根据这一现象，有的学者提出了无滑移理论。

无滑移理论的要点是：表面裂缝宽度主要是由钢筋周围的混凝土回缩形成，其决定性因素是纵筋到混凝土表面的距离。这一理论还认为，在钢筋与混凝土之间有可靠的黏结就不会产生相对滑移，故称之为无滑移理论。用这一理论计算结果和实验对比发现，当 $15\text{mm}<c<80\text{mm}$ 时吻合良好，在此范围之外误差就较大。

(3)综合统计法

影响裂缝宽度的因素很多，裂缝机理也十分复杂。数十年来人们已积累了相当多的研究裂缝问题的资料，利用这些已有的试验资料，分析影响裂缝宽度的各种因素，找出主要的因素，舍去次要的因素，再用数理统计方法给出简单实用而又有一定可靠性的裂缝宽度计算公式，这种方法称为数理统计方法。

(4)半经验半理论方法

半经验半理论方法就是根据一定的计算模式，先确定平均裂缝间距和平均裂缝宽度，然后对平均裂缝宽度乘以根据统计求得的扩大系数来确定最大裂缝宽度。本章主要阐述我国的半经验半理论方法。

9.2.4 构件的裂缝宽度验算

1.裂缝的出现、分布和发展

未出现裂缝时，在受弯构件的纯弯区段内，各截面受拉混凝土的拉应力σ_{ct}、拉应变是大致相同的。但是，由于这时钢筋和混凝土间的黏结没有被破坏，因而在纯弯区段各截面上的钢筋拉应力、拉应变亦大致相同。

当受拉区外边缘的混凝土达到其抗拉强度f_t^0时，由于混凝土的塑性变形，因此还不会马上开裂；当其拉应变接近混凝土的极限拉应变值时，就处于即将出现裂缝的状态，这就是第I_a阶段。

当受拉区外边缘混凝土在最薄弱的截面处达到其极限拉应变值ε_{ct}^{0}后，就会出现第一批裂缝（一条或几条裂缝，如图 9-11(a)(d)所示）。

在裂缝出现瞬间，裂缝处的受拉混凝土退出工作，应力降至零，于是钢筋承担的拉力突然增加，如图 9-11(b)所示。配筋率越低，钢筋应力增量就越大。混凝土一开裂，张紧的混凝土就向裂缝两侧回缩，但这种回缩是不自由的，它受到钢筋的约束，直到被阻止。在回缩的那一段长度 l 中，混凝土与钢筋之间有相对滑移，产生黏结应力 τ。通过黏结应力的作用，随着离裂缝截面距离的增大，钢筋拉应力逐渐传递给混凝土而减小；混凝土拉应力由裂缝处的零逐渐增大，达到 l 后，黏结应力消失，混凝土和钢筋又具有相同的拉伸应变，各自的应力又趋于均匀分布，如图 9-11(b)所示。此时，黏结应力的作用长度，也可称为传递长度。

第一批裂缝出现后，在黏结应力作用长度以外的那部分混凝土仍处于受拉张紧状态之中，因此当弯矩继续增大时，就有可能在离裂缝截面一定距离另一薄弱截面处出现新裂缝，如图 9-11(c)。

按此规律，随着弯矩的增大，裂缝将逐条出现。当截面弯矩达到 $0.5M_u \sim 0.7M_u$时，裂缝基本"出齐"，即裂缝的分布处于稳定状态。从图 9-11(d)可见，此时，裂缝截面处钢筋应力增大，裂缝宽度增加，产生局部黏结滑移，致使在两条裂缝之间，混凝土应力σ_{ct}将小于实际混凝土抗拉强度，即不足以产生新的裂缝。因此，从理论上讲，裂缝间距在 $l \sim 2l$ 范围内，裂缝间距即趋于稳定，故平均裂缝间距应为 $1.5l$。

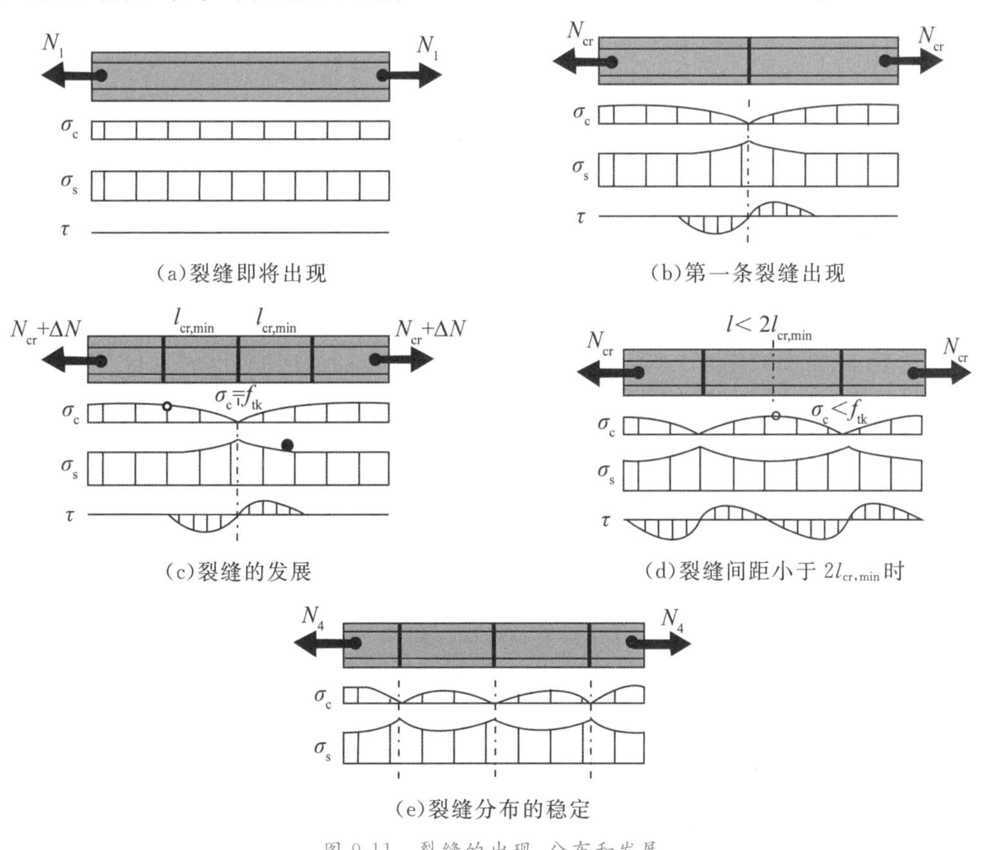

图 9-11　裂缝的出现、分布和发展

可见裂缝的开展是由于混凝土的回缩、钢筋的伸长，导致混凝土与钢筋之间不断产生相对滑移的结果。由此可知，沿裂缝深度，钢筋表面处裂缝宽度比构件混凝土表面的裂缝宽度要小得多，裂缝开展宽度是指受拉钢筋重心水平处构件侧表面上混凝土的裂缝宽度。

在荷载长期作用下，由于混凝土的滑移徐变和拉应力的松弛，将导致裂缝间受拉混凝土不断退出工作，使裂缝开展宽度增大；混凝土的收缩使裂缝间混凝土的长度缩短，这也会引起裂缝进一步开展。此外由于荷载的变动使钢筋直径时胀时缩等因素，也将引起黏结强度的降低，导致裂缝宽度的增大。

实际上，由于材料的不均匀性以及截面尺寸的偏差等因素的影响，裂缝的出现具有某种程度的偶然性，因而裂缝的分布和宽度同样是不均匀的。但是对大量试验资料的统计分析表明，从平均的观点来看，平均裂缝间距和平均裂缝宽度是有规律性的，平均裂缝宽度与最大裂缝宽度之间也具有一定的规律性。

下面讲述平均裂缝间距和平均裂缝宽度以及根据统计求得的扩大系数来确定最大裂缝宽度的验算方法。

2. 平均裂缝间距

前面讲过平均裂缝间距$l_m=1.5l$。对黏结应力传递长度 l 可由平衡条件求得。

图 9-12 所示为一轴心受拉构件，在抗裂轴力N_{cr}作用下，右侧截面为开裂截面，拉力全部由钢筋承受；左侧截面为即将开裂截面，拉力由钢筋和混凝土共同承受。

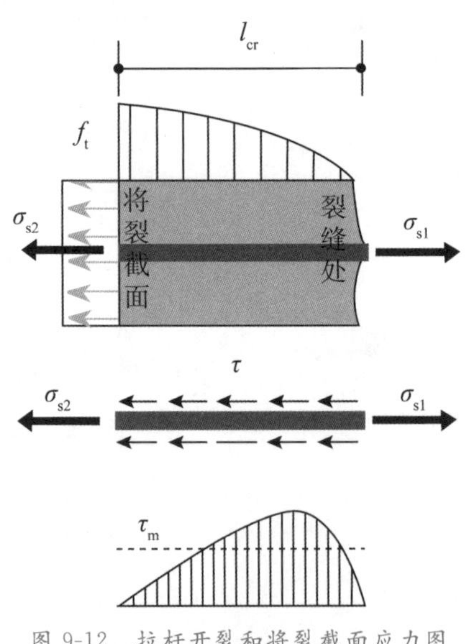

图 9-12　拉杆开裂和将裂截面应力图

若取两截面间受拉钢筋脱离体，根据静力平衡条件可得

$$\sigma_{s1}A_s=\sigma_{s2}A_s+\tau_m u l_{cr,min} \tag{9-28}$$

式中：σ_{s1}——裂缝截面的钢筋拉应力；A_s——钢筋截面面积；σ_{s2}——将开裂截面的钢筋拉应力；τ_m——平均黏结应力；u——全部受拉钢筋的总周长；$l_{cr,min}$——最小裂缝间距。

从图 9-12 可知：

$$\sigma_{s1}=N_{cr}/A_s \tag{9-29}$$

$$\sigma_{s2}=(N_{cr}-N_c)/A_s \tag{9-30}$$

N_c为将开裂截面混凝土承受的拉力：

$$N_c=f_tA_c \tag{9-31}$$

式中：f_t——混凝土抗拉强度设计值；A_c——混凝土截面面积。

将式(9-29)～式(9-31)及 $\rho=A_s/A_c$代入式(9-28)，即可得到最小裂缝间距$l_{cr,min}$为

$$l_{cr,min}=\frac{f_tA_c}{\tau_m u}=\frac{f_tA_s}{\tau_m\rho u} \tag{9-32}$$

当构件配有多根直径为 d 的钢筋时，

$$A_s=n\pi d^2/4,u=n\pi d$$

代入式(9-32)，则可得最小裂缝间距$l_{cr,min}$为

$$l_{cr,min}=\frac{f_td}{4\tau_m\rho} \tag{9-33}$$

当配置不同钢种、不同直径的钢筋时，式(9-33)中的 d 应改为等效直径d_{eq}，见式(9-38)。

如上所述，平均裂缝间距

$$l_{cr}=1.5\,l_{cr,min}=1.5\,\frac{f_t}{4\tau_m}\frac{d}{\rho}=k_1\frac{d}{\rho} \tag{9-34}$$

由于不同强度等级混凝土的τ_m值大致与f_t成比例，f_t/τ_m接近于常数，故上式中$1.5f_t/4\tau_m$可用系数k_1表示。式(9-34)是根据轴心受拉构件推导出来的，对于受弯、偏心受压和偏心受拉构件，采用按有效受拉混凝土截面面积计算的纵向受拉钢筋配筋率ρ_{te}代替 ρ。即

$$l_{cr}=k_1\frac{d}{\rho_{te}} \tag{9-35}$$

无滑移理论和试验还表明，l_{cr}不仅与 d/ρ_{te}有关，而且与最外层纵向受拉钢筋外边缘至受拉区底边的距离c_s有较大关系。此外，用带肋变形钢筋时比用光圆钢筋的平均裂缝间距要小些，钢筋表面特征同样影响平均裂缝间距，对此可采用钢筋的等效直径d_{eq}代替 d。据此，对l_{cr}采用两项表达式，即

$$l_{cr}=k_2c_s+k_1\frac{d_{eq}}{\rho_{te}} \tag{9-36}$$

式中：k_1、k_2为待定系数，由于影响因素很多，目前还很难从理论上得到，只能由试验确定。上式等号右边第一项反映了由保护层厚度 c 所决定的最小应力传递长度；第二项反映相对滑移引起的应力传递长度的增值。

《设计规范》经对各类受力构件的平均裂缝间距的试验数据进行统计分析表明，构件最外层纵向受拉钢筋外边缘至受拉区底边的距离c_s不大于 65mm 时，对配置带肋钢筋混凝土构件的平均裂缝间l_{cr}距按下式计算：

$$l_{cr}=\beta\left(1.9\,c_s+0.08\,\frac{d_{eq}}{\rho_{te}}\right) \tag{9-37}$$

$$d_{eq}=\frac{\sum n_i d_i^2}{\sum n_i v_i d_i} \tag{9-38}$$

$$\rho_{te}=\frac{A_s}{A_{te}} \tag{9-39}$$

式中：β——系数，对轴心受拉构件，取 $\beta=1.1$；对其他受力构件，均取 $\beta=1.0$；c_s——最外层纵向受拉钢筋外边缘至受拉区底边的距离（mm），当$c_s<20$ 时，取$c_s=20$，当$c_s>65$，取$c_s=65$；d——纵向受拉钢筋的直径；d_{eq}——当配置不同钢种、不同直径的钢筋时，受拉区纵向受拉钢筋的等效直径（mm）；d_i——受拉区第 i 种纵向钢筋的公称直径；n_i——受拉区第 i 种纵向钢筋的根数；v_i——受拉区第 i 种纵向钢筋的相对黏结特性系数，按表 9-3 采用；ρ_{te}——按有效受拉混凝土截面面积计算的纵向受拉钢筋配筋率。

表 9-3　钢筋的相对黏结特性系数

钢筋类别	非预应力钢筋		先张法预应力钢筋			后张法预应力钢筋		
	光面钢筋	带肋钢筋	带肋钢筋	螺旋肋钢丝	钢绞线	带肋钢筋	钢绞线	光面钢丝
v_i	0.7	1.0	1.0	0.8	0.6	0.8	0.5	0.4

注：对环氧树脂涂层带肋钢筋，其相对黏结特性系数应按表中系数的 0.8 倍取用。

3. 平均裂缝宽度

如前所述，裂缝宽度是指受拉钢筋截面重心水平处构件侧表面的裂缝宽度。试验表明，裂缝宽度的离散性比裂缝间距更大些。因此，平均裂缝宽度的确定，必须以平均裂缝间距为基础。

(1)平均裂缝宽度计算公式

平均裂缝宽度w_m是平均裂缝间距l_{cr}区段内，钢筋的伸长值$\varepsilon_{sm}l_{cr}$与混凝土伸长值$\varepsilon_{cm}l_{cr}$之差，从图 9-13 可写出下式：

$$w_m=\varepsilon_{sm}l_{cr}-\varepsilon_{cm}l_{cr}=\varepsilon_{sm}l_{cr}\left(1-\frac{\varepsilon_{cm}}{\varepsilon_{sm}}\right) \tag{9-40}$$

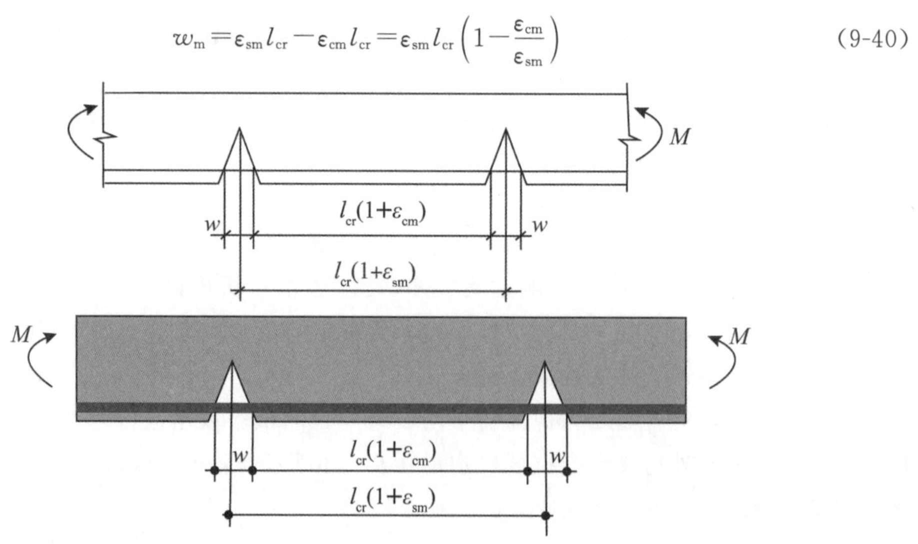

图 9-13　裂缝宽度示意图

试验表明，混凝土受拉平均应变ε_{cm}比纵向受拉钢筋的平均应变ε_{sm}小得多，其比值大致为$\frac{\varepsilon_{cm}}{\varepsilon_{sm}}=0.15$，令$(1-\varepsilon_{cm}/\varepsilon_{sm})=\alpha_c$，并取$\varepsilon_{sm}=\psi\frac{\sigma_{sq}}{E_s}$，则式(9-40)可表示为

$$w_m = \alpha_c \psi \frac{\sigma_{sq}}{E_s} l_{cr} \tag{9-41}$$

式中：α_c——反映裂缝间混凝土伸长对裂缝宽度影响的系数，对受弯、偏心受压构件取$\alpha_c=0.77$，其他构件取$\alpha_c=0.85$；ψ——裂缝间纵向受拉钢筋应变不均匀系数，当 $\psi<0.2$ 时，取 $\psi=0.2$，当 $\psi>1$ 时，取 $\psi=1$；对直接承受重复荷载的构件，取 $\psi=1$；σ_{sq}——按荷载效应的准永久组合并考虑长期作用的影响计算的钢筋混凝土构件纵向受拉钢筋的应力，若构件为预应力混凝土构件，σ_{sq}则替换为按标准组合计算的纵向受拉钢筋的等效应力σ_{sk}；E_s——钢筋的弹性模量；l_{cr}——构件裂缝的平均间距(式(9-37))。

(2)裂缝截面处的钢筋应力

对于钢筋混凝土构件，裂缝截面纵向受拉钢筋的应力σ_{sq}按荷载效应的准永久组合进行计算。对于预应力混凝土构件，受拉区纵向钢筋的等效应力σ_{sk}的计算按荷载效应的标准组合进行计算，具体过程参见 10.5.3 节，这里不予赘述。对于钢筋混凝土构件不同受力情况，σ_{sq}计算过程如下：

1)轴心受拉构件

$$\sigma_{sq} = \frac{N_q}{A_s} \tag{9-42}$$

2)受弯构件

$$\sigma_{sq} = \frac{M_q}{0.87 h_0 A_s} \tag{9-43}$$

3)偏心受拉构件

对于小偏心受拉构件，可参照图 9-14(a)；对于大偏心构件，当截面有受压区存在时，假定受压区合力点与受压钢筋A_s'合力点相重合，可参考图 9-14(b)。由力矩平衡条件可知，不论大、小偏心受拉构件，即不论轴向拉力作用在A_s和A_s'合力点之间或之外，均近似地取内力臂 $z=h_0-a_s'$，因此可采用同一计算式：

$$\sigma_{sq} = \frac{N_q e'}{A_s (h_0 - a_s')} \tag{9-44}$$

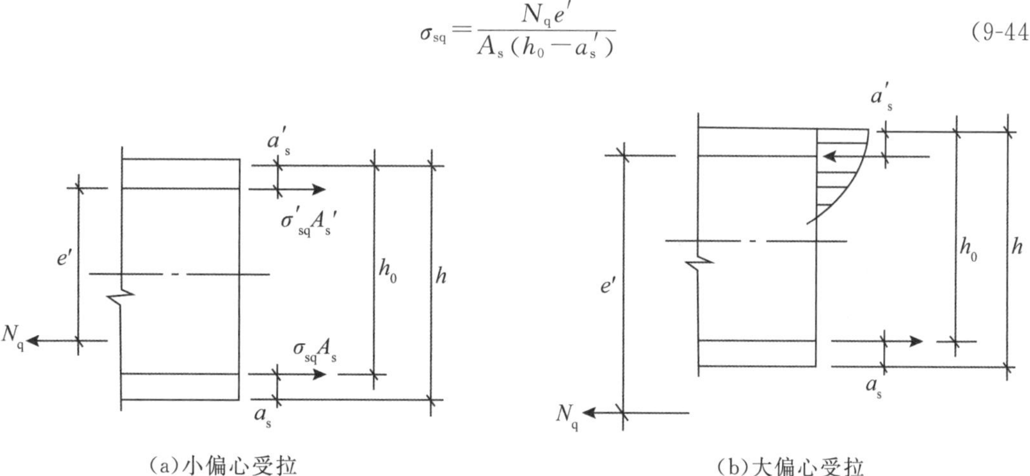

图 9-14　偏拉构件裂缝截面受力示意图

4)偏心受压构件

按图 9-15 对受压区合力点 C 取矩,由力矩平衡条件可得

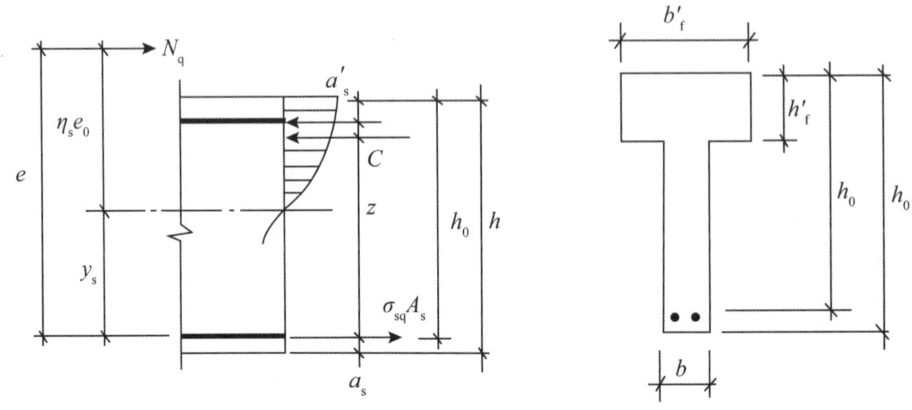

图 9-15　偏压构件裂缝截面应力图

$$\sigma_{sq}=\frac{N_q(e-z)}{A_s z} \tag{9-45}$$

$$z=\left[0.87-0.12(1-\gamma'_f)\left(\frac{h_0}{e}\right)^2\right]h_0 \tag{9-46}$$

$$e=\eta_s e_0+y_s \tag{9-47}$$

$$\gamma'_f=\frac{(b'_f-b)h'_f}{bh_0} \tag{9-48}$$

$$\eta_s=1+\frac{1}{4000\ e_0/h_0}\left(\frac{l_0}{h}\right)^2 \tag{9-49}$$

式(9-42)～(9-49)中:N_q——按荷载效应的准永久组合计算的轴向力值;M_q——按荷载效应的准永久组合计算的弯矩值,对偏心受压构件不考虑二阶效应的影响;A_s——受拉区纵向钢筋截面面积,对轴心受拉构件,取全部纵向钢筋截面面积,对偏心受拉构件,取受拉较大边的纵向钢筋截面面积,对受弯、偏心受压构件,取受拉区纵向钢筋截面面积;e'——轴向拉力作用点至受压区或受拉较小边纵向钢筋合力点的距离;e——轴向拉力作用点至纵向受拉钢筋合力点之间的距离;z——纵向受拉钢筋合力点至截面受压区合力点之间的距离,且不大于 $0.87\ h_0$;η_s——使用阶段的轴向压力偏心距增大系数,当$l_0/h=14$ 时,取$\eta_s=1.0$;y_s——截面重心至纵向受拉钢筋合力点的距离;γ'_f——受压翼缘截面面积与腹板有效截面面积的比值;b'_f、h'_f——受压区翼缘的宽度、高度;当$h'_f>0.2\ h_0$时,取$h'_f=0.2\ h_0$;e_0——荷载准永久组合下的初始偏心距,取为M_q/N_q;l_0——构件的计算长度;h_0——截面的有效高度;h——截面的高度;b——腹板的宽度。

4.最大裂缝宽度及其验算

(1)确定最大裂缝宽度的方法

由于影响结构耐久性和建筑观感的是裂缝的最大开展宽度,因此进行验算时,要求最大

裂缝宽度的计算值不超过《设计规范》规定的允许值。

最大裂缝宽度由平均裂缝宽度乘以扩大系数得到。扩大系数由试验结果的统计分析并参照使用经验确定。对扩大系数，主要考虑以下两种情况：一是在荷载作用下裂缝宽度的不均匀性，存在扩大系数τ_s；二是在荷载长期作用的影响下，混凝土进一步收缩以及受拉混凝土的应力松弛和滑移徐变等导致裂缝间受拉混凝土不断退出工作，在此过程中原有裂缝有所变化，平均裂缝宽度增大较多，又存在一个扩大系数τ_l。

(2)最大裂缝宽度的计算

在荷载作用下的最大裂缝宽度$w_{s,max}$由平均裂缝w_m乘以扩大系数τ_s，在荷载长期作用下的最大裂缝宽度，亦即用以验算时的最大裂缝宽度w_{max}为

$$w_{max}=\tau_l w_{s,max}=\tau_s \tau_l w_m \tag{9-50}$$

根据两批长期加载试验梁的试验结果，分别给出了荷载标准组合下的扩大系数τ_s以及荷载长期作用下的扩大系数τ_l。从式(9-37)和式(9-41)可得最大裂缝宽度计算公式：

$$w_{max}=\alpha_c \tau_s \tau_l \psi \frac{\sigma_{sq}}{E_s}\beta\left(1.9c_s+0.08\frac{d_{eq}}{\rho_{te}}\right) \tag{9-51}$$

根据试验结果，将相关的各种系数归并，令$\alpha_c \tau_s \tau_l \beta=\alpha_{cr}$，对矩形、T 形、倒 T 形和工字形截面的受拉、受弯和大偏心受压构件，按荷载效应的准永久组合并考虑长期作用的影响，其最大裂缝宽度可按下列公式计算：

$$w_{max}=\alpha_{cr}\psi \frac{\sigma_{sq}}{E_s}\left(1.9c_s+0.08\frac{d_{eq}}{\rho_{te}}\right) \tag{9-52}$$

$$\psi=1.1-0.65\frac{f_{tk}}{\rho_{te}\sigma_{sq}}\begin{matrix}>0.2\\<1.0\end{matrix} \tag{9-53}$$

$$d_{eq}=\frac{\sum n_i d_i^2}{\sum n_i v_i d_i} \tag{9-54}$$

$$\rho_{te}=\frac{A_s}{A_{te}}>0.01 \tag{9-55}$$

式中：α_{cr}——构件受力特征系数，按表 9-4 取用；

表 9-4　构件受力特征系数α_{cr}

类型	$\alpha_{cr}(=\alpha_c \tau_s \tau_l \beta)$	
	钢筋混凝土构件	预应力混凝土构件
受弯、偏心受压	1.9(0.77×1.66×1.5×1.0)	1.5
偏心受拉	2.4(0.85×1.9×1.5×1.0)	—
轴心受拉	2.7(0.85×1.9×1.5×1.1)	2.2

ψ——裂缝间纵向受拉钢筋应变不均匀系数：当$\psi<0.2$时，取$\psi=0.2$，当$\psi>1$时，取$\psi=1$；对直接承受重复荷载的构件，取$\psi=1$；

σ_{sq}——按荷载效应的准永久组合计算的钢筋混凝土构件纵向受拉钢筋的应力；或按标

准组合计算的预应力混凝土构件纵向受拉钢筋的等效应力σ_{sk}；

E_s——钢筋的弹性模量按附表 7 取用；

c_s——最外层纵向受拉钢筋外边缘至受拉区底边的距离(mm)，当$c_s<20$时，取$c_s=20$；当$c_s>65$，取$c_s=65$；

ρ_{te}——按有效受拉混凝土截面面积计算的纵向受拉钢筋配筋率；在最大裂缝宽度计算中，当$\rho_{te}<0.01$时，取$\rho_{te}=0.01$，否则将使最大裂缝宽度的计算值偏小；

A_s——纵向受拉钢筋的截面面积；

A_{te}——有效受拉混凝土截面面积；对受弯、偏心受压和偏心受拉构件，$A_{te}=0.5bh+(b_f-b)h_f$，此处b_f、h_f为受拉翼缘的宽度和高度，见图 9-7；

d_{eq}——受拉区纵向受拉钢筋的等效直径(mm)；

d_i——受拉区第 i 种纵向钢筋的公称直径(mm)；

n_i——受拉区第 i 种纵向钢筋的根数；

v_i——受拉区第 i 种纵向钢筋的相对黏结特性系数，按表 9-3 采用；

对承受吊车荷载但不需作疲劳验算的受弯构件，可将式(9-52)计算求得的最大裂缝宽度乘以系数 0.85；

对$e_0/h_0\leqslant 0.55$的偏心受压构件，可不验算裂缝宽度。

应该指出，由于扩大系数τ_s及τ_l是根据大量试验结果统计分析得出的，因此由式(9-52)计算出的最大裂缝宽度，并不就是绝对最大值，而是具有 95%保证率的相对最大裂缝宽度。

板类构件的最大裂缝宽度亦按公式(9-52)计算，并按相应的裂缝宽度限值进行控制，但按式(9-52)计算所得的最大裂缝宽度是指构件侧表面纵向受拉钢筋截面重心水平处的裂缝宽度，对板类构件，这一裂缝宽度往往是难以观测的。如果由于检验要求或外观要求，需知道板底(或梁底)裂缝的宽度w'_{max}时，可按式(9-52)求得的最大裂缝宽度w_{max}，近似地按平截面假定计算(图 9-16)：

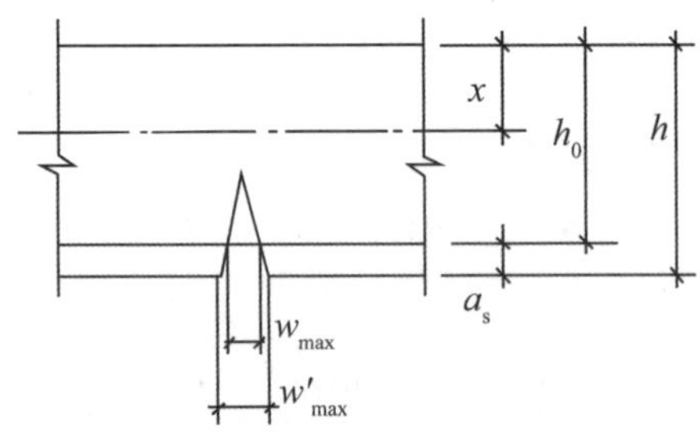

图 9-16　板底裂缝宽度示意图

$$w'_{max}=\frac{h-x}{h_0-x}w_{max} \tag{9-56}$$

式中：x 为截面受压区高度，可近似取 $x=0.35h_0$，代入上式即得

$$w'_{max}=\left(1+1.5\frac{a_s}{h_0}\right)w_{max} \tag{9-57}$$

式中：a_s——受拉钢筋截面重心至构件截面近边的距离；h_0——构件截面的有效高度。

(3)最大裂缝宽度的验算

验算裂缝宽度时应满足

$$w_{max} \leqslant w_{lim} \tag{9-58}$$

式中：w_{lim}——《设计规范》规定的允许最大裂缝宽度，按表9-2取用。

这里讨论的最大裂缝宽度是指在荷载作用下产生的横向裂缝宽度，要求通过验算予以保证。对于斜裂缝宽度，当配置受剪承载力所需的腹筋后，使用阶段的裂缝宽度一般小于0.2mm，故可不必验算。

[例题9.2] 有一钢筋混凝土矩形截面简支梁，计算跨度$l_0=7.0$m，截面尺寸为$b\times h=$ 250mm×700mm；混凝土强度等级为C30；梁承受均布线荷载，其中包括自重的均布永久荷载标准值$g_k=22$kN/m，可变荷载标准值$q_k=8$kN/m(准永久值系数$\psi_q=0.4$)，按正截面承载力计算已配置纵向受拉钢筋为4⌀20，要求验算最大裂缝宽度是否满足要求(构件处于一类环境)。

[解]

(a)计算弯矩

$$M_q=\frac{1}{8}(g_k+\psi_q q_k)l_0^2=\frac{1}{8}\times(22+0.4\times8)\times7.0^2=154.35(\text{kN}\cdot\text{m})$$

(b)计算σ_{sk}及ψ

$$A_{te}=0.5bh=0.5\times250\times700=8.75\times10^4(\text{mm}^2)$$

$$\rho_{te}=\frac{A_s}{A_{te}}=\frac{1256}{8.75\times10^4}=0.0144>0.01$$

$$a_s=20+10+10=40(\text{mm})$$

$$h_0=h-a_s=700-40=660(\text{mm})$$

$$\sigma_{sq}=\frac{M_q}{0.87h_0A_s}=\frac{154.35\times10^6}{0.87\times660\times1256}=214(\text{MPa})$$

$$\psi=1.1-0.65\frac{f_{tk}}{\rho_{te}\sigma_{sq}}=1.1-0.65\times\frac{2.01}{0.0144\times214}=0.6760>0.2<1$$

(c)计算ω_{max}及验算

$$d_{eq}=\frac{n_1d_1^2}{n_1v_1d_1}=\frac{4\times20^2}{4\times1\times20}=20.0(\text{mm})$$

$$\omega_{max}=\alpha_{cr}\psi\frac{\sigma_{sq}}{E_s}\left(1.9c_s+0.08\frac{d_{eq}}{\rho_{te}}\right)$$

$$=1.9\times0.6760\times\frac{214}{2\times10^5}\times\left(1.9\times30+0.08\times\frac{20}{0.0144}\right)=0.23(\text{mm})<0.3\text{mm}$$

裂缝宽度满足要求。

[例题9.3] 有一钢筋混凝土屋架下弦杆，截面尺寸为$b\times h=200$mm×200mm，已配有纵向受拉钢筋3⌀20，混凝土强度等级为C30；弦杆承受荷载准永久值$N_q=160$kN。要求验算最大裂缝宽度是否满足要求(构件处于一类环境)。

［解］

(a)计算σ_{sq}，ρ_{te}和 ψ：

$$\sigma_{sq}=\frac{N_q}{A_s}=\frac{160\times10^3}{942}=170(\text{MPa})$$

$$\rho_{te}=\frac{A_s}{A_{te}}=\frac{942}{0.5\times200\times200}=0.0471>0.01$$

$$\psi=1.1-0.65\frac{f_{tk}}{\rho_{te}\sigma_{sq}}=1.1-0.65\times\frac{2.01}{0.0471\times170}=0.9368>0.2$$

(b)计算ω_{max}

$$\omega_{max}=\alpha_{cr}\psi\frac{\sigma_{sq}}{E_s}\left(1.9c_s+0.08\frac{d_{eq}}{\rho_{te}}\right)$$

$$=2.70\times0.9368\times\frac{170}{20\times10^5}\times\left(1.9\times30+0.08\times\frac{20}{00471}\right)=0.196(\text{mm})$$

(c)验算

$$\omega_{max}=0.196\text{mm}<\omega_{min}=0.3\text{mm}$$

最大裂缝宽度满足规范的要求

［例题 9.4］ 有一钢筋混凝土矩形截面偏心受压柱，计算长度$l_0=6.0$m，截面尺寸为 $b\times h=600\text{mm}\times600\text{mm}$，混凝土强度等级为 C30，用 HRB400 级钢筋对称配筋，A_s和A_s'均为4⌀22，承受轴向压力的准永久值$N_q=500$kN，荷载偏心距$e_0=500$mm。要求验算最大裂缝宽度是否满足要求(构件处于一类环境)。

［解］

(a)计算 e，z

$$a_s=a_s'=20+10+\frac{22}{2}=41(\text{mm})$$

$$h_0=h-a_s=600-41=559(\text{mm})$$

$\frac{e_0}{h_0}=\frac{500}{559}=0.894>0.55$，需要验算裂缝宽度

$$\frac{l_0}{h}=\frac{6000}{600}=10<14 \text{ 取}\eta_s=1.0$$

轴向压力所用点至纵向受拉钢筋A_s合力点距离 e 为

$$e=\eta_s e_0+y_s=\eta_s e_0+\frac{h}{2}-a_s=1.0\times500+\frac{600}{2}-41=759(\text{mm})$$

内力臂的高度 z 为

$$b_f'=0 \text{ 取}\gamma_f'=0$$

$$z=\left[0.87-0.12(1-\gamma_f')\left(\frac{h_0}{e}\right)^2\right]h_0$$

$$=\left[0.87-0.12\times(1-0)\times\left(\frac{559}{759}\right)^2\right]\times559$$

$$=450(\text{mm})<0.87h_0$$

$$=0.87\times559=486.3(\text{mm})$$

(b)计算σ_{sq},ρ_{te}及ψ

$$\sigma_{sq}=\frac{N_q(e-z)}{A_s z}=\frac{500\times10^3\times(759-450)}{1520\times450}=225.9(\text{MPa})$$

$$\rho_{te}=\frac{A_s}{A_{te}}=\frac{1520}{0.5\times600\times600}=0.00844<0.01$$

取$\rho_{te}=0.01$

$$\psi=1.1-0.65\frac{f_{tk}}{\rho_{te}\sigma_{sq}}=1.1-0.65\times\frac{2.01}{0.01\times225.9}=0.522>0.2$$

$$<1.0$$

$$\begin{aligned}\omega_{max}&=\alpha_{ar}\psi\frac{\sigma_{sq}}{E_s}\left(1.9c_s+0.08\frac{d_{oq}}{\rho_{tv}}\right)\\&=1.9\times0.522\times\frac{225.9}{2.0\times10^5}\times\left(1.9\times30+0.08\times\frac{22}{0.01}\right)\\&=0.261\text{mm}<\omega_{max}=0.3\text{mm}\end{aligned}$$

最大裂缝宽度满足规范的要求。

9.3　结构舒适度控制

欧洲建筑设计标准ENV1991－1专门指出,“正常使用极限状态应考虑人的舒适度”,“正常使用极限状态需要对导致人不舒适的振动加以考虑,振动舒适度应该满足ISO2631的要求”。1991年版的ISO10137中,对建筑物在振动环境下的适用性做了一定的规定。而亚洲混凝土模式规范ACMC2001则提出:“应考虑使用者舒适的性能”,且“所有性能指标要用可靠度来衡量”。《设计规范》中首次对结构舒适度提出要求,建议对大跨度混凝土楼盖结构进行自振频率的验算。

楼板结构在正常使用状态下不能有过大的变形,是楼板正常使用极限状态设计的基本要求,各国规范对楼板变形的正常使用极限状态,一般是通过两种途径来保证:(1)规定楼板在荷载效应准永久值下的挠度f不应超过规定的限值(附录10);(2)规定受弯构件截面的最小高跨比。大量的工程实践表明,这些规定对于常见的建筑材料和施工工艺、常用开间大小(<6m)的楼板结构来说,是可以满足正常使用要求的。但是,近几十年来,建筑设计施工技术发生了很大变化,计算方法的进步、轻质高强材料的使用使得结构体系变得更轻、更柔、阻尼更小,楼板尤其是大跨度楼板因人的日常活动引起的振动舒适度问题就逐步表现出来。有研究表明,当楼板的跨度l和楼板振动的基频f_1不满足$f_1\geqslant24/\sqrt{l}$的要求时,就应该考虑楼板的振动舒适度问题。《设计规范》也提出了“对大跨度混凝土楼盖结构,宜进行竖向自振频率验算,其自振频率不宜低于下列要求:住宅和公寓5Hz、办公楼和旅馆4Hz、大跨度公共建筑3Hz,工业建筑及有特殊要求的建筑根据使用功能提出要求”。

思考题

9.1 采用材料力学公式计算钢筋混凝土受弯构件变形时，为什么要对其抗弯刚度 EI 进行修正？

9.2 建立受弯构件短期刚度B_s的计算公式时根据什么假定？通过什么途径？写出平均曲率 φ 的表达式。

9.3 短期刚度B_s计算公式中的三个系数 η、ψ 和 ζ 各具有什么意义？

9.4 在长期荷载作用下，受弯构件的挠度为什么会增大？

9.5 如何在短期刚度B_s的基础上计算受弯构件的刚度 B？

9.6 为什么挠度增大系数 θ 与受压钢筋A_s'的配筋率ρ'有关？

9.7 提高受弯构件截面刚度有哪些措施？什么措施较为有效？

9.8 什么是受弯构件挠度计算时的最小刚度原则？计算挠度时为什么可采用截面最小刚度？在什么情况下可按截面等刚度计算挠度？

9.9 除荷载作用外，引起钢筋混凝土构件开裂的原因还有哪些？

9.10 有哪些原因可能引起受弯构件中沿受拉钢筋的纵向裂缝？

9.11 《设计规范》确定裂缝控制等级时考虑了哪些因素？

9.12 黏结滑移理论和无滑移理论对影响裂缝间距和裂缝宽度的主要因素有什么不同观点？

9.13 画出受弯构件截面开裂前后受拉钢筋和混凝土中的应力变化图以及黏结应力分布图。

9.14 构件在使用阶段，裂缝间距为什么会趋于稳定？

9.15 什么是受拉钢筋的有效约束区？根据这个概念，配筋时应注意些什么问题？

9.16 受弯构件平均裂缝宽度的计算式是如何确定的？

9.17 从平均裂缝宽度计算最大裂缝宽度时应考虑哪些因素？如何考虑？

9.18 减小裂缝宽度有哪些措施？其中哪些措施较为有效？

9.19 《设计规范》对结构舒适度规定了哪些要求？

习　题

9.1 某矩形截面简支梁，计算跨度$l_0=7.0\text{m}$，截面尺寸 $b\times h=250\text{mm}\times600\text{mm}$；混凝土强度等级为 C30，已配有 HRB400 级钢筋 4Φ22；梁承受永久荷载标准值$g_k=18\text{kN/m}$，可变荷载标准值$q_k=16\text{kN/m}$(准永久值系数$\psi_q=0.4$)。要求验算构件的挠度 f，挠度的限值为 $[f]=l_0/200$。

9.2 某钢筋混凝土偏心受压柱，其矩形截面尺寸为 $b\times h=500\text{mm}\times800\text{mm}$，柱的计算长度为$l_0=7.5\text{m}$；受拉钢筋$A_s$和受压钢筋$A_s'$均用 HRB400 级钢筋 4$\Phi$22，混凝土强度等级

为 C30；截面承受按荷载效应的准永久组合计算的轴向压力值 $N_q = 800$kN，弯矩值 $M_q =$ 350kN・m。要求验算裂缝宽度是否满足《设计规范》要求(构件处于一类环境)。

9.3　某钢筋混凝土矩形截面偏心受拉构件，截面尺寸为 $b \times h = 300\text{mm} \times 400\text{mm}$，配置 HRB400 级钢筋，$A_s$ 为 3 ⌀ 25，A_s' 为 2 ⌀ 14，混凝土强度等级为 C30；截面承受按荷载效应的准永久组合计算的轴向拉力值 $N_q = 650$kN，弯矩值 $M_q = 100$kN・m。要求验算裂缝宽度是否满足《设计规范》的要求限值(构件处于一类环境)。

9.4　某钢筋混凝土 T 形截面梁，截面尺寸为 $b \times h = 250\text{mm} \times 600\text{mm}$，$b_f' = 600$m，$h_f' =$ 60mm，配有 HRB400 级钢筋 3 ⌀ 20；混凝土强度等级为 C30；梁承受按荷载效应的准永久组合计算的弯矩值 $M_q = 120$kN・m。要求验算其最大裂缝宽度是否满足《设计规范》要求(构件处于一类环境)。

第 10 章　预应力混凝土构件的计算

知识点:预应力混凝土基本概念,预应力损失相关计算,轴心受力情况下和受弯状态下预应力混凝土构件的截面应力分析、承载力、裂缝宽度和挠度计算。

重　点:预应力损失计算,轴心受拉和受弯状态下预应力构件的设计计算方法。

难　点:轴心受力和受弯状态下预应力混凝土构件的截面应力分析。

日常生活中应用预加应力原理的情况随处可见,如用铁环(或竹箍)箍紧木桶、麻绳绷紧木锯的锯条、辐条收紧车轮钢圈等,其原理是利用预先施加的拉应力抵抗使用过程中出现的压应力,或利用预先施加的压应力抵抗使用过程中出现的拉应力。

对混凝土施加预应力的设想,早在 19 世纪后期就有学者提出。大约在 20 世纪 30 年代,人们研制出了较高强度的钢材,并充分认识到混凝土的收缩、徐变对预应力效应的影响之后,预应力混凝土才逐渐进入实际应用阶段。由于预应力混凝土结构具有不开裂、刚度大、耐久性好等优点,已在土木工程领域被广泛应用。掌握预应力混凝土构件截面应力分析方法和预应力混凝土构件的计算原理,是进行预应力混凝土结构设计的基础。

10.1　基本原理

10.1.1　基本概念

1.预应力的概念

混凝土的抗拉性能远低于抗压性能,其抗拉强度仅为抗压强度的 1/18～1/8,极限拉应变仅为 $0.10\times10^{-3}\sim0.15\times10^{-3}$。钢筋混凝土构件在混凝土开裂前钢筋的拉应力一般大约只有其屈服强度的 1/10(20～30MPa)。当钢筋应力超过此值时,混凝土将产生裂缝。因此,在正常使用阶段,普通钢筋混凝土梁一般是带裂缝工作的,截面的开裂将导致构件刚度降低、变形增大,结构耐久性降低。

一般情况下，高强度钢筋达到其屈服强度时混凝土裂缝宽度可能已经超过使用要求，所以高强度钢筋不能充分发挥作用。提高混凝土强度等级对提高其极限拉应变作用很小，因此在普通钢筋混凝土梁中无法高效地利用高强度的材料，而采用低强度的材料。这势必造成混凝土构件尺寸、自重过大，这在一定程度上限制了普通钢筋混凝土结构的使用范围。

采用预加应力的方法可以弥补上述普通钢筋混凝土梁的缺陷。在混凝土构件受荷载作用之前预先对荷载作用将产生拉应力的混凝土施加压力，结构受荷载作用而产生的拉应力必须先抵消混凝土上预先施加的压应力，然后才能使混凝土受拉。预压应力可减少甚至抵消荷载在混凝土中产生的拉应力，使混凝土结构(构件)在正常使用荷载作用下不产生过大的裂缝，甚至不出现裂缝。

通过张拉预应力筋来施加预应力是最常用的方法。现以图 10-1 所示的简支梁为例，进一步说明预应力混凝土的基本概念。

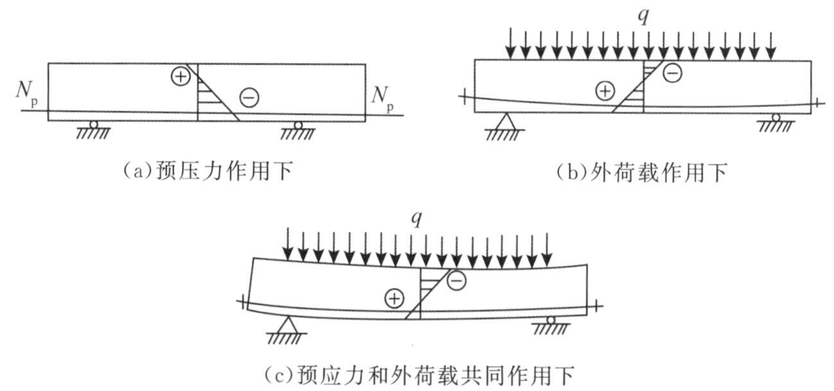

(a)预压力作用下　　(b)外荷载作用下

(c)预应力和外荷载共同作用下

图 10-1　预应力混凝土梁工作原理

如图 10-1(a)所示，在荷载作用之前，混凝土梁的受拉区先施加预应力 N_p，致使截面的下边缘产生压应力 σ_{pc}，上边缘产生拉应力或较小的压应力(这取决于 N_p 的偏心程度)。在荷载 q 作用下，梁截面下部受拉，上部受压，如图 10-1(b)所示，跨中截面下边缘产生拉应力 σ_{ct}。在预应力和荷载共同作用下，该梁跨中截面应力分布等于预压力 N_p 单独作用下截面应力分布与荷载 q 单独作用下截面应力分布的叠加，如图 10-1(c)所示。根据截面的下边缘预压应力值 σ_{pc} 和荷载产生的拉应力值 σ_{ct} 的相对大小的变化，叠加后的截面应力状态可以有以下几种：

当 $\sigma_{pc}>\sigma_{ct}$ 时，荷载产生的拉应力不足以抵消预压应力，截面下边缘仍处于受压状态；

当 $\sigma_{pc}=\sigma_{ct}$ 时，荷载产生的拉应力和预压应力刚好相互抵消，截面下边缘的应力为 0；

当 $\sigma_{pc}<\sigma_{ct}$ 时，荷载产生的拉应力全部抵消预压应力后，在截面下边缘产生拉应力，若其拉应力值未超过混凝土抗拉能力，截面不会开裂，若其拉应力值超过混凝土抗拉能力，截面将开裂。

由此可见，由于预压应力 σ_{pc} 全部或部分抵消了荷载作用下产生的拉应力 σ_{ct}，因而使梁不开裂或延缓裂缝的出现和开展。这表明，施加预应力可以显著地提高混凝土构件的抗裂能力或延缓裂缝的开展，提高刚度，且高强钢材可以使用。

2.施加预应力的目的

美籍华人林同炎教授提出用下述三种不同的概念来分析预应力混凝土,可以全面地理解预应力混凝土的基本概念:

(1)预加应力的目的是将混凝土变成弹性材料

预加应力的目的只是改变混凝土的性能,变脆性材料为弹性材料。这种概念认为预应力混凝土与普通钢筋混凝土是两种完全不同的材料,预应力筋的作用不是配筋,而是施加预压应力以改变混凝土性能的一种手段。如果预压力大于荷载产生的拉应力,则混凝土就不承受拉应力。这种概念要求将无拉应力或零应力作为预应力混凝土的设计准则。这样就可以用材料力学公式计算混凝土的应力、应变和挠度、反拱,十分方便。

(2)预加应力的目的是使高强钢材和混凝土能够共同工作

这种概念是将预应力混凝土看作由高强钢材和混凝土两种材料组成的一种特殊的钢筋混凝土。预先将预应力筋张拉到一定的应力状态,在使用阶段预应力筋的应力(应变)增加的幅度较小,混凝土不开裂或裂缝较细,这样高强钢材就可以和混凝土一起正常工作。因此可以利用这种概念,将预应力筋与普通钢筋做等强代换,减少用钢量,解决受拉钢筋数量过多不便施工的矛盾。很多情况下这种做法是经济的。

(3)预加应力的目的是荷载平衡

预加应力可认为是对混凝土构件预先施加与使用荷载相反的荷载,以抵消部分或全部工作荷载。用荷载平衡的概念调整预应力与外荷载的关系,概念清晰,计算简单,可以方便地控制构件的挠度及裂缝,其优点在超静定预应力结构的设计中尤为突出。

3.预应力混凝土和钢筋混凝土的比较

(1)裂缝及变形

预应力混凝土的裂缝出现较迟、裂缝宽度较小,因此刚度就较大;同时施加预应力会产生结构的反拱,所以挠度就很小。而钢筋混凝土出现裂缝较早、刚度降低过多、挠度过大。

(2)钢筋应力的变化

两种梁的截面要承受的弯矩均由钢筋合力和受压区混凝土压应力合力组成的力矩相平衡,但钢筋应力的变化有很大的不同。开裂后的钢筋混凝土梁中的钢筋应力是随外荷载的增加而增加,内力臂的变化则不大,抵抗弯矩的增大主要是靠钢筋应力的增加;而预应力筋由于已有较高的预拉应力,在使用范围内,随着外荷载的增加,抵抗弯矩的增大主要靠截面内力臂的增加,预应力筋应力增长比例小。因此,在使用荷载下,即使预应力梁开裂,裂宽也较小。

(3)裂缝闭合

预应力程度高的预应力梁,超载时可能开裂,但卸载后裂缝会闭合。而钢筋混凝土梁的裂缝闭合程度就较差。

(4)预应力被克服后

一旦预应力被克服后，预应力混凝土和钢筋混凝土之间就没有本质的不同，预应力混凝土梁的受弯承载能力或轴拉构件的承载能力与钢筋混凝土相同，与是否施加预应力无关。

4.预应力混凝土结构的优点

预应力混凝土结构主要有以下几方面的优点：

(1)预应力结构可充分发挥结构工程师的主观能动性，变被动设计为主动设计。

(2)在使用荷载作用下不开裂或延迟开裂、限制裂缝开展，提高结构的耐久性。

(3)可以合理、有效地利用高强钢筋和高强混凝土，从而节省材料，减轻结构自重。

(4)可以提高结构或构件的刚度，使混凝土结构的应用范围进一步扩大。

(5)施加预应力相当于对结构或构件做了一次检验，有利于保证质量。

(6)由于在正常使用阶段钢筋和混凝土的应力变化幅度较小，重复荷载下的抗疲劳性能较好。

(7)具有良好的裂缝闭合性能。

(8)可以提高抗剪性能。

预应力混凝土结构主要适用于受弯、受拉和大偏心受压构件。预应力混凝土结构设计的计算、构造、施工等方面比钢筋混凝土结构复杂，设备及技术要求也较高，应注意预应力结构的合理性、经济性。

10.1.2　预加应力的方法

预加应力的方法有多种，如通过预应力筋对混凝土施加压力，在结构构件和其支墩之间用千斤顶顶压，用绕丝法对环形结构造成环向压力，采用膨胀水泥使钢筋受拉、混凝土受压，使超静定结构的一部分对另一部分产生位移或转角以形成需要的内应力等等。

张拉预应力筋的方法有千斤顶张拉、机械张拉、电热法张拉、化学张拉等。目前应用最普遍的是用液压千斤顶张拉预应力筋。千斤顶张拉可分为先张法和后张法两类。

1.先张法

先张法在混凝土浇筑前张拉预应力筋，其主要施工工艺如下(图 10-2)：

(1)在生产台座上张拉钢筋至要求的控制应力，并将其临时锚固于台座上；

(2)浇筑混凝土构件；

(3)待构件混凝土达到一定的强度(一般不低于混凝土设计强度等级的 75%)后，切断预应力筋。由于预应力筋的回缩受到混凝土构件的约束，混凝土构件受压产生预压力；

(4)预应力混凝土构件制作完成，可出槽、安装。

在先张法预应力混凝土构件中，预应力的传递主要是通过预应力筋与混凝土之间的黏结力，有时也补充设置特殊的锚具。

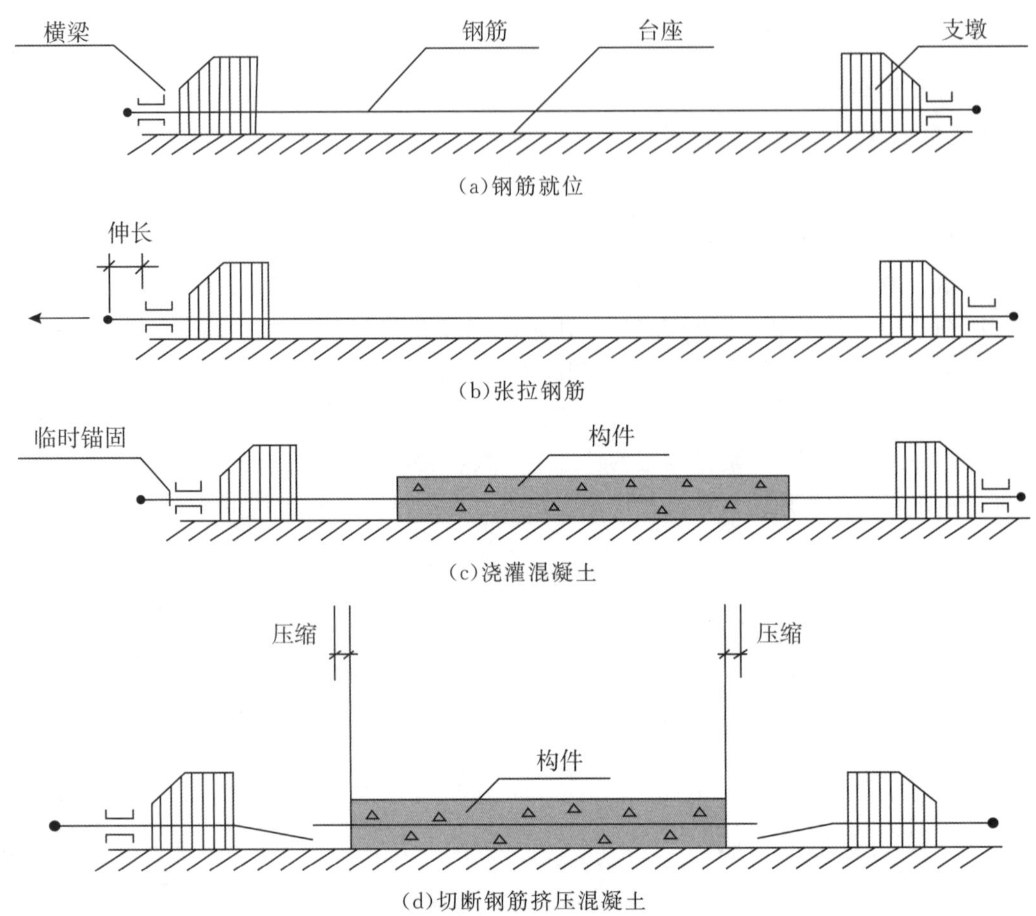

(a)钢筋就位

(b)张拉钢筋

(c)浇灌混凝土

(d)切断钢筋挤压混凝土

图 10-2　先张法施工工序图

先张法生产有台座法和钢模法。先张法工艺简单，生产效率高，质量易保证，成本低，是目前我国生产预应力混凝土构件的主要方法之一。为了便于运输，先张法一般用于生产中小型构件，如楼板、屋面板、檩条和中小型吊车梁等。

2. 后张法

后张法在混凝土达到一定强度后直接在构件上张拉预应力(图 10-3)，其主要的施工工艺如下：

(1)制作混凝土构件(或块体)，并在预应力筋位置处预留孔道；

(2)待混凝土达到一定强度(一般不低于混凝土设计强度等级的 75%)后，穿预应力筋，然后直接在构件上张拉预应力筋，同时混凝土受压；

(3)当预应力筋张拉至要求的控制应力值时，在张拉端用锚具将其锚固，使构件的混凝土维持受压状态；

(4)最后向预留孔道内压浆。

在后张法预应力混凝土构件中，预应力的传递主要是依靠设置在预应力筋两端的锚固装置(锚具及其垫板等)。

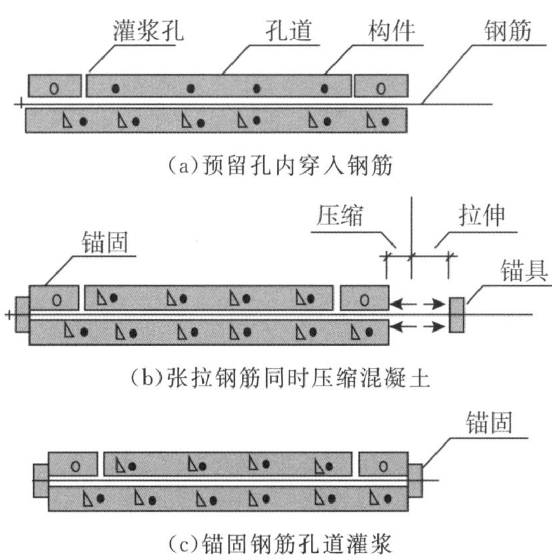

图 10-3　后张法施工工序图

后张法预应力混凝土构件施工时不需要台座，且预应力筋可以按预留孔道的形状成折线或曲线布置，因而，可更好地根据结构的受力特点，调整预应力沿结构(构件)的分布。但是，与先张法构件相比，后张法需要锚具，构造和施工工艺复杂，成本较高，一般适用于现场施工的大型构件或结构。

10.1.3　预应力混凝土分类

1. 全预应力混凝土和部分预应力混凝土

如前面所述，在正常使用荷载作用下，随预应力和荷载相对大小的变化，预应力混凝土构件受拉区的应力状态有 3 种可能：受拉区混凝土不出现拉应力，仍处于受压状态；受压区混凝土已出现拉应力，但截面尚未开裂；受拉区混凝土已经开裂。根据预应力混凝土构件受拉区的应力状态，一般可把预应力混凝土结构分为全预应力混凝土构件和部分预应力混凝土构件。

(1)全预应力混凝土

在正常使用荷载作用下受拉区不出现拉应力的预应力混凝土构件称为全预应力混凝土构件。全预应力混凝土构件抗裂性好、刚度大和抗疲劳性能好，但存在一些显著的缺点，主要有以下几个方面：

1)浪费钢材。全预应力设计以使用荷载下不出现拉应力为控制条件，其受弯承载力富余较多，预应力筋用量大。

2)反拱值较大。由于要求施加的预应力较大，引起结构的反拱较大，且预压区混凝土长期处于高压应力状态，混凝土的徐变使反拱不断增长。对于正常使用时永久荷载相对较小而活荷载相对较大，且活荷载最大值较少出现的结构，其不利影响将更大。

3)预拉区易开裂。在制作、运输、堆放和安装过程中，截面预拉区往往会开裂，甚至在预拉区也需要设置预应力筋。

4)延性较差。全预应力混凝土构件虽然抗裂能力较强,但开裂荷载和极限荷载较接近,导致结构延性较差,这对结构的抗震性能和内力重分布是不利的。

5)施工难度大、费用高。全预应力混凝土构件,一般须对全部纵向受拉钢筋施加预应力,且张拉控制应力取值较高,因此,对张拉设备及锚具等要求较高,施工难度较大,费用也较高。另外,在张拉或放张预应力筋时,锚具下混凝土受到较大的局部应力,所需要的附加钢筋数量也较多。

(2)部分预应力混凝土

在正常使用荷载作用下受拉区已出现拉应力或裂缝的预应力混凝土构件,称为部分预应力混凝土构件。而在正常使用荷载作用下受拉区已出现拉应力,但不出现裂缝的预应力混凝土构件,可称为有限预应力混凝土构件。

与全预应力混凝土构件相比,部分预应力混凝土构件可以克服延性差、反拱值过大等不足,同时,可以合理地控制构件在使用荷载下裂缝的产生和发展,减少预应力值或预应力筋的数量,简化了施工。因此,具有较好的结构性能和综合经济效果。

试验研究和工程实践表明,采用部分预应力混凝土构件较为合理。可以认为,部分预应力混凝土是预应力混凝土结构设计和应用的主要发展方向。因此,在设计预应力混凝土结构时,构件抗裂要求不宜过高。

2.无黏结和有黏结预应力混凝土

对后张法预应力混凝土构件,根据预应力筋与混凝土之间的黏结状态,可以分为有黏结预应力混凝土构件和无黏结预应力混凝土构件。

当预应力筋张拉至要求的应力后,以有黏结的材料通过压力灌浆将预留孔道填实密封,使预应力筋沿全长与周围混凝土黏结,这种构件即称为有黏结预应力混凝土构件。当预应力筋沿全长与周围混凝土不黏结,可发生相对滑动,靠锚具传力,这种构件即称为无黏结预应力混凝土构件。

对无黏结预应力混凝土构件,为了防止预应力筋的腐蚀,可采用在预应力筋上镀锌、涂油脂或其他防腐措施。需要时,预应力混凝土构件可以做成部分无黏结、部分有黏结。

10.2 材料及锚夹具

10.2.1 材 料

1.混凝土

在预应力混凝土结构中,应采用高强度、低徐变和低收缩的混凝土。高强度混凝土可以适应高强度预应力筋的要求,建立尽可能高的预应力,从而提高结构构件的抗裂度和刚度。

同时，高强度混凝土的弹性模量较高，徐变和收缩较小，相应预应力损失较小。选择混凝土强度等级时，应考虑构件的跨度、使用条件、施工方法及预应力筋的种类等因素。《设计规范》规定，预应力混凝土结构的混凝土强度不宜低于 C40，且不应低于 C30。为了适应现代预应力混凝土结构发展的需要，混凝土应向快硬、高强、轻质方向发展。

2. 预应力筋

在预应力混凝土结构中，预应力筋要求高强度、低松弛。混凝土预应力的大小主要取决于预应力筋的数量、张拉控制应力及预应力的损失。在结构构件的施工和使用过程中，由于各种因素的影响，预应力筋将会产生预应力损失（降低），其值有时可达到 200MPa 左右。因此必须采用高强度、低松弛的钢材，才可以建立较高的预应力值，以达到预期效果。同时，预应力筋应具有一定的塑性，保证结构在达到承载力极限状态时具有一定的延性，尤其是当结构处于低温或受冲击荷载作用时，更应注意预应力筋的塑性和抗冲击韧性，以免发生脆性断裂。预应力筋还应具有良好的加工性能（可焊性和冷镦性以及热镦后原有的力学指标基本不变的性能）。此外，钢筋还应具有耐腐蚀性能及与混凝土间良好的黏结性能等。预应力筋宜采用预应力钢丝、钢绞线、预应力螺纹钢筋。

3. 灌浆材料

（1）灌浆材料性能应符合现行国家标准《水泥基灌浆材料应用技术规范》（GB/T 50448）规定。

（2）孔道灌浆材料进场时应附有质量证明书，并做进场复验。

10.2.2　锚/夹具

锚具和夹具是锚固预应力筋的工具，它主要是依靠摩擦阻力、握裹和承压来固定预应力筋。能够重复使用的锚固工具称为夹具，而留在构件上不再取下的锚固工具称为锚具。锚具、夹具应具有足够的强度和刚度，以保证预应力混凝土构件的安全可靠；同时，应使预应力筋尽可能不产生滑移，以可靠地传递预应力。

锚具可以分为两大类：第一类是利用楔作用原理，产生对预应力钢筋的摩擦挤压作用，将预应力钢筋楔紧锚固，简称为摩阻式锚具，或称为楔紧式锚具。这类锚具由于构造的不同又分为锥塞式和夹片式（JM 型、XM 型、QM 型和 OVM 型）。第二类依靠预应力的钢筋端部形成的镦头或螺帽垫板直接支承载构件的混凝土上，简称为支承式锚具。这类锚具包括镦头锚具、螺丝端杆锚具。

下面简要介绍几种预应力筋常用的锚具。

（1）QM 型锚具

QM 型锚具（见图 10-4）由锚板和夹片组成，分单孔和多孔。多孔锚具称为群锚。群锚锚具是在一块多孔的锚板上，利用每个锥形孔装一副夹片夹持一根钢绞线束的一种楔紧式锚具。这种锚具的优点是任何一根钢绞线锚固失效，都不会引起整束锚固失效，但构件端部需要扩孔。每束钢绞线的根数不受限制，锚下构造措施一般采用铸铁喇叭管及螺旋筋。铸铁喇叭管是将端头垫板与喇叭管铸成整体，可解决混凝土承受大吨位局部压力及预应力孔道与端头垫板的垂直问题。与 QM 型锚具类似的群锚 OVM、HVM 及 XM 等多种。

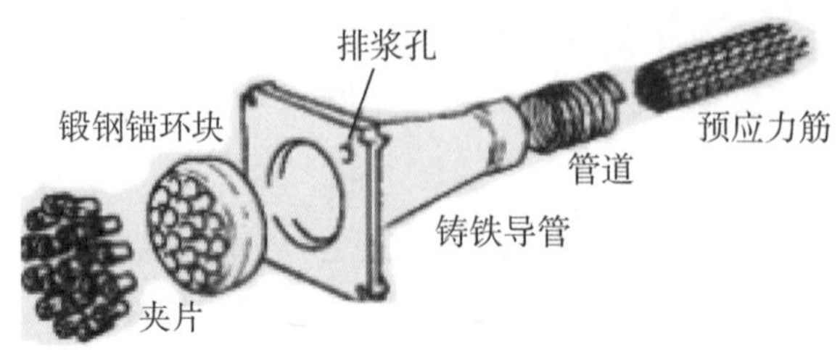

图 10-4　QM 型锚具

(2)JM 型锚具

JM 型锚具(见图 10-5)是由锚环和楔块(夹片)组成，楔块的两个侧面设有带齿的半圆槽，每个楔块卡在两根预应力筋之间，楔块与预应力筋共同形成组合式锚塞，将预应力筋束楔紧。JM 型锚具可锚固钢绞线和粗钢筋。这种锚具的优点构件端部不需要扩孔。但一个楔块的损坏将导致整束预应力筋失效。JM 型锚具锚固的预应力筋根数一般不超过 6 根。

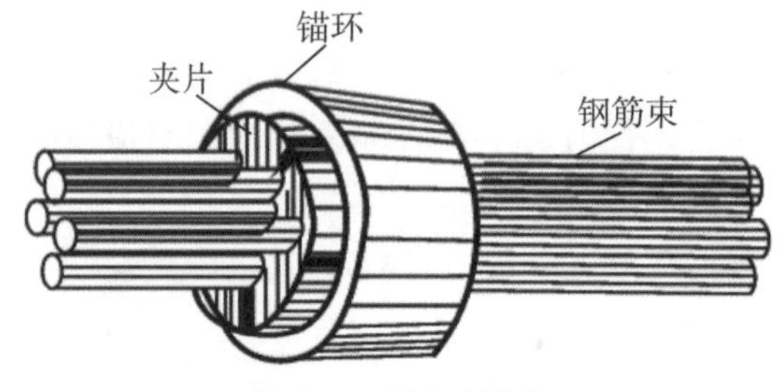

图 10-5　JM 型锚具

(3)螺丝端杆锚具

螺丝端杆锚具主要用于锚固粗钢筋，如图 10-6 所示。预应力钢筋两端与短的螺丝端杆通过对焊连接，张拉后，拧紧螺帽，预应力钢筋通过螺帽和垫板将预压力传到构件上。这种支承式锚具使用简单，受力可靠，滑移量小，对预应力筋长度短的情况尤其适用。

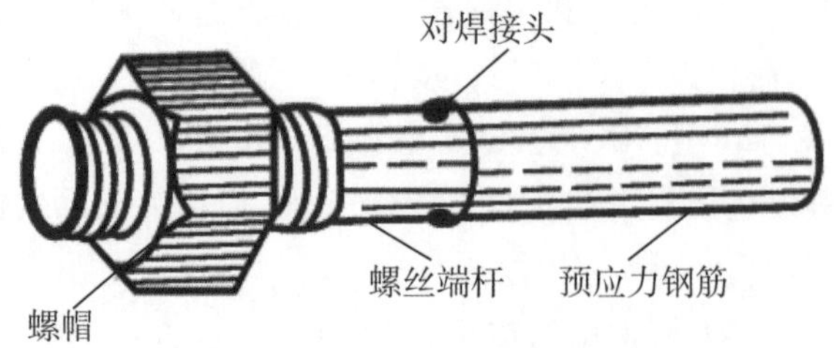

图 10-6　螺丝端杆锚具

(4)镦头锚具

钢丝束镦头锚具(见图 10-7)是利用钢丝的镦粗头来锚固预应力钢丝的一种支承式锚具，这种锚具加工简单，张拉方便，锚固可靠，成本低廉，预应力钢丝节省，但对钢丝等下料要求较严，人工较费。

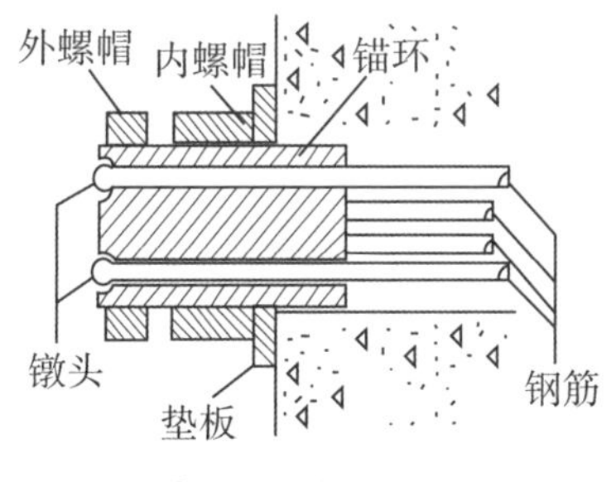

图 10-7　镦头锚具

(5)锥塞式锚具

这里用弗氏锚具(见图 10-8)来介绍锥塞式锚具。弗氏锚具是由锚环和锚塞组成,预应力筋张拉完毕后千斤顶将锚塞顶入锚环,将预应力筋锚固在锚塞与锚环之间。与镦头锚相比,弗氏锚对钢丝下料要求不高,施工方便,但滑移较大。

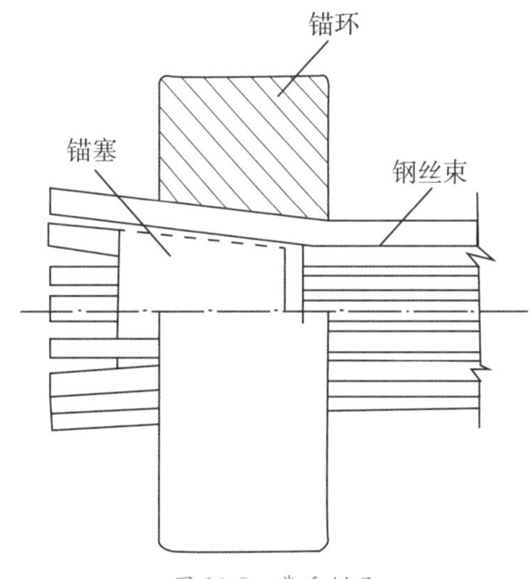

图 10-8　弗氏锚具

10.3　张拉控制应力和预应力损失

10.3.1　张拉控制应力 σ_{con}

张拉预应力钢筋时允许的最大张拉应力称为张拉控制应力,亦即张拉钢筋时张拉设备所控制的总张拉力除以预应力钢筋的截面面积所得到的应力值。钢筋张拉越紧,张拉控制应力越高,混凝土获得的预压应力越大,构件的抗裂度也越高。但不是张拉控制应力越高越好,如果张拉控制应力过高,会带来以下一些问题:

(1)张拉控制应力过高,构件延性较差。

(2)构件出现裂缝时的荷载和极限荷载将十分接近,这使构件破坏前缺乏足够的预兆。

(3)当构件施工采用超张拉工艺时,可能会使个别钢筋的应力超过其屈服强度,产生永久变形或发生脆断。

(4)增加预应力钢筋的应力松弛损失。

(5)构件反拱值可能过大。

(6)对张拉设备、机具和锚具等要求均较高,经济效益不好。

因此,《设计规范》规定了张拉控制应力 σ_{con} 应符合表 10-1 规定,且不应小于 $0.4f_{ptk}$,对预应力螺纹钢筋不宜小于 $0.5f_{pyk}$,其中 f_{ptk} 为预应力筋极限强度标准值,f_{pyk} 为预应力螺纹钢筋屈服强度标准值。

表 10-1　张拉控制应力 σ_{con} 限值

项次	钢种	张拉控制应力限值
1	消除应力钢丝、钢绞线	$0.75f_{ptk}$
2	预应力螺纹钢筋	$0.85f_{pyk}$
3	中强度预应力钢丝	$0.70f_{ptk}$

当 σ_{con} 数值在下列情况下允许提高 $0.05f_{ptk}$ 或 $0.05f_{pyk}$:

(1)为提高构件在制作、运输及吊装等施工阶段的抗裂性能,而在使用阶段的受压区内设置的预应力钢筋。

(2)为了部分抵消由于应力松弛、摩擦、钢筋分批张拉以及预应力钢筋与张拉台座间的温差等原因产生的预应力损失,而对预应力钢筋进行超张拉时。

10.3.2　预应力损失值 σ_l

钢筋张拉完毕或经历一段时间后,由于张拉工艺和材料性能等原因,钢筋中的张拉应力将逐渐降低,这种降低称为预应力损失。预应力损失会降低预应力效果,降低构件的抗裂度和刚度,若预应力损失过大,会使构件过早出现裂缝,甚至起不到预应力的作用。引起预应力损失的因素很多,要精确地进行计算是十分困难的。这一方面是由于预应力损失值随时间的增长和环境的变化而不断发生变化;另一方面则因为许多因素相互影响,某一因素引起的预应力损失往往受到另一因素的制约,这种相互影响导致预应力损失的计算十分复杂。

在工程设计中,为了简化,采用将各种因素引起的预应力损失值叠加的办法来估算预应力总损失值,介绍如下。

1. 预应力钢筋和孔道壁之间摩擦引起的预应力损失值 σ_{l2}

预应力钢筋与孔道壁之间的摩擦引起的预应力损失值 σ_{l2} 应包括:①沿孔道长度上局部位置偏移;②曲线弯道摩擦的影响。

由于孔道长度上局部位置偏移引起的摩擦系数 κ 与下列因素有关:孔道成型的质量状况(如孔道不直、孔道尺寸偏差、孔壁粗糙等);预应力钢筋接头的外形(如对焊接头偏心、弯折等);预应力钢筋和孔壁接触程度(预应力钢筋和孔壁之间的间隙值和预应力钢筋在孔道中的偏心距数值等)。

从图 10-9 可见,预应力钢筋张拉时与孔壁的某些部位接触产生法向力,它与张拉力成正比,并在与张拉相反方向产生摩阻力,使钢筋中的预拉应力减小,离张拉端越远,预拉应力值越小。

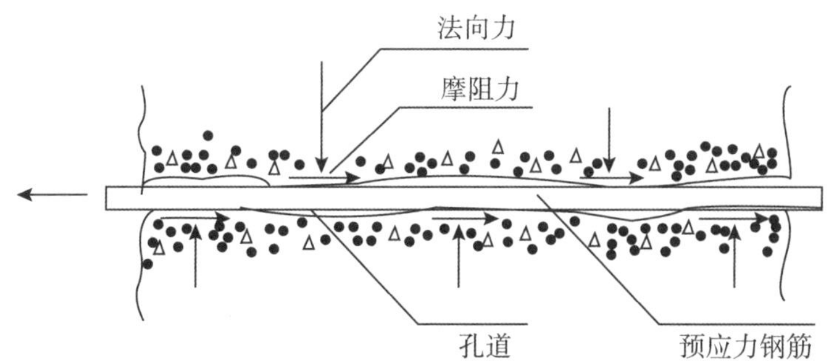

图 10-9　预应力筋张拉时与孔道壁摩擦引起预预应力损失

当采用曲线预应力钢筋时,预应力钢筋在弯道处也会产生垂直于孔壁的法向力,从而引起摩擦力,它与曲线孔道部分的曲率有关,在曲线预应力钢筋摩擦损失中,预应力钢筋与曲线弯道之间的摩擦引起的损失是控制因素。

预应力钢筋与孔道壁之间摩擦引起的预应力损失值 σ_{l2} 可按下式计算:

$$\sigma_{l2}=\sigma_{con}\left(1-\frac{1}{e^{\kappa x+\mu\theta}}\right) \tag{10-1}$$

当$(\kappa x+\mu\theta)\leqslant 0.3$ 时,σ_{l2} 可按以下近似公式计算:

$$\sigma_{l2}=(\kappa x+\mu\theta)\sigma_{con} \tag{10-2}$$

式中:κ——考虑孔道每米长度局部偏差的摩擦系数,按表 10-2 取用;x——张拉端至计算截面的距离(以 m 计),亦可取该段孔道在纵轴上的投影长度,当 $x>l_f$ 时,取 $x=l_f$;μ——预应力钢筋与孔道壁之间的摩擦系数,按表 10-2 取用;θ——从张拉端至计算截面曲线孔道各部分切线的夹角之和(rad)。

表 10-2　摩擦系数

孔道成型方式	κ	μ	
		钢绞线、钢丝束	预应力螺纹钢筋
预埋金属波纹管	0.0015	0.25	0.50
预埋塑料波纹管	0.0015	0.15	—
预埋钢管	0.0010	0.30	—
抽芯成型	0.0014	0.55	0.60
无黏结预应力筋	0.0040	0.09	—

注:摩擦系数也可根据实测数据确定。

在式(10-1)中,对按抛物线、圆弧曲线变化的空间曲线及可分段后叠加的广义空间曲线,夹角之和可按下列近似公式计算。

抛物线、圆弧曲线：$\theta=\sqrt{\alpha_{v}^{2}+\alpha_{h}^{2}}$

广义空间曲线：$\theta=\sum\sqrt{\Delta\alpha_{v}^{2}+\Delta\alpha_{h}^{2}}$

式中：α_{v}、α_{h}——按抛物线、圆弧曲线变化的空间曲线在竖直向、水平向投影所形成抛物线、圆弧曲线的弯转角；$\Delta\alpha_{v}$、$\Delta\alpha_{h}$——广义空间曲线预应力筋在竖直向、水平向投影所形成分段曲线的弯转角增量。

为了减少摩擦损失 σ_{l2}，可采用以下措施：

(1)对较长的构件或弯曲角度较大时，可在两端进行张拉，则计算中的孔道长度即可减少 1/2，σ_{l2} 亦可减少一半。

(2)采用超张拉工艺，有如下两种方法可供选用：

$$0\longrightarrow1.05\sigma_{con}\xrightarrow{\text{持荷 2 分钟}}\sigma_{con}$$

$$0\longrightarrow1.03\sigma_{con}$$

2. 张拉端锚具变形和钢筋内缩引起的预应力损失值 σ_{l1}

(1)预应力直线钢筋

预应力钢筋张拉完毕，用锚具锚固在台座和构件上时，由于锚具变形和锚具、螺帽、垫板与构件之间缝隙的挤紧以及钢筋和楔块在锚具中的滑移内缩，引起预应力损失 σ_{l1}，可按下式计算：

$$\sigma_{l1}=\frac{\alpha}{l}E_{s} \tag{10-3}$$

式中：α——张拉端锚具的变形和钢筋内缩值(mm)，按表 10-3 取用；l——张拉端至锚固端之间的距离(mm)；E_{s}——预应力钢筋弹性模量。

表 10-3　锚具变形和钢筋内缩值 α(mm)

锚具类别		α
支承式锚具(钢丝束镦头锚具等)	螺帽缝隙	1
	每块后加垫板的缝隙	1
夹片式锚具	有顶压时	5
	无顶压时	6～8

注：1)表中的锚具变形和钢筋内缩值也可根据实测数据确定；

2)其他类型的锚具变形和钢筋内缩值应根据实测数据确定。

块体拼成的结构，其预应力损失尚应计及块体间填缝的预压变形。当采用混凝土或砂浆为填缝材料时，每条填缝的预压变形值可取为 1mm。

(2)预应力曲线钢筋或折线钢筋

后张法预应力曲线或折线钢筋由于锚具变形和预应力钢筋内缩时，将产生反向摩擦。这种因反向摩擦作用引起的预应力损失值在张拉端最大，随着与张拉端的距离增大而逐渐减小直至消失，如图 10-10 所示。

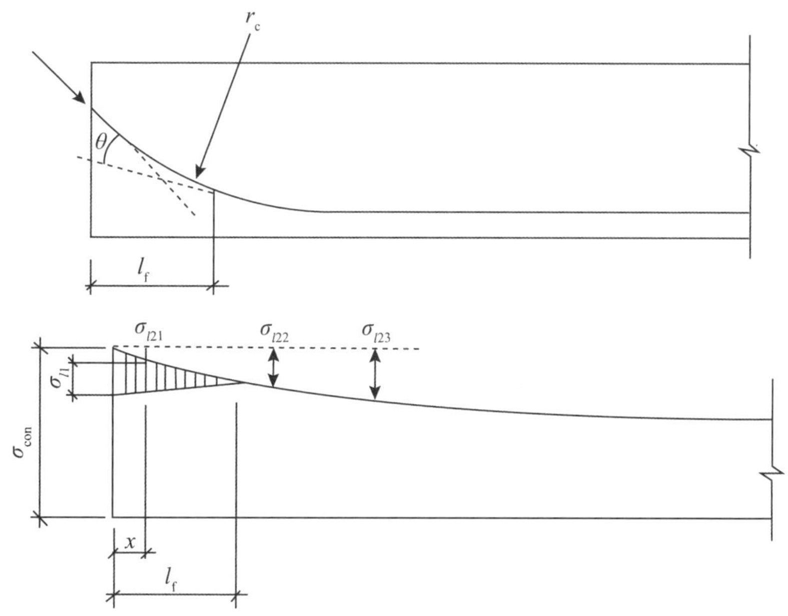

图 10-10　锚具变形和钢筋内缩引起的损失值计算

损失值 σ_{l1} 可根据预应力曲线或折线钢筋与孔壁之间反向摩擦影响长度 l_f 范围内预应力钢筋总变形值，与锚具变形和预应力钢筋内缩值相等的条件确定。

抛物线形预应力钢筋可近似按圆弧形曲线预应力钢筋考虑，当其对应的圆心角 $\theta \leqslant 45°$（对无黏结预应力筋 $\theta \leqslant 90°$）时，由于锚具变形和钢筋内缩，在反向摩擦影响长度 l_f 范围内的预应力损失值 σ_{l1} 可按下式计算：

$$\sigma_{l1}=2\sigma_{con}l_f\left(\frac{\mu}{\gamma_c}+\kappa\right)\left(1-\frac{x}{l_f}\right) \tag{10-4}$$

反向摩擦影响范围的长度 l_f 可按下式计算：

$$l_f=\sqrt{\frac{\alpha E_s}{1000\sigma_{con}(\mu/\gamma_c+\kappa)}} \tag{10-5}$$

式中：γ_c——圆弧形曲线预应力钢筋的曲率半径（以 m 计）；κ——考虑孔道每米长度局部偏差的摩擦系数，按表 10-2 取用；x——张拉端至计算截面的距离（以 m 计），亦可取该段孔道在纵轴上的投影长度，当 $x>l_f$ 时，取 $x=l_f$；μ——预应力钢筋与孔道壁之间的摩擦系数，按表 10-2 取用；α——张拉端锚具的变形和钢筋内缩值（mm），按表 10-3 取用；E_s——预应力钢筋弹性模量。

锚具变形和钢筋内缩的预应力损失值 σ_{l1} 只考虑张拉端，因为锚固端的锚具在张拉过程中已被挤紧。

3. 预应力钢筋与台座间温差引起的预应力损失值 σ_{l3}

先张法预应力混凝土构件常采用加热养护以加速台座周转。当温度升高时，所浇混凝土尚未结硬，与钢筋亦未黏结成整体，这时，预应力钢筋温度将高于台座温度，两者间的温差使预应力筋受热伸长。但钢筋是被张紧并锚固在台座上的，不能自由伸长，故钢筋的张紧程度有所放松，亦即使张拉应力降低，产生应力损失值 σ_{l3}。降温时，混凝土与预应力筋已建立起黏结力，两者一起回缩，由于钢筋和混凝土的温度线膨胀系数相近，因此所损失的钢筋应力值 σ_{l3} 已不能恢复。

设台座与预应力筋之间的温差为 Δt（以℃计），当钢筋的线膨胀系数为 $\alpha=1\times10^{-5}/℃$，则 σ_{l3} 可按下式计算：

$$\sigma_{l3}=\alpha E_s\Delta t=1\times10^{-5}\times2\times10^{5}\times\Delta t=2\Delta t(\text{MPa}) \tag{10-6}$$

为了减少温差损失，可采用两阶段升温养护制度。第一阶段升温不超过温差 $\Delta t=20℃$，养护至混凝土强度达到 7.5～10MPa 后，预应力筋与混凝土已建立起一定的黏结力。再升温时，混凝土与钢筋同时伸长，因而预应力筋的应力不会再降低。然后再升温至规定养护温度，则第二阶段将无预应力损失，因此 $\sigma_{l3}=2\times20=40$（MPa）。

4. 预应力钢筋应力松弛引起的预应力损失值 $\boldsymbol{\sigma_{l4}}$

钢筋在高应力下，具有随时间增长而产生塑性变形的性能。在钢筋长度保持不变的条件下，钢筋应力会随时间的增长而降低，这种现象称为应力松弛。预应力筋张拉后固定在台座或构件上，都会引起应力松弛，这种由于应力松弛引起的预应力钢筋应力降低值称为预应力钢筋应力松弛损失值 σ_{l4}。

钢筋应力松弛与以下因素有关：

（1）钢筋性能：预应力钢丝和钢绞线有普通松弛和低松弛两种，前者的应力松弛损失要大于后者。

（2）张拉时的初始应力值和钢筋极限强度的比值：当初始应力 $\sigma_{con}\leqslant0.7f_{ptk}$ 时，应力松弛与初始应力呈线性关系；当初始应力 $\sigma_{con}>0.7f_{ptk}$ 时，应力松弛显著增大，在高应力下，短时间的松弛可达到低应力下较长时间才能达到的数值。当初始应力 $\sigma_{con}\leqslant0.5f_{ptk}$ 时，实际的应力松弛值已很小，为简化计算，取其损失值为零。

（3）与时间有关：张拉初期松弛发展很快，1000 小时后增加缓慢，5000 小时后仍有所发展，在张拉后的前 2 分钟内，松弛值大约为总松弛值的 30%，5 分钟内约为 40%，24 小时内完成 80%～90%。

根据以上特性，为了减少应力松弛损失，可采用以下任意一种超张拉方法。

$0\longrightarrow1.05\sigma_{con}\xrightarrow{\text{持荷 2 分钟}}\sigma_{con}$

$0\longrightarrow1.03\sigma_{con}$

预应力钢筋的应力松弛 σ_{l4} 可按以下规定取用：

对消除应力的钢丝、钢绞线；

（1）普通松弛

$$\sigma_{l4}=0.4\left(\frac{\sigma_{con}}{f_{ptk}}-0.5\right)\sigma_{con} \tag{10-7}$$

（2）低松弛

当 $\sigma_{con}\leqslant0.7f_{ptk}$ 时

$$\sigma_{l4}=0.125\left(\frac{\sigma_{con}}{f_{ptk}}-0.5\right)\sigma_{con} \tag{10-8}$$

当 $0.7f_{ptk}<\sigma_{con}\leqslant 0.8f_{ptk}$ 时

$$\sigma_{l4}=0.2\left(\frac{\sigma_{con}}{f_{ptk}}-0.575\right)\sigma_{con} \tag{10-9}$$

当 $\sigma_{con}\leqslant 0.5f_{ptk}$ 时

$$\sigma_{l4}=0 \tag{10-10}$$

对预应力螺纹钢筋：

(1)一次张拉：

$$\sigma_{l4}=0.04\sigma_{con} \tag{10-11}$$

(2)超张拉：

$$\sigma_{l4}=0.03\sigma_{con} \tag{10-12}$$

此外，涉及公路桥梁预应力损失计算问题，若采用预应力螺纹钢筋，根据《公路钢筋混凝土及预应力桥涵规范》，应力松弛引起的预应力损失应分别取 $0.05\sigma_{con}$ 和 $0.035\sigma_{con}$。

对中强度预应力钢丝：

$$\sigma_{l4}=0.08\sigma_{con} \tag{10-13}$$

5. 混凝土收缩、徐变引起的预应力损失值 σ_{l5}

混凝土的收缩使构件体积减小，在预压力作用下，混凝土沿受压方向还要产生徐变，亦使构件的长度缩短，使预应力钢筋随之回缩，引起收缩和徐变损失值 σ_{l5}。由于收缩和徐变是伴随产生的，两者的影响因素很相似，还由于收缩和徐变引起钢筋应力变化的规律也很相似且相互作用，所以一般可合并考虑两者所产生的预应力损失。

国内对混凝土收缩、徐变的试验研究表明，应考虑预应力钢筋和非预应力钢筋配筋率对 σ_{l5} 的影响，其影响可通过构件的总配筋率 $\rho(\rho=\rho_p+\rho_s)$ 来反映。

混凝土收缩、徐变引起受拉区和受压区纵向预应力钢筋的预应力损失值 σ_{l5}、σ_{l5}' 可按以下公式计算：

(1)先张法构件：

$$\sigma_{l5}=\frac{60+340\dfrac{\sigma_{pc}}{f_{cu}'}}{1+15\rho} \tag{10-14}$$

$$\sigma_{l5}'=\frac{60+340\dfrac{\sigma_{pc}'}{f_{cu}'}}{1+15\rho'} \tag{10-15}$$

(2)后张法构件：

$$\sigma_{l5}=\frac{55+300\dfrac{\sigma_{pc}}{f_{cu}'}}{1+15\rho} \tag{10-16}$$

$$\sigma_{l5}'=\frac{55+300\dfrac{\sigma_{pc}'}{f_{cu}'}}{1+15\rho'} \tag{10-17}$$

式中：σ_{pc}，σ_{pc}'——受拉区和受压区预应力钢筋在各自合力点处的混凝土法向压应力，此时仅考虑与时间相关的混凝土预压前的第一批预应力损失，非预应力钢筋中的应力 σ_{l5}、σ_{l5}'应取为零；σ_{pc}、σ_{pc}'的值不大于 $0.5f_{cu}'$，当 σ_{pc}'为拉应力时，取 $\sigma_{pc}'=0$；计算 σ_{pc} 和 σ_{pc}'时可根据构件制作情况考虑自重的影响；f_{cu}'——施加预应力时，混凝土立方体抗压强度；ρ，ρ'——受拉区和受压区预应力钢筋和非预应力钢筋的配筋率。

对先张法构件：

$$\rho=\frac{A_p+A_s}{A_0},\rho'=\frac{A_p'+A_s'}{A_0}$$

对后张法构件：

$$\rho=\frac{A_p+A_s}{A_n},\rho'=\frac{A_p'+A_s'}{A_n}$$

对于对称配置预应力钢筋和非预应力钢筋的构件，取 $\rho=\rho'$，此时配筋率 ρ 和 ρ'应按其钢筋总截面面积的 1/2 进行计算；对仅配置一束或一根预应力钢筋的轴心受拉构件，计算 ρ 及 ρ'时，预应力钢筋的截面面积取实际钢筋截面面积的 1/2。

由式(10-14)～(10-17)可见，后张法 σ_{l5} 的取值比先张法构件要低些，这是因为后张法构件在施加预应力时，混凝土的收缩已完成了一部分；此外，σ_{l5} 与相对初应力 σ_{pc}/f_{cu}'为线性关系，故式(10-14)～(10-17)给出的是线性徐变条件下的应力损失，故必须符合 $\sigma_{pc}\leqslant 0.5f_{cu}'$的条件，否则将产生非线性徐变，预应力损失值将显著增加。

以上各式是在一般相对湿度下给出的公式，《设计规范》规定：当结构处于年平均湿度低于 40％的环境下时，σ_{l5} 和 σ_{l5}'值应增加 30％。

当采用泵送混凝土时，宜根据实际情况考虑混凝土收缩徐变引起预应力损失值的增大。

对重要结构构件，当需要考虑与时间相关的混凝土收缩徐变及钢筋应力松弛引起的预应力损失时，可按《设计规范》附录 K 进行计算。

混凝土收缩和徐变引起的预应力损失在总损失值中所占的比重是比较大的。

为了减少损失，应采取减少混凝土收缩和徐变值的各种措施，如采用强度等级较高的水泥、减少水泥用量、降低水灰比、骨料有良好的级配、振捣密实及改善养护条件等。

6. 环形结构的预应力损失值 $\boldsymbol{\sigma_{l6}}$

当螺旋式预应力钢筋配筋的环形结构，由于预应力钢筋对混凝土的局部挤压，将引起预应力损失值 σ_{l6}。

混凝土受到挤压后，环形结构的直径将减小 2δ(δ 为挤压变形值)，如图 10-11 所示，则 σ_{l6} 可按下式计算：

$$\sigma_{l6}=\varepsilon_s E_s=\frac{\delta}{R}E_s \tag{10-18}$$

从上式可见，σ_{l6} 与环形构件半径 R 成反比，直径越大，σ_{l6} 越小，故《设计规范》规定：

当直径 $D\leqslant 3$m 时，$\sigma_{l6}=30$MPa；

当直径 $D>3$m 时，$\sigma_{l6}=0$。

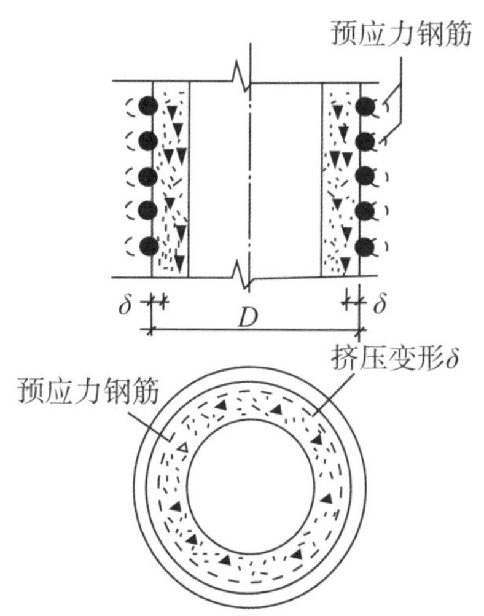

图 10-11　环形结构预应力筋对混凝土局部挤压引起应力损失值

除上述 6 种预应力损失值外，后张法构件当配筋较多时，需采用分批张拉。此时，后批钢筋张拉时所产生的混凝土弹性压缩或伸长将对先批张拉钢筋处的混凝土产生压缩变形，而使先批张拉钢筋中原来建立的预应力值降低，故称分批张拉损失。若分若干批张拉，则每批张拉时都将逐次降低应力值，且数值均不同。此时可将先批张拉钢筋的张拉控制应力值 σ_{con} 增加或减少 $\alpha_E\sigma_{pci}$，此处 $\alpha_E=E_s/E_c$，σ_{pci} 为后批张拉钢筋在先批张拉钢筋重心处产生的混凝土法向应力。当采用相同的张拉控制应力值时，应计算分批张拉预应力损失值。

7. 预应力损失的组合

上述介绍的各种预应力损失是分批产生的，不同受力阶段应所考虑的预应力损失情况是不同的，因此，需要分阶段对预应力损失值进行组合。通常把混凝土预压前产生的预应力损失称为第一批损失，其值以符号 $\sigma_{l\text{I}}$ 表示；把混凝土预压后产生的预应力损失称为第二批损失，其值以符号 $\sigma_{l\text{II}}$ 表示。$\sigma_{l\text{I}}$ 和 $\sigma_{l\text{II}}$ 可按表 10-4 的规定确定。

表 10-4　各阶段预应力损失值的组合

预应力损失值的组合	先张法构件	后张法构件
混凝土预压前(第一批)的损失 $\sigma_{l\text{I}}$	$\sigma_{l1}+\sigma_{l2}+\sigma_{l3}+\sigma_{l4}$	$\sigma_{l1}+\sigma_{l2}$
混凝土预压后(第二批)的损失 $\sigma_{l\text{II}}$	σ_{l5}	$\sigma_{l4}+\sigma_{l5}+\sigma_{l6}$

注：先张法构件由于钢筋应力松弛所引起的损失 σ_{l4} 在混凝土预压前后都会产生，所占的比例如需区分，可按实际情况确定。

预应力损失的计算是非常复杂的，上述方法计算的预应力损失值和实际情况往往具有一定的误差，有时候甚至误差较大。为了保证预应力效果，《设计规范》规定，当按计算求得的预应力总损失值（$\sigma_l=\sigma_{l\text{I}}+\sigma_{l\text{II}}$）小于以下数值时，则按以下数值取用：先张法构件为 100MPa；后张法构件为 80MPa。

10.4 预应力混凝土轴心受拉构件的计算

预应力混凝土轴心受拉构件一般应进行荷载作用阶段的承载力计算、抗裂度或裂缝宽度的验算，此外还应进行施工阶段的验算。

10.4.1 应力分析

在预应力混凝土构件中，钢筋和混凝土的应力在张拉、放张、产生预应力损失、构件运输安装、承受使用荷载以及破坏等各阶段是不相同的。在对后张法或先张法预应力混凝土构件做各阶段的应力分析时，通常将其分为两个阶段——施工阶段和使用阶段，其中又包括若干个不同的受力过程。

后张法构件：

(1)在预制构件预留孔道穿入预应力钢筋，此时预应力钢筋、非预应力筋和混凝土无应力。

(2)张拉预应力钢筋，预压混凝土，此过程存在摩擦损失 σ_{l2}，相应预应力钢筋拉应力为

$$\sigma_{p}=\sigma_{con}-\sigma_{l2} \tag{10-19}$$

非预应力钢筋压应力：

$$\sigma_{s}=-\alpha_{ES}\sigma_{pc} \tag{10-20}$$

α_{ES} 为非预应力筋与混凝土弹性模量之比，$\alpha_{ES}=E_s/E_c$，σ_{pc} 为混凝土中预压应力，由截面上力的平衡条件求得

$$\sigma_{pc}=\frac{(\sigma_{con}-\sigma_{l2})A_p}{A_c+\alpha_{ES}A_s}=\frac{(\sigma_{con}-\sigma_{l2})A_p}{A_n} \tag{10-21}$$

式中：A_n——净截面面积。

$$A_n=A_c+\alpha_{ES}A_s=A-A_h+(\alpha_{ES}-1)A_s \tag{10-22}$$

(3)预压力钢筋张拉完毕锚固后，由锚具变形和钢筋内缩引起的预压力损失 σ_{l1}，至此完成第一批预应力损失 $\sigma_{l\,\mathrm{I}}=\sigma_{l1}+\sigma_{l2}$。此时，预应力钢筋拉应力为

$$\sigma_{p\mathrm{I}}=\sigma_{con}-\sigma_{l\,\mathrm{I}} \tag{10-23}$$

非预应力钢筋中的压应力为

$$\sigma_{s\mathrm{I}}=-\alpha_{ES}\sigma_{pc\mathrm{I}} \tag{10-24}$$

同样由截面力的平衡条件求得混凝土预压应力 $\sigma_{pc\mathrm{I}}$

$$\sigma_{pc\mathrm{I}}=\frac{(\sigma_{con}-\sigma_{l\mathrm{I}})A_p}{A_n}=\frac{N_{p\mathrm{I}}}{A_n} \tag{10-25}$$

式中：$N_{p\mathrm{I}}$——完成第一批预应力损失后的预应力钢筋合力，$N_{p\mathrm{I}}=(\sigma_{con}-\sigma_{l\mathrm{I}})A_p$。

(4)随着时间增长，钢筋应力松弛和混凝土收缩徐变引起的预压力损失结束，完成第二批预应力损失，$\sigma_{l\,\mathrm{II}}=\sigma_{l4}+\sigma_{l5}$，至此全部预应力损失完成，此时，预应力钢筋拉应力为

$$\sigma_{p\,\mathrm{II}}=\sigma_{con}-\sigma_{l} \tag{10-26}$$

非预应力钢筋中的压应力为

$$\sigma_{s\,II}=-(\alpha_{ES}\sigma_{pc\,II}+\sigma_{l5}) \tag{10-27}$$

同样由截面力的平衡条件求得混凝土预压应力 $\sigma_{pc\,I}$

$$\sigma_{pc\,II}=\frac{(\sigma_{con}-\sigma_l)A_p-\sigma_{l5}A_s}{A_n}=\frac{N_{p\,II}}{A_n} \tag{10-28}$$

式中：$N_{p\,II}$ 为完成全部预应力损失后，预应力和非预应力钢筋合力，$N_{p\,II}=(\sigma_{con}-\sigma_l)A_p-\sigma_{l5}A_s$。

(5)在外荷载轴心拉力作用下，混凝土产生拉应力 σ_c，当加荷至混凝土有效预压应力为 0 时，此时混凝土应力为 0，称为截面消压状态。此时预应力钢筋拉应力为

$$\sigma_{p0}=\sigma_{con}-\sigma_l+\alpha_{EP}\sigma_{pc\,II} \tag{10-29}$$

非预应力钢筋应力为

$$\sigma_{s0}=-\sigma_{l5} \tag{10-30}$$

由截面平衡条件，可知此时相应轴心拉力 N_{p0} 为

$$N_{p0}=\sigma_{pc\,II}A_0 \tag{10-31}$$

式中：A_0 为换算截面面积，$A_0=A_n+\alpha_{EP}A_p$。

(6)随着荷载继续增加，混凝土中拉应力不断增大，当达到混凝土抗拉强度 f_{tk} 时，混凝土开裂。此时预应力钢筋拉应力为

$$\sigma_{p,cr}=(\sigma_{con}-\sigma_l+\alpha_{EP}\sigma_{pc\,II})+\alpha_{EP}f_{tk} \tag{10-32}$$

非预应力钢筋应力为

$$\sigma_{s,cr}=\alpha_{ES}f_{tk}-\sigma_{l5} \tag{10-33}$$

由截面平衡条件，可知此时相应轴心拉力 N_{cr} 为

$$N_{cr}=(\sigma_{pc\,II}+f_{tk})A_0 \tag{10-34}$$

从上式可见，预应力混凝土抗裂能力优于普通混凝土，主要是增加了 $\sigma_{pc\,II}A_0$ 一项，其数值比 $f_{tk}A_0$ 项大得多。

(7)此时裂缝已经充分发展，混凝土进入破坏阶段，裂缝截面混凝土相继退出工作，预应力钢筋和非预应力筋均达到抗拉强度设计值，极限承载力 N_u 为

$$N_u=f_{py}A_p+f_yA_s \tag{10-35}$$

从上式可见，极限承载力不因施加预应力而有所提高。

先张法构件：

(1)台座上穿预应力筋，尚未张拉，此时预应力钢筋、非预应力筋和混凝土无应力。

(2)张拉预应力钢筋，全部预拉力由台座承受，相应预应力钢筋拉应力为 σ_{con}。

(3)完成第一批预应力损失，$\sigma_{l\,I}=\sigma_{l1}+\sigma_{l3}+\sigma_{l4}$，此时，预应力钢筋拉应力为 $\sigma_p=\sigma_{con}-\sigma_l$ 混凝土依然未受力。

(4)放松预应力筋后预压混凝土，由于黏结应力阻止预应力筋回缩，从而挤压混凝土。此时预应力钢筋与混凝土共同变形，预应力钢筋中拉应力相应减少 $\alpha_{EP}\sigma_{pc\,I}$，预应力筋拉应

力为

$$\sigma_{p\,I}=\sigma_{con}-\sigma_{l\,I}-\alpha_{EP}\sigma_{pc\,I} \tag{10-36}$$

非预应力钢筋中压应力为

$$\sigma_{s\,I}=-\alpha_{ES}\sigma_{pc\,I} \tag{10-37}$$

由截面力的平衡条件求得混凝土预压应力 $\sigma_{pc\,I}$

$$\sigma_{pc\,I}=\frac{(\sigma_{con}-\sigma_{l\,I})A_p}{A_0}=\frac{N_{p0\,I}}{A_0} \tag{10-38}$$

式中：$N_{p0\,I}$——完成第一批预应力损失后预应力钢筋合力。

(5)完成第二批预应力损失，$\sigma_{l\,II}=\sigma_{l5}$，至此全部预应力损失完成。在此过程中，钢筋和混凝土进一步受压缩短，预应力钢筋中拉应力由 $\sigma_{p\,I}$ 降低为 $\sigma_{p\,II}$，混凝土压应力 $\sigma_{pc\,I}$ 降低为 $\sigma_{pc\,II}$。由于第二批预应力损失 $\sigma_{l\,II}$，预应力钢筋中应力将减少 $\sigma_{l\,II}$，混凝土中预压力减少 $\sigma_{pc\,I}-\sigma_{pc\,II}$。因此预应力钢筋中的拉应力将恢复 $\alpha_{EP}(\sigma_{pc\,I}-\sigma_{pc\,II})$。此时，预应力钢筋拉应力为

$$\sigma_{p\,II}=(\sigma_{con}-\sigma_l)-\alpha_{EP}\sigma_{pc\,II} \tag{10-39}$$

非预应力钢筋中的压应力为

$$\sigma_{s\,II}=-(\alpha_{ES}\sigma_{pc\,II}+\sigma_{l5}) \tag{10-40}$$

同样由截面力的平衡条件求得混凝土预压应力 $\sigma_{pc\,I}$

$$\sigma_{pc\,II}=\frac{(\sigma_{con}-\sigma_l)A_p-\sigma_{l5}A_s}{A_0}=\frac{N_{p\,II}}{A_0} \tag{10-41}$$

式中：$N_{p\,II}$——完成全部预应力损失后，预应力和非预应力钢筋合力，$N_{p\,II}=(\sigma_{con}-\sigma_l)A_p-\sigma_{l5}A_s$。

(6)随着轴心拉力增大，混凝土中的预压力逐渐减小。当拉应力与预压力相等时，此时混凝土中应力为零，称为截面消压状态。对应预应力钢筋拉应力为

$$\sigma_{p0}=\sigma_{con}-\sigma_l \tag{10-42}$$

与后张法构件混凝土消压状态相比，先张法预压力钢筋对应拉应力少了项 $\alpha_{EP}\sigma_{pc\,II}$。

非预应力钢筋应力为

$$\sigma_{s0}=-\sigma_{l5} \tag{10-43}$$

由截面平衡条件，可知此时相应轴心拉力 N_{p0} 为

$$N_{p0}=\sigma_{pc\,II}A_0 \tag{10-44}$$

(7)随着拉应力增大，混凝土中应力达到 f_{tk}，混凝土开裂。此时预应力钢筋拉应力为

$$\sigma_{p,cr}=(\sigma_{con}-\sigma_l)+\alpha_{EP}f_{tk} \tag{10-45}$$

非预应力钢筋应力为

$$\sigma_{s,cr}=\alpha_{ES}f_{tk}-\sigma_{l5} \tag{10-46}$$

由截面平衡条件，可知此时相应轴心拉力 N_{cr} 为

$$N_{cr}=(\sigma_{pc\,II}+f_{tk})A_0 \tag{10-47}$$

从上式可见，先张法与后张法抗裂轴力相同，与普通混凝土相比，预应力混凝土抗裂能力提高主要是增加了 $\sigma_{pc\,II}A_0$ 一项。

(8)破坏阶段,裂缝截面混凝土相继退出工作,此时预应力钢筋和非预应力筋均达到抗拉强度设计值,极限承载力 N_u 为

$$N_u = f_{py} A_p + f_y A_s \tag{10-48}$$

从上式可见,先张法构件与后张法构件相同,极限承载力不因施加预应力而有所提高。

从上述后张法与先张法应力分析,可归纳预应力混凝土以下特点:

预压力钢筋始终处于高应力状态,σ_{con} 为预应力钢筋在构件受荷前承受最大应力;混凝土外荷载达到消压荷载前,一直承受压应力,充分利用混凝土抗压强度高的特点;预压力混凝土出现裂缝时间比普通钢筋混凝土构件大大推迟,抗裂能力大大提高,但是两者极限荷载比较接近,因此延性较差;预应力混凝土和普通混凝土的承载力基本相同。

后张法和先张法预应力混凝土轴心受拉构件各阶段应力分析见表 10-5 和表 10-6。

表 10-5　后张法预应力混凝土轴心受拉构件各阶段应力分析

受力阶段		预应力构件受力全过程图	预应力钢筋应力	非预应力筋应力	混凝土应力
施工阶段	预留孔道内穿入钢筋	$\sigma_p=0$；A_s；A_p	0	0	0
	张拉钢筋	σ_p；σ_s；σ_{pc}；σ_s；σ_p；σ_s	$\sigma_{con}-\sigma_{l2}$	$-\alpha_{ES}\sigma_{pc}$	$\dfrac{(\sigma_{con}-\sigma_{l2})A_p}{A_n}$
	完成第一批预应力损失	$\sigma_{p\,I}$；$\sigma_{s\,I}$；$\sigma_{pc\,I}$；$\sigma_{pc\,I}$；$\sigma_{s\,I}$；$\sigma_{s\,I}$；$\sigma_{s\,I}$	$\sigma_{con}-\sigma_{l\,I}$	$-\alpha_{ES}\sigma_{pc\,I}$	$\dfrac{(\sigma_{con}-\sigma_{l\,I})A_p}{A_n}$
	完成第二批预应力损失	$\sigma_{p\,II}(\sigma_{pe})$；$\sigma_{s\,II}$；$\sigma_{pc\,II}$；$\sigma_{pc\,II}$；$\sigma_{s\,II}$；$\sigma_{s\,II}$；$\sigma_{s\,II}$	$\sigma_{con}-\sigma_l$	$-(\alpha_{ES}\sigma_{pc\,I}+\sigma_{l5})$	$\dfrac{(\sigma_{con}-\sigma_l)A_p-\sigma_{l5}A_s}{A_n}$
使用阶段	消压状态	N_{p0}；σ_{p0}；N_{p0}；σ_{s0}；$\sigma_c=0$；N_{cr}；$\sigma_{s,cr}$；$\sigma_{s,cr}$；$\sigma_{s,cr}$	$\sigma_{con}-\sigma_l+\alpha_{EP}\sigma_{pc\,II}$	$-\sigma_{l5}$	0

续表

受力阶段		预应力构件受力全过程图	预应力钢筋应力	非预应力筋应力	混凝土应力
使用阶段	抗裂极限状态	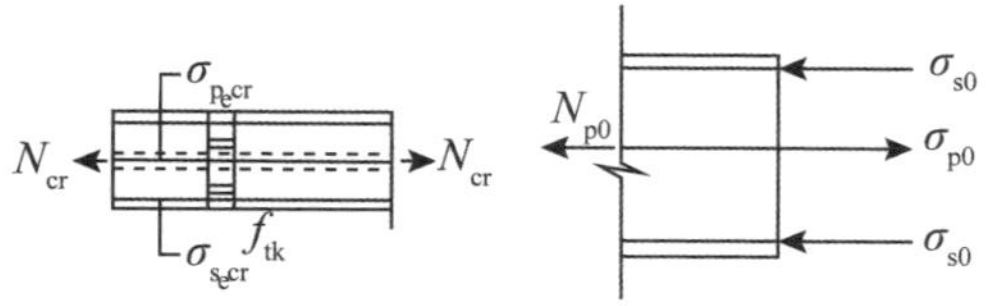	$(\sigma_{con}-\sigma_l+\alpha_{EP}\sigma_{pc\,II})+\alpha_{EP}f_{tk}$	$\alpha_{ES}f_{tk}-\sigma_{l5}$	f_{tk}
	受拉承载力极限状态	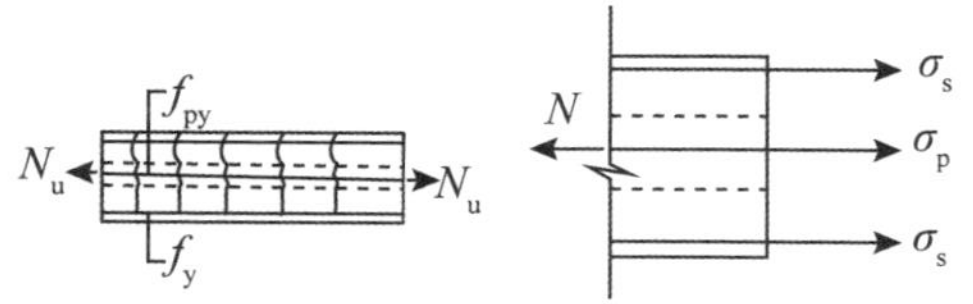	f_{py}	f_y	0

表 10-6　先张法预应力混凝土轴心受拉构件各阶段应力分析

受力阶段		预应力构件受力全过程图	预应力钢筋应力	非预应力应力	混凝土应力
施工阶段	台座穿钢筋	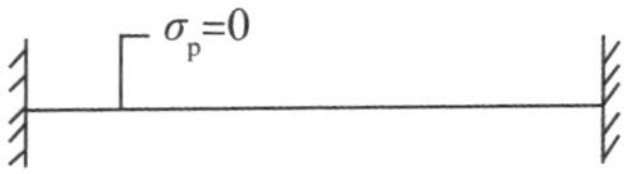 $\sigma_p=0$	0	0	0
	张拉钢筋	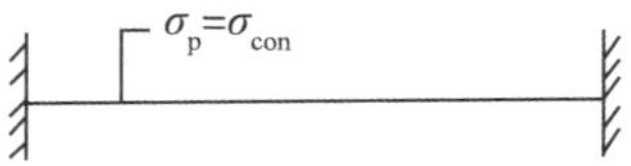 $\sigma_p=\sigma_{con}$	σ_{con}	0	0
	完成第一批预应力损失	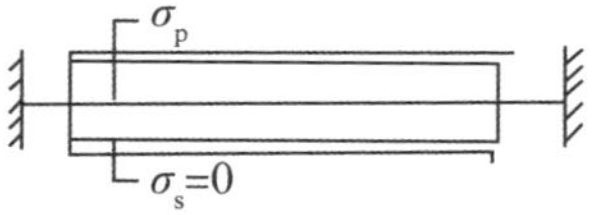 σ_p　$\sigma_s=0$	$\sigma_{con}-\sigma_{lI}$	0	0
	放松钢筋	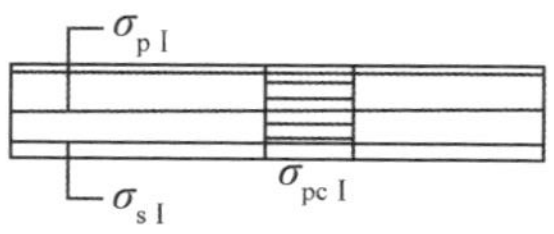 $\sigma_{p\,I}$　$\sigma_{s\,I}$　$\sigma_{pc\,I}$	$\sigma_{con}-\sigma_{l\,I}-\alpha_{EP}\sigma_{pc\,I}$	$-\alpha_{ES}\sigma_{pc\,I}$	$\dfrac{(\sigma_{con}-\sigma_l)A_p}{A_0}$
	完成第二批预应力损失		$(\sigma_{con}-\sigma_l)-\alpha_{EP}\sigma_{pc\,II}$	$-(\alpha_{ES}\sigma_{pc\,II}+\sigma_{l5})$	$\dfrac{(\sigma_{con}-\sigma_l)A_p-\sigma_{l5}A_s}{A_0}$

续表

受力阶段		预应力构件受力全过程图	预应力钢筋应力	非预应力应力	混凝土应力
使用阶段	消压状态	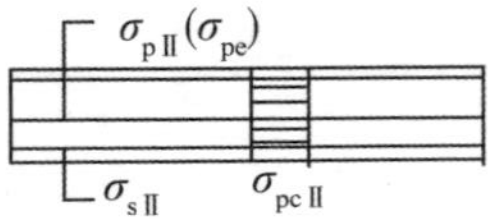 $\sigma_{p\,II}(\sigma_{pe})$, $\sigma_{s\,II}$, $\sigma_{pc\,II}$	$\sigma_{con}-\sigma_l$	$-\sigma_{l5}$	0
	抗裂极限状态	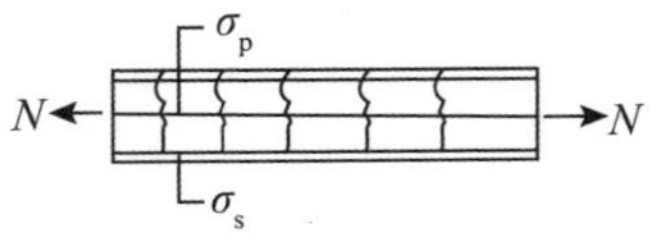 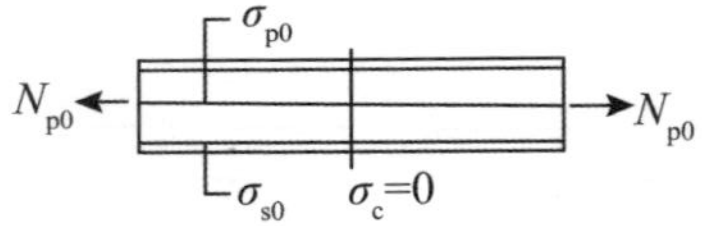 σ_p, σ_s, N, N; σ_{p0}, σ_{s0}, $\sigma_c=0$, N_{p0}, N_{p0}	$(\sigma_{con}-\sigma_l)+\alpha_{EP}f_{tk}$	$-\sigma_{l5}+\alpha_{ES}f_{tk}$	f_{tk}
	受拉承载力极限状态	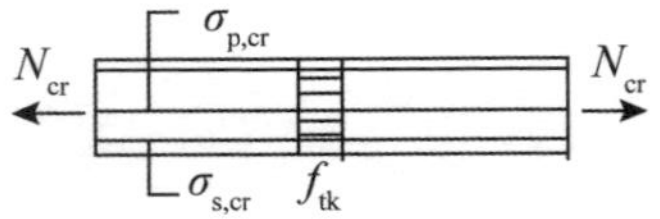 $\sigma_{p,cr}$, $\sigma_{s,cr}$, f_{tk}, N_{cr}, N_{cr}	f_{py}	f_y	0

10.4.2　承载能力的计算

预应力混凝土轴心受拉构件的配筋包括预应力筋和非预应力筋。配置非预应力构造钢筋，可以承受张拉预应力筋时可能发生的偏心，或运输吊装时可能出现的拉应力；对三级抗裂要求的构件，尚需增配部分非预应力钢筋以与预应力钢筋共同承受外拉力。

当构件到达承载力极限状态时，全部轴向拉力由预应力钢筋 A_p 和非预应力钢筋 A_s 承受，它们分别达到抗拉强度设计值 f_{py} 和 f_y，承载力计算式如下：

$$N \leqslant N_u (= f_{py}A_p + f_yA_s) \tag{10-49}$$

式中：N——轴心拉力设计值；N_u——截面受拉承载力设计值；f_{py}，f_y——预应力和非预应力钢筋抗拉强度设计值；A_p，A_s——预应力和非预应力钢筋截面面积。

10.4.3　抗裂度计算

《设计规范》将预应力混凝土和普通钢筋混凝土构件的裂缝分为三个等级，分别采用拉应力和裂缝宽度进行控制，其验算条件如下：

一级抗裂——严格要求不出现裂缝的构件，在荷载效应的标准组合下，构件中不允许出现拉应力，即要求：

$$\sigma_{ck} - \sigma_{pcII} \leqslant 0 \tag{10-50}$$

二级抗裂——一般要求不出现裂缝的构件，在荷载效应的标准组合下，允许构件出现拉应力，但不应超过其抗拉强度标准值，即要求：

$$\sigma_{ck} - \sigma_{pcII} \leqslant f_{tk} \tag{10-51}$$

三级抗裂——允许出现裂缝，预应力混凝土构件的最大裂缝宽度可按荷载标准组合并考虑长期作用影响的效应计算。最大裂缝宽度应符合下列规定：

$$w_{max} \leqslant w_{lim} \tag{10-52}$$

对环境类别为二 a 类的预应力混凝土构件，在荷载准永久组合下，受拉边缘应力尚应符合下列规定：

$$\sigma_{cq} - \sigma_{pcII} \leqslant f_{tk} \tag{10-53}$$

式中：σ_{ck}、σ_{cq}——在荷载效应的标准组合、准永久组合下抗裂验算边缘混凝土的法向应力；

$$\sigma_{ck} = N_k / A_0 \tag{10-54}$$

$$\sigma_{cq} = N_q / A_0 \tag{10-55}$$

N_k，N_q——按荷载效应的标准组合和准永久组合计算的轴向拉力；

A_0——换算截面面积；

$$A_0 = A_c + \alpha_{Ep}A_p + \alpha_{Es}A_s \tag{10-56}$$

σ_{pcII}——扣除全部预应力损失后在抗裂验算边缘混凝土的预压应力值，可按下式计算：

先张法构件：

$$\sigma_{pcII} = \frac{(\sigma_{con} - \sigma_l)A_p - \sigma_{l5}A_s}{A_c + \alpha_{Ep}A_p + \alpha_{Es}A_s} = \frac{N_{p0\,II}}{A_0} \tag{10-57}$$

后张法构件：

$$\sigma_{pcII}=\frac{(\sigma_{con}-\sigma_{l})A_{p}-\sigma_{l5}A_{s}}{A_{c}+\alpha_{Es}A_{s}}=\frac{N_{pII}}{A_{n}} \tag{10-58}$$

10.4.4 裂缝宽度的验算

对裂缝控制等级为三级，在使用阶段允许出现裂缝的预应力混凝土轴心受拉构件，应进行裂缝宽度验算。计算最大裂缝宽度 w_{max}不应超过表 9-2 规定的限值 w_{lim}。

预应力混凝土轴心受拉构件与普通混凝土轴心受拉构件的裂缝计算公式基本相同，区别在于：

(1)纵向受拉钢筋等效应力 σ_{sk}的计算。等效应力是指在该钢筋合力点处混凝土预压应力抵消后钢筋中的应力增量，可视其为等效于钢筋混凝土构件中的钢筋应力 σ_{sk}，下面 σ_{sk}的计算式(10-62)就是基于上述假定给出的。

(2)由于在预应力损失的计算中已考虑了混凝土收缩和徐变的影响，因此裂缝宽度中荷载长期作用的影响系数 τ_1 由 1.5 折减为 1.2，故受力特征系数 α_{cr}将从 2.7 改为 2.2。

预应力混凝土轴心受拉构件最大裂缝宽度 w_{max}(mm)计算式如下：

$$w_{max}=2.2\psi\frac{\sigma_{sk}}{E_{ps}}\left(1.9c+0.08\frac{d_{eq}}{\rho_{te}}\right) \tag{10-59}$$

$$\psi=1.1-0.65\frac{f_{tk}}{\rho_{te}\sigma_{sk}}\begin{matrix}\geqslant 0.4\\ \leqslant 1.0\end{matrix} \tag{10-60}$$

$$\rho_{te}=\frac{A_{p}+A_{s}}{A_{te}}\geqslant 0.01 \tag{10-61}$$

$$\sigma_{sk}=\frac{N_{k}-N_{p0}}{A_{p}+A_{s}} \tag{10-62}$$

式中：N_k——荷载效应标准组合的轴心拉力值；N_{p0}——截面上混凝土法向预应力为零时预应力及非预应力钢筋的合力，即消压轴力，先张法和后张法可按下式计算：$N_{p0}=\sigma_{pcII}A_0$。

10.4.5 施工阶段验算

先张法放松预应力钢筋或后张法张拉预应力钢筋时，混凝土将受到最大的预压应力，而这时混凝土的强度可能仅为抗压强度设计值的 75%。此外，对后张法构件，预压力还在构件端部的锚具下形成很大的局部压力。因此，必须进行施工阶段的验算，它包括构件受压承载力和锚固区局部受压承载力(只对后张法构件)两个方面。

1.预压混凝土时的验算

当先张法放松钢筋或后张法张拉钢筋时，混凝土受到预压，构件一般处于全截面受压状态，此时截面上的混凝土法向压应力应满足以下条件：

$$\sigma_{cc}\leqslant 0.8f_{ck}' \tag{10-63}$$

式中：f_{ck}'——与施工阶段混凝土立方体抗压强度 f_{cu}'对应的抗压强度标准值；

σ_{cc}——先张法放松预应力钢筋或后张法张拉预应力钢筋终止时计算截面混凝土受到的预压应力，为安全考虑，对先张法构件只计及第一批预应力损失；对后张法构件，则不计预应力损失。

先张法构件：

$$\sigma_{cc}=\frac{(\sigma_{con}-\sigma_{l\,\mathrm{I}})A_p}{A_0} \tag{10-64}$$

后张法构件：

$$\sigma_{cc}=\frac{\sigma_{con}A_p}{A_c+\alpha_{Es}A_s}=\frac{\sigma_{con}A_p}{A_n} \tag{10-65}$$

2. 锚固区局部受压承载力计算

后张法构件的预压力是通过锚具经垫板传给混凝土的。由于锚具下垫板面积不大，而锚具所承受的预压力很大，故使锚具下出现很大的局部压应力。这种压应力要经过一定距离才能扩散到整个截面上。为此，可在局部受压区内配置横向间接钢筋，如焊接方格钢筋网片或螺旋式钢筋，如图 10-12 所示。设置横向间接钢筋后，可提高锚固区局部受压区的承载力，防止局部受压破坏。因此，对后张法构件的张拉锚固区应进行局部受压区截面尺寸和局部受压承载力两方面的验算。

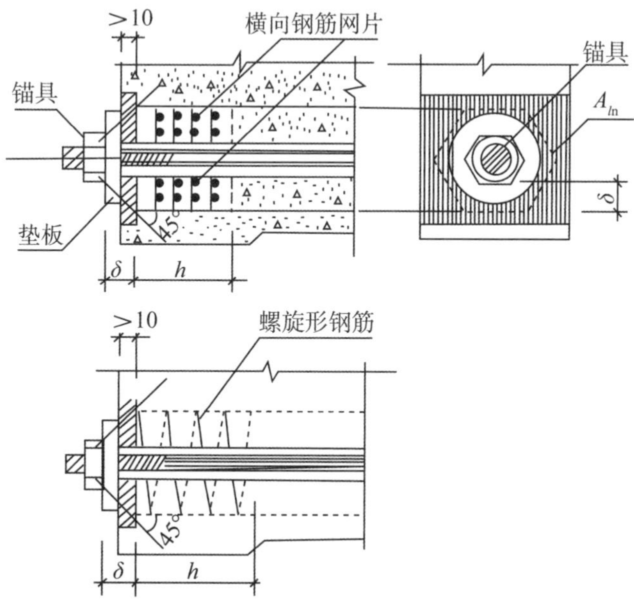

图 10-12　后张法预应力构件端部锚固区配置的间接钢筋

(1)局部受压区截面尺寸验算

配置间接钢筋后可提高局部受压区承载力，但也不是无限的，当配筋过多时，局部承压板底面下的混凝土会产生过大的下沉变形，因此，间接钢筋的配筋率不能太高，亦即局部受压区的截面尺寸不能太小。为此配置间接钢筋的混凝土结构构件，当局部受压区的截面尺寸符合下式要求时，可限制下沉变形不致过大。

$$F_l \leqslant 1.35\beta_c\beta_l f_c A_{ln} \tag{10-66}$$

$$\beta_l = \sqrt{\frac{A_b}{A_l}} \tag{10-67}$$

式中：F_l——局部受压面上作用的局部荷载或局部压力设计值；对后张法预应力混凝土构件中的锚头局部受压区的压力设计值，应取 1.2 倍张拉控制应力，即取 $1.2\sigma_{con}A_p$，系数 1.2 是因为当预应力作为荷载效应考虑，且对结构不利时，采用的荷载效应分项系数。

f_c——混凝土轴心抗压强度设计值；在后张法预应力混凝土构件的张拉阶段验算中，可根据相应阶段的混凝土立方体抗压强度 f_{cu} 值。

β_c——混凝土强度影响系数，以反映混凝土强度等级提高对局部受压的影响。当混凝土强度等级≤C50 时，取 $\beta_c=1.0$；当 C80 时，取 $\beta_c=0.8$，其间按线性内插法确定。

β_l——混凝土局部受压时的强度提高系数。

A_l——混凝土局部受压面积，计算中不扣除孔道面积，否则将出现孔道面积越大，β_l 值越高的不合理现象。当有垫板时可考虑预压力沿锚具边缘在垫板中按 45°角度扩散后传至混凝土的受压面积。

A_b——局部受压的计算底面积，也不扣除孔道面积。其重心与 A_l 重心重合，计算中按同心、对称的原则取值，对常用的情况，按图 10-13 取用。

A_{ln}——混凝土局部受压净面积。取用方法与 A_l 相同。对后张法构件，应在混凝土局部受压面积中扣除孔道、凹槽部分的面积。

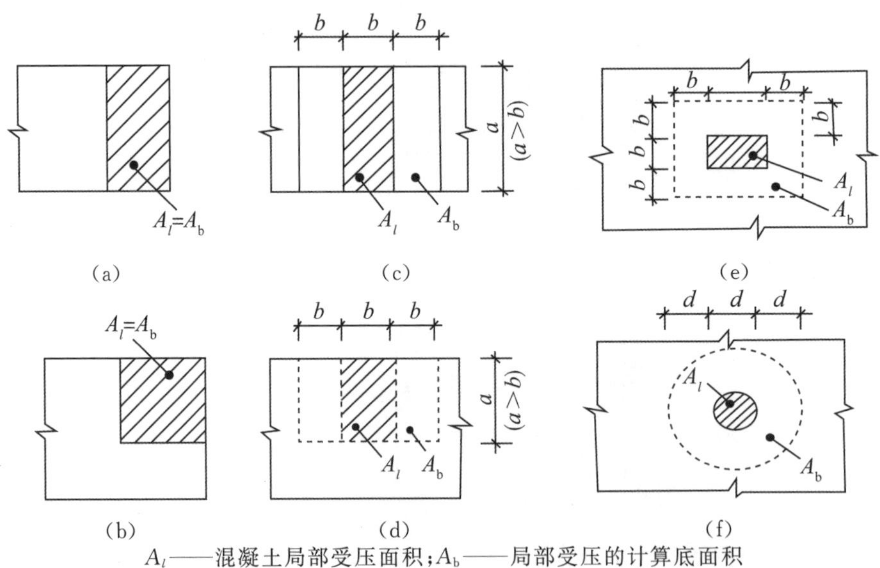

A_l——混凝土局部受压面积；A_b——局部受压的计算底面积

图 10-13 局部受压的计算底面积

(2)局部受压承载力的验算

当配置焊接方格网式间接钢筋且其核心面积 A_{cor} 不小于 A_b 时，锚固区的局部受压承载力由混凝土项承载力和间接钢筋项承载力组成。后者与体积配筋率有关；且随混凝土强度等级的提高，该项承载力有降低趋势，为反映这个特性，公式中引入了间接钢筋对混凝土约

束的折减系数 α。

局部受压承载力按下式验算(图 10-13)：

$$F_l \leqslant 0.9(\beta_c \beta_l f_c + 2\alpha \rho_v \beta_{cor} f_{yv}) A_{ln} \tag{10-68}$$

$$\beta_l = \sqrt{\frac{A_b}{A_l}} \tag{10-69}$$

$$\beta_{cor} = \sqrt{\frac{A_{cor}}{A_l}} \tag{10-70}$$

当配置焊接方格网式钢筋时，其体积配筋率按下式计算：

$$\rho_v = \frac{n_1 A_{s1} l_1 + n_2 A_{s2} l_2}{A_{cor} s} \tag{10-71}$$

此时，钢筋网两个方向上单位长度内钢筋截面面积的比值不宜大于 1.5，这是为了避免长短两个方向配筋相差过大而使钢筋强度不能充分发挥。

当配置螺旋式钢筋时，其体积配筋率按下式计算：

$$\rho_v = \frac{4A_{ssl}}{d_{cor} s} \tag{10-72}$$

式(10-68)～式(10-72)中：

β_{cor}——配置间接钢筋的局部受压承载力提高系数；

A_{cor}——方格网式或螺旋式间接钢筋内表面范围内的混凝土核心面积，其重心应与 A_l 的重心重合，计算中仍按同心、对称的原则取值，并应符合 $A_l \leqslant A_{cor} \leqslant A_b$，当 $A_{cor} > A_b$ 时，取 $A_{cor} = A_b$，以保证充分发挥间接钢筋的作用；A_{cor} 中亦不扣除孔道面积；

α——间接钢筋对混凝土约束折减系数，当混凝土强度等级≤C50 时，$\alpha = 1.0$，当混凝土强度等级为 C80 时，$\alpha = 0.85$，其间按线性内插法取用；

n_1，A_{s1}——方格网沿 l_1 方向的钢筋根数及单根钢筋的截面面积(图 10-14(a))；

n_2，A_{s2}——方格网沿 l_2 方向的钢筋根数及单根钢筋的截面面积(图 10-14(a))；

A_{ssl}——单根螺旋式间接钢筋的截面面积；

d_{cor}——螺旋式间接钢筋内表面范围内的混凝土截面直径(图 10-14(b))；

s——方格网式或螺旋式间接钢筋的间距，宜取 30～80mm(图 10-14)；

f_{yv}——间接钢筋抗拉强度设计值，按附表 4 规定取用。

当不满足局部承压的要求时，可根据具体情况调整锚具的位置，加大垫板尺寸，扩大端部锚固区截面尺寸或提高混凝土强度等级。

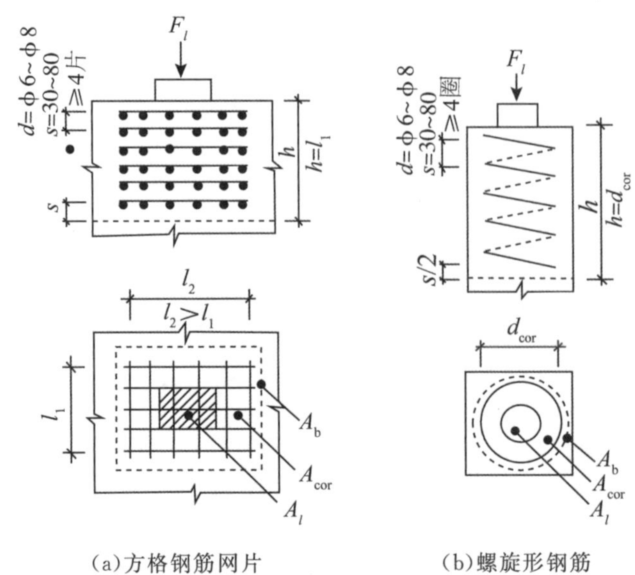

(a)方格钢筋网片　　(b)螺旋形钢筋

图 10-14　局部受压区的间接钢筋

［例题 10.1］　有一跨度为 12m 的预应力混凝土屋架下弦杆，如图 10-15 所示。截面尺寸为 180mm×250mm。采用后张法施工，混凝土达到设计强度等级后张拉钢筋，在构件一端张拉；一次张拉，用夹片式钢质锥形锚具(直径为 100mm，垫板厚度为 16mm)，预埋金属波纹管成型，预留孔道直径为 $D=50$mm。

下弦杆承受轴心拉力设计值 $N=575$kN；标准组合值 $N_k=430$kN，准永久组合值 $N_q=390$kN。裂缝控制等级为二级。

预应力钢筋 A_p 用 2 束 12ϕ^P5 的钢丝束，非预应力钢筋 A_s 用 HRB400 级钢筋 4Φ10，间接钢筋为四片焊接钢筋网片($l_1=220$mm，$l_2=230$mm)，用 HPB300 级钢筋，直径为 ϕ6，间距为 50mm；混凝土强度等级为 C40。

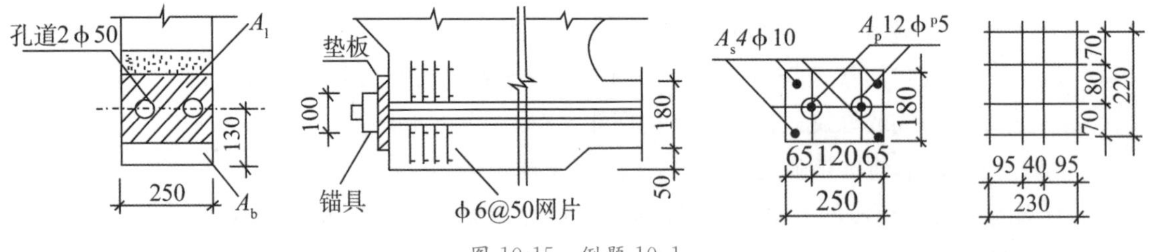

图 10-15　例题 10.1

要求计算：

(1)预应力损失值；

(2)验算承载力；

(3)使用阶段抗裂度的计算；

(4)施工阶段强度及锚固区局部受压的验算。

［解］　(1)计算截面的几何特征：

$A=180\times250=45000(\text{mm}^2)$

$A_h=2\dfrac{\pi D^2}{4}=2\times\dfrac{\pi\times 50^2}{4}=3927(\text{mm}^2)$

$A_s=314\text{mm}^2$

净截面混凝土面积：

$A_c=A-A_h-A_s=45000-3927-314=40759(\text{mm}^2)$

$\alpha_{Ep}=\dfrac{E_p}{E_c}=\dfrac{2.05\times 10^5}{3.25\times 10^4}=6.31$

$\alpha_{Es}=\dfrac{E_s}{E_c}=\dfrac{2.0\times 10^5}{3.25\times 10^4}=6.15$

净截面面积：

$A_n=A_c+\alpha_{ES}A_S=40759+6.15\times 314=42778(\text{mm}^2)$

$A_p=2\times 12\times 19.63=471(\text{mm}^2)$

换算截面面积：

$A_0=A_n+\alpha_{Ep}A_p=42778+6.31\times 471=45750(\text{mm}^2)$

(2)张拉控制应力 σ_{con}

$\sigma_{con}=0.75f_{ptk}=0.75\times 1570=1177.5(\text{MPa})$

(3)计算预应力损失

①锚具变形计算 σ_{l1}

$\sigma_{l1}=\dfrac{\alpha}{l}E_p=\dfrac{5}{12\times 10^3}\times 2.05\times 10^5=85.42(\text{MPa})$

②孔道壁摩擦预应力损失 σ_{l2}

$\mu\theta+\kappa x=0.25\times 0+0.0015\times 12=0.018<0.3$

$\sigma_{l2}=(\mu\theta+\kappa x)\sigma_{con}=0.018\times 1177.5=21.20(\text{MPa})$

③第一批预应力损失值

$\sigma_{lI}=\sigma_{l1}+\sigma_{l2}=85.42+21.20=106.62(\text{MPa})$

④应力松弛损失值 σ_{l4}

$\sigma_{l4}=0.4\left(\dfrac{\sigma_{con}}{\sigma_{ptk}}-0.5\right)\sigma_{con}=0.4\times(0.75-0.5)\times 1177.5=117.75(\text{MPa})$

⑤混凝土收缩、徐变损失 σ_{l5}

$\sigma_{pcI}=\dfrac{(\sigma_{con}-\sigma_{lI})}{A_n}A_p=\dfrac{(1177.5-106.62)}{42778}\times 471=11.79(\text{MPa})$

$\dfrac{\sigma_{pcI}}{f'_{cu}}=\dfrac{11.79}{40}=0.295<0.5$

$\rho=\dfrac{A_p+A_s}{2A_n}=\dfrac{471+314}{2\times 42778}=9.175\times 10^{-3}$

$\sigma_{l5}=\dfrac{55+300\dfrac{\sigma_{pcI}}{f'_{cu}}}{1+15\rho}=\dfrac{55+300\times 0.295}{1+15\times 9.175\times 10^{-3}}=126.14(\text{MPa})$

⑥第二批预应力损失值

$\sigma_{l\mathrm{II}}=\sigma_{l4}+\sigma_{l5}=117.75+126.14=243.89(\mathrm{MPa})$

⑦预应力总的损失值

$\sigma_l=\sigma_{l\mathrm{I}}+\sigma_{l\mathrm{II}}=106.62+243.89=350.51(\mathrm{MPa})$

(4)承载力验算

$N_u=A_p f_{py}+A_S f_y=471\times1110+314\times360=635.85\times10^3(\mathrm{N})>N=575\mathrm{kN}$

满足要求。

(5)抗裂验算

①在荷载效应的标准组合下轴心拉力值：

$$\sigma_{ck}=\frac{N_k}{A_0}=\frac{430\times10^3}{45750}=9.399(\mathrm{MPa})$$

$$\sigma_{pc\mathrm{II}}=\frac{(\sigma_{con}-\sigma_l)A_p-\sigma_{l5}A_s}{A_n}=\frac{(1177.5-350.51)\times471-126.14\times314}{42778}=8.180(\mathrm{MPa})$$

$\sigma_{ck}-\sigma_{pc\mathrm{II}}=9.399-8.180=1.219(\mathrm{MPa})<f_{tk}=2.39\mathrm{MPa}$

满足要求。

(6)施工阶段受压承载力验算

$$\sigma_{cc}=\frac{\sigma_{con}A_p}{A_n}=\frac{1177.5\times471}{42778}=12.965(\mathrm{MPa})<0.8f'_{ck}=0.8\times26.8=21.44(\mathrm{MPa})$$

满足要求。

(7)锚固区局部受压验算

①局部受压区截面尺寸验算

$F_l=1.2\sigma_{con}A_p=1.2\times1177.5\times471=665523(\mathrm{N})$

因为有垫板，取其扩散角为45°，则受压区半径为 $50+16=66\mathrm{mm}$，则两个圆环中间有高度为 $66-\frac{120}{2}=6(\mathrm{mm})$高的重叠区。

$$A_l=2\times\pi\times66^2-2\times\frac{2}{3}\times6\times2\times\sqrt{66^2-60^2}=26929.6(\mathrm{mm}^2)$$

A_b 按照 10-16 图取值，3 倍直径会大于下弦杆截面面积。

$A_b=250\times260=65000(\mathrm{mm}^2)$

$$\beta_l=\sqrt{\frac{A_b}{A_l}}=\sqrt{\frac{65000}{26929.6}}=1.5536$$

$$A_{ln}=A_l-2\frac{\pi}{4}D^2=26929.6-2\times\frac{\pi}{4}\times50^2=23002.6(\mathrm{mm}^2)$$

$1.35\beta_c\beta_l f'_c A_{ln}=1.35\times1.0\times1.5536\times19.1\times23002.6=921474.4(\mathrm{N})>F_l=665523\mathrm{N}$

满足要求。

②局部承压承载力验算

$A_{cor}=230\times220=50600(\mathrm{mm}^2)$

$$\beta_{cor}=\sqrt{\frac{A_{cor}}{A_l}}=\sqrt{\frac{50600}{26929.6}}=1.371$$

$$\rho_v=\frac{n_1A_{s1}l_1+n_2A_{s2}l_2}{A_{cor}S}=\frac{4\times28.3\times220+4\times28.3\times230}{50600\times50}=0.0201>0.5\%$$

$0.9(\beta_c\beta_l f_c'+2\alpha\rho_v\beta_{cor}f_y)A_{ln}$

$=0.9\times(1.0\times1.5536\times19.1+2\times1.0\times0.0201\times1.371\times270)\times23002.6$

$=922384.4(\mathrm{N})>F_l=665523\mathrm{N}$

满足要求。

10.5　预应力混凝土受弯构件

预应力混凝土受弯构件需进行荷载作用阶段的正截面与斜截面承载力、裂缝宽度、挠度的验算，此外还应进行施工阶段的验算。

10.5.1　应力分析

预应力混凝土受弯构件的承载力及抗裂设计计算中，常常用到施工阶段到使用阶段各种应力值。限于篇幅，本书仅介绍承载力计算、抗裂验算及裂缝宽度验算时涉及的主要应力，详细的各阶段应力分析见有关参考文献。这里指的主要应力是由预加力产生的混凝土法向应力 σ_{pc}、预应力筋的有效预应力 σ_{pe}、预应力钢筋合力点处混凝土法向应力等于零时的预应力钢筋应力 σ_{p0}。有关超静定预应力结构次内力问题本书暂不讨论。

由预加力产生的混凝土法向应力及相应阶段预应力钢筋的应力分别按下列公式计算：

先张法构件：

由预加力产生的混凝土法向应力

$$\sigma_{pc}=\frac{N_{p0}}{A_0}\pm\frac{N_{p0}e_{p0}}{I_0}y_0 \tag{10-73}$$

相应阶段预应力钢筋的有效预应力

$$\sigma_{pe}=\sigma_{con}-\sigma_l-\alpha_E\sigma_{pc} \tag{10-74}$$

预应力钢筋合力点处混凝土法向应力等于零时的预应力筋应力

$$\sigma_{p0}=\sigma_{con}-\sigma_l \tag{10-75}$$

后张法构件：

由预加力产生的混凝土法向应力

$$\sigma_{pc}=\frac{N_p}{A_n}\pm\frac{N_pe_{pn}}{I_n}y_n \tag{10-76}$$

相应阶段预应力钢筋的有效预应力

$$\sigma_{pe}=\sigma_{con}-\sigma_l \tag{10-77}$$

预应力钢筋合力点处混凝土法向应力等于零时的预应力筋应力

$$\sigma_{p0}=\sigma_{con}-\sigma_l+\alpha_E\sigma_{pe} \tag{10-78}$$

式中：e_{p0}、e_{pn}——换算截面重心、净截面重心至预应力钢筋及普通钢筋合力点的距离，按式

(10-80)、(10-82)计算；

y_0、y_n——换算截面重心、净截面重心至所计算纤维处的距离；

N_{p0}、N_p——先张法构件、后张法构件的预应力钢筋及普通钢筋的合力。

公式(10-73)、(10-76)中右边第二项与第一项的应力方向相同时取加号，方向相反时取减号。

由于混凝土收缩徐变的影响，普通钢筋中存在压应力，这些压应力减少了混凝土的预压应力，必须考虑。为简化计算，假定普通钢筋的应力为混凝土收缩徐变引起的预应力损失值(σ_{l5})。当预应力钢筋和普通钢筋的重心位置不一致时，这种简化有一定的误差。

预应力筋及普通钢筋的合力及合力点的偏心距按下列公式计算(图 10-16)：

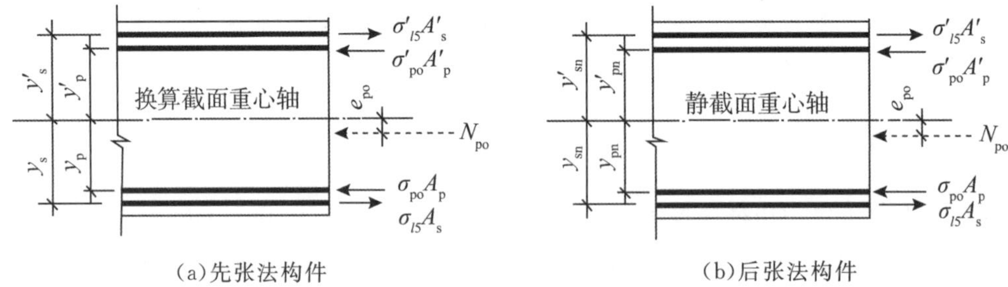

图 10-16 预应力钢筋及非预应力合力位置

先张法构件：

$$N_{p0}=\sigma_{p0}A_p+\sigma'_{p0}A'_p-\sigma_{l5}A_s-\sigma'_{l5}A'_s$$

$$=(\sigma_{con}-\sigma_l)A_p+(\sigma'_{con}-\sigma'_l)A'_p-\sigma_{l5}A_s-\sigma'_{l5}A'_s \tag{10-79}$$

$$e_{p0}=\frac{(\sigma_{con}-\sigma_l)A_py_p-(\sigma'_{con}-\sigma'_l)A'_py'_p-\sigma_{l5}A_sy_s+\sigma'_{l5}A'_sy'_s}{(\sigma_{con}-\sigma_l)A_p+(\sigma'_{con}-\sigma'_l)A'_p-\sigma_{l5}A_s-\sigma'_{l5}A'_s} \tag{10-80}$$

后张法构件：

$$N_p=\sigma_{pe}A_p+\sigma'_{pe}A'_p-\sigma_{l5}A_s-\sigma'_{l5}A'_s$$

$$=(\sigma_{con}-\sigma_l)A_p+(\sigma'_{con}-\sigma'_l)A'_p-\sigma_{l5}A_s-\sigma'_{l5}A'_s \tag{10-81}$$

$$e_{pn}=\frac{(\sigma_{con}-\sigma_l)A_py_{pn}-(\sigma'_{con}-\sigma'_l)A'_py'_{pn}-\sigma_{l5}A_sy_{sn}+\sigma'_{l5}A'_sy'_{sn}}{(\sigma_{con}-\sigma_l)A_p+(\sigma'_{con}-\sigma'_l)A'_p-\sigma_{l5}A_s-\sigma'_{l5}A'_s} \tag{10-82}$$

式中：A_0、I_0——分别为换算截面面积和换算截面惯性矩；

y_0——换算截面重心至计算纤维处的距离；

y_p、y'_p——分别为受拉区、受压区的预应力钢筋合力点至换算截面重心的距离；

y_s、y'_s——分别为受拉区、受压区的普通钢筋合力点至换算截面重心的距离；

σ_{p0}、σ'_{p0}——分别为受拉区、受压区的预应力钢筋合力点处混凝土法向应力等于零时的预应力钢筋应力；

A_n、I_n——分别为混凝土净截面面积、净截面惯性矩；

y_n——净截面重心至计算纤维处的距离；

y_{pn}、y'_{pn}——分别为受拉区、受压区的预应力钢筋合力点至净截面重心的距离；

y_{sn}、y'_{sn}——分别为受拉区、受压区的普通钢筋合力点至净截面重心的距离；

σ_{pe}、σ_{pe}'——分别为受拉区、受压区的预应力钢筋的有效预应力。

在预应力混凝土构件的承载力和裂缝宽度计算中，常常用到混凝土法向应力等于零时预应力钢筋及非预应力钢筋的合力 N_{p0}，以及相应的合力点偏心距 e_{p0}，由截面应力分析可知，无论先张法还是后张法，这种消压状态下的 N_{p0} 及 e_{p0} 均按公式(10-79)、(10-80)计算，但是公式中的应力 σ_{p0}、σ_{p0}'应按先张法、后张法各自的计算公式计算(式(10-75)、式(10-78))。

10.5.2　正截面受弯承载力计算

1. 计算简图

对仅在受拉区配置预应力筋的预应力混凝土受弯构件，当达到正截面受弯承载力极限状态时，其截面应力状态和钢筋混凝土受弯构件相同，因此，正截面受弯承载力计算的四个基本假定继续适用。对于适筋截面，受拉区的预应力筋的应力取等于抗拉强度设计值 f_{py}。当受压区也配置预应力筋时，由于预拉应力的影响，受压区预应力筋的应力与钢筋混凝土受弯构件中的受压钢筋不同，其状态较为复杂，可能是拉应力，也可能是压应力，其值可以按平截面假定确定，但计算十分复杂。为了简化计算，当 $x>2a'$时，(a'为纵向受压钢筋截面重心至受压区边缘的距离)，可近似取受压区预应力筋的应力 $\sigma_p'=\sigma_{p0}'-f_{py}'$，其中 f_{py}'为预应力筋的抗压强度设计值；σ_{p0}'为受压区预应力筋重心处混凝土法向应力等于零时预应力筋应力。对先张法构件，$\sigma_{p0}'=\sigma_{con}'-\sigma_l'$；对后张法构件，$\sigma_{p0}'=\sigma_{con}'-\sigma_l'+\alpha_E\sigma_{pc}'$。

受压区预应力 σ_p'钢筋应力确定了以后，预应力混凝土受弯构件正截面受弯承载力即可参照钢筋混凝土受弯构件的方法计算。图 10-17 所示为矩形截面预应力混凝土受弯构件正截面受弯承载力计算简图。

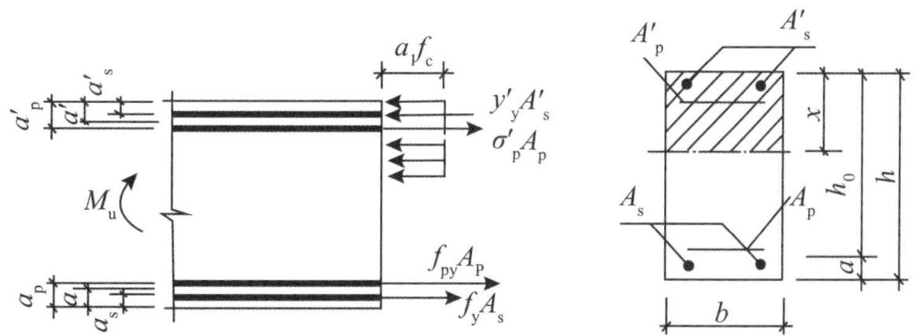

图 10-17　矩形截面受弯构件正截面受弯承载力计算简图

2. 基本公式

如图 10-17 所示，根据平衡条件可得

$\sum x=0$

$$f_{py}A_p+f_yA_s=\alpha_1 f_c bx+f_y'A_s'-\sigma_p'A_p' \tag{10-83}$$

$\sum M=0$

$$M\leqslant M_u, M_u=\alpha_1 f_c bx\left(h_0-\frac{x}{2}\right)+f_y'A_s'(h_0-a_s')-\sigma_p'A_p'(h_0-a_p') \tag{10-84}$$

式中：受压时σ_p'用"－"号，受拉时用"＋"号，可见受拉时，式(10-84)中最后一项为负值，即截面承载力将降低。

为了控制受拉钢筋总配筋率过小，使构件具有应有的延性，以防止预应力受弯构件开裂后的突然脆断，要求正截面受弯承载力设计值尚应符合下列要求：

$$M_u \geqslant M_{cr} \tag{10-85}$$

$$M_{cr} = (\alpha_{cr} + \gamma f_{tk}) W_0 \tag{10-86}$$

$$\gamma = 0.7 + \frac{120}{h} \gamma_m \tag{10-87}$$

M_{cr}的计算式可见本章 10.5.3 节变形验算。

3. 适用条件

(1)$x \leqslant \xi_b h_0$；

(2)$x \geqslant 2a'$，a'为A_p'和A_s'的合力点至受压区边缘的距离，当受压区未配置A_p'时，a'可用a_s'代替。

如果$x < 2a'$，可近似按下列方法计算：

当σ_p'为压应力时，可取$x = 2a'$，对受压区合力点取矩：

$$M \leqslant f_{py} A_p (h - a_p - a') + f_y A_s (h - a_s - a') \tag{10-88}$$

当σ_p'为拉应力时，可取$x = 2a_s'$，对A_s'取矩$\sum M_{A_s} = 0$可得

$$M \leqslant f_{py} A_p (h - a_p - a_s') + f_y A_s (h - a_s - a_s') + \sigma_p' A_p' (a_p' - a_s') \tag{10-89}$$

10.5.3 使用阶段正截面抗裂度、裂缝宽度及变形验算

1. 正截面抗裂验算

正截面抗裂度验算参照预应力轴心受拉构件进行。

(1)一级——严格要求不出现裂缝的构件

要求在荷载效应的标准组合下，抗裂验算边缘混凝土的法向应力为压应力或零应力，即符合下式要求：

$$\sigma_{ck} - \sigma_{pcII} \leqslant 0 \tag{10-90}$$

(2)二级——一般要求不出现裂缝的构件

要求在荷载效应的标准组合下，抗裂验算边缘混凝土中允许出现拉应力，但不应大于混凝土抗拉强度标准值，即应符合下式要求：

$$\sigma_{ck} - \sigma_{pcII} \leqslant f_{tk} \tag{10-91}$$

(3)三级抗裂——允许出现裂缝构件

预应力混凝土构件的最大裂缝宽度应符合下列规定：

$$w_{max} \leqslant w_{lim} \tag{10-92}$$

对环境类别为二 a 类的预应力混凝土构件，在荷载准永久组合下，受拉边缘应力尚应符合下列规定：

$$\sigma_{cq}-\sigma_{pcII}\leqslant f_{tk} \tag{10-93}$$

式中：σ_{ck}、σ_{cq}——在荷载效应的标准组合、准永久组合下抗裂验算边缘混凝土的法向应力；

$$\sigma_{ck}=M_k/W_0 \tag{10-94}$$

$$\sigma_{cq}=M_q/W_0 \tag{10-95}$$

M_k、M_q——荷载效应的标准组合、准永久组合时的弯矩值；

W_0——换算截面对抗裂验算边缘的弹性抵抗矩；

σ_{pcII}——扣除全部预应力损失后，抗裂验算边缘混凝土中的有效应力值，对先张法构件，尚应考虑在预应力传递长度 l_{cr} 范围内的实际预压应力值的变化：

先张法构件：

$$\sigma_{pcII}=\frac{N_{p0}}{A_0}+\frac{N_{p0}e_{p0}}{I_0}y_0 \tag{10-96}$$

$$N_{p0}=(\sigma_{con}-\sigma_l)A_p+(\sigma_{con}'-\sigma_l')A_p'-\sigma_{l5}A_s-\sigma_{l5}'A_s' \tag{10-97}$$

后张法构件：

$$\sigma_{pcII}=\frac{N_p}{A_n}+\frac{N_p e_{pn}}{I_n}y_n \tag{10-98}$$

$$N_p=(\sigma_{con}-\sigma_l)A_p+(\sigma_{con}'-\sigma_l')A_p'-\sigma_{l5}A_s-\sigma_{l5}'A_s' \tag{10-99}$$

A_0、I_0——换算截面面积及其惯性矩；

e_{p0}——N_{p0} 至换算截面形心轴的距离；

y_0——换算截面形心轴至抗裂验算边缘的距离；

A_n、I_n——净截面面积及其惯性矩；

e_{pn}——N_p 至净截面形心轴的距离；

y_n——净截面形心轴至抗裂验算边缘的距离。

2. 正截面裂缝宽度验算

对于在使用阶段允许出现裂缝的预应力混凝土受弯构件，应进行裂缝宽度验算。对于使用阶段允许出现裂缝的预应力混凝土受弯构件，按荷载效应的标准组合计算，并考虑荷载准永久组合影响的最大裂缝宽度 w_{max} 的验算公式同公式(9-52)。其中，预应力混凝土受弯构件的构件受力特征系数 $\alpha_{cr}=1.5$；$\rho_{te}=\dfrac{A_s+A_p}{A_{te}}$；$A_{te}=0.5bh+(b_f-b)b_f$。

按荷载标准组合计算的预应力混凝土构件纵向受拉钢筋等效应力为

$$\sigma_{sk}=\frac{M_k-N_{p0}(z-e_p)}{(A_s+A_p)z} \tag{10-100}$$

式中：Z——受拉区纵向预应力筋和非预应力钢筋合力点至受压区合力点的距离；

$$z=\left[0.87-0.12(1-\gamma_f')\left(\frac{h_0}{e}\right)^2\right]h_0 \tag{10-101}$$

$$e=e_p+\frac{M_k}{N_{p0}} \tag{10-102}$$

e_p——混凝土法向应力为零时全部纵向预应力钢筋和非预应力钢筋的合力 N_{p0} 的作用

点至受拉区纵向预应力钢筋和非预应力钢筋合力点的距离；

γ_f'——受压翼缘截面面积与腹板有效截面面积的比值，$\gamma_f'=\frac{(b_f'-b)h_f'}{bh_0}$。当 $h_f'>0.2h_0$ 时，取 $h_f'=0.2h_0$。

3. 变形验算

预应力混凝土受弯构件的挠度由两个部分组成，一部分是由荷载作用产生的挠度 v_0，另一部分是由预加应力作用产生的反拱 v_p，两者均可根据构件的刚度用结构力学方法计算。计算 v_0 时，截面刚度应区分开裂截面和不开裂截面。

矩形、(倒)T 形和工字形截面受弯构件的刚度按式(9-27)计算，预应力混凝土受弯构件短期刚度按式(10-103a、b)计算：

要求不出现裂缝的构件：

$$B_s=0.85E_cI_0 \tag{10-103a}$$

允许出现裂缝的构件：

$$B_s=\frac{0.85E_cI_0}{\kappa_{cr}+(1-\kappa_{cr})\omega} \tag{10-103b}$$

$$\kappa_{cr}=\frac{M_{cr}}{M_k} \tag{10-104}$$

$$\omega=\left(1.0+\frac{0.21}{\alpha_E\rho}\right)(1+0.45\gamma_f)-0.7 \tag{10-105}$$

$$M_{cr}=(\sigma_{pc}+\gamma f_{tk})W_0 \tag{10-106}$$

$$\gamma=\left(0.7+\frac{120}{h}\right)\gamma_m \tag{10-107}$$

式中：κ_{cr}——预应力混凝土受弯构件正截面的开裂弯矩 M_{cr} 与荷载标准组合弯矩 M_k 的比值，当 $\kappa_{cr}>1$ 时，取 $\kappa_{cr}=1.0$；γ——混凝土构件的截面抵抗矩塑性影响系数；γ_m——混凝土构件的截面抵抗矩塑性影响系数基本值，见表 10-7。

表 10-7　截面抵抗矩塑性影响系数基本值 γ_m

项次	1	2	3		4		5
截面形状	矩形截面	翼缘位于受压区的T形截面	对称工字形截面或箱形截面		翼缘位于受拉区的 T 形截面		圆环和环形截面
			$b_f/b\leqslant2$，h_f/h 为任意值	$b_f/b>2$，$h_f/h<0.2$	$b_f/b\leqslant2$，h_f/h 为任意值	$b_f/b>2$，$h_f/h<0.2$	
γ_m	1.55	1.50	1.45	1.35	1.50	1.40	$1.6-0.24\gamma_1/\gamma$

计算 v_p 时，按不开裂截面计算，短期刚度按式(10-103a)计算，考虑预加应力长期影响下的反拱值，将荷载标准组合下的反拱值乘以放大系数 2。

预应力混凝土构件在使用阶段的挠度 v

$$v=v_0-v_p \tag{10-108}$$

10.5.4　斜截面承载力计算

1.斜截面受剪承载力计算

试验表明，预应力混凝土受弯构件斜截面受剪破坏时，其破坏形态与钢筋混凝土受弯构件相似。由于预应力的作用延缓了斜裂缝的出现和发展，增加了混凝土剪压区的高度，提高了斜裂缝处混凝土的咬合作用，因此，与钢筋混凝土受弯构件相比，预应力混凝土受弯构件具有较高的斜截面受剪承载力。预应力混凝土受弯构件斜截面受剪承载力的提高程度主要与预应力的大小及其作用点的位置有关。预应力越大，受剪承载力提高越多。但是，预应力对受剪承载力的提高作用有一定限度，当换算截面重心处的混凝土预压应力与混凝土的抗压强度之比超过0.3～0.4时，预应力的有利影响将有下降的趋势。

预应力混凝土受弯构件斜截面受剪承载力，是在钢筋混凝土受弯构件截面受剪承载力的计算公式的基础上，加上预应力作用所提高的受剪承载力 V_p。由于预应力钢筋合力点至换算截面重心的相对距离一般变化不大（约在 $h/3.5 \sim h/2.5$ 范围），为简化计算，在确定预应力作用所提高的受剪承载力 V_p 时，忽略这一因素的影响，只考虑预应力钢筋合力大小的影响。根据试验结果，偏安全地取

$$V_p = 0.05N_{p0} \tag{10-109}$$

式中：N_{p0}——计算截面上全截面混凝土法向应力等于零时的预应力钢筋及非预应力钢筋合力，当 $N_{p0} > 0.3f_cA_0$ 时，取 $N_{p0} = 0.3f_cA_0$。

对矩形、T形和工字形截面的受弯构件，当仅配有箍筋时，其斜截面受剪承载力应按下式计算：

$$V \leqslant V_u = V_{cs} + V_p \tag{10-110}$$

式中：V——计算截面的剪力设计值；V_u——计算截面的受剪承载力设计值；V_{cs}——计算截面混凝土和箍筋的受剪承载力设计值，按与钢筋混凝土受弯构件相同的方法确定；V_p——由预应力所提高的斜截面承载力设计值，按式(10-109)计算，但计算 N_{p0} 时不考虑预应力弯起钢筋的作用。

对配置箍筋和弯起钢筋的矩形、T形和工字形截面的受弯构件，其斜截面受剪承载力应按下式计算：

$$V \leqslant V_u = V_{cs} + V_p + 0.8f_yA_{sb}\sin\alpha_s + 0.8f_{py}A_{pb}\sin\alpha_p \tag{10-111}$$

式中：A_{sb}、A_{pb}——同一弯起平面内非预应力弯起钢筋、预应力弯起钢筋的截面面积；α_s、α_p——斜截面上非预应力弯起钢筋、预应力弯起钢筋的切线与构件纵轴的夹角。

为了防止斜压破坏，与钢筋混凝土受弯构件相同，预应力混凝土受弯构件受剪截面应符合式(5-28)、(5-29)的要求。

当预应力混凝土受弯构件受剪截面符合下列条件时：

对于一般受弯构件

$$V \leqslant 0.7f_tbh_0 + 0.05N_{p0} \tag{10-112}$$

对于集中荷载作用下的矩形截面独立梁

$$V \leqslant \frac{1.75}{\lambda+1.0} f_t b h_0 + 0.05 N_{p0} \tag{10-113}$$

则可不进行斜截面的受剪承载力计算，仅需按构造要求配置箍筋。

应用上述公式时注意下述两点：

(1)对 N_{p0} 引起的截面弯矩与荷载弯矩方向相同的构件以及预应力混凝土连续梁和允许出现裂缝的预应力混凝土简支梁，均取 $V_p=0$；

(2)对采用预应力钢丝、钢绞线的先张法预应力混凝土梁，在计算 N_{p0} 时，应考虑预应力钢筋传递长度的影响。

2.斜截面受弯承载力计算

如图 10-18 所示，预应力混凝土受弯构件的斜截面受弯承载力按下式计算：

$$M \leqslant (f_y A_s + f_{py} A_p) z + \sum f_y A_{sb} z_{sb} + \sum f_{py} A_{pb} z_{pb} + \sum f_{yv} A_{sv} z_{sv} \tag{10-114}$$

此时，斜截面的水平投影长度 c 可按下列条件确定：

$$V = \sum f_y A_{sb} \sin\alpha_s + \sum f_{py} A_{pb} \sin\alpha_p + \sum f_{yv} A_{sv} \tag{10-115}$$

式中：V——斜截面受压区末端的剪力设计值；

z——纵向非预应力筋和预应力受拉钢筋的合力至受压区合力点之间的距离，可近似取 $z=0.9h_0$；

z_{sb}、z_{pb}——同一弯起平面内的非预应力弯起钢筋、预应力弯起钢筋的合力至斜截面受压区合力点的距离；

z_{sv}——同一斜截面上箍筋的合力至斜截面受压区合力点的距离。

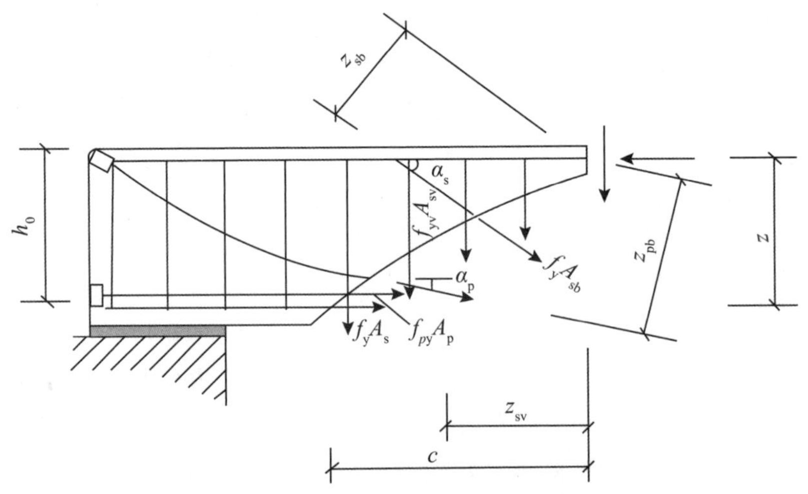

图 10-18　受弯构件斜截面受弯承载力计算

在计算先张法预应力混凝土构件端部锚固区的斜截面受弯承载力时，公式中的 f_{py} 应按下列规定确定：

锚固区的纵向预应力筋抗拉强度设计值在锚固起点处应取为零，在锚固终点处应取为

f_{py}，在两点之间可按线性内插法确定。此时纵向预应力筋的锚固长度应满足有关规定。

预应力混凝土受弯构件中配置的纵向钢筋和箍筋，如果符合《设计规范》中关于纵筋的锚固、截断、弯起及箍筋直径、间距等构造要求，可不进行斜截面的受弯承载力计算。

10.5.5　斜截面抗裂度验算

对于预应力混凝土受弯构件斜截面的裂缝控制，主要是验算在荷载标准组合下斜截面上混凝土的主拉应力和主压应力。

1. 混凝土主拉应力

对严格要求不出现裂缝的构件，在荷载标准组合下斜截面上混凝土的主拉应力 σ_{tp} 应符合下列规定：

$$\sigma_{tp} \leqslant 0.85 f_{tk} \tag{10-116}$$

对一般要求不出现裂缝的构件，在荷载标准组合下斜截面上混凝土的主拉应力 σ_{tp} 应符合下列规定：

$$\sigma_{tp} \leqslant 0.95 f_{tk} \tag{10-117}$$

其中系数 0.85、0.95 为考虑张拉力的不准确性和构件质量变异影响的经验系数。

2. 混凝土主压应力

对严格要求不出现裂缝的构件和一般要求不出现裂缝的构件，在荷载标准组合下斜截面上混凝土的主压应力 σ_{cp} 应符合下列规定：

$$\sigma_{cp} \leqslant 0.6 f_{ck} \tag{10-118}$$

其中系数 0.6 为考虑防止梁截面在预应力和外荷载作用下压坏的经验系数。

10.5.6　施工阶段的验算

对于预应力混凝土受弯构件，除应根据使用条件进行承载力、裂缝控制及变形验算外，尚应根据具体条件，进行制作、运输和安装等施工阶段的验算。

对制作、运输、堆放和安装等施工阶段出现受拉区，但不允许出现裂缝的构件，或预压时全截面受压的构件，在预加应力、自重及施工荷载作用下（必要时应考虑动力系数）截面边缘的混凝土法向应力应符合下列规定（见图 10-19）：

$$\sigma_{ct} \leqslant 1.0 f'_{tk} \tag{10-119}$$

$$\sigma_{cc} \leqslant 0.8 f'_{ck} \tag{10-120}$$

截面边缘的混凝土法向应力可按下列公式计算：

$$\sigma_{cc} \text{ 或 } \sigma_{ct} = \sigma_{pc} + \frac{N_k}{A_0} \pm \frac{M_k}{W_0} \tag{10-121}$$

式中：σ_{ct}、σ_{cc}——相应各施工阶段计算截面边缘处的混凝土的拉应力、压应力；

f'_{tk}、f'_{ck}——与各施工阶段混凝土立方体抗压强度 f'_{cu} 相应的抗拉强度标准值、抗压强度标准值；

N_k、M_k——构件自重及施工荷载的标准组合在计算截面产生的轴向力值、弯矩值；

W_0——验算截面的换算截面抵抗矩。

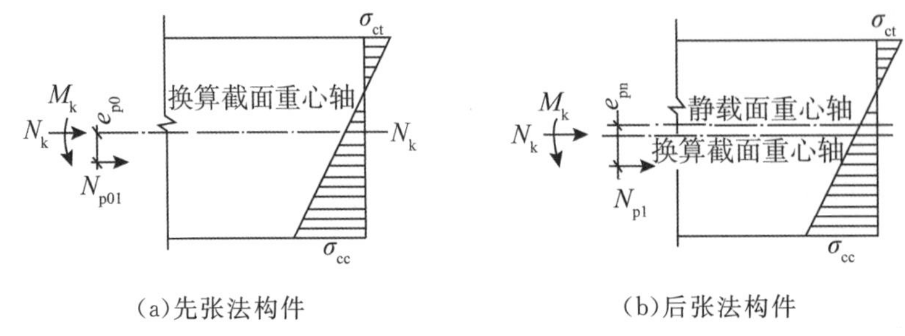

(a)先张法构件　　(b)后张法构件

图 10-19　预应力混凝土构件施工阶段验算

施工阶段，对不同抗裂要求的试件，预拉区纵向钢筋配筋率$(A_s'+A_p')/A$不同。若预拉区允许出现拉应力，配筋率不宜小于 0.15%；而预拉区不允许出现裂缝，配筋率不宜小于 0.20%。上述两类试件，若采用后张法，则不应计入A_p'，其中A为构件截面面积。

预拉区纵向普通钢筋的直径不宜大于 14mm，并应沿构件预拉区的外边缘均匀配置。

此外，对后张法预应力混凝土受弯构件尚应进行锚固区局部受压承载力计算。

[例题 **10.2**]　有一宽度为 0.9m、跨度为 3.6m 的先张法预应力混凝土空心板，计算跨度$l_0=3.36$m，截面尺寸如图 10-20(a)所示。空心板承受永久荷载标准值$G_k=3.5\text{kN/m}^2$，可变荷载标准值$Q_k=3.0\text{kN/m}^2$。结构重要性系数$r_0=1.0$。要求裂缝控制等级为二级。挠度限值$l_0/300$、混凝土强度等级采用 C40；预应力钢筋采用消除应力螺旋肋钢丝（低松弛）$9\phi^H5$（$f_{ptk}=1570$MPa，$f_{py}=1110$MPa，$E_s=2.05\times10^5$）。在长度为 80m 的台座上生产，采用蒸汽养护，张拉钢丝与台座之间的温度差为$\Delta t=25$℃，当混凝土达到设计强度等级时放松预应力钢丝，要求施工时预拉区不允许出现裂缝；吊装时吊点距构件端部 350mm。构件自重的标准值为 1.8kN/m。截面有效高度取$h_0=100$mm。（可变荷载起控制作用。）

要求计算：

(1)换算截面面积A_0及惯性矩I_0，换算截面重心轴至截面下边缘的距离y_0；

(2)正截面承载力验算；

(3)预应力损失值；

(4)正截面抗裂度验算；

(5)挠度验算；

(6)施工阶段验算。

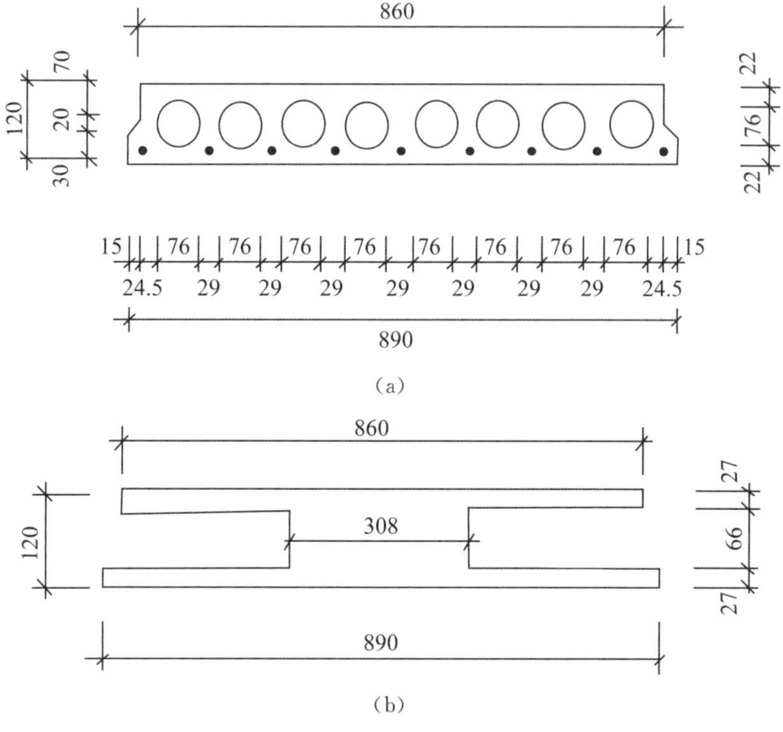

图 10-20　例题 10.2 图

［解］（1）折算截面尺寸

根据惯性矩和面积相等，把圆孔折算为矩形孔

$$h_r=\frac{\sqrt{3}}{2}d=\frac{\sqrt{3}}{2}\times 76=66(\text{mm})$$

$$b_r=\frac{\sqrt{3}\pi}{6}d=\frac{\sqrt{3}\pi}{6}\times 76=69(\text{mm})$$

$b_f'=860\text{mm}$

$b_f=890\text{mm}$

$b=b_f'-8b_r=860-8\times 69=308(\text{mm})$

$$h_f=h_f'=\frac{h-h_r}{2}=\frac{120-66}{2}=27(\text{mm})$$

$A_p=9\times 12.57=113.13(\text{mm}^2)$

$$\alpha_{Ep}=\frac{E_p}{E_c}=\frac{2.05\times 10^5}{3.25\times 10^4}=6.31$$

	A_i	y_i	$\|y_0-y_i\|$	$A_i\ (y_0-y_i)^2$	I_i
1	860×27=23220	106.5	47.4	52169767.2	$\frac{860\times27^3}{12}=1410615$
2	308×66=20328	60	0.9	16465.7	$\frac{308\times66^3}{12}=7379064$
3	890×27=24030	13.5	45.6	49967020.8	$\frac{890\times27^3}{12}=1459822.5$
4	(6.31−1)×113.13=601	20	39.1	918814.8	
$\sum$	68179			103072068.5	10249501.5

根据以上计算得知：

$$A=\sum_{1}^{3}A_i=23220+20328+24030=67578(\text{mm}^2)$$

$$A_0=\sum A_i=68179\text{mm}^2$$

$$y_0=\frac{\sum A_iy_i}{A_0}=\frac{23220\times106.5+20328\times60+24030\times13.5+601\times20}{68179}=59.1(\text{mm})$$

$$y_0'=h-y_0=120-59.1=60.9(\text{mm})$$

$$I_0=\sum A_i\ (y_0-y_i)^2+\sum I_i=103072068.5+10249501.5=11332.16\times10^4(\text{mm}^4)$$

(2)验算正截面承载力要求

$$M_{\max}=\frac{1}{8}(r_gG_k+r_qQ_k)bl_0^2$$

$$=\frac{1}{8}\times(1.3\times3.5+1.5\times3.0)\times0.9\times3.36^2$$

$$=11.49\times10^6(\text{N}\cdot\text{mm})=11.49(\text{kN}\cdot\text{m})$$

$$M'=a_1f_cb_f'h_f'\left(h_0-\frac{h_f'}{2}\right)$$

$$=1.0\times19.1\times860\times27\times\left(100-\frac{27}{2}\right)$$

$$=38.363\times10^6(\text{N}\cdot\text{mm})=38.363(\text{kN}\cdot\text{m})>M_{\max}=11.49\text{kN}\cdot\text{m}$$

属于第一类工字形截面。

$$\alpha_s=\frac{M_{\max}}{a_1f_cb_f'h_0^2}=\frac{11.49\times10^6}{1.0\times19.1\times860\times100^2}=0.07$$

$$\xi=1-\sqrt{1-2\alpha_s}=1-\sqrt{1-2\times0.07}=0.0726$$

$$A_p=\frac{a_1f_cb_f'\xi h_0}{f_{py}}=\frac{1.0\times19.1\times860\times0.0726\times100}{1110}=107.43(\text{mm}^2)$$

已配 $9\Phi^H4$，实配 $A_p=113.13\text{mm}^2>107.43\text{mm}^2$

满足要求。

(3)张拉控制应力

$\sigma_{con}=0.75f_{ptk}=0.75\times1570=1177.5(\text{MPa})$

(4)计算预应力损失

①锚具变形计算 σ_{l1}

$$\sigma_{l1}=\frac{\alpha}{l}E_p=\frac{5}{80\times10^3}\times2.05\times10^5=12.81(\text{MPa})$$

②温差损失 σ_{l3}

$\sigma_{l3}=2\Delta t=2\times25=50(\text{MPa})$

③钢筋应力松弛损失(低松弛)

$$\sigma_{l4}=0.2\left(\frac{\sigma_{con}}{f_{ptk}}-0.575\right)\sigma_{con}=0.2\times(0.75-0.575)\times1177.5=41.21(\text{MPa})$$

④第一批预应力损失

$\sigma_{lI}=\sigma_{l1}+\sigma_{l3}+\sigma_{l4}=12.81+50+41.21=104.02(\text{MPa})$

⑤第一批预应力损失后的 N_{poI} 和 e_{poI}

$N_{poI}=(\sigma_{con}-\sigma_{lI})A_p=(1177.5-104.02)\times113.13=121442.8(\text{N})$

$y_p=y_0-a_p=59.1-20=39.1(\text{mm})$

$$e_{poI}=\frac{(\sigma_{con}-\sigma_{lI})A_p y_p}{N_{poI}}=y_p=39.1\text{mm}$$

⑥第一批预应力损失后，在预应力钢筋 A_p 合力点水平处的混凝土预压力 σ_{pcI}

$$\sigma_{pcI}=\frac{N_{poI}}{A_0}+\frac{N_{poI}e_{poI}y_p}{I_0}=\frac{121442.8}{68179}+\frac{121442.8\times39.1\times39.1}{11332.16\times10^4}=3.42(\text{MPa})$$

⑦混凝土收缩徐变引起的预应力损失 σ_{l5}

$$\rho=\frac{A_p}{A_0}=\frac{113.13}{68179}=1.66\times10^{-3}$$

$$\sigma_{l5}=\frac{60+340\dfrac{\sigma_{pcI}}{f'_{cu}}}{1+15\rho}=\frac{60+340\times\dfrac{3.42}{40}}{1+15\times1.66\times10^{-3}}=86.91(\text{MPa})$$

⑧第二批预应力损失

$\sigma_{lII}=\sigma_{l5}=86.91(\text{MPa})$

⑨总的预应力损失 σ_l

$\sigma_l=\sigma_{lI}+\sigma_{lII}=104.02+86.91=190.93(\text{MPa})$

⑩预应力钢筋 A_p 合力点处混凝土法向应力等于零时的预应力钢筋 A_p 中的应力：

$\sigma_{p0}=\sigma_{con}-\sigma_l=1177.5-190.93=984.57(\text{MPa})$

预应力钢筋 A_p 合力点的偏心距 e_{p0}

$N_{p0}=\sigma_{p0}A_p=984.57\times113.13=111384(\text{N})=111.38(\text{kN})$

$$e_{p0}=\frac{\sigma_{p0}A_p y_p}{N_{p0}}=y_p=39.1\text{mm}$$

(5)正截面抗裂度验算

在荷载效应的标准组合下：

$$M_k=\frac{1}{8}(G_k+Q_k)bl_0^2=\frac{1}{8}\times(3.5+3)\times0.9\times3.36^2=8.26(\text{kN}\cdot\text{m})$$

$$\sigma_{ck}=\frac{M_k y_0}{I_0}=\frac{8.26\times10^6\times59.1}{11332.16\times10^4}=4.31(\text{MPa})$$

$$\sigma_{pcII}=\frac{N_{p0}}{A_0}+\frac{N_{p0}e_{p0}y_0}{I_0}=\frac{111.38\times10^3}{68179}+\frac{111.38\times10^3\times39.1\times59.1}{11332.16\times10^4}=3.90(\text{MPa})$$

$$\sigma_{ck}-\sigma_{pcII}=4.31-3.90=0.41(\text{MPa})$$

满足要求。

(6)使用阶段挠度验算

①按荷载效应的标准组合并考虑荷载长期作应影响的挠度值 f_1

$$B_s=0.85E_cI_0=0.85\times3.25\times10^4\times11332.16\times10^4=3.13\times10^{12}(\text{N}\cdot\text{mm}^2)$$

$$B=\frac{M_k}{M_q(\theta-1)+M_k}B_s=\frac{8.86}{6.47\times(2-1)+8.86}\times3.13\times10^{12}=1.809\times10^{12}(\text{N}\cdot\text{mm}^2)$$

$$f_1=\frac{5}{48}\frac{M_k l_0^2}{B}=\frac{5}{48}\times\frac{8.86\times10^6\times(3.48\times10^3)^2}{1.809\times10^{12}}=6.18(\text{mm})$$

②预压力产生的长期反拱值 f_2

$$f_2=2\frac{N_{p0}e_{p0}l_0^2}{8E_cI_0}=2\times\frac{113.83\times10^3\times39.1\times(3.48\times10^3)^2}{8\times3.25\times10^4\times11332.16\times10^4}=3.66(\text{mm})$$

③使用阶段的挠度值 f 及验算

$$f=f_1-f_2=6.18-3.66=2.52(\text{mm})<\frac{l_0}{300}=\frac{3480}{300}=11.6(\text{mm})$$

(7)施工阶段验算

①放松预应力钢筋时承载力及抗裂验算

截面上边缘混凝土的应力 σ_{ct}

$$\sigma_{ct}=\frac{N_{poI}}{A_0}-\frac{N_{poI}e_{poI}y_0'}{I_0}=\frac{121442.8}{68179}-\frac{121442.8\times39.1\times60.9}{11332.16\times10^4}=-0.77(\text{MPa})<f_{tk}=$$

2.39(MPa)，满足要求。

$$\sigma_{cc}=\frac{N_{poI}}{A_0}+\frac{N_{poI}e_{poI}y_0}{I_0}=\frac{121442.8}{68179}+\frac{121442.8\times39.1\times59.1}{11332.16\times10^4}$$

$$=4.26(\text{MPa})<0.8f_{ck}'=0.8\times26.8=21.44(\text{MPa})$$

满足要求。

②吊装时承载力及抗裂验算

取吊装时动力系数为 1.5，

当梁自重在吊点截面产生的弯矩值 M_g 为

$$M_g=\frac{1}{2}gl^2\times1.5=\frac{1}{2}\times1.8\times0.35^2\times1.5=0.165(\text{kN}\cdot\text{m})$$

吊装时由梁自重在吊点截面上、下边缘产生的应力 σ_g' 和 σ_g 为

$$\sigma_g' = \frac{M_g y_0'}{I_0} = \frac{0.165 \times 10^6 \times 60.9}{11332.16 \times 10^4} = 0.0887(\text{MPa})$$

$$\sigma_g = \frac{M_g y_0}{I_0} = \frac{0.165 \times 10^6 \times 59.1}{11332.16 \times 10^4} = 0.0861(\text{MPa})$$

在预压力和梁自重作用下，吊点截面的上边缘混凝土中的拉应力 σ_{ct} 和下边缘混凝土中的压应力 σ_{cc} 分别为：

$\sigma_{ct} = 0.77 + 0.0887 = 0.859(\text{MPa}) < f_{tk} = 2.39(\text{MPa})$

$\sigma_{cc} = 4.26 + 0.0861 = 4.346(\text{MPa}) < 0.8 f_{ck} = 0.8 \times 26.8 = 21.44(\text{MPa})$

满足要求。

思考题

10.1　对构件施加预应力的作用是什么？为什么在预应力混凝土中可有效地利用高强钢筋，而在普通钢筋混凝土构件中则不合适？

10.2　先张法和后张法预应力混凝土施工工艺的主要区别是什么？

10.3　什么是张拉控制应力？为什么不能取值过高？

10.4　预应力损失值如何分批？先张法和后张法的第一批和第二批应力损失中包含哪些项目？

10.5　如果先张法和后张法轴心受拉构件采用相同的控制应力值，并设预应力损失值也相同，试问当处于消压状态时，两种构件预应力钢筋中的应力是否相同？

10.6　如何确定预应力混凝土受弯构件相对界限受压区的高度？

10.7　预应力混凝土受弯构件斜截面受剪承载力与非预应力构件有何不同？

10.8　预应力混凝土受弯构件的变形为什么比非预应力构件的变形小？简述其计算方法。

10.9　两个轴心受拉构件，设两者的截面尺寸、配筋及材料完全相同，一个对全部钢筋施加了预应力，另一个没有施加预应力，有人认为前者承载力高，后者承载力低。这种看法是否正确？为什么？

习　题

10.1　有一 24m 后张法预应力混凝土折线形屋架下弦杆的轴向拉力设计值 $N=872\text{kN}$，荷载效应标准组合轴向拉力 $N_k=600\text{kN}$，荷载效应准永久组合轴向拉力 $N_q=500\text{kN}$。下弦杆截面尺寸及非预应力筋配置如图 10-21 所示。混凝土采用 C40 级，当混凝土达到设计强度时张拉。预应力筋采用 $\phi^H 5$ 低松弛 1860 级消除应力钢丝，一端张拉，墩头锚。二级裂缝控制等级。要求：(1)计算所需预应力筋数量；(2)验算使用阶段抗裂性。

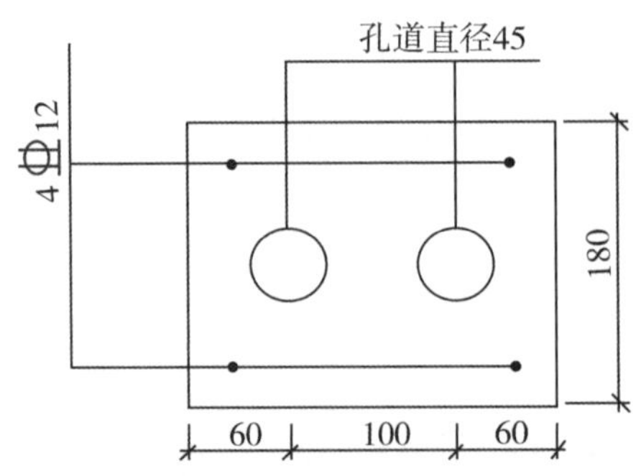

图 10-21 截面尺寸及非预应力筋配置图

10.2 有一工字形截面预应力混凝土梁，跨度为 10m，计算跨度 $l_0=9.75\text{m}$，净跨度 $l_n=9.5\text{m}$；截面尺寸如图 10-22 所示。承受包括自重在内的均布永久荷载标准值 $g_k=20\text{kN/m}$、活荷载标准值 $q_k=18\text{kN/m}$。在 80m 长线台座上采用先张法施工，超张拉，养护温差 $\Delta t=25℃$，当混凝土强度达到要求后放松预应力钢筋。预应力钢筋采用钢绞丝(1×7(七股)，$f_{ptk}=1720\text{MPa}$，$E_s=1.95\times10^5\text{MPa}$)，受拉区配置 10$\phi^s$9.5、受压区配置 4$\phi^s$9.5；箍筋用 HPB300 级钢筋 ϕ8@200，双肢箍，混凝土强度等级为 C50。要求裂缝控制等级为二级；允许挠度值为 $l_0/300$。

要求：(1)预应力损失值；(2)正截面承载力验算；(3)正截面抗裂度验算；(4)挠度计算；(5)施工阶段验算。

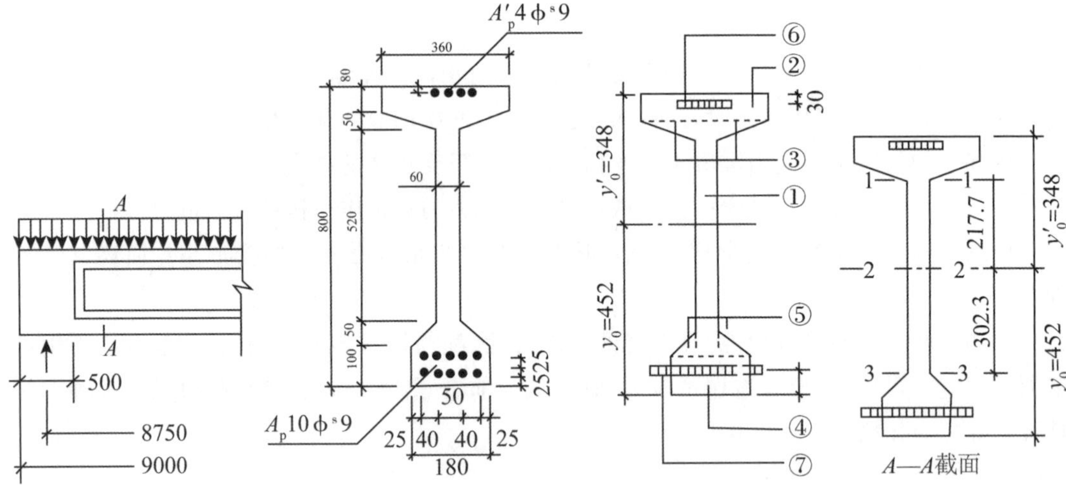

图 10-22 工字形截面预应力混凝土梁

附　表

附表 1　混凝土强度标准值和设计值(MPa)

强度种类	混凝土强度等级													
	C15	C20	C25	C30	C35	C40	C45	C50	C55	C60	C65	C70	C75	C80
f_{ck}	10.0	13.4	16.7	20.1	23.4	26.8	29.6	32.4	35.5	38.5	41.5	44.5	47.4	50.2
f_{tk}	1.27	1.54	1.78	2.01	2.20	2.39	2.51	2.64	2.74	2.85	2.93	2.99	3.05	3.11
f_c	7.2	9.6	11.9	14.3	16.7	19.1	21.1	23.1	25.3	27.5	29.7	31.8	33.8	35.9
f_t	0.91	1.10	1.27	1.43	1.57	1.71	1.80	1.89	1.96	2.04	2.09	2.14	2.18	2.22

注:混凝土轴心抗压、轴心抗拉疲劳强度设计值f_c^f、f_t^f应按本表中强度设计值 f_c、f_t乘疲劳强度修正系数γ_p后确定。γ_p应根据受压或手拉疲劳应力比值ρ_c^f按附表 3 采用;当混凝土受拉一压疲劳应力作用时,受压或受拉疲劳强度修正系数r_p均取 0.60。疲劳应力比值ρ_c^f应按下式计算$\rho_c^f=\sigma_{c,min}^f\div\sigma_{c,max}^f$,式中$\sigma_{c,min}^f$、$\sigma_{c,max}^f$系构件疲劳验算时,截面同一纤维混凝土的最小应力和最大应力。

附表 2　混凝土弹性模量和疲劳变形模量($\times10^4$ MPa)

混凝土强度等级	C15	C20	C25	C30	C35	C40	C45	C50	C55	C60	C65	C70	C75	C80
E_c	2.20	2.55	2.80	3.00	3.15	3.25	3.35	3.45	3.55	3.60	3.65	3.70	3.75	3.80
E_c^f				1.3	1.4	1.5	1.55	1.6	1.65	1.7	1.75	1.8	1.85	1.9

注:①混凝土的剪切变形模量G_c可按相应弹性模量值的 0.40 倍采用;②混凝土的泊松比ν_c可按 0.2 采用。

附表 3　混凝土受压疲劳强度修正系数γ_p

ρ_c^f	$0\leqslant\rho_c^f<1$	$0\leqslant\rho_c^f<1$	$0\leqslant\rho_c^f<1$	$0\leqslant\rho_c^f<1$	$0\leqslant\rho_c^f<1$	$0\leqslant\rho_c^f<1$
γ_p	0.68	0.74	0.80	0.86	0.93	1.00

混凝土受拉疲劳强度修正系数ρ_c^f

ρ_c^f	$0\leqslant\rho_c^f<0.1$	$0.1\leqslant\rho_c^f<0.2$	$0.2\leqslant\rho_c^f<0.3$	$0.3\leqslant\rho_c^f<0.4$	$0.4\leqslant\rho_c^f<0.5$
γ_p	0.63	0.66	0.69	0.72	0.74
ρ_c^f	$0.5\leqslant\rho_c^f<0.6$	$0.6\leqslant\rho_c^f<0.7$	$0.7\leqslant\rho_c^f<0.8$	$\rho_c^f\geqslant0.8$	—
γ_p	0.76	0.80	0.90	1.00	—

注:直接承受疲劳荷载的混凝土,当采用蒸汽养护时,养护温度不宜高于 60℃。

附表 4　普通钢筋强度标准值和设计值

牌号	符号	公称直径 d(mm)	屈服强度标准值 f_k(MPa)	极限强度标准值 f_{yk}(MPa)	抗拉强度设计值 f_y(MPa)	抗压强度设计值 f_y'(MPa)
HPB300		6～22	300	420	270	270
HRB335 HRBF335		6～50	335	455	300	300
HRB400 HRBF400 RRB400		6～50	400	540	360	360
HRB500 HRBF500		6～50	500	630	435	410

注:①横向钢筋的抗拉设计值 f_{yv} 应按表中的数值采用,用作受剪、受扭、受冲切承载力计算时,其数值大于360MPa 应取 360MPa;

②RRB400 钢筋不宜用作重要部位的钢筋,不应用于直接承受疲劳荷载的构件。

附表 5　预应力筋强度标准值(MPa)

种类		符号	公称直径 d(mm)	屈服强度标准值 f_{pyk}	极限强度标准值 f_{ptk}
中强度预应力钢丝	光面螺旋肋	ϕ^{PM} ϕ^{HM}	5、7、9	620	800
				780	970
				980	1270
预应力螺纹钢筋	螺纹	ϕ^{T}	18、25、32、40、50	—	980
				—	1080
				—	1230
消除应力钢丝	光面 螺旋肋	ϕ^{P} ϕ^{H}	5	—	1570
				—	1860
			7	—	1570
			9	—	1470
				—	1570
钢绞线	1×3 (三股)	ϕ^{S}	8.6、10.8、12.9	—	1570
				—	1860
				—	1960
	1×7 (七股)		9.5、12.7、15.2、17.8	—	1720
				—	1860
				—	1960
			21.6	—	—
				—	1860

注:极限强度为 1960MPa 级的钢绞线作后张预应力配筋时,应有可靠的工程经验。

附表 6 预应力筋强度设计值(MPa)

种类	极限强度标准值 f_{ptk}	抗拉强度设计值 f_{py}	抗压强度设计值 f_{py}'
中强度预应力钢丝	800	510	410
	970	650	
	1270	810	
消除应力钢丝	1470	1040	410
	1570	1110	
	1860	1320	
钢绞丝	1570	1110	390
	1720	1220	
	1860	1320	
	1960	1390	
预应力螺纹钢筋	980	650	410
	1080	770	
	1230	900	

注:当预应力筋的强度标准值不符合本表的规定时,其强度设计值应进行相应的比例换算。

附表 7 钢筋的弹性模量($\times 10^5$ MPa)

牌号或种类	弹性模量 E_s
HPB300 钢筋	2.1
HRB335、HRB400、HRB500 钢筋 HRBF335、HRBF400、HRBF500 钢筋 RRB400 钢筋 预应力螺纹钢筋	2.00
消除应力钢丝、中强度预应力钢丝	2.05
钢绞线	1.95

注:必要时可采用实测的弹性模量。

附表 8　普通钢筋疲劳应力幅限值(MPa)

疲劳应力比ρ_s^f	疲劳应力幅限值 Δf_y^f	
	HRB335	HRB400
0	175	175
0.1	162	162
0.2	154	156
0.3	144	149
0.4	131	137
0.5	115	123
0.6	97	106
0.7	77	85
0.8	54	60
0.9	28	31

注:当纵向受拉钢筋采用闪光接触对焊连接时,其接头处的钢筋疲劳应力幅限值应按表中数值乘以系数0.80取用。

附表 9　预应力筋疲劳应力幅限值 Δf_{py}^f(MPa)

疲劳应力比值	疲劳应力幅限值 Δf_y^f	
	钢绞线 $f_{ptk}=1570$	消除应力钢丝 $f_{ptk}=1570$
0.7	144	240
0.8	118	168
0.9	70	88

注:1. 当ρ_{sv}^f不小于 0.9 时,可不做预应力筋疲劳验算;

2. 当有充分依据时,可对表中规定的疲劳应力幅限值做适当调整。

附表 10　受弯构件的挠度限值

构件类型	挠度限值
吊车梁:手动吊车 电动吊车	$l_0/500$ $l_0/600$
屋盖、楼盖及楼梯构件: 当$l_0<7$m 时 当 7m$\leqslant l_0\leqslant$9m 时 当$l_0>9$m 时	 $l_0/200$ ($l_0/250$) $l_0/250$ ($l_0/300$) $l_0/300$ ($l_0/400$)

注:①表中l_0为构件的计算跨度;计算悬臂构件的挠度限值时,其计算跨度l_0按实际悬臂长度的 2 倍取用;

②表中括号内的数值适用于使用上对挠度有较高要求的构件;

③如果构件制作时预先起拱,且使用上也允许,则在验算挠度时,可将计算所得的挠度值减去起拱值,对预应力混凝土构件,尚可减去预加应力所产生的反拱值;

④构件制作时的起拱值和预应力所产生的反拱值,不宜超过构件在相应荷载组合作用下的计算挠度值;

⑤当构件对使用功能和外观占较高要求时设计可对挠度限值适当加。

附表 11 结构构件的裂缝控制等级及最大裂缝宽度的限值(mm)

环境类别	钢筋混凝土结构		预应力混凝土结构	
	裂缝控制等级	ω_{Em}	裂缝控制等级	ω_{Em}
一	三级	0.30 (0.40)	三级	0.20
二 a		0.20		0.10
二 b			二级	—
三 a、三 b			一级	—

注:①表中的规定适用于采用热轧钢筋的混凝土构件和采用预应力钢丝、钢绞线及预应力螺纹钢筋的预应力混凝土构件;当采用其他类别的钢丝或钢筋时,其裂缝控制要求可按专门标准确定;

②对处于年平均相对湿度小于60%地区级环境下的受弯构件,其最大裂缝宽度限值可采用括号内的数值;

③在一类环境下对钢筋混凝土屋架、托架及需作疲劳验算的吊车梁,其最大裂缝宽度限值应取为0.20mm;对钢筋混凝土屋面梁和梁其最大裂缝宽度限值应取为0.30mm;

④在一类环境下,对预应力混凝土屋架、托架及双向板体系,应按二级裂缝控制等级进行验算;对一类环境下的预应力混凝土屋面梁、托梁、单向板,按表中二 a 级环境的要求进行验算;在一类和二类环境下的需作疲劳验算的预应力混凝土吊车梁,应按一级裂缝控制等级进行验算;

⑤表中规定的预应力混凝土构件的裂缝控制等级和最大裂缝宽度限值仅适用于正截面的验算;预应力混凝土构件的斜截面裂缝控制验算应符合规范第7章的要求;

⑥对于烟囱、筒仓和处于液体压力下的结构构件,其裂缝控制要求应符合专门标准的有关规定;

⑦对于处于四、五类环境下的结构构件,其裂缝控制要求应符合专门标准的有关规定。

⑧混凝土保护层厚度较大的构件,可根据实践经验对表中最大裂缝宽度限值适当放宽。

附表 12 钢筋的公称直径、公称截面面积及理论重量

公称直径(mm)	不同根数钢筋的公称截面面积(mm^2)									单根钢筋理论重量(kg/m)
	1	2	3	4	5	6	7	8	9	
6	28.3	57	85	113	142	170	198	226	255	0.222
8	50.3	101	151	201	252	302	352	402	453	0.395
10	78.5	157	236	314	393	471	550	628	707	0.617
12	113.1	226	339	452	565	678	791	904	1017	0.888
14	153.9	338	461	615	769	923	1077	231	1385	1.21
16	201.0	402	603	804	1005	1206	1407	1608	1809	1.58
18	254.5	509	763	1017	1272	1527	1781	2036	2290	2.00 (2.11)
20	314.2	628	942	1256	1570	1884	2199	2513	2827	2.47
22	380.1	760	1140	1520	1900	2281	2661	3041	3421	2.98

续表

公称直径(mm)	不同根数钢筋的公称截面面积（mm^2）									单根钢筋理论重量(kg/m)
	1	2	3	4	5	6	7	8	9	
25	490.9	982	1473	1964	2454	2945	3436	3927	4418	3.85 (4.10)
28	615.8	1232	1847	2463	3079	3695	4310	4926	5542	4.83
32	804.2	1609	2413	3217	4021	4826	5630	6434	7238	6.31 (6.65)
36	1017.9	2036	3054	4072	5089	6107	7125	3143	9161	7.99
40	1256.6	2513	3770	5027	6283	7540	8796	10053	11310	9.87 (10.34)
50	1963.5	3928	5892	7856	9820	11784	13748	15712	17676	15.42 (16.28)

注:括号内为预应力螺纹钢筋的数值。

附表 13　钢绞线的公称直径、公称截面面积及理论重量

种类	公称直径(mm)	公称截面面积(mm^2)	理论重量 (kg/m)
1×3	8.6	37.7	0.296
	10.8	58.9	0.462
	12.9	84.8	0.666
1×7 标准型	9.5	54.8	0.430
	12.7	98.7	0.775
	15.2	139	1.101
	17.8	191	1.500
	21.6	285	2.237

附表 14　钢绞线的公称直径、公称截面面积及理论重量

公称直径(mm)	公称截面面积(mm^2)	理论重量(kg/m)
5.0	19.63	0.154
7.0	38.48	0.302
9.0	63.62	0.499

附表 15 钢筋混凝土矩形截面受弯构件正截面受弯承载力计算系数表

ξ	γ_s	α_s	ξ	γ_s	α_s
0.01	0.995	0.010	0.33	0.835	0.275
0.02	0.990	0.020	0.34	0.830	0.282
0.03	0.985	0.030	0.35	0.825	0.289
0.04	0.980	0.039	0.36	0.820	0.295
0.05	0.975	0.048	0.37	0.815	0.301
0.06	0.970	0.058	0.38	0.810	0.309
0.07	0.965	0.067	0.39	0.805	0.314
0.08	0.960	0.077	0.40	0.800	0.320
0.09	0.955	0.085	0.41	0.795	0.326
0.10	0.950	0.095	0.42	0.790	0.332
0.11	0.945	0.104	0.43	0.785	0.337
0.12	0.940	0.113	0.44	0.780	0.343
0.13	0.935	0.121	0.45	0.775	0.349
0.14	0.930	0.130	0.46	0.770	0.354
0.15	0.925	0.139	0.47	0.765	0.359
0.16	0.920	0.147	0.48	0.760	0.365
0.17	0.915	0.155	0.49	0.755	0.370
0.18	0.910	0.164	0.50	0.750	0.375
0.19	0.905	0.172	0.51	0.745	0.380
0.20	0.900	0.180	0.52	0.740	0.385
0.21	0.895	0.188	0.528	0.736	0.389
0.22	0.890	0.196	0.53	0.735	0.390
0.23	0.885	0.203	0.54	0.730	0.394
0.24	0.880	0.211	0.54	0.728	0.396
0.25	0.875	0.219	0.55	0.725	0.400
0.26	0.870	0.226	0.556	0.722	0.401
0.27	0.865	0.234	0.56	0.720	0.403
0.28	0.860	0.241	0.57	0.715	0.408
0.29	0.855	0.248	0.58	0.710	0.412
0.30	0.850	0.255	0.59	0.705	0.416
0.31	0.845	0.262	0.60	0.700	0.420
0.32	0.840	0.269	0.614	0.693	0.426

注：①查表：

$$\alpha_s=\frac{M}{\alpha_1 f_c b h_0^2},\xi=\frac{x}{h_0}=\frac{f_y A_s}{\alpha_1 f_c b h_0} A_s=\frac{M}{f_y \gamma_s h_0} \quad 或 \quad A_s=\xi\frac{\alpha_1 f_c}{f_y} b h_0$$

制表：

$$\alpha_s=\xi(1-0.5\xi),\xi=1-\sqrt{1-2\alpha_s}\,\gamma_s=1-0.5\xi=\frac{1\pm\sqrt{1-2\alpha_s}}{2}$$

②表中 $\xi=0.52$ 以下的数值不适用于 HRB400 级及 RRB400 级钢筋；$\xi=0.55$ 以下的数值不适用于 HRB335 级钢筋

附表 16　钢筋混凝土矩形截面受弯构件正截面受弯承载力计算系数表

直径 d (mm)	钢筋间距 (mm)															
	70	75	80	85	90	100	120	125	140	150	160	180	200	220	225	250
6	404	377	354	333	314	283	236	226	202	189	177	157	141	129	126	113
6 /8	561	524	491	462	437	393	327	314	281	262	246	218	196	179	175	157
8	719	671	629	592	559	503	419	402	359	335	314	279	251	229	224	201
8 /10	920	859	805	758	716	644	537	515	460	429	403	358	322	293	287	258
10	1121	1047	981	924	872	785	654	628	561	523	491	436	393	357	349	314
10 /12	1369	1277	1198	1127	1064	958	798	766	684	639	599	532	479	436	426	383
12	1616	1508	1414	1331	1257	1131	942	905	808	754	707	628	565	514	503	452
12 /14	1907	1780	1669	1571	1483	1335	1113	1068	954	890	834	742	668	607	594	534
14	2199	2052	1924	1811	1710	1539	1283	1231	1099	1026	962	855	770	700	684	616
16	2871	2680	2512	2365	2235	2011	1677	1609	1436	1341	1257	1117	1005	914	894	805
18	3636	3393	3181	2994	2828	2545	2121	2036	1104	1697	1591	1414	1273	1157	1131	1018
20	4489	4189	3928	3696	3491	3142	2618	2514	2244	2095	1964	1746	1571	1428	1397	1257

注:钢筋直径为分数时,如 6/8,8/10,…,表示两种直径的钢筋间隔放置。

附表 17　分布钢筋的直径及间距(mm)

<table>
<tr><th rowspan="2">项次</th><th rowspan="2">受力钢筋直径</th><th colspan="11">受力钢筋间距</th></tr>
<tr><th>70</th><th>75</th><th>80</th><th>90</th><th>100</th><th>110</th><th>125</th><th>140</th><th>150</th><th>160</th><th>200</th></tr>
<tr><td>1</td><td>6 ~8</td><td colspan="11">ϕ6@250</td></tr>
<tr><td>2</td><td>10</td><td colspan="3">ϕ6@200
ϕ8@250</td><td colspan="8">ϕ6@250</td></tr>
<tr><td>3</td><td>12</td><td colspan="3">ϕ8@200</td><td colspan="4">ϕ8@250</td><td colspan="4">ϕ6@250</td></tr>
<tr><td>4</td><td>14</td><td colspan="2">ϕ8@200</td><td colspan="2">ϕ8@250</td><td colspan="7">ϕ8@300</td></tr>
<tr><td>5</td><td>16</td><td colspan="2">ϕ8@150
ϕ10@250</td><td colspan="2">ϕ8@200</td><td colspan="7">ϕ8@250</td></tr>
</table>

注:①板中单位长度上的分布钢筋的截面面积,不应小于单位宽度上受力钢筋截面面积的 15%,且不宜小于该方向板截面面积的 0.15%其间距不应大于 250mm。

②在集中荷载较大的情况下,分布钢筋的截面面积应适当增加,其间距不宜大于 200mm。

附表 18 纵向受力钢筋的最小配筋百分率ρ_{min}(%)

受力类型			最小配筋百分率
受压构件	全部纵向钢筋	强度级别 500MPa	0.5
		强度级别 400MPa	0.55
		强度级别 300MPa、335MPa	0.60
	一侧纵向钢筋		0.20
受弯构件、偏心受拉、轴心受拉构件一侧的受拉钢筋			0.2 和 $45f_t/f_y$中的较大者

注:①受压构件全部纵向钢筋最小配筋百分率,当采用 C60 及以上强度等级的混凝土时,应按表中规定增加 0.1;

②板类受弯钢筋的受拉钢筋,当采用强度级别 400MPa、500MPa 的钢筋时,其最小配筋百分率应允许采用 0.15 和 $45f_t/f_y$中的较大者;

③偏心受拉构件的受压钢筋,应按受压构件一侧纵向钢筋考虑;

④受压构件的全部纵向钢筋和一侧纵向钢筋的配筋率轴心受拉构件和小偏心受拉构件一侧受拉钢筋的配筋率均应按构件的全截面面积计算;

⑤受弯构件、大偏心受拉构件一侧受拉钢筋的配筋率应按全截面面积扣除受压翼缘面积$(b_f'-b)h_f'$后的截面面积计算;

⑥当钢筋沿构件截面周边布置时,“一侧纵向钢筋”系指沿受力方向两个对边中的一边布置的纵向钢筋;

⑦卧置于地基上的混凝土板,板中受拉钢筋的最小配筋率可适当降低,但不小于 0.15%。

附表 19 混凝土保护的最小厚度 c(mm)

环境等级	板墙壳	梁柱
一	15	20
二 a	20	25
二 b	25	35
三 a	30	40
三 b	40	50

注:①混凝土强度等级不大于 C25 时,表中保护层厚度数值应增加 5mm;

②本表适用设计使用年限为 50 年的混凝土结构;

③一类环境中,设计使用年限为 100 年的混凝土结构的保护层厚度应增加 40%。

附表 20 梁中箍筋的最小直径

梁高 h(mm)	箍筋最小直径(mm)
$h\leqslant 800$	6
$h>800$	8
梁中配有计算需要的纵向受压钢筋时	$d/4$

注:d 为纵向受压钢筋的最大直径。

附表 21 梁中箍筋的最大间距(mm)

梁高 h	$V>0.7f_tbh_0+0.05N_{p0}$	$V\leqslant 0.7f_tbh_0+0.05N_{p0}$
$150<h\leqslant 300$	150	200
$300<h\leqslant 500$	200	300
$500<h\leqslant 800$	250	350
$h>800$	300	400

附表 22 柱内箍筋的直径和间距

项次	箍筋直径		箍筋间距	
1	热轧钢筋	$\geqslant d/4$,$\geqslant$6mm	绑扎骨架中	$\leqslant 15d$,$\leqslant b$,$\leqslant$400mm
2	全部纵筋配筋率>3%	$d\geqslant$8mm	全部纵筋配筋率>3%	$\leqslant 10d$,$\leqslant$200mm 箍筋末端做成135°弯钩其平直段长度$\geqslant 10d$或采用焊接封闭式箍筋

注:①b为柱截面短边尺寸;

②d为纵向受力钢筋直径,当考虑箍筋直径时为受力钢筋最大直径;当考虑间距时为最小直径。

附表 23 刚性屋盖单层房屋排架柱、露天吊车柱和栈桥柱的计算长度

柱的类别		l_0		
		排架方向	垂直排架方向	
			有柱间支撑	无柱间支撑
无吊车房屋柱	单跨	$1.5H$	$1.0H$	$1.2H$
	两跨及多跨	$1.25H$	$1.0H$	$1.2H$
有吊车房屋柱	上柱	$2.0H_u$	$1.225H_u$	$1.5H_u$
	下柱	$1.0H_l$	$0.8H_l$	$1.0H_l$
露天吊车柱和栈桥柱		$2.0H_l$	$1.0H_l$	—

注:①表中H为从基础顶面算起的柱子全高;H_l为从基础顶面至装配式吊车梁底面或现浇式吊车梁顶面的柱子下部高度;H_u为从装配式吊车梁底面或从现浇式吊车梁顶面算起的柱子上部高度;

②表中有吊车房屋排架柱的计算长度,当计算中不考虑吊车负载时,可按无吊车房屋柱的计算长度采用,但上柱的计算长度仍可按有吊车房屋采用;

③表中有吊车房屋排架柱的上柱在排架方向的计算长度,仅适用于$H_u/H_l\geqslant 0.3$的情况;当$H_u/H_l<0.3$时,计算长度宜采用$2.5H_u$。

附表 24 框架结构各层柱的计算长度

楼盖类型	柱的类型	l_0
现浇楼盖	底层柱	$1.0H$
	其余各层柱	$0.25H$
装配式楼盖	底层柱	$1.25H$
	其余各层柱	$1.5H$

注：表中 H 为底层柱从基础顶面到一层楼盖顶面的高度；对其余各层柱为上、下两层楼盖顶面之间的高度。

附表 25 钢筋混凝土结构伸缩缝最大间距(m)

结构类型		室内或土中	露天
排架结构	装配式	100	70
框架结构	装配式	75	50
	现浇式	55	35
剪力墙结构	装配式	65	40
	现浇式	45	30
挡土墙 地下室墙壁等类结构	装配式	40	30
	现浇式	30	20

注：①装配整体式结构房屋的伸缩缝间距宜按表中现浇式的数值取用；

②框架—剪力墙结构或框架—核心筒结构房屋的伸缩缝间距可根据结构的具体布置情况，取表中框架结构与剪力墙结构 之间的数值；

③当屋面无保温或隔热措施时，框架结构、剪力墙结构的伸缩缝间距宜按表中露天栏的数值取用；

④现浇挑檐、雨罩等外露结构的伸缩缝间距不宜大于 12m。

附表 26 截面抵抗矩塑性影响系数基本值γ_m

<table>
<tr><th>项次</th><th>1</th><th>2</th><th colspan="2">3</th><th colspan="2">4</th><th>5</th></tr>
<tr><td rowspan="2">截面形状</td><td rowspan="2">矩形截面</td><td rowspan="2">翼缘位于受压区的T形截面</td><td colspan="2">对称工字形截面或箱形截面</td><td colspan="2">翼缘位于受拉区的倒T形截面</td><td rowspan="2">圆形和环形截面</td></tr>
<tr><td>$b_f/b\leq2$、h_f/h 为任意值</td><td>$b_f/b>2$、$h_f/h<0.2$</td><td>$b_f/b\leq2$、h_f/h 为任意值</td><td>$b_f/b>2$、$h_f/h<0.2$</td></tr>
<tr><td>γ_m</td><td>1.55</td><td>1.50</td><td>1.45</td><td>1.35</td><td>1.50</td><td>1.40</td><td>$1.6-0.24r_1/r$</td></tr>
</table>

注：①对$b_f'>b_f$的工字形截面，可按项次 2 与项次 3 之间的数值采用；对$b_f'<b_f$的工字形截面，可按项次 3 与项次 4 之间的数值采用；

②对于箱形截面。b 系指各肋宽度的总和；

③r_1 为环形截面的内环半径，对圆形截面取r_1 为零；

④混凝土构件的截面抵抗塑性影响系数 γ 按下式计算：

$$\gamma=\left(0.7+\frac{120}{h}\right)\gamma_m。$$

式中γ_m见上表，h 为截面高度，当 $h<400$mm 时，取 $h=400$mm；

当 $h>1600$mm 时，取 $h=1600$mm；对圆形、环形截面，取 $h=2r$，此处，r 为圆形截面半径或环形截面的外环半径。

参考文献

[1] 中华人民共和国国家标准.工程结构通用规范 GB 55001—2021[S].北京:中国建筑工业出版社,2021.

[2] 中华人民共和国国家标准.混凝土结构通用规范 GB 55008—2021 [S].北京:中国建筑工业出版社,2021.

[3] 中华人民共和国国家标准.建筑结构可靠性设计统一标准 GB 50068—2018[S].北京:中国建筑工业出版社,2018.

[4] 中华人民共和国国家标准.工程结构可靠性设计统一标准 GB 50153—2008[S].北京:中国建筑工业出版社,2008.

[5] 中华人民共和国国家标准.混凝土结构设计规范 GB 50010—2002,2015[S].北京:中国建筑工业出版社,2015.

[6] 中华人民共和国国家标准.建筑结构荷载规范 GB 50009—2012[S].北京:中国建筑工业出版社,2012.

[7] 中华人民共和国国家标准.混凝土结构工程施工质量验收规范 GB 50204—2015 [S].北京:中国建筑工业出版社,2015.

[8] 中华人民共和国国家标准.建筑地基基础设计规范 GB 50007—2011 [S].北京:中国建筑工业出版社,2011.

[9] 中华人民共和国国家标准.混凝土物理力学性能试验方法标准 GB/T 50081—2019[S].北京:中国建筑工业出版社,2011.

[10] 中华人民共和国国家标准.混凝土结构耐久性设计标准 GB/T 50476—2019[S].北京:中国建筑工业出版社,2019.

[11] 中华人民共和国行业标准.公路钢筋混凝土及预应力桥涵规范 JTG 3362—2018[S].北京:人民交通出版社,2018.

[12] 中华人民共和国行业标准.预应力混凝土结构设计规范 JGJ 369—2016 [S].北京:中国建筑工业出版社,2016.

[13] 中华人民共和国国家标准.水泥基灌浆材料应用技术规范 GB/T 50448—2015[S].北京:中国建筑工业出版社,2015.

[14] 舒士霖.钢筋混凝土结构 [M].杭州:浙江大学出版社,2011.

[15] 金伟良.混凝土结构原理[M].北京:中国建材工业出版社,2014.

[16] 金伟良.混凝土结构设计[M].北京:中国建材工业出版社,2015.

[17] 金伟良.混凝土结构设计(建筑工程专业方向适用)[M].北京:中国建筑工业出版

社,2015.

[18] 金伟良.混凝土结构设计示例[M].北京:中国建筑工业出版社,2015.

[19] 金伟良,赵羽习.混凝土结构耐久性[M].2版.北京:科学出版社,2014.

[20] 赵国藩,金伟良,贡金鑫.结构可靠度理论[M].北京:中国建筑工业出版社,2000.

[21] 金伟良.工程荷载组合理论与应用[M].北京:机械工业出版社,2006.

[22] 金伟良,武海荣,吕清芳,等.混凝土结构耐久性环境区划标准[M].杭州:浙江大学出版社,2019.

[23] 王清湘.钢筋混凝土结构[M].北京:机械工业出版社,2004.

[24] 蓝宗建.混凝土结构设计原理[M].南京:东南大学出版社,2008.

[25] 苏小卒.混凝土结构基本原理[M].北京:中国建筑工业出版社,2012.

[26] 过镇海,时旭东.钢筋混凝土原理和分析[M].北京:清华大学出版社,2003.

[27] 王社良.混凝土结构设计原理题库及题解[M].北京:中国水利水电出版社,2004.

[28] 王威.混凝土结构原理与设计习题集及题解[M].北京:中国电力出版社,2010.